Schnittpunkt 5

Mathematik
Thüringen

Joachim Böttner
Rainer Maroska
Achim Olpp
Rainer Pongs
Claus Stöckle
Hartmut Wellstein
Heiko Wontroba

bearbeitet von
Joachim Böttner, Schmalkalden
Heiko Wontroba, Herrenhof

Ernst Klett Verlag
Stuttgart · Leipzig

Schnittpunkt 5, Mathematik, Thüringen

Begleitmaterial:
Lösungsheft (ISBN 978-3-12-742254-2)
Arbeitsheft plus Lösungsheft (ISBN 978-3-12-742255-9)
Arbeitsheft plus Lösungsheft inklusive Lernsoftware (ISBN 978-3-12-742256-6)
Schnittpunkt Kompakt, Klasse 5/6 (ISBN 978-3-12-740358-9)
Kompetenztest 1, Klasse 5/6 (ISBN 978-3-12-740467-8)
Formelsammlung (ISBN 978-3-12-740322-0)

1. Auflage 1 7 6 5 | 16

Autoren: Joachim Böttner, Schmalkalden; Rainer Maroska, Geislingen; Achim Olpp, Täferrot; Rainer Pongs, Hürtgenwald; Claus Stöckle, Bietigheim-Bissingen; Prof. Dr. Hartmut Wellstein, Würzburg; Heiko Wontroba, Herrenhof

Redaktion: Isabelle Hetzler, Elke Linzmaier
Herstellung: Martina Mannhart

Bildkonzept Umschlag: SoldanKommunikation, Stuttgart
Illustrationen: Uwe Alfer, Waldbreitbach; Rudolf Hungreder, Leinfelden-Echterdingen
Satz: topset Computersatz, Nürtingen
Reproduktion: Meyle + Müller, Medien-Management, Pforzheim
Druck: Stürtz GmbH, Würzburg

Printed in Germany
ISBN 978-3-12-742251-1

Liebe Schülerin, lieber Schüler,

vieles an der neuen Schule und in der neuen Klasse wird am Anfang noch ungewohnt sein, aber bald wirst du dich so wohl fühlen, wie in deiner alten Klasse. Damit du dich in deinem neuen Mathematikbuch von Anfang an zurecht findest, wollen wir dir ein paar Hinweise geben.

Jedes neue Kapitel beginnt mit einer **Doppelseite**, auf der es viel zu entdecken und auszuprobieren gibt und auf der du nachlesen kannst, was du in diesem Kapitel lernen wirst. Innerhalb der Kapitel wirst du vor allem die **Aufgaben** bearbeiten – gemeinsam mit anderen oder allein.

Auf vielen Aufgabenseiten findest du immer wieder bunt hervorgehobene Kästen, die Verschiedenes bieten:

- Wichtige mathematische Methoden und Vorgehensweisen, die du immer wieder brauchen wirst.
- Informationen, Daten und Diagramme zu einem interessanten Thema sowie einige Fragestellungen, zu denen du Antworten finden kannst. Und die Möglichkeit, selbst weiterzufragen.
- Wissenswertes aus alter Zeit.
- Schaufenster in die Mathematik mit Interessantem, Staunenswertem, mit Spielen, Bastelideen, Gedankenexperimenten und echten Knobelnüssen.

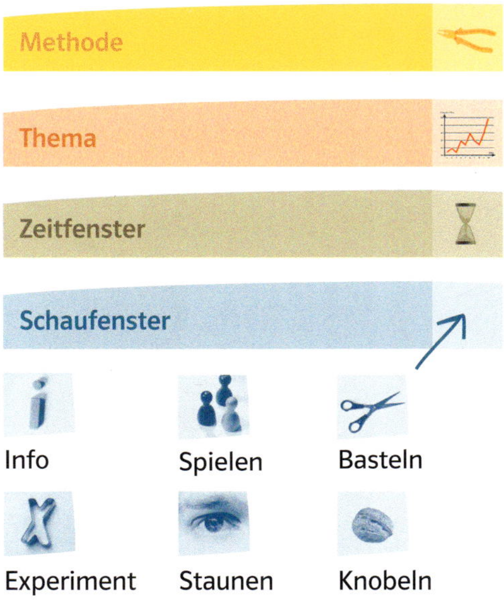

Am Ende jedes Kapitels findest du in der **Zusammenfassung** noch einmal alles, was du dazugelernt hast. Hier kannst du dich für die anstehenden Klassenarbeiten fit machen und jederzeit nachschlagen.
Unter **Üben • Anwenden • Nachdenken** sind Aufgaben zum Üben, Weiterdenken und Anknüpfen an früher Gelerntes zusammengestellt.
Die letzte Seite des Kapitels, der **Rückspiegel**, bietet dir eine Aufgabenauswahl, mit der du dein Wissen und Können testen kannst. Links findest du die leichteren, rechts die schwierigeren Aufgaben. Wenn du einen Aufgabentyp schon sehr gut beherrschst, kannst du nach rechts springen, wenn dir eine Art von Aufgaben noch Schwierigkeiten bereitet, wechselst du auf die linke Seite. Die Lösungen zu diesen Aufgaben findest du alle am Ende des Buches.

Manche Aufgaben haben eine blaue Aufgabenziffer. Bei diesen Aufgaben musst du ein bisschen länger überlegen oder brauchst eine gute Idee.

Und jetzt wünschen wir dir viel Spaß und Erfolg mit dem neuen Schnittpunkt und in deiner neuen Klasse!

Inhalt

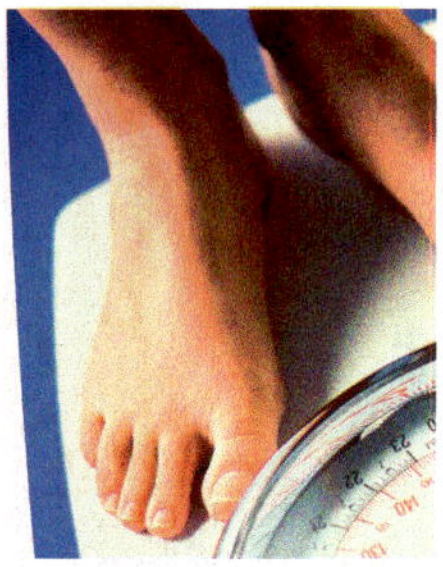

Unsere neue Klasse

Ihr seid nun in einer neuen Schule und in einer völlig neuen Klasse. Wie gut kennt ihr eure neuen Mitschülerinnen und Mitschüler? Was machen sie am Nachmittag, wer treibt Sport in einem Verein, wer besitzt einen Hund oder wie viele Geschwister hat jeder von ihnen?

Fragebogen

Name: ______________________

Vorname: Karin

Junge ○ Mädchen ○

Welche ist deine Lieblingsfarbe?

____

Welches ist dein Lieblingstier?

____

Kannst du schwimmen?

Ja ○ Nein ○

Bist du Rechts- oder Linkshänder?

____

Wie lange brauchst du morgens für den Schulweg? __________ Minuten.

Was ist deine Lieblingssportart?

____

Wie viele Geschwister hast du?

keine ○

eine Schwester oder einen Bruder ○

zwei Geschwister ○

drei Geschwister ○

mehr als drei Geschwister ○

Befragung

Was wollt ihr wissen?
Entwickelt einen Fragebogen, um die vielen neuen Informationen ordnen und auswerten zu können.

Hier einige Beispiele für Fragen:

- Wie groß bist du?
- In welchem Monat bist du geboren?
- Aus welcher Grundschule kommst du?
- Wie heißt deine Lieblingszahl?
- Was isst du am liebsten?

Ihr müsst miteinander besprechen, wie ihr die Befragung durchführen wollt. Denkt dabei auch schon an die Auswertung.

Auswertung

Bevor ihr eine Befragung durchführt, könnt ihr Vorhersagen über die Ergebnisse machen.

Überlegt, wie ihr den Fragebogen auswerten könnt. Vielleicht könnt ihr die Arbeit untereinander aufteilen.

Unser Lieblingsgetränk

Limo	III
Tee	~~IIII~~
Wasser	II
Saft	II
Cola	~~IIII~~ ~~IIII~~ II

Darstellung

Die Ergebnisse sollten nun auch noch schön und übersichtlich dargestellt werden.

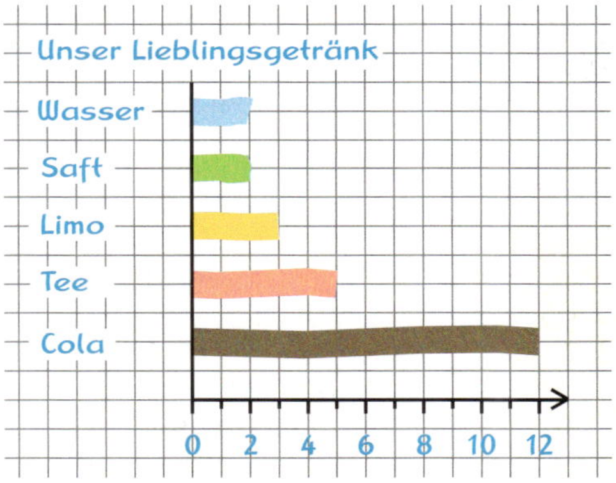

Entfernung der Wohnorte zur Schule

Berghausen	8 km
Talheim	3 km
Unterstadt	7 km
Tiefenbronn	5 km

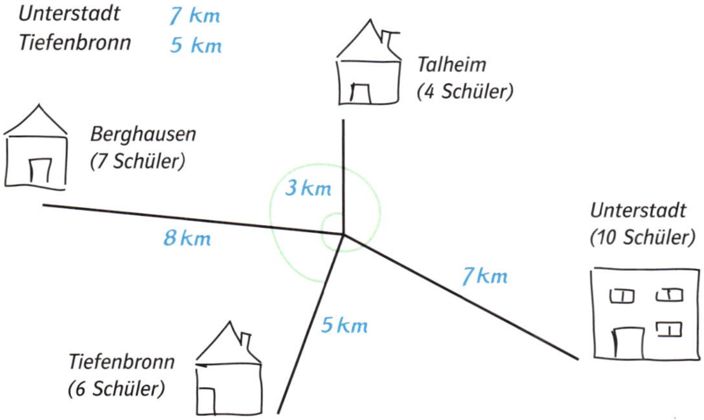

Neben den Auswertungen der ganzen Klasse könnt ihr auch noch eure Steckbriefe anfertigen und im Klassenzimmer aufhängen.

In diesem Kapitel lernst du,

- wozu man Strichlisten verwenden kann,
- wie man Diagramme erstellt und liest,
- welche Bedeutung die Stellen auch bei großen Zahlen haben,
- wie man mit großen Zahlen umgeht,
- wie Zahlen gerundet werden,
- wie Zahlen auch noch anders geschrieben werden können.

1 Strichlisten und Diagramme

Anja	1, 3, 6
Gabi	1, 2, 3, 5
Barbara	1, 2, 4, 6
Natascha	3, 5
Nora	1, 3, 4, 5
Tim	1, 3, 4, 5
Robert	3, 6
Karin	1, 4, 6
Wiebke	2, 6
Stefan	3, 5, 6
Mike	3, 5, 6
Eva	3, 4, 5

Anlässlich der Einschulungsfeier wurden Fotos gemacht. Zur Nachbestellung sind Listen angelegt worden.
→ Beschreibe, wozu die jeweilige Liste verwendet wird.

Bild 1	𝍸 𝍸 𝍸 II
Bild 2	𝍸 𝍸 I
Bild 3	𝍸 𝍸 𝍸 III
Bild 4	𝍸 𝍸 IIII
Bild 5	𝍸 𝍸 𝍸 III
Bild 6	𝍸 𝍸 𝍸 𝍸 III

𝍸 𝍸 𝍸 II = 17

Übersichtliche Muster aus Strichen, Punkten oder anderen Figuren sind Bilder von Zahlen. Eine besonders einfache Art ist die **Strichliste**. Damit die Liste übersichtlich bleibt, wird jeder fünfte Strich quer gesetzt.
Besonders übersichtlich lassen sich Zahlen mithilfe von **Diagrammen** darstellen, man kann gut und schnell vergleichen.

Strichlisten sind eine übersichtliche Hilfe beim Zählen.
Mit **Diagrammen** kann man Zahlen veranschaulichen und schnell vergleichen.

Beispiel

Die 28 Schülerinnen und Schüler der Klasse 5a legen ihren Schulweg mit verschiedenen Verkehrsmitteln zurück.
Die Zahlen lassen sich in unterschiedlicher Weise veranschaulichen.

Strichliste

Fahrrad	𝍸 I
Fußgänger	𝍸 II
Schulbus	𝍸 𝍸 I
Auto (Eltern)	IIII

Säulendiagramm
Hier kann man die Anzahl der Kinder an der Höhe der Säule ablesen.

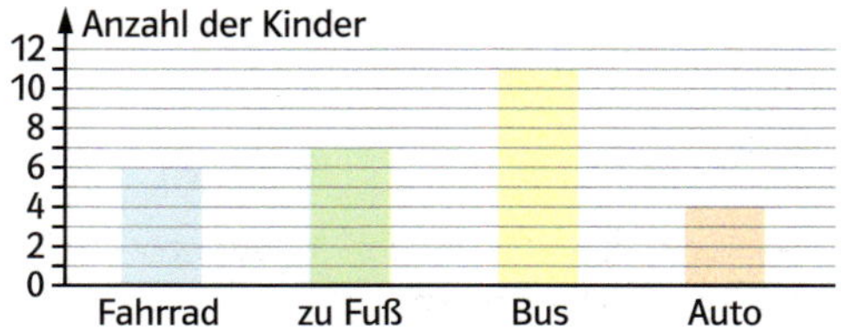

Bilddiagramm (Piktogramm)
Die Symbole zeigen die Anzahl

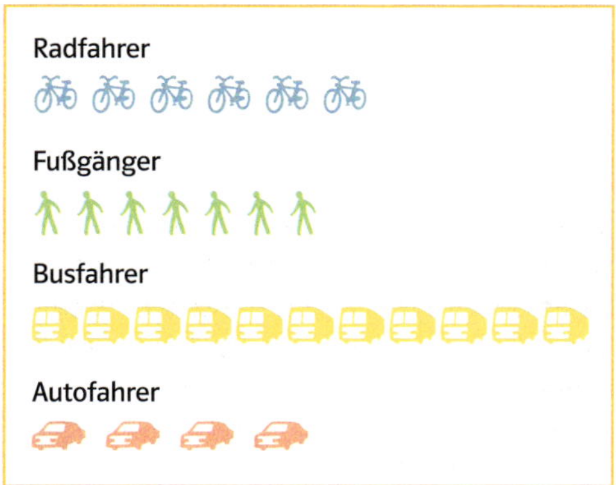

Aufgaben

1 Welche Zahlen sind hier dargestellt? Zeichne jeweils die zwei folgenden Zahlenbilder in der Reihe und nenne die Zahlen.

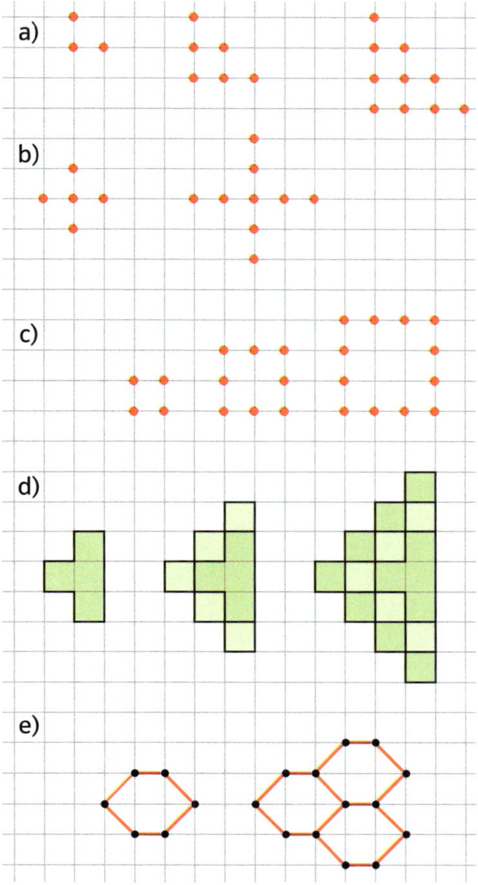

2 a) Würfle 60-mal mit einem Würfel und lege eine Strichliste an.
Welches Ergebnis erwartest du?

1	2	3	4	5	6
||		|		|	

b) Würfle 50-mal mit zwei Würfeln und bilde jedes Mal die Summe der Augenzahlen. Schreibe die Ergebnisse in einer Strichliste auf. Erkläre die großen Unterschiede in den Häufigkeiten.
c) Welche Ergebnisse erwartest du mit drei Würfeln? Probiere aus.

3 Vor einer Radtour wurden die Fahrräder der Klasse 5 a von der Polizei auf Verkehrssicherheit überprüft.
Dabei wurden fehlende und defekte Teile beanstandet:

Klingel	~~||||~~ ~~||||~~ ||
Bremsen	||||
Bereifung	||
Beleuchtung	~~||||~~ ||||
Reflektoren	||||

Zeichne ein Säulendiagramm, in dem du die Ergebnisse der Überprüfungen darstellst.

4 Was kannst du aus der Strichliste über die Klassensprecherwahl ablesen?

Kandidat	Mädchen	Jungen
Jutta	~~||||~~	~~||||~~ ||||
Timo	||	~~||||~~ ~~||||~~ |||
Steven	~~||||~~ ~~||||~~ ||	~~||||~~ ||
Jan	~~||||~~	|||

5 Michael und Mareike haben einige Mitschülerinnen und Mitschüler befragt, welche Getränke in der großen Pause verkauft werden sollen.
Die Antworten haben sie in einer Strichliste festgehalten.

Getränk	Kl. 5/6	Kl. 7/8	Kl. 9/10
Milch	~~||||~~ ~~||||~~ ~~||||~~ ||||	~~||||~~ |||	||
Säfte	~~||||~~ ~~||||~~	~~||||~~ ~~||||~~ ~~||||~~ ~~||||~~ |||	~~||||~~ ~~||||~~ ~~||||~~ ||||
Mineralwasser	~~||||~~ ||	||||	~~||||~~ ~~||||~~ |||

Was lässt sich aus der Strichliste ablesen? Erstelle ein Diagramm.

Baumdiagramme

Paul hat die dreistellige Nummer an seinem Zahlenschloss vergessen.
Er weiß aber noch, dass sie aus den Ziffern 6; 5 und 3 bestand.
Wie viele Möglichkeiten muss er jetzt durchprobieren?

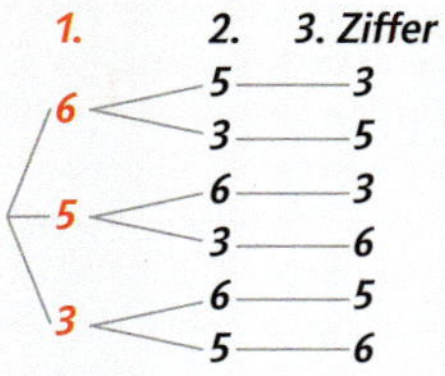

Damit er keine Möglichkeit vergisst und keine doppelt probiert, zeichnet er sich ein **Baumdiagramm**.

- Wie ist er vorgegangen?
- Erkläre, wie er jetzt die Anzahl der Möglichkeiten ablesen kann.

! Für den ganzen Baum brauchst du viel Platz, aber vielleicht musst du nur den Anfang zeichnen, um die Anzahl der Möglichkeiten abzulesen.

Paul hat auch die letzten beiden Ziffern der Telefonnummer von Lea vergessen: 97653??
Lea hat ihm einmal gesagt, dass keine Ziffer doppelt vorkommt.

- Würdest du ihm empfehlen zu probieren?

6 Eva hat aus allen fünften Klassen jeweils zehn Schülerinnen oder Schüler nach ihrem Lieblingsessen befragt.

<table>
<tr><th>Lieblingsessen</th><th>5a</th><th>5b</th><th>5c</th><th>5d</th></tr>
<tr><td>Pizza</td><td>|||</td><td>||</td><td>||||</td><td>|</td></tr>
<tr><td>Baguette</td><td>||</td><td>||</td><td>|</td><td>|||</td></tr>
<tr><td>Würstchen</td><td></td><td>|</td><td></td><td>||</td></tr>
<tr><td>Pommes frites</td><td>|</td><td>||</td><td></td><td>|</td></tr>
<tr><td>Spagetti</td><td>|</td><td>|</td><td>||</td><td>||</td></tr>
<tr><td>Milchreis</td><td></td><td>||</td><td>|</td><td></td></tr>
<tr><td>Hähnchen</td><td>||</td><td></td><td></td><td>|</td></tr>
<tr><td>Salat</td><td>|</td><td></td><td>|</td><td></td></tr>
<tr><td>alles</td><td></td><td></td><td>|</td><td></td></tr>
</table>

a) Welches ist das Lieblingsessen der neuen Schülerinnen und Schüler?
b) Vergleiche die Ergebnisse der einzelnen Klassen miteinander. Wo sind Gemeinsamkeiten, wo sind Unterschiede?
c) Vergleiche die Liste mit der Zeitungsnotiz auf dem Rand. Was stellst du fest?

Von 100 Kindern essen gerne …

Milchreis	47
Fischstäbchen	38
Pommes frites	32
Würstchen	27
Rohkost	27
Erbsen	23
Pizza	22
Spagetti	19
Pfannkuchen	17

7 Bei einer Befragung der fünften Klassen hat jedes Kind ein Hobby angegeben.
a) Lies das Ergebnis der Umfrage ab.
b) Wie viele Schülerinnen und Schüler besuchen die fünfte Klassenstufe?
c) Führt in eurer Klasse diese Umfrage durch und zeichnet ein Diagramm.

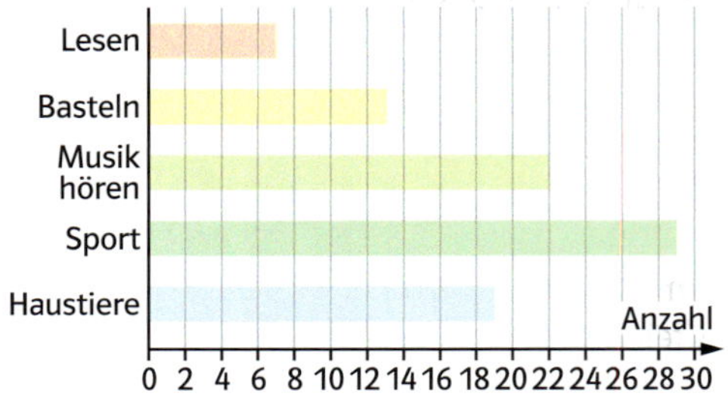

8 Tina und Simon haben 15 Minuten lang Fahrzeuge gezählt und ein Diagramm angefertigt. Jedes Symbol steht dabei für 10 gezählte Fahrzeuge.

a) Wie viele Kraftfahrzeuge haben die beiden gezählt?
b) In Wirklichkeit wurden 162 Fahrzeuge gezählt. Kannst du das erklären?

9 Eine modernere Art Strichlisten zu erstellen sind die so genannten 10er-Päckchen.
Bei ihnen werden zuerst die vier Seiten eines Quadrats, dann die beiden Diagonalen und schließlich die vier Punkte auf den Ecken gezeichnet.
a) Welche Zahlen sind dargestellt?

b) Erstelle eine Strichliste mit 10er-Päckchen für die Zahlen 26; 59; 72 und 101.
c) Stellt euch gegenseitig Rätsel.
Dazu könnt ihr Rätselkarten basteln.

vorne  hinten 

2 Zahlenstrahl und Anordnung

Zum Messen benutzen wir Skalen, auf denen Zahlen angeordnet sind.

→ Was wird mit ihnen jeweils gemessen?

→ Beschreibe die Anordnung der Zahlen und die Einteilung der Skalen.

Zum Zählen verwendet man die **natürlichen Zahlen**. Sie folgen der Größe nach geordnet aufeinander. Am **Zahlenstrahl** werden sie in dieser Reihenfolge eingetragen.

Die Zahlen 0; 1; 2; 3; 4; … heißen **natürliche Zahlen**.
Die natürlichen Zahlen werden auf dem **Zahlenstrahl** aufgereiht.

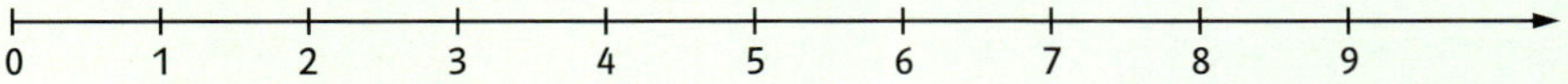

3 < 6 gelesen: „3 ist kleiner als 6"   8 > 5 gelesen: „8 ist größer als 5"

Die Menge der natürlichen Zahlen wird mit ℕ bezeichnet.
ℕ = {0; 1; 2; 3; …}

Beispiele

a) Die Zahlen 17; 37; 26; 8; 62; 29 werden nach aufsteigender Größe in einer Kette geordnet: 8 < 17 < 26 < 29 < 37 < 62

b) Wenn man den Zahlenstrahl richtig einteilt, kann man auch größere Zahlen eintragen

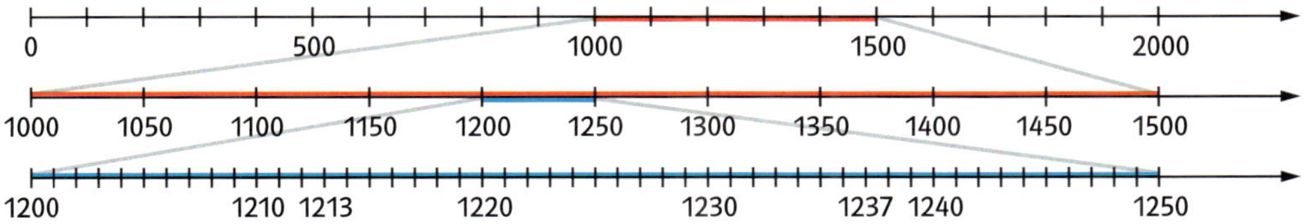

Aufgaben

1 Setze eines der Zeichen < oder > richtig ein.

a)	b)	c)
12 ☐ 15	77 ☐ 39	178 ☐ 159
34 ☐ 43	89 ☐ 98	345 ☐ 543
65 ☐ 56	211 ☐ 112	887 ☐ 878
87 ☐ 78	421 ☐ 412	989 ☐ 998

2 Ordne die Zahlen nach aufsteigender Größe in einer Kette … < … < … < …

a) 34; 22; 12; 67; 55; 9
b) 31; 11; 30; 25; 18; 14
c) 64; 34; 21; 57; 45; 39
d) 47; 49; 53; 48; 50; 52; 51

3 Lies die markierten Zahlen ab.

a)

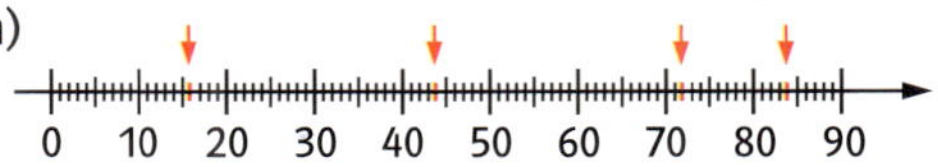

b)

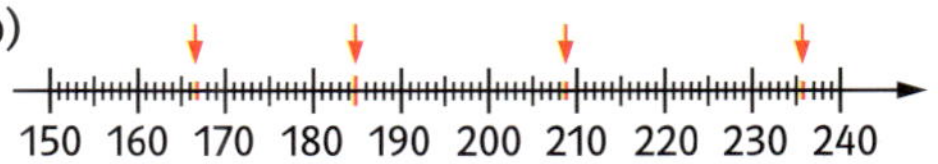

c)

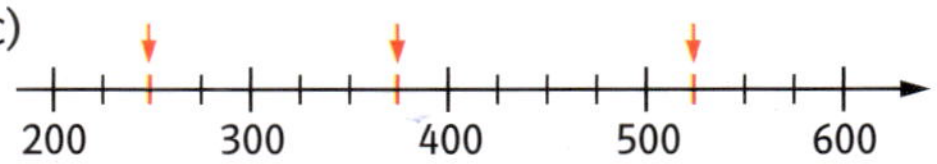

d)

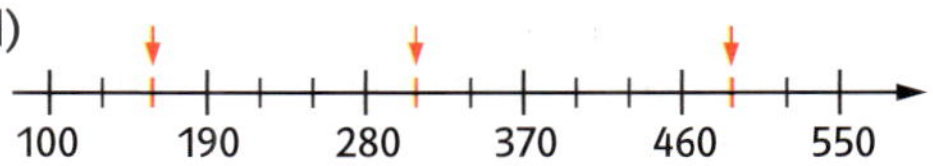

Wie werden die Gewinnzahlen in den Tageszeitungen abgedruckt?

4 Zeichne einen geeigneten Ausschnitt aus dem Zahlenstrahl und trage die Zahlen dort ein.
a) 45 bis 59
b) 96 bis 112
c) 787 bis 805
d) 1295 bis 1311

5 Trage die Zahlen am Zahlenstrahl ein. Überlege zuerst, welcher Ausschnitt dafür geeignet ist.
a) 497; 499; 512; 534; 567; 581
b) 24; 42; 68; 77; 83; 112
c) 999; 1001; 1005; 1011
d) 1555; 1570; 1605; 1635

6 Zeichne einen Zahlenstrahl und kennzeichne alle Zahlen, die
a) kleiner als 13 sind.
b) größer als 4 und kleiner als 12 sind.
c) zwischen 6 und 15 liegen.
d) kleiner als 15 und gerade sind.

7 Drücke mit den Zeichen < oder > aus.
a) 12 kommt nach 11
b) 7 kommt vor 12
c) 8 liegt zwischen 7 und 9
d) 70 ist größer als 65 und 65 größer als 60

8 Übertrage den Zahlenstrahl in dein Heft.

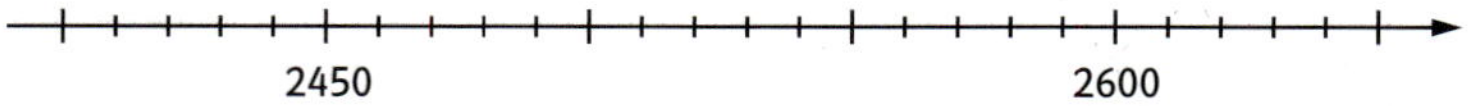

Markiere folgende Zahlen:
2470, 2510, 2590, 2640.

9 Wie viele natürliche Zahlen liegen zwischen den beiden angegebenen?
a) 12 und 20
b) 21 und 31
c) 24 und 37
d) 42 und 63
e) 34 und 35
f) 99 und 201

10 Welche Zahlen kannst du einsetzen?
a) 417 < □ < 421 < □ < 425
b) 683 < □ < 685 < □ < 691
c) 753 < □ < 756 < □ < 760
d) 989 < □ < 993 < □ < 999

11 Sara hat sich die Geburtstage ihrer Freunde und Freundinnen notiert. Wie würdest du die Geburtstage aufschreiben?

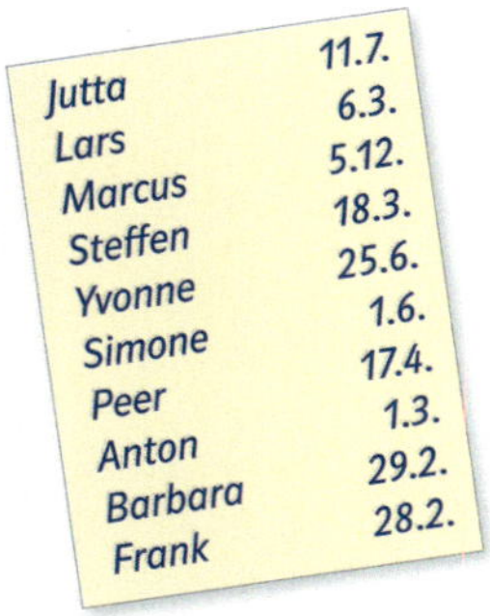

12 Setze die Zahlenfolgen um drei weitere Zahlen fort und stelle die Zahlen auf einem geeigneten Ausschnitt des Zahlenstrahls dar.
a) 5; 8; 11; 14; …
b) 15; 16; 18; 21; …
c) 25; 26; 29; 30; 33; …
d) 500; 490; 470; 440; …

13 Welche Zahlen sind dargestellt? Wie lauten die nächsten drei Zahlen? Trage die Zahlen an einem geeigneten Ausschnitt des Zahlenstrahls ein.

a)

b)

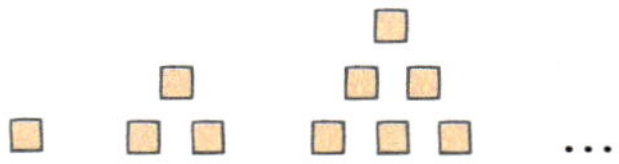

c)

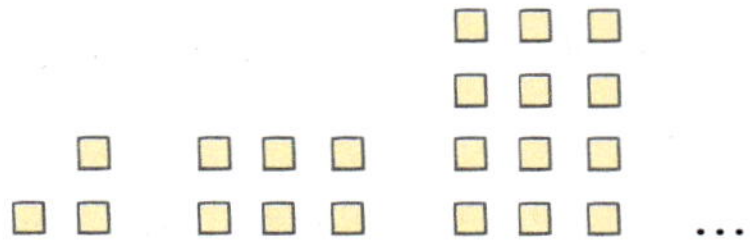

d)

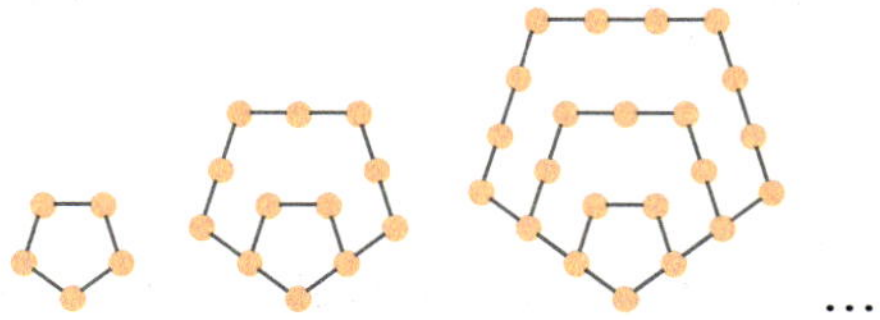

14 „Ich bin so groß wie Tim", schreit Arno. „Aber Leo ist kleiner als Daniel", grölt Tim. „Na und, Tim ist aber größer als Daniel", erwidert Arno. „Dafür ist Arno kleiner als Marco", meint Leo.
Wie heißt der Junge mit dem Fußball in der Hand?

3 Das Zehnersystem

Mit Streichhölzern kannst du Ziffern legen.
→ Lege aus den Hölzern der Ziffer 9 eine möglichst große Zahl.
→ Lege aus sechs Hölzchen eine möglichst kleine Zahl.
→ Welche große Zahl kannst du aus den Hölzchen der Zahl 23 legen?
→ Welches ist die größte Zahl, die du aus 8888 durch Umlegen von vier Streichhölzern erhalten kannst?

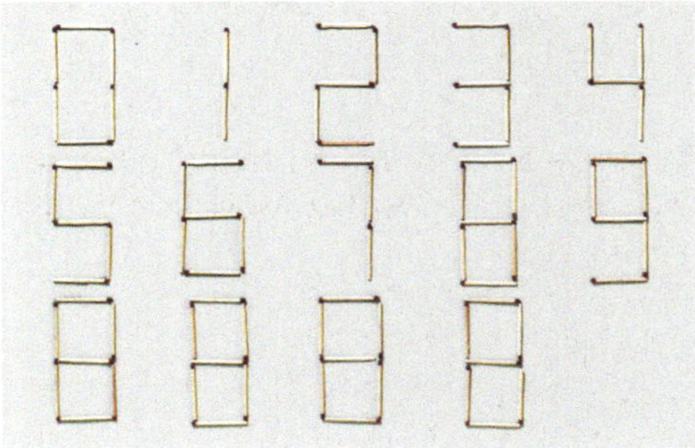

Im Zehnersystem geben die Ziffern, von rechts nach links gelesen, die Anzahl der Einer, Zehner, Hunderter, Tausender usw. an, aus denen die Zahl zusammengesetzt ist.
Der Wert einer Ziffer hängt von ihrer Stellung in der Zahl ab:

1 2 3 4 = 1T 2H 3Z 4E
1 3 2 4 = 1T 3H 2Z 4E
1 3 7 8 5 = 1ZT 3T 7H 8Z 5E

ZT	T	H	Z	E
1	3	7	8	5

Stellenwerttafel

Man spricht deshalb von einem **Stellenwertsystem**.

Im Zehnersystem vervielfacht sich der **Stellenwert** von rechts nach links mit der Zahl 10.

1 HT ← (·10) 1 ZT ← (·10) 1 T ← (·10) 1 H ← (·10) 1 Z ← (·10) 1 E

Beispiele

a) Die Zahl 357 048 lässt sich so zerlegen:
$357048 = 3 \cdot 100000 + 5 \cdot 10000 + 7 \cdot 1000 + 0 \cdot 100 + 4 \cdot 10 + 8 \cdot 1$
In der Stellenwerttafel sieht das so aus:

HT	ZT	T	H	Z	E
3	5	7	0	4	8

b) Zahlwörter unter einer Million werden klein und zusammen geschrieben.
2076: zweitausendsechsundsiebzig
34 502: vierunddreißigtausendfünfhundertzwei
105 612: einhundertfünftausendsechshundertzwölf

Aufgaben

1 Schreibe in Worten.

a)	b)	c)
125	333	989
239	303	8989
509	3033	80 908
884	33 003	99 088
999	30 303	989 898

2 Schreibe mit Ziffern.
a) siebenhundertachtundvierzig
b) viertausendzweihundertelf
c) sechstausenddreihundertvierundsiebzig
d) dreizehntausendsechshundertsechs
e) zwanzigtausendfünfundvierzig

3 Übertrage die Tabelle in dein Heft und ergänze sie.

Zahl	HT	ZT	T	H	Z	E
	7	8	0	5	4	0
	1	1	8	0	3	4
	0	3	0	0	0	1
	0	9	0	9	0	9
367 056						
909 090						
100 203						
56 065						

4 Schreibe als Summe.

Beispiel:
$4567 = 4 \cdot 1000 + 5 \cdot 100 + 6 \cdot 10 + 7$.

a) 237 658 b) 780 362 c) 1 004 006

Schreibe als Zahl.

d) $3 \cdot 10\,000 + 4 \cdot 1000 + 5 \cdot 100 + 9 \cdot 10 + 6$

e) $2 \cdot 10\,000 + 5 \cdot 100 + 8$

5 In der Übersicht sind die täglichen Fluggastzahlen einiger Flughäfen angegeben (Stand 2001). Lies die Zahlenangaben.

Deutschland	
Frankfurt am Main	133 041
München	63 359
Düsseldorf	42 183
Stuttgart	19 957
International	
London – Heathrow	166 420
Paris – Charles de Gaulle	131 497
Amsterdam – Schiphol	108 325
Atlanta – Hartsfield	207 806

6 Gib die 10-mal und die 100-mal größere Zahl an.

a) 432 b) 546 c) 783
d) 5460 e) 3400 f) 7000
g) 3712 h) 5617 i) 8293

7 Ordne die Zahlen nach aufsteigender Größe, schreibe mit dem Zeichen <.

a) 656; 665; 565; 655; 566; 666; 555
b) 4300; 4030; 4033; 4303; 4333; 4003
c) 1101; 1010; 1001; 1110; 1011; 1100
d) 321; 1234; 432; 12 345; 2345; 4321

8 Welche Ziffern kannst du einsetzen? Denke an alle Möglichkeiten.

a) 5678 < 5□43
b) 3□5 < 312 < 31□
c) □36 < 248 < 24□ < 2□9 < □04

Die Summe aller einsetzbaren Ziffern beträgt bei a) 24, bei b) 42 und bei c) 89.

9 Hier haben sich einige Fehler eingeschlichen. Wie lauten die Zahlen richtig?

a) 1T 31H 21Z 11E b) 9T 9H 9Z 10E
c) 3T 33H 33E d) 3T 13H 13Z 14E

Zahlen auf Englisch

Die englischen und amerikanischen Kinder haben es beim Lesen der Zahlen leichter.

Beispiel:
36 000 liest man *thirtysix thousand*; 247 liest man *two hundred and forty seven.*
Die Stellen werden in der richtigen Reihenfolge gelesen.

- Vergleiche mit der deutschen Sprechweise.
- Es gibt auch ein paar Ausnahmen. Kennst du sie?
- Lies die folgenden Zahlen auf Englisch und auf Deutsch: 543; 2689; 10 205; 98 065; 234 567; 304 050.

10 a) Bilde aus den fünf Ziffern die größte und die kleinste Zahl. Die Ziffern dürfen jeweils nur ein Mal vorkommen. Was fällt dir an der Reihenfolge der Ziffern auf?
b) Lege aus den Ziffernkärtchen eine möglichst große gerade Zahl.
c) Lege eine möglichst kleine gerade Zahl.
d) Lege eine Zahl, die möglichst nah an 70 000 liegt.

11 Lege die Zahlenkärtchen so in eine Reihe, dass sie zusammen gelesen eine siebenstellige Zahl bilden,
a) die möglichst klein ist.
b) die möglichst groß ist.

12 Die Summe der Ziffern einer Zahl heißt **Quersumme**. Die Zahl 524 hat die Quersumme 11, denn 5 + 2 + 4 = 11.
Aus den Ziffern 0, …, 9 soll eine möglichst große Zahl mit der Quersumme 20 gebildet werden. Du musst Ziffern geschickt auswählen. Welches ist die kleinste Zahl mit derselben Quersumme?

13 Wie oft musst du die Ziffer 3 schreiben, wenn du alle Zahlen von 300 bis 400 aufschreibst?
Wie oft kommt dabei die Ziffer 0 vor?
Was ist mit den anderen Ziffern?

14 a) Wie heißt die kleinste dreistellige Zahl mit der Quersumme 11?
b) Wie heißt die größte dreistellige Zahl mit der Quersumme 13?
c) Schreibe alle dreistelligen Zahlen auf, die die Quersumme 4 haben.
d) Stimmt die Aussage?
„Es gibt nur drei verschiedene dreistellige Zahlen mit der Quersumme 26."
e) Findest du eine Quersumme, zu der es nur eine einzige dreistellige Zahl gibt.

15 Leon hat die Zahl 23 896 aufgeschrieben, Lisa die Zahl 28 639. Die beiden vertauschen Schritt für Schritt benachbarte Ziffern ihrer Zahl so, dass immer größere Zahlen entstehen.
Wer benötigt wohl weniger Umformungsschritte? Begründe deine Vermutung und prüfe sie, indem du die Umformungen Schritt für Schritt notierst.

16 Der Kilometerzähler eines Autos zeigt den Kilometerstand 59 989.
a) Schreibe die nächsten zwölf Zahlen auf, die auf der Anzeige erscheinen.
b) Wie heißt die nächste in der Anzeige erscheinende Zahl, in der die Ziffern 2; 4; 6; 8; 0 enthalten sind?
c) Wie heißt die nächste Zahl, deren Quersumme 10 ist?

Welche Uhrzeiten setzen die Reihe fort?

Hohe Hausnummern

Spielregeln:

H	Z	E
4	2	1

Spielvorbereitung:
Alle Mitspielerinnen und Mitspieler zeichnen eine dreistellige Stellenwerttafel.
Es wird reihum gewürfelt (ein Würfel).
Die gewürfelte Zahl wird an einer frei zu wählenden Stelle in der Stellenwerttafel notiert.
Wer die größte Hausnummer in seine Stellenwerttafel eingetragen hat, gewinnt.

Varianten:
Das Spiel kann auch so gespielt werden, dass die kleinste Hausnummer gewinnt.
Profis könen auch vierstellige, fünfstellige, … Stellenwerttafeln benutzen.

4 Große Zahlen

ExtraBlatt

An einem bestimmten Tag im Jahr 2002 waren Euromünzen, Centmünzen und Euroscheine im Wert von 64 092 404 924,61 € im Umlauf.

In 1-Cent-Stücken wäre dies ein 8 700 000 000 Meter hoher und 15 000 000 Tonnen schwerer Münzenturm.

Diese Zahlen kann man sich kaum vorstellen.

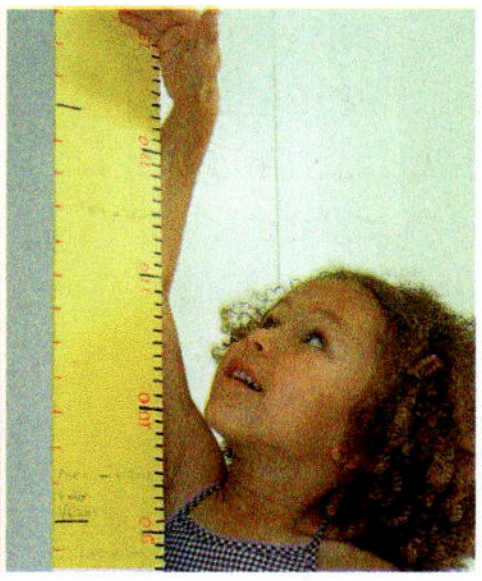

→ Kannst du die Zahlen aus dem Zeitungsartikel lesen?

Im Zehnersystem kann man beliebig große Zahlen darstellen. Jeder Stellenwert geht durch Vervielfachen mit 10 in den nächst größeren Stellenwert über.
Nach je drei Schritten, also nach Vervielfachen mit 1000, erhält man einen Stellenwert mit eigenem Namen.

Durch das Anhängen von drei Nullen ergibt sich der nächste Stellenwert mit eigenem Namen.

1 **Tausender** = 1000 **Einer**
1 **Million** = 1000 Tausender
1 **Milliarde** = 1000 Millionen
1 **Billion** = 1000 Milliarden

Beispiele

a) Mit einer Stellenwerttafel lassen sich große Zahlen übersichtlich darstellen.

Billionen			Milliarden			Millionen			Tausender					
…	…	B	HMrd.	ZMrd.	Mrd.	HM	ZM	M	HT	ZT	T	H	Z	E
		3	5	3	0	7	7	4	3	1	0	0	6	4

b) Große Zahlen lesen

in Ziffern:	in Worten:
9 864 543 209	neun Milliarden achthundertvierundsechzig Millionen fünfhundertdreiundvierzigtausendzweihundertneun
33 003 300 300	dreiunddreißig Milliarden drei Millionen dreihunderttausend-dreihundert
700 620 405 012	siebenhundert Milliarden sechshundertzwanzig Millionen vierhundertfünftausendzwölf

Million	*6 Nullen*
Milliarde	*9 Nullen*
Billion	*12 Nullen*
Billiarde	*15 Nullen*
Trillion	*18 Nullen*
Trilliarde	*21 Nullen*
Quadrillion	*24 Nullen*
Quadrilliarde	*27 Nullen*
Quintillion	*30 Nullen*
Quintilliarde	*33 Nullen*
Sextillion	*36 Nullen*
⋮	⋮

c) Die Zahl 74 563 289 ergibt
$7 \cdot 10\,000\,000 + 4 \cdot 1\,000\,000 + 5 \cdot 100\,000 + 6 \cdot 10\,000 + 3 \cdot 1000 + 2 \cdot 100 + 8 \cdot 10 + 9$
in Worten:
vierundsiebzig Millionen fünfhundertdreiundsechzigtausendzweihundertneunundachtzig

Bemerkung

- Achte beim Sprechen und Schreiben großer Zahlen stets auf die Nullen.
- Große Zahlen kannst du leichter lesen, wenn du die Ziffern von rechts her in Dreierblöcke einteilst. Schreibe also nicht 9847652, sondern 9 847 652.
- In Worten geschriebene Zahlen, die unter einer Million liegen, schreibt man zusammen und klein. Zahlen über eine Million schreibt man dagegen getrennt.

Aufgaben

1 Wie heißen die Zahlen?

a) 2 567 984 b) 34 576 610
c) 10 780 401 d) 21 010 218
e) 7 700 007 f) 123 321 213
g) 100 001 010 h) 1 011 101
i) 200 300 400 500 j) 200 030 004 050
k) 107 076 067 404 l) 660 606 066 006

2 Schreibe in Ziffern.

a) siebenundzwanzig Millionen dreihundertneunundzwanzigtausend-siebenhundertzwölf
b) dreihundertneunzehn Millionen vierhundertdreitausendeinhundertelf
c) dreißig Millionen dreitausend-dreihundert
d) zwanzig Milliarden zwei Millionen zweihunderttausendzwei

3 Wie viele Nullen hat die Zahl?

a) zweihundert Millionen
b) dreißig Milliarden
c) dreihundertzwanzig Billionen
d) vierhundertzwei Milliarden vierhun-dertzweitausenddreißig

4 Welche Zahl folgt auf die Zahl?

a) 3 452 499 b) 32 999 999
c) 59 989 999 d) 899 999 999

5 Welche Zahl kommt unmittelbar vor der Zahl?

a) 500 000 b) 790 901
c) 1 014 900 d) 6 912 000

6 Lege mit den Zahlenkärtchen eine

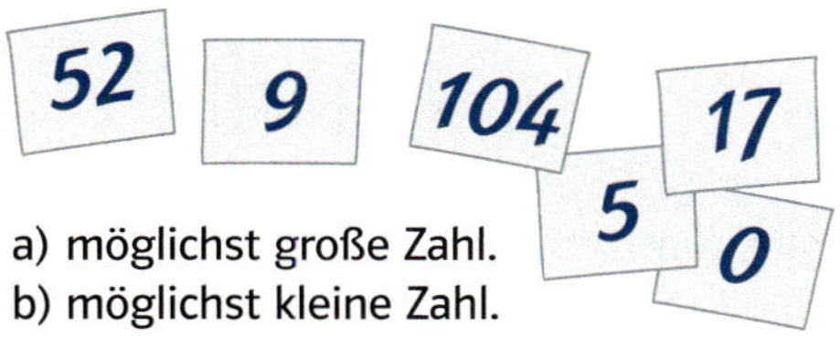

a) möglichst große Zahl.
b) möglichst kleine Zahl.
c) möglichst große ungerade Zahl.
d) möglichst kleine siebenstellige Zahl.
e) möglichst große achtstellige Zahl.
f) möglichst kleine Zahl mit fünf Kärtchen.
g) Zahl, die möglichst nahe an 10 Millionen liegt.

Schätzen von großen Zahlen

Naturschützer behaupten: Auf dem Foto sind mindestens … Flamingos zu erkennen.
Wie viele Haare hat ein Mensch auf dem Kopf oder wie viele Sandkörner sind in einem Eimer?
Solche und ähnliche Fragen sind nur schwer zu beantworten. Man kann nicht zählen, aber man kann schätzen.

Eine Methode hierzu wollen wir anhand der abgebildeten Reißzwecken erklären. Eine unbestimmte Menge von Reißzwecken liegt auf der gesamten Fläche. Wenn wir das gesamte Feld in zehn kleinere, gleich große Felder zerlegen, müssen wir nur ein Feld zählen und können diesen Wert anschließend mit zehn multiplizieren. So erhalten wir einen Schätzwert.

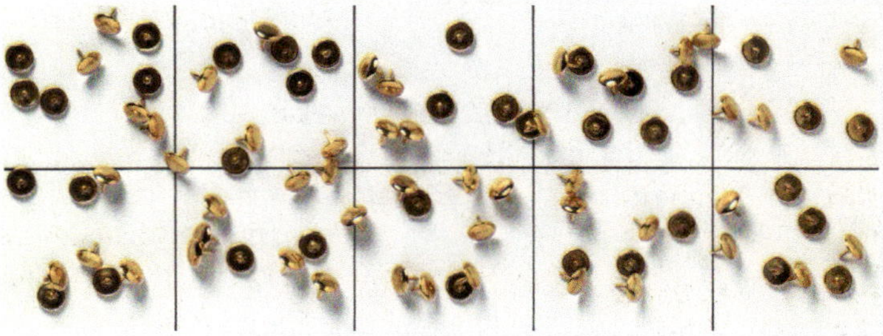

- Versuche auf diese Weise auch die Anzahl der Flamingos zu schätzen.

- Wie kannst du herausfinden, wie viele Linsen in einer 1 kg-Packung sind? Versuche es mit einem hohen Glas. Es geht auch mithilfe des Gewichts.

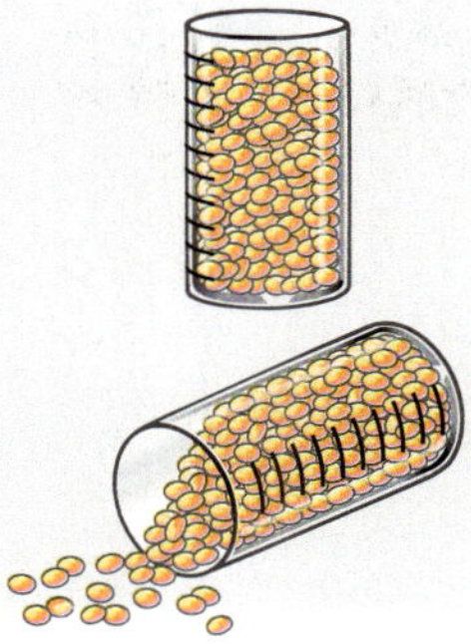

- Bei den Sandkörnern im Eimer musst du kleinere Einheiten bilden, um zum Ziel zu kommen.

5 Runden und Darstellen großer Zahlen

Pressemitteilung:
14 000 Besucher
bei der
Picasso-Ausstellung

Offizielle Angabe:
Picasso-Ausstellung
13 789 Besucher

In der Zeitung steht:
52 000 Zuschauer
waren beim Heimspiel
des VfB.

Der Stadionsprecher
meldet:
Der VfB Stuttgart
begrüßt
52 246 Zuschauer.

Im Lexikon steht:
Einwohnerzahl von
Erfurt: 200 000

Volkszählung:
Erfurt hat
199 416 Einwohner.

→ Was meinst du?

Zahlen mit vielen Ziffern werden im Alltag oft **gerundet**, damit man sie leichter vergleichen oder sich besser merken kann.

Man kann auf Zehner, Hunderter, Tausender usw. runden.

	76 392
gerundet auf Zehner	76 390
Hunderter	76 400
Tausender	76 000
Zehntausender	80 000
Hunderttausender	100 000

Wenn die zu rundende Zahl genau in der Mitte zweier Zahlen liegt, hat man vereinbart, dass nach oben gerundet wird.
350 liegt genau in der Mitte zwischen den Zahlen 300 und 400, es wird also auf 400 gerundet.

0 1 2 3 4 ▼

5 6 7 8 9 ▲

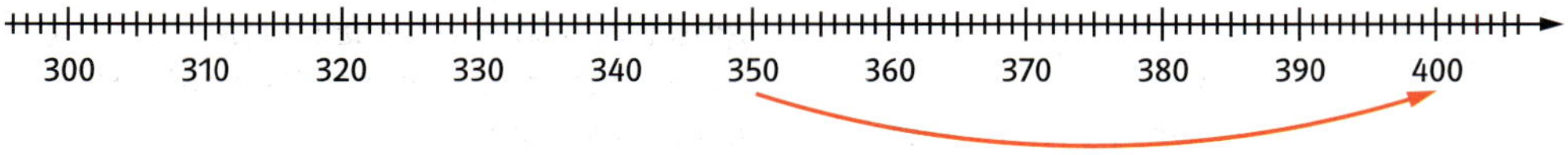

Die Ziffer an der **Rundungsstelle** bleibt unverändert, wenn eine der Ziffern 0; 1; 2; 3 oder 4 folgt.
Die Ziffer an der Rundungsstelle wird um 1 erhöht, wenn eine der Ziffern 5; 6; 7; 8 oder 9 folgt.

Beispiele

a) Die Zahl 463 275 soll auf Zehner, Hunderter, Tausender, … gerundet werden.

Zehner: 463 275 ≈ 463 280 (lies: ungefähr gleich)
Auf die Rundungsstelle folgt eine 5, also wird aufgerundet.

Tausender: 463 275 ≈ 463 000
Auf die Rundungsstelle folgt eine 2, also wird abgerundet.

Hunderttausender: 463 275 ≈ 500 000
Auf die Rundungsstelle folgt eine 6, also wird aufgerundet.

b) Eine Zahl ergibt auf Zehner gerundet 150. Welches ist die kleinste, welches die größte Zahl, die in Frage kommt? Die kleinste Zahl lautet 145, die größte 154.

? *Was gibt 199 941 auf Millionen gerundet?*

c) Die längsten Flüsse der Erde:

Amazonas (Südamerika)	6513 km ≈ 6500 km
Nil (Afrika)	6324 km ≈ 6300 km
Mississippi (Nordamerika)	6051 km ≈ 6100 km
Jangtsekiang (Asien)	5632 km ≈ 5600 km
Wolga (Europa)	3694 km ≈ 3700 km
Donau (Europa)	2850 km ≈ 2900 km
Murray (Australien)	2570 km ≈ 2600 km
Rhein (Europa)	1360 km ≈ 1400 km

Um die Längen der großen Flüsse in einem **Balkendiagramm** darzustellen, werden die Längen zunächst auf 100 km gerundet. Die Flüsse werden nun als verschieden lange, aber gleich breite Rechtecke dargestellt; für je 100 km wird 1 mm gezeichnet.

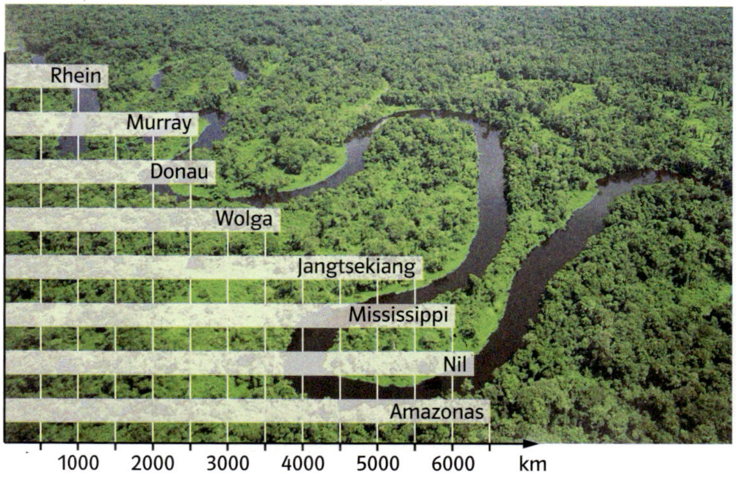

Aufgaben

1 a) Runde auf Zehner.

3244	1906	81 945
8756	5999	60 304
1111	34 892	12 307

b) Runde auf Zehntausender.

147 432	4 563 900	23 456 789
957 654	8 993 421	999 999 999
806 238	1 056 742	101 010 101

c) Runde auf Millionen.

23 451 785	454 545 454	78 543 639
987 654 321	99 500 000	123 456 789

2 Runden im Alltag.
a) Familie Ahrens ist am Wochenende 23 856 m gewandert. Was erzählt Meike in der Schule?
b) In einer Zuckertüte sind 992 Gramm. Gib das Gewicht sinnvoll gerundet an.
c) Luca sagt, er habe ungefähr 25 Euro im Geldbeutel. Wie viel Euro könnte er tatsächlich im Geldbeutel haben?
d) Lea fragt ihren Freund, wie lange er mit dem Fahrrad bis zum Baggersee braucht. Sascha antwortet: „Letztes Mal bin ich 1 Stunde 12 Minuten und 37 Sekunden gefahren."
e) Herr Walther kauft ein: Milch 1,29 €; Kartoffeln 4,78 €; Brot 1,78 €; Kekse 2,99 €; Mineralwasser 4,59 €. Herr Walther ist sich sicher, dass 15 Euro reichen.

3 Runde 9 999 999 auf Zehner, auf Hunderter, … , auf Millionen. Was fällt dir auf?

4 a) Wenn 780 eine auf Zehner gerundete Zahl ist, wie könnte dann die Ausgangszahl gewesen sein?
b) 897 000 ist auf Tausender gerundet. Gib die kleinste und die größte Zahl an, aus der die gerundete Zahl entstanden sein könnte.
c) Die Zahl 15 000 000 ist auf Hunderter gerundet. Gib drei verschiedene Zahlen an, die zu dieser gerundeten Zahl geführt haben könnten.

5 An einem Spieltag der Fußballbundesliga gaben die Kassierer der Vereine folgende Zuschauerzahlen bekannt:

Bochum	12 567	Köln	23 782
München	43 610	Stuttgart	44 309
Kaiserslautern	15 632	Leverkusen	12 530
Nürnberg	33 561	Hamburg	29 695

a) Stelle eine Liste auf, in der Zuschauerzahlen auf Hunderter gerundet und der Größe nach geordnet sind.
b) Runde die Zuschauerzahlen auf Tausender. Welche Probleme bekommst du beim Erstellen der Liste?
c) Stelle die Zuschauerzahlen in einem geeigneten Diagramm dar. Welche gerundeten Zahlen verwendest du?

! Wenn du auf Tausender runden möchtest, darfst du nicht zuerst auf Zehner, Hunderter, … runden!

So nicht:
8445
zunächst gerundet auf Zehner:
8450
dann auf Hunderter:
8500
dann auf Tausender:
9000

Sondern so:
8445 ≈ 8000

Gib die Uhrzeit an. Wo kann man nicht genau ablesen?

6 Zeiten runden?

a) Gib die Uhrzeit auf eine viertel Stunde genau an.
1:13 Uhr; 3:48 Uhr; 7:09 Uhr; 11:56 Uhr

b) Wann ist das Runden auf eine viertel Stunde sinnvoll?

c) Gib Situationen an, in denen du bei der Zeit runden darfst und Situationen, in denen du nicht runden darfst.

7 Bei welchen Zahlenangaben darf man nicht runden?

a) Postleitzahl von Weimar
b) Höhe des Berliner Fernsehturms
c) Entfernung zwischen Eisenach und Erfurt
d) Telefonnummer der Feuerwehr
e) Geburtstag deiner Mutter
f) Besucherzahl der Weltausstellung
g) Zahl der Teilnehmer bei der Olympiade

Suche selbst weitere Beispiele, bei denen man nicht runden darf.

8 Handybesitzer in Deutschland:

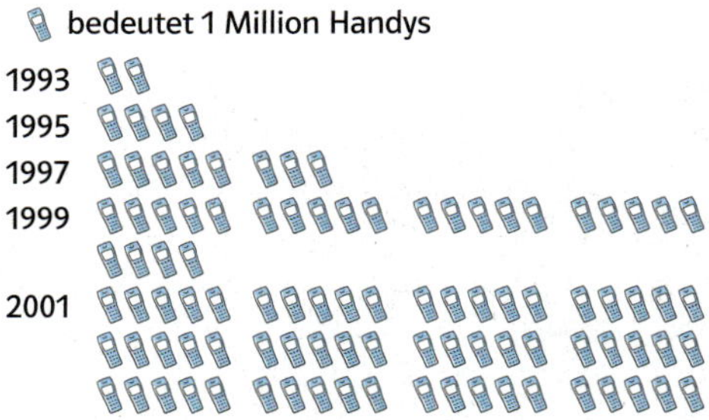

a) Stelle die Entwicklung in einem Säulendiagramm dar.

b) Welche Anzahl vermutest du für die folgenden Jahre? Begründe deine Vermutung. Versuche dir aktuellere Zahlen zu besorgen.

9 Zeichne einen 60 cm langen Zahlenstrahl. Klebe dazu mehrere Blatt Papier aneinander. Trage die Entfernungen der Planeten zur Sonne ein. Am Anfang steht die Sonne. Runde geschickt.

Merkur	58 Mio. km	Venus	108 Mio. km
Erde	150 Mio. km	Mars	228 Mio. km
Jupiter	778 Mio. km	Saturn	1427 Mio. km
Uranus	2870 Mio. km	Neptun	4496 Mio. km
Pluto	5900 Mio. km		

10 Unten findest du die Höhen von sechs deutschen Bergen.

Zugspitze (Wettersteingebirge)	2963 m
Schauinsland (Schwarzwald)	1284 m
Hohenzollern (Schwäbische Alb)	855 m
Watzmann (Berchtesgadener Alpen)	2713 m
Feldberg (Schwarzwald)	1493 m
Schneekopf (Thüringer Wald)	978 m

a) Ordne die Berge nach der Größe und stelle die Größe in einem Säulendiagramm dar. Runde so, dass du das Diagramm gut zeichnen kannst.

b) Suche auf einer Deutschlandkarte nach weiteren hohen Bergen und ergänze dein Diagramm.

11 Es gibt mehr Tiere auf der Erde als Sterne in unserem Sonnensystem.

Anzahl der Sterne:	200 000 000 000
Anzahl der Tiere:	1 000 000 000 000 000 000
Davon sind:	
Ameisen:	10 000 000 000 000 000
Vögel:	300 000 000 000
Zum Vergleich:	
Anzahl der Menschen:	6 000 000 000

Diese Zahlen in einem Diagramm zu veranschaulichen ist nicht einfach. Versuche dennoch eine Möglichkeit zu finden und erkläre deine Vorgehensweise.

Tabellenkalkulation

Mit einem Tabellenkalkulationsprogramm kann man schnell verschiedene Diagramme erstellen.

- Versuche einige Diagramme zu Aufgaben dieser Seite mit einem solchen Programm zu erstellen und vergleiche die unterschiedlichen Darstellungen.
- Entscheide jeweils, welche Darstellung am besten zu dem Sachverhalt passt.

12 Die Hälfte aller Menschen auf der Erde leben in Städten.
Im Diagramm siehst du die Einwohnerzahlen (in Millionen) der größten Städte, Stand 2000 und 2015 (Prognose).
a) Was kannst du aus dem Diagramm ablesen?
b) Weißt du, welche Sprachen in diesen Städten gesprochen werden?

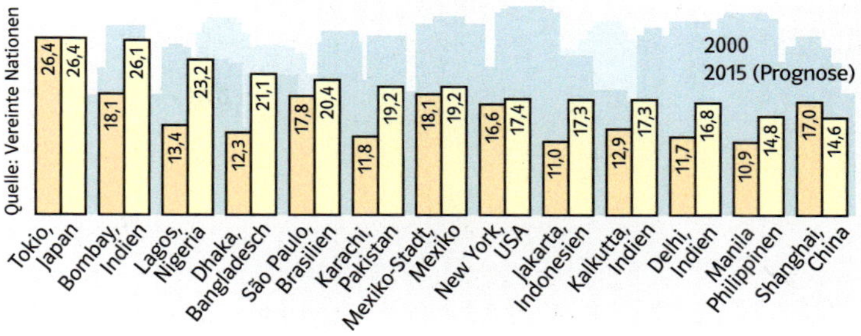

Wachstum der Menschheit

Seit dem Jahr 1999 leben mehr als sechs Milliarden Menschen auf der Erde. Und ein Ende der Zunahme ist nicht in Sicht. Ganz im Gegenteil – die Anzahl der auf der Erde lebenden Menschen wird in den kommenden Jahren weiter zunehmen.

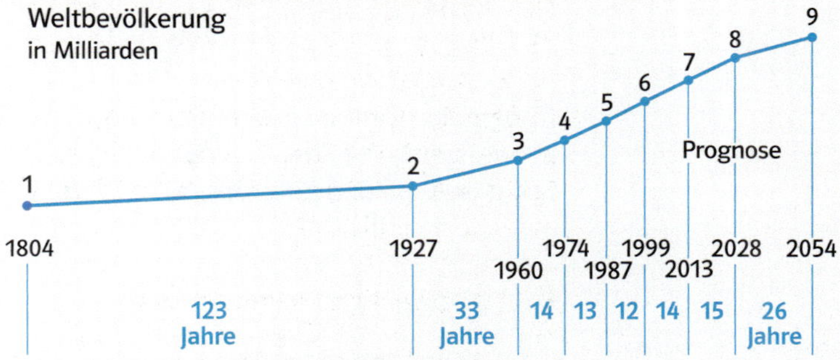

Aus dem Diagramm lassen sich verschiedene Angaben ablesen.
- Wann lebten 1, wann 2, wann 5 Milliarden Menschen auf der Erde?
- Wann sind etwa 9 Milliarden Menschen zu erwarten?

Vor 2000 Jahren lebten 300 Millionen Menschen auf der Erde und es dauerte 1600 Jahre, bis sich die Zahl verdoppelte.
- Wie lange brauchte es im vorigen Jahrhundert, bis sich die Menschheit verdoppelt hatte?

Die Tabelle zeigt die bevölkerungsreichsten Staaten der Welt. Die Zahlen sind in Millionen angegeben (Stand 1999).
- Erstelle ein geeignetes Diagramm.

China	1254
Indien	987
USA	273
Indonesien	212
Brasilien	168
Pakistan	147
Russland	147
Japan	127
Bangladesch	126

Dem Zeitungsbericht zufolge nimmt die Zahl der auf der Erde lebenden Menschen um fast 150 Personen pro Minute zu.

- Um wie viele Menschen wächst die Erdbevölkerung demnach pro Tag und pro Jahr ungefähr? Schätze bevor du rechnest. Vergleiche die Zahl mit der Bevölkerung von Deutschland (ca. 82 Mio).

148 Neue pro Minute
Die Schätzungen der UNO basieren auf Fruchtbarkeit und Sterblichkeit. Die UN-Bevölkerungsagentur geht davon aus, dass die Menschheit derzeit pro Minute um 148 Erdenbürger zunimmt. Diese Zahl ergibt sich aus 247 Geburten minus 99 Todesfälle in der Minu…

6 Zweiersystem

Birgit und Christian suchen den Schatz der Finstersteiner. Sie finden eine alte Karte.
→ Die geheimnisvolle Zahl IOIIOI soll ihnen den Weg zur Schatztruhe zeigen.
→ Was würde geschehen, wenn am Eingang der Höhle die Geheimzahl IOOOI stände?

Neben dem Zehnersystem gibt es noch weitere Stellenwertsysteme. Während man im Zehnersystem 10 Ziffern verwendet, braucht man im **Zweiersystem** nur die Ziffern I und 0. Mit diesen beiden Ziffern kann man alle Zahlen darstellen.

…	…	Sechzehner	Achter	Vierer	Zweier	Einer
…	32	16	8	4	2	1
…	I	0	I	I	0	I

(jeweils $\cdot 2$ von rechts nach links)

$1 \cdot 32 + 0 \cdot 16 + 1 \cdot 8 + 1 \cdot 4 + 0 \cdot 2 + 1 \cdot 1 = 45$

Damit ergibt sich nebenstehende **Stellenwerttafel** mit den Stellenwerten 1; 2; 4; 8; 16; 32; …

Die Zahl IOIIOI im Zweiersystem stellt im Zehnersystem die Zahl 45 dar.

Mit einem Säulendiagramm kann man die Zahlen im Zweiersystem veranschaulichen.

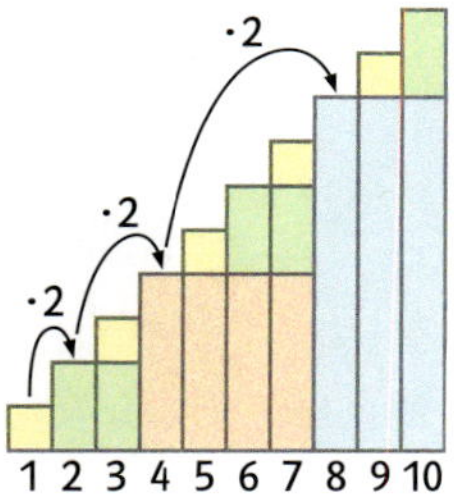

Will man umgekehrt eine Zahl aus dem Zehnersystem im Zweiersystem darstellen, muss man sie als Summe der Stellenwerte des Zweiersystems schreiben.
Man beginnt mit dem größtmöglichen Stellenwert.

$39 = 32 + 7$
$7 = 4 + 3$
$3 = 2 + 1$

Für jeden Stellenwert, der in der Summe vorkommt, schreibt man die Ziffer I, für jeden, der nicht vorkommt, die Ziffer 0. Also erhält man die Zahl IOOIII.

Die Stellenwerte im **Zweiersystem** heißen:
… 64 32 16 8 4 2 1
Die Zahl IOII_2 liest man: „eins null eins eins im Zweiersystem".
Um zu erkennen, dass es sich um eine Zahl im Zweiersystem handelt, schreibt man hinter die letzte Ziffer eine kleine $_2$.

Beispiele

a) Die Zahl IIOIO_2 kann mithilfe der Stellenwerttafel ins Zehnersystem übertragen werden:

16	8	4	2	1
I	I	0	I	0

$1 \cdot 16 + 1 \cdot 8 + 0 \cdot 4 + 1 \cdot 2 + 0 \cdot 1 = 26$

b) Wenn man die Zahl 43 im Zweiersystem schreiben will, muss man sie schrittweise in die entsprechenden Stellenwerte zerlegen.

$43 = 32 + 11$
$11 = 8 + 3$
$3 = 2 + 1$

Somit gilt:
$43 = 1 \cdot 32 + 0 \cdot 16 + 1 \cdot 8 + 0 \cdot 4 + 1 \cdot 2 + 1 \cdot 1$
Wir erhalten also 101011_2 im Zweiersystem.

Aufgaben

1 Vervollständige die Reihen.

a)

Zweiersystem	Zehnersystem
1_2	1
10_2	2
100_2	4
…	…
$1\,000\,000\,000_2$	…

b)

Zehnersystem	Zweiersystem
1	1_2
2	10_2
3	11_2
…	…
20	…

Was erkennst du?

2 Fülle die Tabelle in deinem Heft aus.

Zehnersystem	Zweiersystem						
			1	1	0	1	1
		1	0	1	0	0	1
	1	1	1	0	1	1	0
	1	1	0	1	0	1	1
18							
41							
102							
119							

3 Schreibe im Zweiersystem die
a) nächst größere 111_2; 1111_2; 11111_2; 111111_2
b) nächst kleinere 100_2; 1000_2; $10\,000_2$
Zahl.

4 Schreibe alle Zahlen auf, die im Zweiersystem vierstellig sind. Wie lauten die kleinste und die größte dieser Zahlen, wenn du sie ins Zehnersystem übersetzt?

5 Woran erkennst du im Zweiersystem, ob eine Zahl gerade oder ungerade ist? Prüfe an Beispielen.

6 Ordne nach der Größe.

32   22   27 100001_2 11001_2 11111_2

7 Wie ändert sich im Zweiersystem eine Zahl, wenn man a) eine Null, b) eine Eins, c) zwei Nullen anhängt? Prüfe jeweils anhand von Beispielen und im Zehnersystem.

Zahlzeichen im alten Babylon

Bereits vor 4000 Jahren hatten die Babylonier ein Zahlensystem aus „Keilen" und „Winkeln" entwickelt, die sie in Tontafeln drückten. Die Keile bedeuteten normalerweise 1, die Winkel standen für 10.

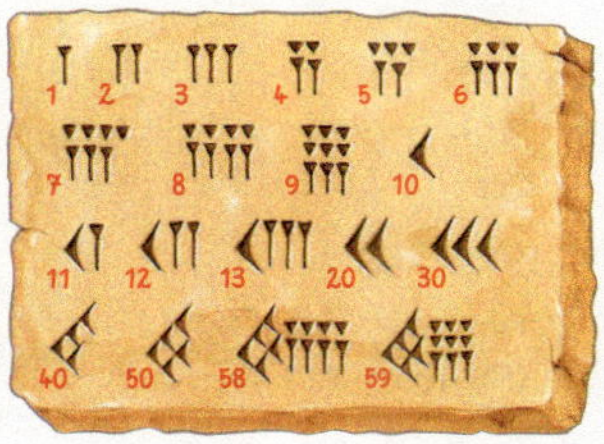

■ Schreibe in unseren Zahlen.

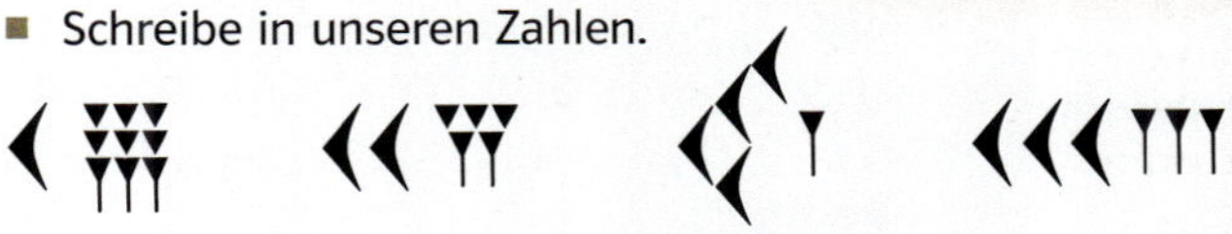

■ Schreibe in Keilschrift: 16; 27; 39; 44.
■ Schreibt euch gegenseitig Zahlen in Keilschrift auf und übersetzt sie.

Die Zeichen für 1 und 60 waren gleich.

Die Bedeutung ergab sich meist aus der Stellung in der Zahlenfolge. Oft wurden die Keile und Winkel für 60 usw. auch größer dargestellt.

$2 \cdot 60 + 3 \cdot 10 + 7 \cdot 1 = 157$

■ Was steht auf der Tontafel?

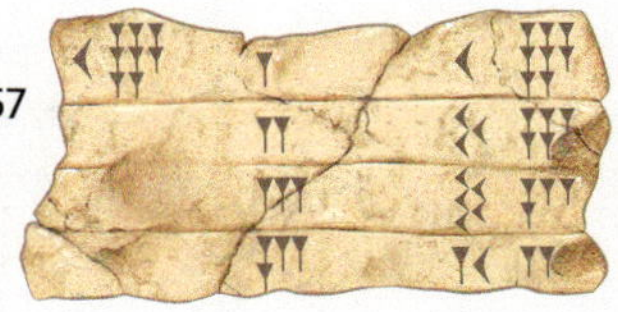

7 Römische Zahlzeichen

- Kennst du die Zeichen in den Bildern?
- Welche Bedeutung haben sie?

M = 1000
wie (lat.) mille

D = 500
die „Hälfte" von M

C = 100
wie (lat.) centum

L = 50
die „Hälfte" von C

X = 10
das „Doppelte" von V

V = 5
als Symbol einer Hand (mit abgespreiztem Daumen)

I = 1
als Symbol des Fingers

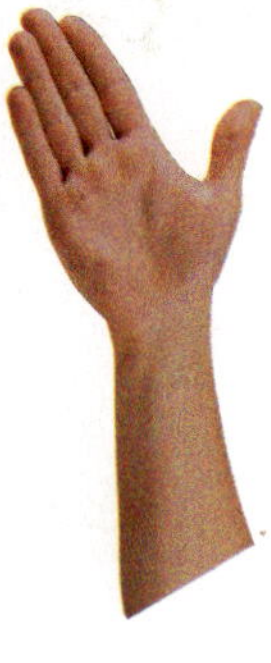

Die **römischen Zahlzeichen** waren jahrhundertelang in Gebrauch. Anfangs wurden sie nur im Römischen Reich verwendet, später fast überall in Europa. Wir richten uns beim Schreiben nach den Regeln, die vor etwa 500 Jahren üblich waren.

1 I	4 IV	7 VII	10 X	20 XX	30 XXX	40 XL
2 II	5 V	8 VIII	11 XI	21 XXI	31 XXXI	41 XLI
3 III	6 VI	9 IX	...	...	...	...

Im **römischen Zahlensystem** folgen die Zahlen in absteigender Größe von links nach rechts. Ihre Werte werden dann addiert.
Ausnahme: Stehen die Zeichen I, X oder C vor einem Zeichen mit höherem Wert, so wird subtrahiert.

Beispiele

a) LXXI = 50 + 10 + 10 + 1 = 71

b) MCXI = 1000 + 100 + 10 + 1 = 1111

c) IX = 10 − 1 = 9

d) DXCI = 500 + 90 + 1 = 591

e) 1726 = 1000 + 500 + 200 + 20 + 5 + 1
= M + D + CC + XX + V + I
= MDCCXXVI

f) MMCMLXXXIX
= MM + CM + L + XXX + IX
= 2000 + 900 + 50 + 30 + 9 = 2989

Bemerkung

Das römische Zahlsystem ist kein Stellenwertsystem, sondern ein Additionssystem.
Das sieht man an der Zahl CCC. Die drei Zeichen „C" stehen an verschiedenen Stellen, aber jedes Zeichen hat denselben Wert, nämlich 100: CCC = 100 + 100 + 100 = 300

Aufgaben

1 Schreibe im Zehnersystem.

a) XVII b) XXIII
c) XXVII d) LXVI
e) LXIV f) LXXIX
g) XCI h) CCXLIV

2 Schreibe mit römischen Zahlzeichen.

a)	b)	c)	d)
57	119	699	1008
89	145	782	1456
91	234	899	1649
110	459	978	1795

3 a) Schreibe dein Geburtsdatum mit römischen Zahlzeichen.
b) Schreibe das heutige Datum mit römischen Zahlzeichen.
c) Schreibe dein Alter (Jahre und Monate) mit römischen Zahlzeichen.
d) Erkundige dich nach dem Baujahr deines Schulgebäudes. Schreibe es mit römischen Zahlzeichen.

4 a) Wann wurde das Haus erbaut?

b) Schreibe die Jahreszahl der Renovierung mit römischen Zahlzeichen.

5 Welche Entfernungen liest du von dem Meilenstein ab, der vor etwa 2000 Jahren an einer römischen Landstraße stand?

Streichholzscherze

- Wenn du ein einziges Streichholz umlegst, wird die falsche Rechnung richtig.

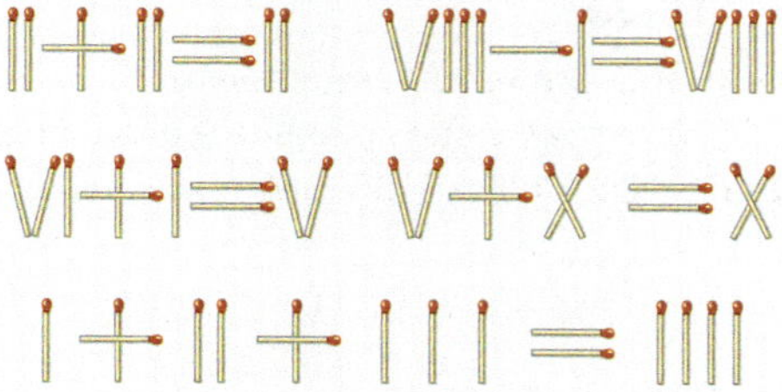

- Die Rechnung bleibt richtig, auch wenn du ein Streichholz umlegst.

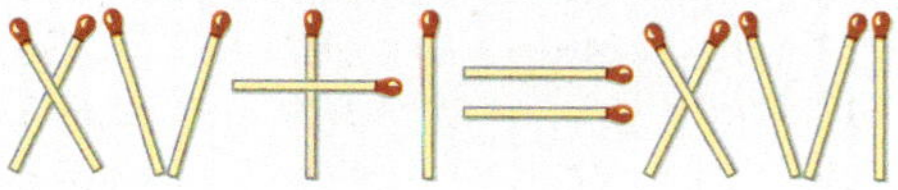

6 a) Schreibe die Jahreszahlen im Zehnersystem.

MCMLXIX MDCCXLI
MCCXXXIX MCDXIV

Vergleiche jeweils die Anzahl der benötigten Ziffern.
Welche Zahlen sind „kürzer"?
b) Trage jeweils die römischen und die arabischen Zahlen stellengerecht in eine solche Stellenwerttafel ein:

Tausender	Hunderter	Zehner	Einer

Vergleiche. Nenne die Vorteile unseres Zehnersystems.

7 Die Zeichen I, X, C werden heute üblicherweise nur dreimal hintereinander verwendet. Das war nicht immer so.
Die Zahl 4 hat auf den Uhren zwei verschiedene Darstellungen.
Schreibe in der üblichen Form.
a) VIIII b) XXXX
c) CXXXX d) CCCC
e) MCCCCXI f) DXXXXIIII

8 Für große Zahlen verwendeten die Römer die folgenden Zahlensymbole:
ↀ für 1000,
ↂ für 10 000,
ↈ für 100 000.
Schreibe damit folgende Zahlen.
a) 3456
b) 12 345
c) 333 333
d) 90 990

9 a) Versuche die beiden römischen Zahlen zu addieren.

MCDXIX
\+ MCCVII

b) Schreibe die beiden römischen Zahlen im Zehnersystem und addiere sie dann schriftlich.
c) Vergleiche und beschreibe die Unterschiede.

Was bedeutet wohl die altrömische Schreibweise XXC?

Zusammenfassung

Strichliste

Strichlisten sind besondere Zahlenbilder, die beim Zählen sehr hilfreich sind.

Die Strichliste  beschreibt die Zahl 18.

Natürliche Zahlen

Die Zahlen 0; 1; 2; 3; … heißen **natürliche Zahlen**. Die Menge der natürlichen Zahlen wird mit ℕ bezeichnet.

$\mathbb{N} = \{0, 1, 2, 3, \ldots\}$

Zahlenstrahl

Auf dem **Zahlenstrahl** werden die natürlichen Zahlen der Reihe nach angeordnet.

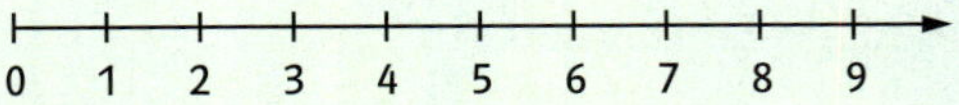

$3 < 7$; gelesen „3 ist kleiner als 7"
$7 > 3$; gelesen „7 ist größer als 3"

Zehnersystem

Im **Zehnersystem** vervielfacht sich der Stellenwert von rechts nach links mit der Zahl 10.

Tausender	Hunderter	Zehner	Einer
4	8	2	7

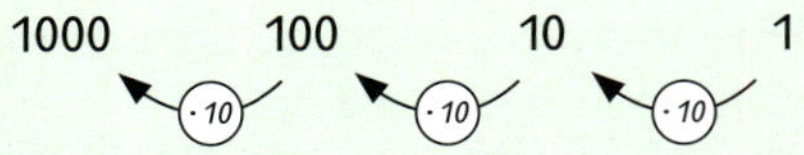

Stellenwerte

Im Zehnersystem bilden die Einer, Zehner, Hunderter, … die **Stellenwerte**. Sämtliche Zahlen lassen sich mithilfe dieser Stellenwerte darstellen.

Die Zahl 4827 ergibt sich aus
$4 \cdot 1000 + 8 \cdot 100 + 2 \cdot 10 + 7 \cdot 1$

Große Zahlen

Große Zahlen stellen wir übersichtlich in Dreierblöcken dar.

23 568 019
gelesen: „dreiundzwanzig Millionen fünfhundertachtundsechzigtausendneunzehn"

Runden

Natürliche Zahlen können auf Zehner, Hunderter, Tausender usw. gerundet werden. Folgt auf die **Rundungsstelle** eine 0; 1; 2; 3 oder 4, so wird abgerundet. Sonst wird aufgerundet.

Die Zahl 7538 ergibt gerundet auf
Zehner: 7540
Hunderter: 7500
Tausender: 8000

Zeichnerische Darstellung

Zur Darstellung natürlicher Zahlen werden häufig **Diagramme** verwendet.
Aus Diagrammen lassen sich auch Informationen ablesen.

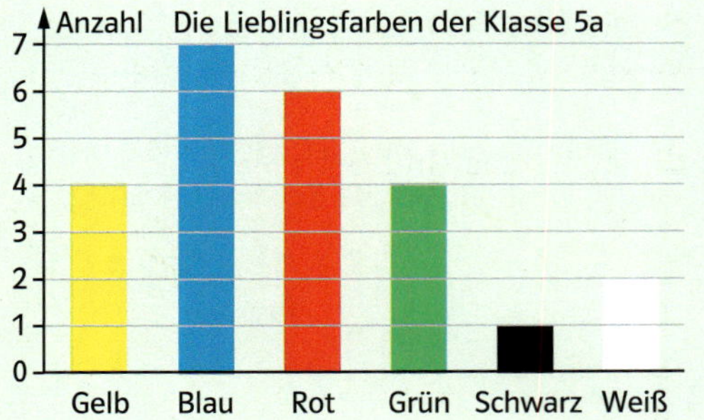

Zweiersystem

Im **Zweiersystem** vervielfacht sich der Stellenwert von rechts nach links mit der Zahl 2.

$11001_2 = 1 \cdot \mathbf{16} + 1 \cdot \mathbf{8} + 0 \cdot \mathbf{4} + 0 \cdot \mathbf{2} + 1 \cdot \mathbf{1} = 25$

Römische Zahlzeichen

Im römischen Zahlensystem werden folgende Symbole verwendet.
I = 1   X = 10   C = 100   M = 1000
V = 5   L = 50   D = 500

MCMXCVIII = 1000 + 900 + 90 + 8
= 1998

Üben • Anwenden • Nachdenken

1 Wie viele Tennisbälle sind hier aufgeschichtet?

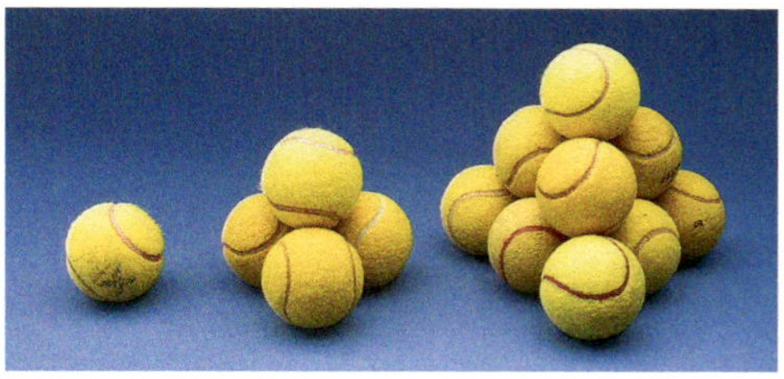

Peter möchte mindestens 100 Tennisbälle in der vorgegebenen Weise aufschichten. Wie viele muss er in die unterste Lage packen?

2 Vera und Kosta haben in einer Strichliste den Verkehr über eine Dauer von zehn Minuten erfasst.

Pkw	卌 卌 卌 卌 卌 卌 II
Lkw	卌 III
Motorräder	卌 II
Motorroller	卌 卌 I
Fahrräder	卌 卌 卌 I

a) Wie viele Zweiräder haben die beiden gezählt?
b) Wie viele motorisierte bzw. nicht motorisierte Fahrzeuge fuhren vorbei?
c) Wie viele Fahrzeuge würden bei diesem Verkehr in einer Stunde vorbeifahren?

3 a) Erstelle ein Diagramm.

Land	Fernsehdauer pro Kind und Tag
Deutschland	205 Minuten
Großbritannien	213 Minuten
Italien	241 Minuten
Schweiz	138 Minuten
Spanien	217 Minuten
Südkorea	106 Minuten
USA	270 Minuten

b) Schätze und überschlage: Wie viel mehr Zeit verbringt ein Kind in den USA pro Jahr vor dem Fernseher als in Südkorea?

4 Wer wurde zum Klassensprecher, wer zum Stellvertreter gewählt?
Fertige zum Wahlausgang ein Balkendiagramm an.
Erstelle ein Diagramm für eure Klassensprecherwahl.

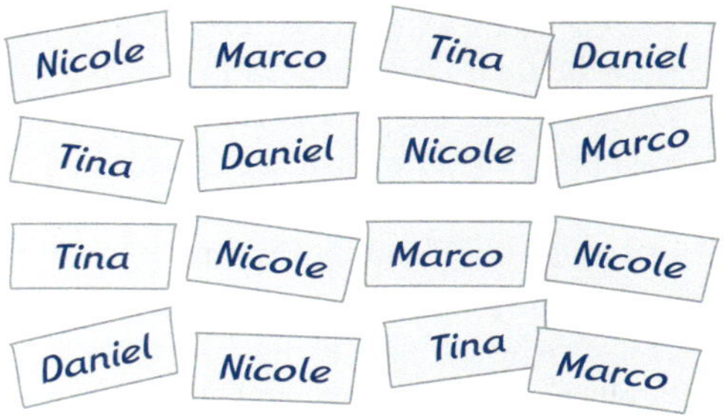

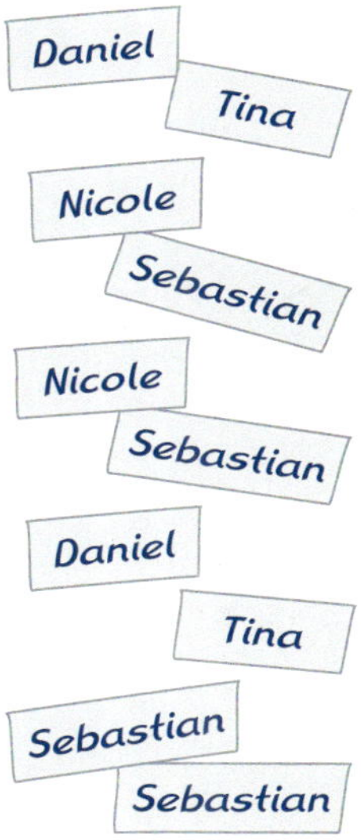

5 Was kannst du aus den Säulendiagrammen ablesen? Welche Werte sind genau, welche gerundet?

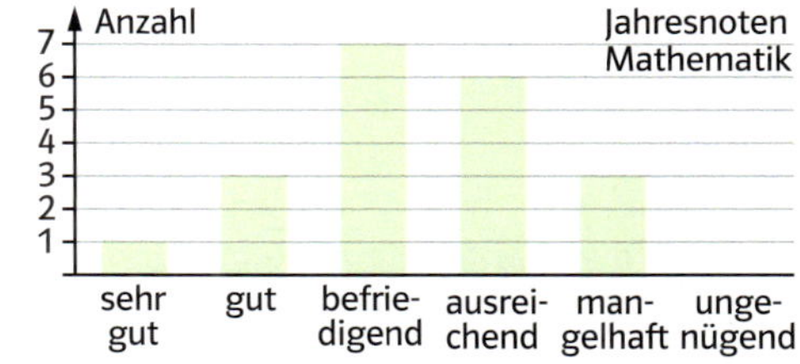

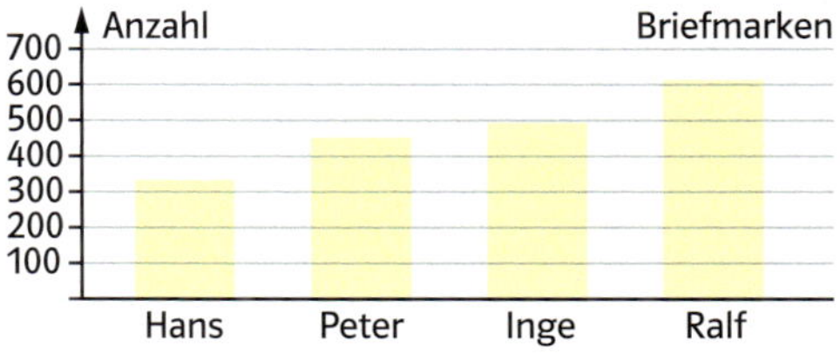

6 Welche Zahlen sind rot markiert?

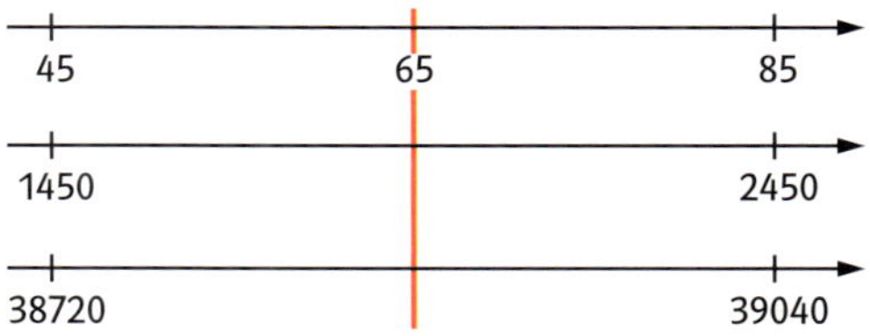

7 Ordne die Zahlen in einer Kette.
a) 110 011; 101 010; 111 000; 110 101; 100 111; 111 001; 100 001; 100 011
b) 733 737; 773 377; 737 777; 773 737; 773 337; 737 737; 773 773; 733 337

8 Schreibe den Text so, dass die Zahlen übersichtlicher dargestellt sind.

Als Neil Armstrong neunzehnhundertneunundsechzig als erster Mensch den Mond betrat, musste das Raumschiff Apollo 11 zunächst eine Strecke von dreihundertvierundachtzigtausend Kilometern zurücklegen. Die Entfernung zum Mars pendelt zwischen fünfundvierzig Millionen und vierhundert Millionen km. Die Sonne, die ungefähr einhundertfünfzig Millionen km von der Erde entfernt ist, weist im Innern eine Temperatur von über fünfzehn Millionen Grad auf.
Diese Angaben sind im Vergleich zum gesamten Weltall sehr gering. Die größte bekannte Entfernung sind dreihundert Billiarden km und die Temperatur bei der Entstehung des Weltalls soll ungefähr eine Billion Grad betragen haben.

(aus einer Schülerzeitung)

9 a) Wie heißt die größte sechsstellige Zahl, die aus vier verschiedenen Ziffern besteht?
b) Bilde die kleinste fünfstellige Zahl, die aus drei verschiedenen Ziffern besteht.
c) Wie heißt die größte achtstellige Zahl, die man aus Nullen und Einsen bilden kann?

10 Bei den großen Zahlen gibt es Unterschiede zwischen der deutschen und englischen Sprechweise.

mit Ziffern	deutsch	englisch
1 000 000 000	Milliarde	billion
1 000 000 000 000	Billion	trillion
1 000 000 000 000 000	Billiarde	quadrillion
1 000 000 000 000 000 000	Trillion	quintillion
1 000 000 000 000 000 000 000	Trilliarde	sextillion

Lies die folgenden Zahlen auf Deutsch und auf Englisch.
a) 234 000 000 000
b) 123 500 000 000 000 000
c) 23 578 000 000 000 000 000
d) 999 999 999 999 999 999 999 999

11 Können Diagramme lügen?

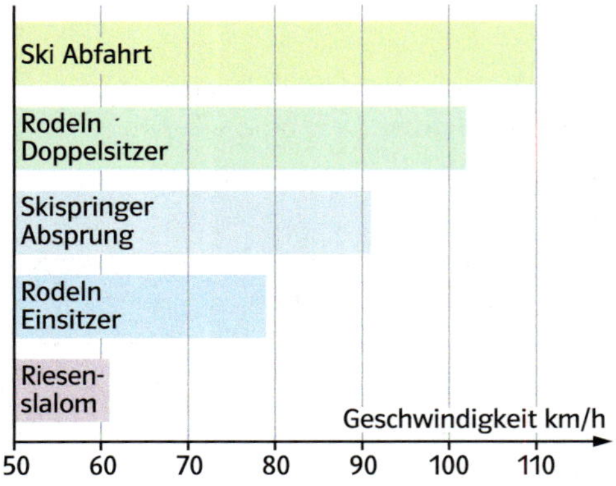

Ist der Doppelsitzer beim Rodeln wirklich doppelt so schnell wie der Einsitzer?
Erkläre das Diagramm.
Zeichne selbst ein Diagramm, in dem die Geschwindigkeiten ehrlicher zu vergleichen sind.

12 Lies den folgenden Text.

Tiere und Menschen bei einer Zählung auf der Erde im Jahr 2000:
Der Mensch hält 1 318 386 000 Rinder, 3 172 864 740 000 Bienen, 773 476 000 Enten, 452 345 000 Kaninchen, 13 478 302 000 Hühner, 60 945 000 Pferde, 1 064 110 000 Schafe, 19 083 000 Kamele, 699 994 000 Ziegen, 2 600 000 Farmkrokodile.

Ordne die Zahlen und schreibe die Angaben übersichtlich untereinander.

13 a) Welches ist die größte Zahl, die du mit 19 Streichhölzern legen kannst?
b) Welches ist die kleinste Zahl, die du mit 19 Streichhölzern legen kannst?
c) Welche Zahlen findest du, wenn du ein Streichhölzchen weniger hast?

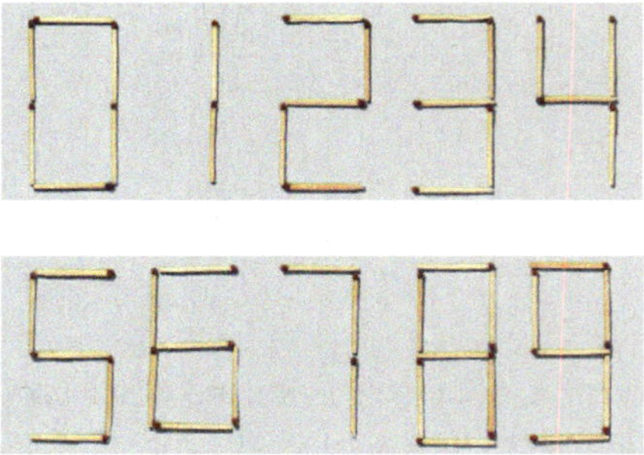

Rückspiegel

Rückspiegel

1 Welche Zahlen sind dargestellt? Zeichne die beiden folgenden Zahlenbilder.

a)

b)

2 Welche Zahlen sind auf dem Zahlenstrahl rot markiert?

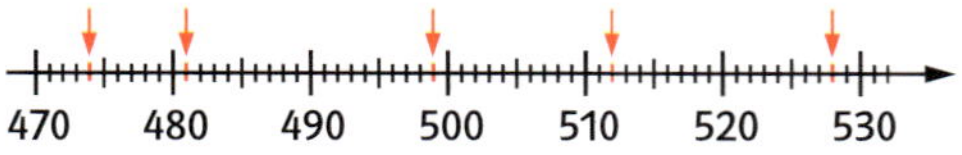

3 Setze das richtige Zeichen (<, >) ein.

a) 56 ☐ 73 b) 323 ☐ 233 c) 826 ☐ 862

4 a) Welche Zahl steht unmittelbar vor 4020; 8000; 100 000?

b) Welche Zahl folgt direkt auf 89; 899; 8999; 88 899?

5 a) Runde auf Hunderter.
289; 435; 1349

b) Runde auf Tausender.
2420; 9765; 15 501

6 Lies aus dem Diagramm die Höhe (in Metern) der verschiedenen Berge ab.

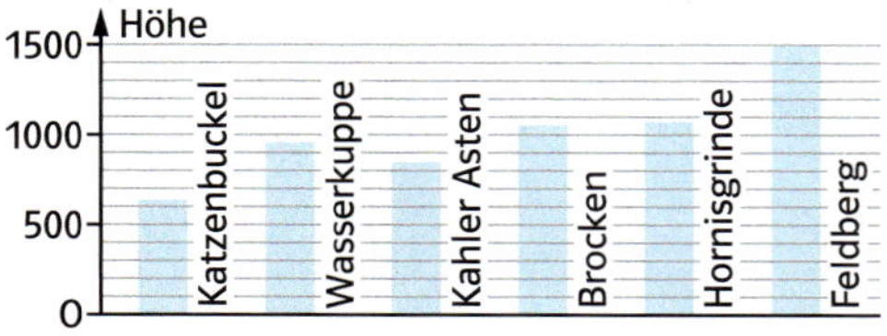

7 Lege mit den Zahlenkärtchen

2 8 17 12 9

a) eine möglichst kleine siebenstellige Zahl.

b) eine möglichst große siebenstellige Zahl.

1 Welche Zahlen sind dargestellt? Zeichne die beiden folgenden Zahlenbilder.

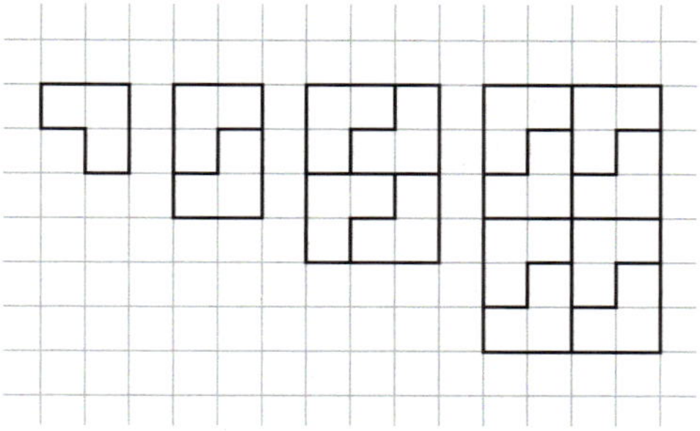

2 Welche Zahlen sind auf dem Zahlenstrahl rot markiert?

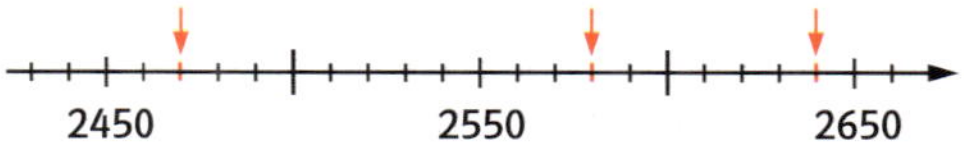

3 Ordne die Zahlen in einer Kette.

a) 85; 385; 853; 583; 58; 538

b) 1112; 2122; 2212; 1212; 2121

4 Welches ist die kleinste und welches ist die größte Zahl, in der jede der folgenden Ziffern je einmal vorkommt?

a) 1; 6; 8; 3

b) 5; 2; 6; 7; 4

5 a) Runde auf Hunderter.
872; 2049; 10 450

b) Runde auf Tausender.
3501; 78 497; 122 500

6 Veranschauliche die Grenzlängen zu einigen Nachbarstaaten Deutschlands in einem Diagramm. Runde vorher sinnvoll.

Dänemark 67 km	Polen 442 km
Niederlande 567 km	Frankreich 448 km
Österreich 815 km	Belgien 156 km

7 Lege mit den Zahlenkärtchen

10 2 13 141 1

a) eine möglichst kleine siebenstellige Zahl.

b) eine möglichst große achtstellige Zahl.

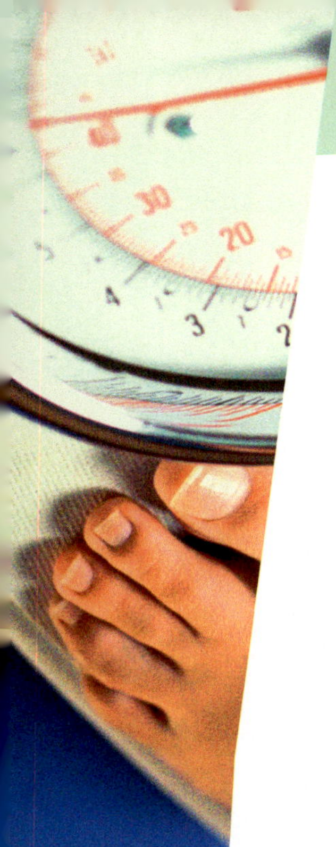

Rechenhilfsmittel

Im täglichen Leben muss man oft im Kopf rechnen. Bei großen Zahlen ist das mühsam und man kann schnell Fehler machen. Deshalb hat man schon früh nach Rechenhilfsmitteln gesucht, um sich die Rechenarbeit zu erleichtern.

Im 16. Jahrhundert lebte in Erfurt und Annaberg der Rechenmeister Adam Ries (1492–1559). Er vollendete 1522 das erste Volksrechenbuch mit dem Titel „Rechnung auff der Linihen und Federn".

Das Linienbrett

Man legte die Zahlen auf Linien auf einem Rechenbrett. Ein Stein zwischen den Linien hatte den fünffachen Wert der Linie darunter.

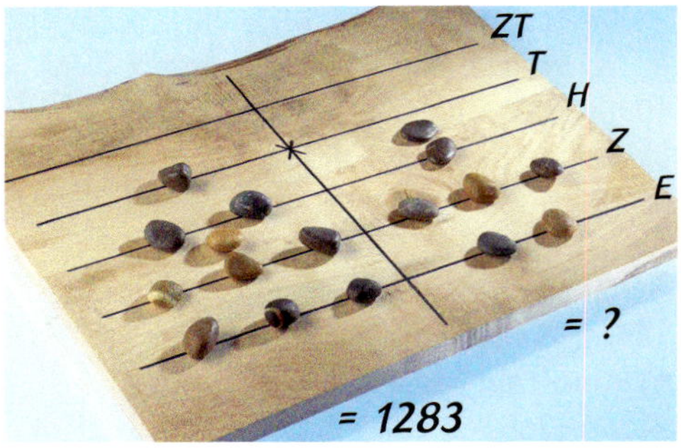

Zeichne in deinem Heft ein Linienbrett und lege die Zahlen
44, 132, 584, 831, 1055, 2354, 8097

Nun konnte man so auch addieren und subtrahieren.

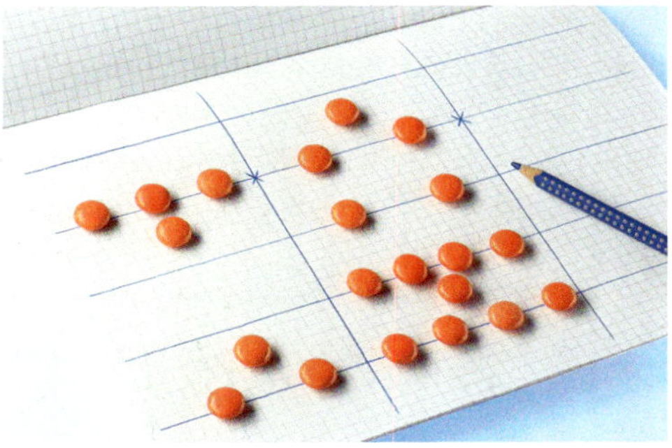

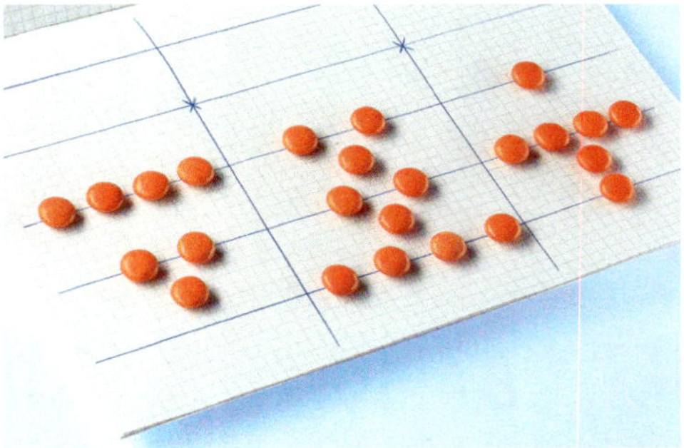

Lege selbst andere Aufgaben und löse sie.

Die ersten Rechenmaschinen

Der Tübinger Professor Wilhelm Schickard stellte im Jahr 1623 seine erste Rechenmaschine vor.

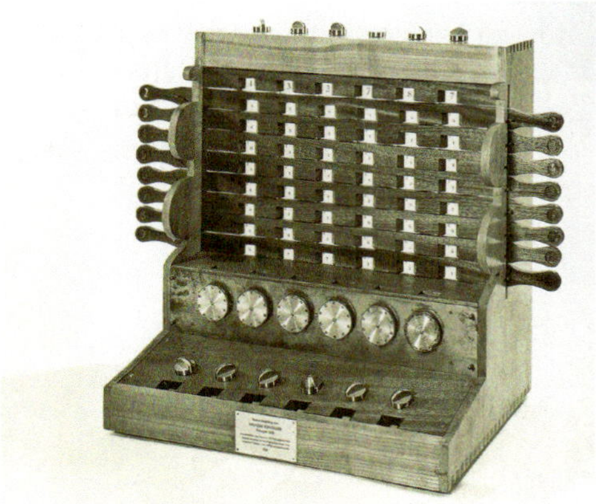

Zur gleichen Zeit erfand der französische Mathematiker und Philosoph Blaise Pascal eine Addiermaschine.
Der britische Ingenieur Charles Babbage begann 1823 mit dem Bau einer riesigen Rechenmaschine, die er Differenzmaschine nannte. Sie wurde mit Dampf angetrieben und konnte schon das Ergebnis einer Rechnung ausdrucken.

Durch den technischen Fortschritt in der Elektronik und der Informationstechnik sind die heutigen Taschenrechner und Computer sehr viel kleiner und leistungsfähiger als die Maschinen von damals. Aber ohne diese Vorarbeiten wäre die heutige Entwicklung nicht möglich gewesen.

In diesem Kapitel lernst du

- Regeln zum Addieren und Subtrahieren,
- Rechengesetze zum vorteilhaften Rechnen zu nutzen,
- das Überschlagen einer Rechenaufgabe,
- den Wert von großen Rechenausdrücken zu berechnen.

1 Addieren

Tanja und Vera aus Mühlheim planen eine mehrtägige Fahrradtour.
Den Rundkurs haben sie in ihre Karte eingetragen.

→ Wie viele Kilometer fahren die beiden?
→ Tanjas Kilometerzähler zeigt in Mühlheim 849 km. Wie ist der Kilometerstand am Abend in Hochdorf mindestens?
→ Nenne Radtouren, die etwa 200 km lang sind.

Summe **Wert der Summe**

14 + 9 = 23

Summand Summand

Den Rechenausdruck 14 + 9 bezeichnet man als **Summe**, sein Ergebnis 23 als **Wert der Summe**. Die Zahlen 14 und 9 heißen **Summanden**.

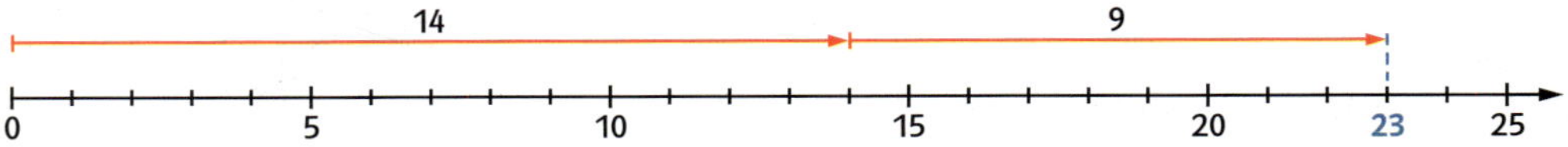

Die Sprech- und Schreibweise beim Addieren lässt sich an der Stellenwerttafel verdeutlichen. Man beginnt mit der rechten Spalte. Von unten nach oben addiert man die Zahlen im Kopf und merkt sich immer das Ergebnis: 6; (plus 3 gleich) 9 usw.

	T	H	Z	E
	5	6	7	3
+		8	5	6
	1	1		
	6	5	2	9

Einer:	6; 9;	schreibe 9
Zehner:	5; 12;	schreibe 2, übertrage 1
Hunderter:	1; 9; 15;	schreibe 5, übertrage 1
Tausender:	1; 6;	schreibe 6

14 —+9→ 23

Schriftliches Addieren
1. Schreibe die Zahlen so untereinander: Einer unter Einer, Zehner unter Zehner ...
2. Beginne von rechts zu addieren: Erst die Einer, dann die Zehner ...
3. Schreibe den Übertrag in die nächste Spalte nach links.

Bemerkung
Achte stets auf die Nullen und den Übertrag.

Beispiele

a)
```
  4346
+ 2632
------
  6978
```

b)
```
  8567
+ 2305
   1
------
 10872
```

c) Die Aufgabe „Addiere zu 25 die Summanden 8 und 13" müssen wir zuerst in einem Rechenausdruck schreiben und dann berechnen.

25 + 8 + 13
= 33 + 13

d) Sprech- und Schreibweise bei mehreren Summanden

5683	Einer:	2; 3; 7; 10;	schreibe 0, übertrage 1
+ 764	Zehner:	1; 5; 13; 19; 27;	schreibe 7, übertrage 2
+ 1481	Hunderter:	2; 5; 9; 16; 22;	schreibe 2, übertrage 2
+ 342	Tausender	2; 3; 8;	schreibe 8
221			
8270			

Aufgaben

1 Rechne im Kopf.

a) 60 + 32 b) 57 + 41
c) 130 + 72 d) 504 + 91
e) 75 + 47 f) 76 + 85
g) 124 + 127 h) 295 + 76
i) 129 + 396 j) 747 + 239

2 Berechne.

a) 3800 + 4600 b) 5700 + 1800
c) 6520 + 7810 d) 23 000 + 45 000
e) 11 000 + 99 000 f) 74 800 + 51 600
g) 237 000 + 185 000 h) 135 020 + 215 200

3 Achte auf die unterschiedlichen Stellenzahlen.

a) 17 600 + 2200 b) 45 800 + 6100
c) 3900 + 86 000 d) 460 + 46 500
e) 1200 + 98 900 f) 3720 + 12 005
g) 225 + 13 135 h) 1024 + 17 203

4 a) Addiere die Zahlen dreihundertsiebenundzwanzig, sechsundzwanzigtausendvierhundertundfünf und zwei Millionen achthundertsiebzehn.
b) Berechne die Summe aus den Summanden 432 und 999.
c) Welchen Wert hat die Summe aus den Summanden 888 und 222?
d) Addiere zum Summenwert der Zahlen 24 und 128 die Zahl 56.
e) Wie ändert sich der Wert einer Summe, wenn man beide Summanden jeweils um 26 vergrößert?
f) Wie verändert sich der Wert einer Summe, wenn man beide Summanden jeweils um 15 verringert?
g) Addiere den Wert der Summe aus den Summanden 17 und 4 zum Wert der Summe aus den Summanden 4 und 17.

Überschlag

- Die Klasse 5c der Goethe-Regelschule verkauft in den Pausen belegte Brötchen. Kathi und Lea ermitteln den Verbrauch einer Woche. Kathi behauptet: „Für die kommende Woche müssen wir wieder 412 Brötchen bestellen." Lea plant anders. Was meinst du?

Leas Planung:	
Montag	50
Dienstag	100
Mittwoch	50
Donnerstag	150
Freitag	100
	450

Verkauft:	
Montag	39
Dienstag	93
Mittwoch	54
Donnerstag	139
Freitag	87
	412

In vielen Fällen ist es hilfreicher, eine Anzahl nicht genau auszurechnen, sondern per Überschlag zu bestimmen. Hierzu muss man für jede Situation überlegen, welche Überschlagswerte geeignet sind.

- Diese Tabelle zeigt die Besucherzahlen einer Kunstausstellung.

Tag	Mo	Di	Mi	Do	Fr	Sa	So
Besucherzahl	–	48	54	51	109	291	389

War der 1000. Besucher schon da?

- Reicht das Geld?

Super billig!	
Vanille-Eis	1,99
Orangensaft	1,79
Spagetti	0,89
Chips	1,09
Pommes	2,49
Cola	7,50
Hackfleisch	3,80

5 In den unteren Feldern der Zahlenmauern stehen Zahlen. In den darüber liegenden Feldern steht immer der Summenwert der beiden darunter liegenden Zahlen.

a) Berechne den Wert des obersten Steins.
b) Erhöhe in den Grundsteinen der Zahlenmauer jeden Wert um eins. Wie verändert sich dadurch der Wert in der Spitze?
c) Wie verändert sich der Wert in der Spitze, wenn man die Zahlen in den Grundsteinen um jeweils 2 erhöht?

6 In den drei Grundsteinen stehen drei fortlaufende natürliche Zahlen.

a) Welcher Wert ergibt sich dadurch in der Spitze?
b) Probiere auch mit anderen fortlaufenden natürlichen Zahlen. Was fällt dir auf? Kannst du die Besonderheit erklären?

	347	6813
	715	2963

	2683	683
+	757	4572

	517	638
+	9187	5263

Nimm aus jedem Block eine Zahl, so erhältst du 64 Aufgaben.
Beispiel: 347 + 2683 + 517

7 Rechne schriftlich.
Achte auf den Übertrag.

a) 5221 + 4355
b) 6434 + 2345
c) 4708 + 3647
d) 3254 + 4602 + 2034
e) 2604 + 3837 + 1329
f) 5943 + 2406 + 1077
g) 364 125 + 16 076 + 17 458
h) 1 347 809 + 3 587 + 24 308

8 Schreibe untereinander und berechne.
a) 4326 + 3257 + 2422
b) 438 + 56 253 + 2536 + 24 077
c) 2608 + 2807 + 2985 + 2567 + 2408
d) 290 290 + 92 092 + 209 029 + 9029

9 Welche Aufgabe gehört zu welchem Ergebnis? Überschlage zuerst.

349 + 784 + 205	12 260
491 + 1223 + 832	2369
25 + 697 + 556	1338
256 + 24 + 11 980	2546
145 + 903 + 2345	1278
1475 + 251 + 643	3393

10 Welche Summe ist größer?

	100 000 000
+	120 000 000
+	123 000 000
+	123 400 000
+	123 450 000
+	123 456 000
+	123 456 700
+	123 456 780
+	123 456 789

	1
+	21
+	321
+	4 321
+	54 321
+	654 321
+	7 654 321
+	87 654 321
+	987 654 321

Kannst du das Ergebnis auch voraussagen, ohne die beiden langen Aufgaben ganz durchzurechnen?

11 a) Bilde alle dreistelligen Zahlen, die die Ziffern 2; 5; 8 genau einmal enthalten, und addiere sie.
Tipp:
ein Baumdiagramm (S. 10) kann dir helfen.
b) Verfahre ebenso mit 3; 5; 7.
Vergleiche das Ergebnis mit Teilaufgabe a).

12 Berechne die fehlenden Zahlen.

a)

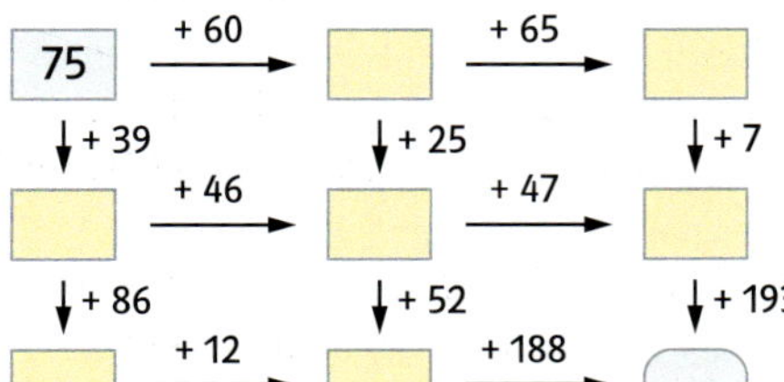

b)

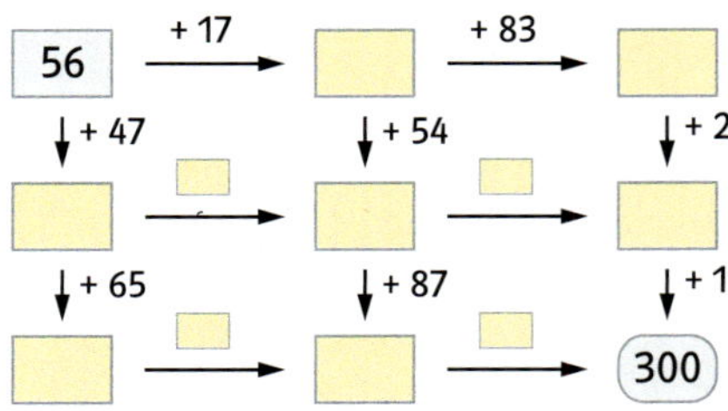

13 In die Leerstellen gehören die Ziffern 1; 2; 3; 6; 7 und 8. Jede Ziffer darf nur einmal vorkommen.

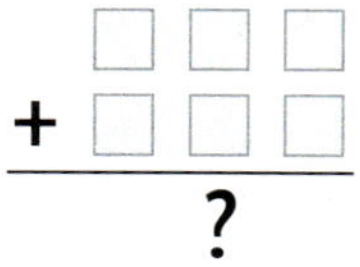

a) Der Wert der Summe soll möglichst groß sein.
b) Der Wert der Summe soll möglichst klein sein.
c) Der Wert der Summe soll 900 betragen.

14 Ersetze die Leerstellen.

a)
```
  □456
+ 63□3
------
  8□7□
```

b)
```
  5□47
+ □89□
------
  95□9
```

c)
```
  82□7
+ □65□
+ 3414
------
 □3□33
```

15 Bilde zwei dreistellige Zahlen und addiere sie.

a) Wähle die beiden dreistelligen Zahlen so, dass die größte Summe entsteht.
b) Wähle die beiden dreistelligen Zahlen so, dass die kleinste Summe entsteht.
c) Kannst du die beiden dreistelligen Zahlen so wählen, dass sich als Summe 1000 ergibt.
d) Lässt sich die Summe 999 bilden?
e) Lässt sich auch die Summe 777 bilden?

16 Setze die Zahlen 1; 2; 3; 6; 7 und 8 als Summanden in das Rechennetz ein.

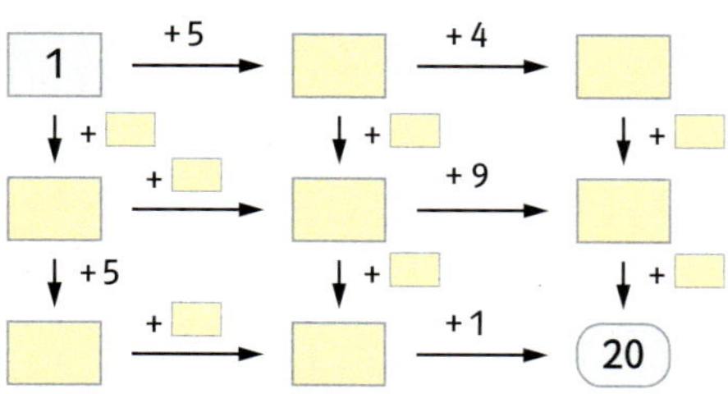

17 Welcher Fehler wurde gemacht? Formuliert Tipps, wie er sich vermeiden lässt.

a)
```
  2 3 5 6
+ 4 5 9 ○
    1
---------
  6 9 4 6
```

b)
```
    4 7 3
+   2 4 4
+   5 1 7
    1 1
---------
  1 1 2 4
```

c)
```
      7 0 0 3
+       4 0 8
+ 2 0 8 0 7
      1 1 1
-------------
  2 8 3 0 8
```

18 Wenn man aufeinander folgende Zahlen nebeneinander aufschreibt, kann man einen Ausschnitt dieser Zahlenfolge so auseinander reißen, dass die links und rechts stehenden Teilsummen gleich groß sind. Links steht immer ein Summand mehr als rechts.
a) Der linke Ausschnitt beginnt bei 25, der rechte endet bei 35. Prüfe nach.
b) Ein rechter Ausschnitt endet bei 15. Wo beginnt der linke Ausschnitt?
c) Ein linker Ausschnitt beginnt bei 16.

19 Im neuen Stadion fanden die deutschen Leichtathletikmeisterschaften statt. Die Kassierer meldeten die folgenden Zuschauerzahlen:

Freitag	17 366
Samstag	34 988
Sonntag	58 907

Die Veranstalter hatten mit 100 000 Zuschauern gerechnet.

20 Übertrage die Tabelle in dein Heft.

Einnahmen des Blumengeschäftes Beck

Filiale	Bahnhof	Stadtmitte	Kurpark
Woche 1	3824 €	5812 €	2137 €
Woche 2	4196 €	6436 €	1814 €
Woche 3	4217 €	5624 €	2008 €

Was kannst du berechnen?

21 Eine Blaskapelle erhält für neue Instrumente eine Spende über 7500 €. Was kann angeschafft werden?

Trompete	520 €
Horn	1550 €
Posaune	840 €
Tuba	3650 €
Klarinette	820 €

2 Subtrahieren

50 m-Lauf			
10,0	9,9	9,8	9,7
187	194	201	209
9,6	9,5	9,4	9,3
217	225	233	241
9,2	9,1	9,0	8,9
249	258	267	276
8,8	8,7	8,6	8,5
285	294	304	314
8,4	8,3	8,2	8,1
324	334	344	355

Weitsprung			
2,61	2,65	2,69	2,73
250	256	262	268
2,77	2,81	2,85	2,89
274	280	285	291
2,93	2,97	3,01	3,05
297	302	308	313
3,09	3,13	3,17	3,21
319	324	330	335
3,25	3,29	3,33	3,37
340	346	351	356

Ballwurf			
16	16,5	17	17,5
226	233	240	247
18	18,5	19	19,5
253	260	267	273
20	20,5	21	21,5
280	286	292	299
22	22,5	23	23,5
305	311	317	323
24	24,5	25	25,5
329	334	340	346

Bei den Bundesjugendspielen ist Martina die 50 m-Strecke in 8,5 Sekunden gelaufen und ist 2,97 m weit gesprungen.
→ Für eine Ehrenurkunde im Dreikampf benötigt sie 900 Punkte.

Differenz   *Wert der Differenz*

23 − 15 = 8
Minu-end   *Subtra-hend*

Den Rechenausdruck 23 − 8 bezeichnet man als **Differenz**, sein Ergebnis 15 als **Wert der Differenz.** Die Zahl 23 heißt **Minuend**, die Zahl 8 nennt man **Subtrahend**.
Die Subtraktion ist die Umkehrung der Addition. 23 − 8 = 15, da 15 + 8 = 23.

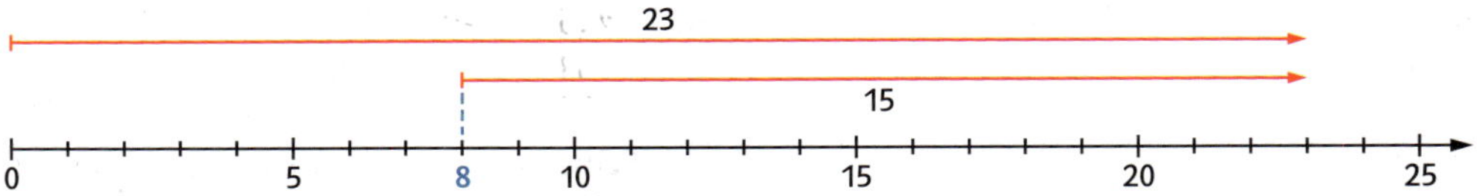

Die Sprech- und Schreibweise beim Subtrahieren lässt sich an der Stellenwerttafel verdeutlichen. Bei mehreren Subtrahenden werden diese zunächst im Kopf addiert.

	T	H	Z	E
	7	3	6	4
−		4	3	8
	1		1	
	6	9	2	6

Einer:	8 + 6 = 14	schreibe 6, übertrage 1
Zehner:	1; 4; 4 + 2 = 6	schreibe 2
Hunderter:	4 + 9 = 13	schreibe 9, übertrage 1
Tausender:	1 + 6 = 7	schreibe 6

23 ⇄ 8 (− 15 / + 15)

Schriftliches Subtrahieren
1. Schreibe die Zahlen so untereinander: Einer unter Einer, Zehner unter Zehner …
2. Beginne von rechts die fehlenden Zahlen zu ergänzen.
3. Schreibe einen entstehenden Übertrag in die nächste Spalte nach links.

Bemerkung
Achte stets auf die Nullen und den Übertrag.

Beispiele
a)
```
  6417
− 3603
  1
  2814
```
b)
```
 15437
− 9817
  1
  5620
```
c)
```
  7306
−  509
  111
  6797
```

d) Sprech- und Schreibweise bei mehreren Subtrahenden

5956	Einer:	9; 16; 19:	19 + 7 = 26	schreibe 7, übertrage 2
− 1683	Zehner:	2; 7; 8; 16:	16 + 9 = 25	schreibe 9, übertrage 2
− 217	Hunderter:	2; 10; 12; 18:	18 + 1 = 19	schreibe 1, übertrage 1
− 859	Tausender:	1; 2:	2 + 3 = 5	schreibe 3
122				
3197				

e) Du kannst dein Ergebnis mit der entsprechenden Additionsaufgabe kontrollieren.
234 − 123 = 111, denn 111 + 123 = 234.

f) Aufgabe in Worten

Die Aufgabe „Subtrahiere vom Differenzwert der Zahlen 72 und 18 die Zahl 29“ müssen wir zuerst in einem Rechenausdruck schreiben und dann berechnen.

72 − 18 − 29
= 54 − 29
= 25

Aufgaben

1 Rechne im Kopf.
a) 65 − 32 b) 235 − 123
c) 484 − 73 d) 145 − 62
e) 95 − 67 f) 481 − 73
g) 225 − 78 h) 267 − 139
i) 324 − 127 j) 412 − 278

2 Berechne.
a) 8400 − 3200 b) 6400 − 1800
c) 18 000 − 12 500 d) 50 000 − 25 500
e) 99 900 − 11 100 f) 12 300 − 11 800
g) 95 800 − 85 900 h) 22 700 − 13 900

3 Achte auf die unterschiedliche Stellenzahl.
a) 523 − 87
b) 1345 − 785
c) 43 000 − 5600
d) 234 500 − 11 800
e) 85 750 − 6985
f) 1 250 300 − 150 200

4 Berechne und kontrolliere dein Ergebnis mit der zugehörigen Additionsaufgabe.
a) 97 − 46 b) 187 − 93
c) 345 − 298 d) 2345 − 976
e) 5987 − 3241 f) 1907 − 1183
g) 8008 − 999 h) 6092 − 5904
i) 24 875 − 6260 j) 123 000 − 35 670

5 Berechne geschickt.
100 − 99 + 98 − 97 + … + 2 − 1 = ?

6 Rechne schriftlich im Heft.
a) 8649 − 4537 b) 6756 − 5234 c) 8469 − 248
d) 5436 − 2258 e) 7836 − 6919 f) 8102 − 479

7 Schreibe untereinander und berechne.
a) 8467 − 6253 b) 9846 − 3618
c) 5748 − 607 d) 12 769 − 9457
e) 4787 − 463 f) 17 697 − 383

8 a) Subtrahiere die Zahl vierhundertsechsunddreißig von zweitausendeinhundertundvierzig.
b) Berechne den Wert der Differenz der Zahlen 157 und 89.
c) Welche Zahl musst du von 78 subtrahieren, um 18 zu erhalten?
d) Von welcher Zahl musst du 16 subtrahieren, um 64 zu erhalten?
e) Stelle deiner Nachbarin oder deinem Nachbarn ähnliche Aufgaben.

9 Ersetze die Leerstellen durch die richtigen Ziffern.

a)
  8 □ 7 □ 6
− □ 3 □ 6 □
  7 2 7 0 1

b)
  6 □ 3 □ □
− □ 7 □ 9 3
  1 0 3 0 7

c)
  8 2 1 9 □
− 4 □ 8 □ 9
  □ 2 □ 9 0

	3546	4286
	3890	4305
	802	769
−	953	658
	1555	1221
−	1358	1465

Nimm aus jedem Block eine Zahl, so erhältst du 64 Aufgaben.
Beispiel: 3546 − 802 − 1555

10 Hier wurde falsch gerechnet.
Suche den Fehler und erkläre ihn.

a)
```
  415
− 387
─────
  172
```
b)
```
  8612
−  523
    1
──────
  3382
```
c)
```
  5685
− 3758
     1
──────
  2927
```

11 Berechne den Differenzwert der Zahlen 120 und 84. Wie ändert sich der Wert der Differenz, wenn
a) der Minuend um 15 vergrößert wird?
b) der Subtrahend um 15 verkleinert wird?
c) Minuend und Subtrahend jeweils um 15 vergrößert werden?

12 Welche Aufgabe gehört zu welchem Ergebnis?
Überschlage zunächst, bevor du genau rechnest.

8009 − 4287 − 28 − 716 − 2503	1114
10 350 − 298 − 815 − 136 − 19	140
754 − 312 − 98 − 115 − 89	4746
35 689 − 18 450 − 12 493	475
6845 − 578 − 4152 − 93 − 908	9082

13 In die Leerstellen gehören die Ziffern 2; 3; 5; 7; 8; 9.

```
  □ □ □
− □ □ □
───────
      ?
```

a) Der Wert der Differenz soll möglichst groß sein.
b) Der Wert der Differenz soll möglichst klein sein.
c) Der Wert der Differenz soll genau 121 betragen.

14 Bilde aus vier Ziffern die kleinste und die größte Zahl und berechne den Differenzwert. Verfahre mit den Ziffern des Ergebnisses genauso usw. Was geschieht?

Beispiel: 2; 3; 6, 8

1)
```
  8632
− 2368
──────
  6264
```
2)
```
  6642
− 2466
──────
  4176
```
3)
```
  7641
− 1467
──────
  6174
```

Rechne ebenso mit diesen Ziffern.
a) 2; 4; 8; 9 b) 1; 3; 7; 9 c) 2; 3; 8; 9.

15 Die längsten Flüsse der Erde.

Nil	6671 km
Amazonas	6516 km
Mississippi	6019 km
Jangtsekiang	5800 km
Ob-Jenissei	5570 km
Huang Ho	4845 km
Rio de la Plata	4700 km

a) Berechne die Längenunterschiede.
b) Die Donau hat eine Länge von 2850 km. Berechne die Unterschiede zu den längsten Flüssen der Erde.
c) Der Rhein ist um 1490 km kürzer als die Donau.
d) Addiere die Länge der Flüsse. Der Erdumfang beträgt etwa 40 000 km.

16 Im Heizöltank der Schule waren zu Beginn der Winterheizperiode 12 800 Liter. Während der Wintermonate musste dreimal nachgetankt werden:
8700 Liter, 11 800 Liter und 9750 Liter.
Am Ende der Heizperiode waren noch 10 950 Liter im Tank.
Wie viel Liter Heizöl wurden verbraucht?

17 Die Grafik zeigt die Geburtenentwicklung in Deutschland.

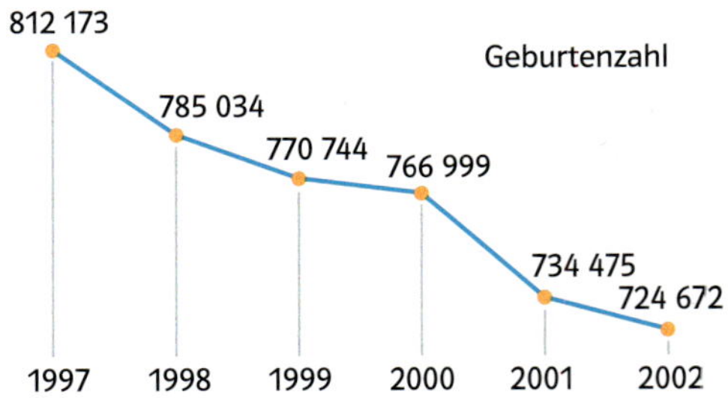

a) Berechne den Rückgang der Geburten von 1997 bis 2002.
b) In welchem Jahr war der Rückgang am stärksten?
c) Wage eine Vorschau.

Albrecht Dürer (1471–1528, Nürnberg) war einer der bedeutendsten Maler. 1514 schuf er den Kupferstich „Melancholie“. Man sieht ein Quadrat mit 16 Feldern. In jedem Feld steht eine Zahl. In der untersten Zeile findet man auch das Entstehungsdatum. Wenn man die Zahlen in den Spalten, Zeilen oder den Diagonalen addiert, erhält man stets die Zahl 34.

- Rechne nach. Prüfe auch die vier Felder in den jeweiligen Ecken.
- Gibt es noch weitere Möglichkeiten, die Zahl 34 zu erhalten?

16	3	2	13
5	10	11	8
9	6	7	12
4	15	14	1

- Überprüfe, ob die Zahlenquadrate auch magische Quadrate sind.

11	3	10
7	8	9
6	13	5

2	24	16	26
28	14	22	4
30	12	20	6
8	18	10	32

14	10	1	22	18
20	11	7	3	24
21	17	13	9	5
2	23	19	15	6
8	4	25	16	12

- Welche Zahlen müssen ergänzt werden, damit ein magisches Quadrat entsteht?

	14	19
16	18	
	22	

	12		13
		8	10
16	2	9	7
	5		

23	10	17		11
		5	12	24
	1	13	25	
2	14		8	
15				3

Wie müssen die Zahlen 4; 5; 6; 7; 8 und 9 eingesetzt werden? Die magische Zahl heißt 15.

		2
3		
	1	

Ein magisches Dreieck

- Setze die Zahlen 4; 5; 6; 7; 8 und 9 ein. Die Summe ist auf jeder der Dreiecksseiten gleich groß.
- Welche Summe ergibt sich, wenn die Eckfelder mit den Zahlen 7, 8 und 9 belegt werden?
- Verändere das Dreieck so, dass auf jeder Kante fünf Zahlen liegen. Setze die Zahlen 1 bis 12 in gleicher Weise ein.

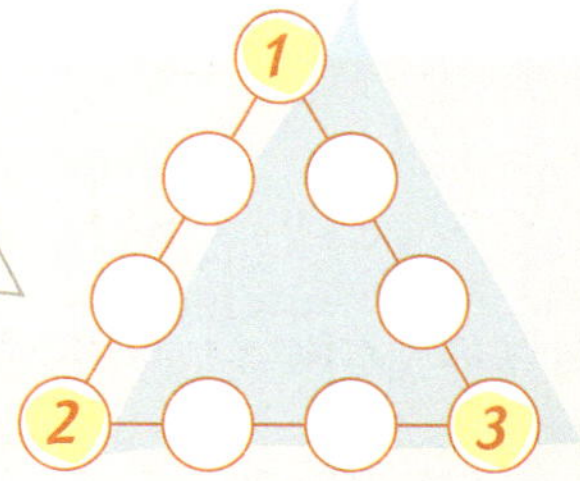

Der sechszackige magische Stern

Die Summe von Zacke zu Zacke ist immer 26. Übrigens: Es gibt 80 verschiedene Möglichkeiten, den Stern zu füllen.

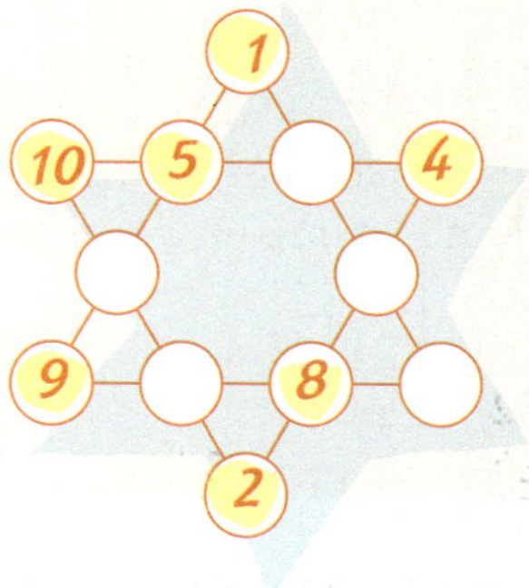

3 Summen und Differenzen. Klammern

Die Straßenbahngesellschaft führt eine Untersuchung durch. Frau Moll notiert, wie viele Personen ein- und aussteigen.
Am Hainweg startet die Straßenbahn mit 24 Personen.
Im Amselweg steigen 5 aus und 12 zu.
In der Drosselgasse kommen 4 Fahrgäste dazu und 17 steigen aus.
Zuletzt verlassen in der Lerchenstraße 14 die Bahn und es steigen nochmal 7 ein.

→ Was kannst du berechnen?
→ Gibt es mehrere Möglichkeiten?

Einen Rechenausdruck, in dem mehrere Glieder addiert und subtrahiert werden, wie z. B. 24 − 13 + 16 − 17 + 36, berechnet man **von links nach rechts**.
Vorteilhafter rechnet man durch Zusammenfassen:
(24 + 16 + 36) − (13 + 17) = 76 − 30 = 46

Von links nach rechts!

Klammer hat immer Vorfahrt!

Kommen in einem Rechenausdruck mehrere Subtrahenden vor, kann man diese zusammenfassen und anschießend als Summe subtrahieren.

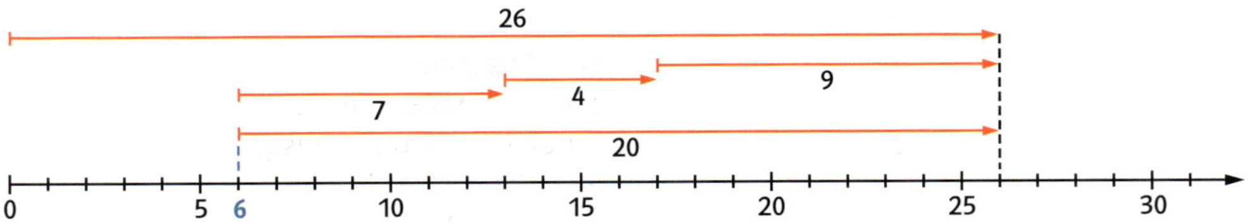

26 − 9 − 4 − 7 = 26 − (9 + 4 + 7) = 26 − 20 = 6

Enthält ein Rechenausdruck Klammern wie z. B. 53 + (36 − 17) − 24, so wird die Summe oder Differenz innerhalb der Klammer zuerst berechnet.
Man kann verschiedene Rechenregeln aufstellen:

Hat ein **Rechenausdruck** nur die Rechenzeichen + und − und keine Klammern, so berechnet man seinen Wert von links nach rechts.
Hat ein Rechenausdruck Klammern, so berechnet man zuerst, was in Klammern steht.

Beispiele

a) Von links nach rechts

24 − 13 + 16 − 17
= (24 − 13) + 16 − 17
= (11 + 16) − 17
27 − 17
= 10

b) Subtrahenden zusammenfassen

74 − 18 − 29 − 13
= 74 − (18 + 29 + 13)
= 74 − 60
= 14

c) Klammern zuerst

(57 − 28) + (81 + 12) − 37
= 29 + 93 − 37
= 122 − 37
= 85

d) Addiere zur Differenz von 36 und 19 die Summe von 76 und 25.
Wir schreiben zunächst einen Rechenausdruck mit Klammern.

(36 − 19) + (76 + 25)
= 17 + 101
= 118

e) Sind in einem Rechenausdruck mehrere Klammern ineinander verschachtelt, so wird die innere Klammer immer zuerst berechnet.

42 − (36 − (17 − 8)) + 4
= 42 − (36 − 9) + 4
= 42 − 27 + 4
= 19

Innere Klammer vor äußerer Klammer!

Aufgaben

1 Berechne von links nach rechts.
a) 63 − 48 + 25 − 14 + 15 − 27
b) 81 − 56 + 27 − 36 + 21 − 34
c) 96 − 48 − 19 + 24 − 48 + 11
d) 74 − 16 − 39 + 33 − 17 − 18

2 Achte auf die Klammern.
a) 46 − 28 − (41 − 27) + 27 − 18
b) 61 + (24 − 17) − (37 + 24) + 11
c) 54 − (65 − 48) + 24 − (29 + 26)
d) 37 + (54 − 36) − 29 − (31 − 17)

3 Berechne die innere Klammer zuerst.
a) 36 + (21 − (24 − 17) + 25) − 66
b) ((46 + 25) − 44) − 19 − (61 − 54)
c) 51 − ((64 − 47) + 28) + 13
d) 64 − 45 − ((72 − 54) − 17) − 14

4 Fasse die Subtrahenden zusammen.
a) 138 − 19 − 23 − 31 − 47 − 11
b) 146 − 28 − 14 − 15 − 32 − 46
c) 171 − 55 − 46 − 23 − 15 − 17
d) 215 − 87 − 29 − 17 − 33 − 41

5 Berechne.
a) 212 + (118 − 95) − (201 − 104)
b) 408 − (112 − (48 + 51) + 13)
c) 509 − 98 − 87 − 76 − 65 − 54
d) 308 − (105 + 32) − (47 + 3)
e) 2345 − (23 + 45) − (45 − 23)

6 Die Aufgabe „57 + (18 − 12)“ lautet in Worten: „Addiere die Differenz von 18 und 12 zu 57.“ Schreibe in Worten.
a) 105 − (38 + 25)
b) 58 + (101 − 91)
c) 204 − (198 − 125)
d) (38 + 42) − (26 + 15)

7 Schreibe zuerst einen Rechenausdruck mit Klammern.
a) Addiere zur Differenz der Zahlen 86 und 37 die Summe der Zahlen 24; 39 und 53.
b) Subtrahiere von der Summe der Zahlen 27; 54 und 63 die Differenz der Zahlen 96 und 57.
c) Berechne die Summe aus der Differenz der Zahlen 57 und 28 und der Differenz der Zahlen 112 und 48.
d) Welchen Wert hat die Differenz aus der Summe der Zahlen 124 und 57 und der Summe 86 und 25?

8 Berechne.
Die Buchstaben der Lösungen verraten dir einen Bewohner eisiger Regionen.
76 − (24 − 18) − 36 + 19 + 42
76 + 24 − (18 + 36) + 19 − 42
76 + 24 + 18 − (36 + 19) + 42
76 − (24 + 18 − (36 − 19) + 42)
76 − 24 − 18 − (36 − 19) + 42
(76 − 24) + 18 − ((36 − 19) + 42)
76 − (24 − 18) − (36 + 19) + 42

A	59	B	9
E	95	E	11
D	47	G	38
H	12	I	23
M	69	N	51
P	44	R	57
S	105	U	88

9 Berechne den Wert des Rechenausdrucks zunächst mit Klammer und dann ohne Klammer.

a) 153 + (17 − 9) b) 153 − (17 − 9)
c) 153 + (17 + 9) d) 153 − (17 + 9)

Erkläre die Unterschiede.

10 In dem Baukasten befinden sich vier Zahlen, zwei Plus- und zwei Minuszeichen sowie ein Klammerpaar.

a) Erstelle möglichst viele verschiedene lösbare Aufgaben und berechne sie.
Beispiel: 36 − (25 − 12) + 9 = 32

b) Wie heißt der Rechenausdruck mit dem größten Wert?

c) Welche Aufgabe hat ein Ergebnis möglichst nahe bei null?

11 Setze in den Rechenausdruck 30 − 8 − 10 + 5 − 4 Klammern und berechne jeweils den Wert des Ausdrucks.

12 Achte auf die Klammern.

a) 75 − 45 − 15 − 10 − 5
b) 75 − (45 − 15) − 10 − 5
c) 75 − (45 − 15 − 10) − 5
d) 75 − (45 − 15 − 10 − 5)
e) 75 − 45 − (15 − 10) − 5
f) 75 − 45 − (15 − 10 − 5)

Vergleiche die Ergebnisse.

13 Setze +, − und Klammern. Berechne.

□ 56 □ 44 □ 37 □ 36 □

Beispiel: 56 − (44 − 37) + 36 = 85

a) Das Ergebnis soll möglichst groß werden.

b) Das Ergebnis soll möglichst klein werden.

c) Das Ergebnis soll 99 sein. Wie viele verschiedene Lösungen findest du?

Rechengesetze

i

In Summen dürfen die Summanden vertauscht werden.
15 + 7 = 7 + 15
Dies ist das **Vertauschungsgesetz** (Kommutativgesetz) der Addition.
Bei Differenzen muss man aufpassen.
15 − 7 ist nicht dasselbe wie 7 − 15
Wir können bisher nur die Differenz 15 − 7 berechnen.

In Summen dürfen beliebig Klammern gesetzt oder weggelassen werden.
(6 + 12) + 7 = 6 + (12 + 7)
oder auch = 6 + 12 + 7
Dies ist das **Verbindungsgesetz** (Assoziativgesetz) der Addition.
Bei Differenzen gilt dieses Rechengesetz nicht.
(25 − 10) − 5 ist nicht gleich 25 − (10 − 5)
Man erhält unterschiedliche Ergebnisse.

Benutzt man diese beiden Rechengesetze, kann man oftmals vorteilhaft rechnen.
Manchmal ist es besonders hilfreich, beide Regeln gleichzeitig zu benutzen.

Beispiel: 14 + 31 + 26 + 49 + 17
= 14 + 26 + 31 + 49 + 17 (Vertauschungsgesetz)
= (14 + 26) + (31 + 49) + 17 (Verbindungsgesetz)
= 40 + 80 + 17
= 137

14 Nicole und Steffen berechnen beide die Summe 358 + 434 + 566. Während Steffen noch mühsam rechnet, hat Nicole das Ergebnis bereits im Kopf ermittelt.

15 Nutze Rechenvorteile.

a) 65 + 38 + 55
46 + 52 + 38
72 + 83 + 69

b) 93 + 56 + 77
86 + 24 + 56
31 + 78 + 89

c) 124 + 57 + 36
178 + 63 + 82
153 + 77 + 38

d) 63 + 148 + 77
74 + 134 + 56
51 + 104 + 19

16 Fasse geschickt zusammen.

a) 261 + 134 + 139
b) 527 + 256 + 273
c) 412 + 837 + 163
d) 46 000 + 73 000 + 37 000

17 Vertausche und fasse zusammen.

Beispiel: 23 + 46 + 17 + 24 + 27
= (23 + 17) + (46 + 24) + 27
= 40 + 70 + 27 = 137

a) 36 + 57 + 24 + 33 + 38
b) 53 + 38 + 41 + 62 + 19
c) 27 + 45 + 83 + 65 + 34
d) 67 + 26 + 65 + 94 + 25

18 Berechne und erkläre die unterschiedlichen Ergebnisse.

a) (35 + 10) + 5 (35 − 10) − 5
35 + (10 + 5) 35 − (10 − 5)

b) 100 + (50 − 15) 100 − (50 − 15)
(100 + 50) − 15 (100 − 50) − 15

c) 95 − (45 − 15 − 5) 95 − (45 + 15 + 5)
95 − (45 − 15 + 5) 95 − (45 + 15 − 5)

19 Wenn du den Subtrahend auf die Hunderterzahl ergänzt, kannst du die Aufgaben im Kopf lösen.

Beispiel: 758 − 386
= 758 − 400 + 14
= 372

a) 479 − 391
b) 923 − 284
c) 712 − 294
d) 1008 − 999
e) 1234 − 675
f) 1432 − 888

20 a) Subtrahiere die Differenz von 78 und 48 von der Zahl 30.
b) Kannst du die Summe von 78 und 48 von der Zahl 30 subtrahieren?
c) Was erhältst du, wenn du von 78 die Summe von 30 und 48 subtrahierst?
d) Subtrahiere von der Differenz aus 67 und 12 die Summe aus 19 und 36.

Rechnen in England und Amerika

In den englischsprachigen Ländern wird so addiert und subtrahiert:

addition 5 + 3 = 8
„5 + 3" is a sum
lies: „five plus three equals eight".

subtraction 8 − 3 = 5
„8 − 3" is a difference
lies: „eight minus three equals five".

Beim schriftlichen Rechnen schreibt man den Übertrag oben

```
   1
  123
+  49
-----
  172
```

9 + 3 = 12 schreibe 2, übertrage 1 und lies: „nine plus three equals twelve, write two and carry the one".

21 Vertausche nicht nur Nachbarn.

Beispiel: 17 + 36 + 29 + 33 + 11 + 74
= 17 + 33 + 36 + 74 + 29 + 11
= 50 + 110 + 40 = 200

a) 17 + 19 + 21 + 16 + 13 + 31 + 28 + 32
b) 28 + 15 + 24 + 36 + 45 + 31 + 15 + 12
c) 19 + 23 + 45 + 17 + 31 + 18 + 25 + 62
d) 38 + 23 + 46 + 37 + 12 + 54 + 15 + 40
Die Summe aller Ergebnisse beträgt 888.

22 a) Addiere die Zahlen 74; 33; 26; 48 und 57.
b) Berechne die Summe der Zahlen 14; 31; 75; 36; 17 und 29.
c) Welchen Wert hat die Summe der Zahlen 44, 27, 51, 33 und 19?
d) Addiere zu den Zahlen 37; 62 und 20 jeweils ihre Nachfolger.

23 Ermittle die fehlende Zahl.
a) 75 + (55 − ☐) = 110
b) 38 + (☐ − 24) = 70
c) 240 − (48 + ☐) = 165
d) 135 − (56 − ☐) = 100
e) (24 + ☐) − (38 − 16) = 36
f) (37 − ☐) − (17 + 4) = 5

24 Ziemlich viele Klammern. Versuche gemeinsam mit deiner Nachbarin oder deinem Nachbarn das Ergebnis zu erraten, bevor du es berechnest.
Wie gut war euer Überschlag?

100 + (99 - 98) - (97 - 96) + (95 - 94) - (93 - 92)
100 - (((99 - (98 - 97)) - 96) - (95 - 94))
10 - (((9 - (8 - 7)) - 6) - (5 - 4)) - (3 - 2 - 1))

Tabellenkalkulation

■ Die Schülervertretung der Heine-Regelschule verkauft in der großen Pause Getränke.
Am Anfang der Woche wird dazu stets der Bestand ermittelt: 236 Flaschen Limonade, 358 Packungen Eistee, 198 Flaschen Fruchtsaft und 245 Päckchen Kakao.
Der tägliche Verkauf wird in einer Tabelle festgehalten.

Getränk	Montag	Dienstag	Mittwoch	Donnerstag	Freitag
Limonade	37	39	12	34	38
Eistee	42	50	13	44	45
Fruchtsaft	25	23	8	26	19
Kakao	26	24	11	29	32

a) Wie viel muss für jede Getränkesorte mindestens nachbestellt werden?
b) Stelle den Verkauf dieser Woche in verschiedenen Diagrammen dar.
c) Was war am Mittwoch?
d) Erstelle die Tabelle mithilfe eines Tabellenkalkulationsprogramms.
Damit kann man sehr schnell und vorteilhaft die Summen für den jeweiligen Tag oder auch für die jeweilige Getränkesorte bestimmen.

■ Die Schülervertretung der Lessing-Regelschule verkauft Mineralwasser.
a) Gib den abgebildeten Bildschirminhalt ein und ermittle den Endbestand.
b) Probiere es mit anderen Zahlenwerten.

D10 fx =D3+SUMME(B6:F6)·SUMME(B7:F7)

	A	B	C	D	E	F
1	Lessing-Regelschule (Mineralwasserverkauf SMV)					
2						
3	Anfangsbestand:			171		
4						
5		Mo	Di	Mi	Do	Fr
6	Einkauf			150		168
7	Verkauf	96	73	68	83	77
8						
9						
10	Endbestand:			92		

Zusammenfassung

Addieren	Den Rechenausdruck 16 + 9 nennt man **Summe**. Die Zahl 16 ist der **1. Summand**, die Zahl 9 der **2. Summand**.	$\underbrace{16 + 9}_{\text{Summe}} = 25$ (Wert der Summe) 16: 1. Summand; 9: 2. Summand
Subtrahieren	Den Rechenausdruck 17 − 8 nennt man **Differenz**. Die Zahl 17 ist der **Minuend**, die Zahl 8 der **Subtrahend**.	$\underbrace{17 - 8}_{\text{Differenz}} = 9$ (Wert der Differenz) 17: Minuend; 8: Subtrahend
Vertauschungsgesetz	In Summen dürfen **Summanden vertauscht** werden.	32 + 24 = 24 + 32
Verbindungsgesetz	In Summen dürfen **Klammern beliebig gesetzt** werden.	23 + (12 + 7) = (23 + 12) + 7
Schriftliches Addieren und Subtrahieren	Beim schriftlichen Addieren bzw. Subtrahieren werden die Zahlen **stellengerecht untereinander** geschrieben. Die Einer werden mit den Einern, die Zehner mit den Zehnern … verrechnet.	3487 + 706 (Übertrag 1 1) = 4193 7694 − 829 (Übertrag 1 1) = 6865
Berechnen von Rechenausdrücken	Wenn nichts anderes gesagt wird, rechnet man **von links nach rechts.**	23 + 14 − 19 = 37 − 19 = 18
	Mehrere Subtrahenden können zusammengefasst werden.	85 − 26 − 5 − 34 = 85 − (26 + 5 + 34) = 85 − 65 = 20
	Was in Klammern steht, wird zuerst berechnet.	93 − (56 − 29) = 93 − 27 = 66
	Innere Klammer vor äußerer Klammer	150 − (72 − (45 + 18) + 12) = 150 − (72 − 63 + 12) = 150 − 21 = 129

Üben • Anwenden • Nachdenken

1 Rechne geschickt.

a) 41 + 22 + 18
34 + 17 + 43
26 + 44 + 29
36 + 73 + 84

b) 39 + 104 + 46
21 + 119 + 17
43 + 26 + 134
115 + 76 + 25

c) 11 + 73 + 79
84 + 18 + 36
98 + 22 + 78
57 + 36 + 83

d) 104 + 55 + 125
212 + 188 + 247
945 + 236 + 55
463 + 412 + 37

2 Wie heißt die fehlende Zahl?

a) 12 + 39 = □
24 + □ = 37
□ + 28 = 52

b) □ + 37 = 96
99 + □ = 115
89 + 98 = □

c) 58 − 19 = □
74 − □ = 51
□ − 13 = 48

d) □ − 28 = 34
91 − □ = 75
71 − 39 = □

e) 50 − (28 − □) = 29
75 − (19 + □) = 18
112 − (□ − 82) = 95

3 Durch geschicktes Zusammenfassen kannst du die Aufgaben im Kopf rechnen.

a) 27 + 81 + 44 + 73 + 19 + 56
b) 78 + 17 + 19 + 33 + 22 + 31
c) 64 + 55 + 86 + 12 + 45 + 38 + 17
d) 99 + 78 + 25 + 101 + 18 + 75 + 122

4 Abwechselnd würfelt jeder vier Zahlen und versucht mit „+", „−" und Klammern einen Rechenausdruck mit den Werten 1 bis 10 zusammenzustellen. Wer zuerst jeden Wert erreicht hat, ist Sieger.

Carl Friedrich Gauß

5 Berechne schriftlich.

a) 4321 + 1685 − 3963
b) 60 347 − 31 421 − 12 356
c) 39 284 − 699 + 1047 − 58
d) 307 + 40 039 − 1048 − 20 409
e) 113 457 − 262 − 3089 − 4909
f) 27 836 − 4917 − 8736 + 17 − 1012

6 Wie kannst du hier leichter rechnen?

a) 172 − 34 − 16 − 41 − 29
b) 158 − 21 − 53 − 19 − 27
c) 217 − 48 − 15 − 65 − 52
d) 333 − 12 − 17 − 83 − 88
e) 644 − 14 − 76 − 86 − 24

7 Achte auf die Klammern.

a) 57 + (34 − 17) + 12 + (19 − 7)
b) 57 + 34 − (17 + 12) − (19 − 7)
c) 57 − (34 − 17) − 12 + (19 − 7)
d) 57 − 34 + (17 − 12) − (19 − 7)
e) 57 − (34 − 17) − (12 + 19) − 7
f) 57 − 34 − (17 − 12) − (19 − 7)

8 Berechne die innere Klammer zuerst.

a) 14 + (86 − (39 + 17 − 5)) + 18
b) (36 − (58 − 29) + 34) − 17 + 28
c) 64 − 27 + (29 − (48 − 39)) − 18
d) 51 − 14 − (61 + (54 − 48) − 57)
e) ((44 − 17) + 15) − 24 + (51 − 27)

Die Summe der Ergebnisse lautet 222.

Summen

Die Summe aller Zahlen von 1 bis 100 lässt sich leichter ausrechnen, wenn du sie wie unten aufschreibst.

1	2	3	4	5	6	7	8	9	…
100	99	98	97	96	95	94	93	92	…

Diese Idee hatte schon der sechsjährige Carl Friedrich Gauß im Jahre 1783. Findest auch du die Lösung?

- Berechne diese Summe.
- Versuche es auch einmal für die Zahlen von 1 bis 1000.
- Welches Ergebnis erhältst du, wenn du nur die geraden Zahlen von 2 bis 100 addierst?
- Bilde eine Summe aus aufeinander folgenden Zahlen, die den Wert 1000 hat.

9 Wie lautet die größte und wie die kleinste Zahl, die man mit neun Einsen und zwei Pluszeichen berechnen kann?
Beispiel: 11 + 111 + 1111 = 1233

10 Für eine Radtour sind vier Stationen vorgegeben. Die Länge der Verbindungsstrecken ist bekannt. Von Station A aus sind alle Stationen auf dem kürzesten Weg zu durchfahren. Ziel ist dann wieder die Station A.

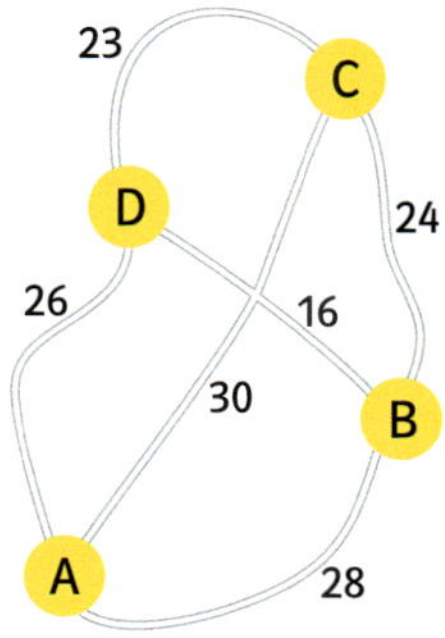

zu Aufgabe 10

Zahlenfolgen

Zahlen, die nach einer bestimmten Regel aneinandergereiht werden, nennt man Zahlenfolgen.

▪ Setze die Zahlenfolge um fünf weitere Glieder fort. Erkläre auch, wie die Folge entsteht.
14; 19; 24; …
98; 110; 122; …
375; 355; 335; …
73; 107; 141; …
241; 222; 203; …
100; 110; 105; 115; …

▪ Setze um drei weitere Figuren fort.

Berechne auch die Differenz zweier aufeinander folgender Figuren.
Was fällt dir auf?

▪ Aus Streichhölzern werden Quadratbänder gelegt.

Wie viele Streichhölzer braucht man für die zehnte Figur, wie viele für die hundertste?

▪ Diese Folge ist schon etwas schwieriger zu knacken. Wie entsteht sie?
1 1 2 3 5 8 13 21 …

11 Stelle zuerst einen Rechenausdruck auf und berechne dann seinen Wert.
a) Berechne den Summenwert der Summanden 18 und 36.
b) Welcher Summand ergibt mit 27 den Summenwert 51?
c) Berechne den Differenzwert der beiden Zahlen 98 und 29.
d) Welche Zahl muss man zu 38 addieren, um 71 zu erhalten?
e) Von welcher Zahl muss man 48 subtrahieren, um 25 zu erhalten?
f) Was ist größer:
der Summenwert von 19 und 61
oder der Differenzwert von 91 und 19?

12 a) Bilde alle möglichen Differenzwerte der sechs Zahlen
3736; 4378; 15 672; 999; 8056 und 1111
und addiere die erhaltenen Werte.
b) Ist dieser Summenwert größer als der Wert, den du erhältst, wenn du die sechs Zahlen addierst?

13 Bilde die größten und die kleinsten Summen- und Differenzwerte.

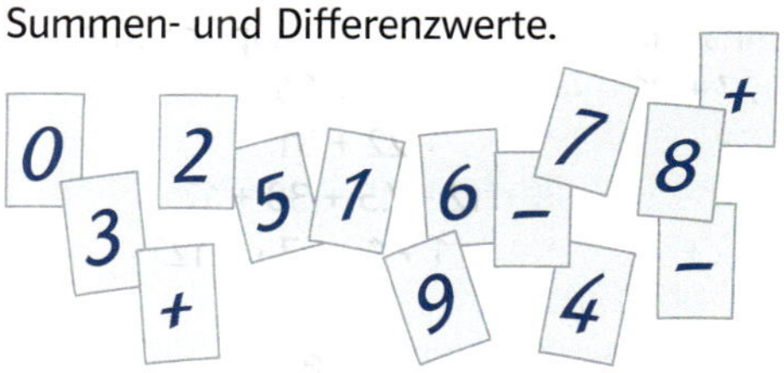

a) Verwende alle Ziffern und ein Pluszeichen.

Beispiel: 5478 + 123 609 = 129 087.
Das ist weder die größte noch die kleinste Summe.

b) Verwende alle Ziffern und zwei Pluszeichen.
c) Verwende alle Ziffern und ein Plus- und ein Minuszeichen.
d) Finde selbst weitere Möglichkeiten.

14 Wenn du ☐ durch + oder – ersetzt hast, sollten die Rechnungen stimmen.
a) 37 ☐ 12 ☐ 14 ☐ 23 = 58
b) 11 ☐ 38 ☐ 25 ☐ 14 = 10
c) 99 ☐ 25 ☐ 36 ☐ 11 = 27
d) 78 ☐ 31 ☐ 42 ☐ 18 = 49

15 Familie Hudelmaier hat monatlich 2852 € zur Verfügung. In sechs Monaten gibt sie folgende Beträge aus: 2654 €; 2418 €; 2779 €; 2848 €; 2479 €; 2237 €. Der Rest kommt auf ein Sparkonto.

16 Familie Werner lässt in ihrem Haus einen Öltank einbauen. Er fasst 6000 Liter. In den neuen Tank werden 5400 Liter Öl eingefüllt. Im Frühjahr lässt Herr Werner nachfüllen; der Tank wird mit 3200 Litern voll aufgefüllt. Im Winter werden nochmals 2000 Liter nachgetankt. Nun ist der Tank voll. Herr Werner möchte den Ölverbrauch bestimmen.

17 Wenn eine Banane erzählen könnte …

Ich bin weit gereist: Von der Plantage bis zum Lager im Hafen 123 km. Mit dem Schiff von Südamerika nach Hamburg 12 968 km. Von Hamburg zum Großhändler in Erfurt 358 km. Vom Großhändler zum Supermarkt 72 km. Vom Supermarkt bis zu dir nach Hause 3 km. Und nun isst du mich auf…

Wie weit ist die Banane insgesamt gereist?

18 In der Entfernungstabelle aus dem Autoatlas sind die kürzesten Entfernungen zwischen ein paar deutschen Großstädten zusammengestellt. Zwischen Hamburg und Stuttgart sind es zum Beispiel 668 km.

a) Nimm den Atlas und stelle zwei verschiedene Deutschlandrundfahrten zusammen.

b) Eine Tour soll in Stuttgart beginnen und in Stuttgart nach einer Gesamtstrecke von etwa 2000 Kilometern enden.

c) Warum sind viele Felder nicht ausgefüllt?

	Stuttgart	Frankfurt	Düsseldorf	Leipzig	München	Hamburg
Stuttgart		217	409	472	222	668
Frankfurt			226	386	393	495
Düsseldorf				536	612	399
Leipzig					425	397
München						775
Hamburg						

19 Bei einem Papierfliegerwettbewerb wurden von den sechs Teilnehmerinnen und Teilnehmern folgende Weiten erzielt.

Anja	8,00 m	Daniel	10,50 m
Lennard	6,50 m	Lisa	1,50 m
Kathrin	9,50 m	Frederik	12,00 m

a) Gib die jeweiligen Unterschiede in den Flugweiten der Teilnehmenden an.

b) Stelle das Ergebnis in einem geeigneten Diagramm dar.

c) Zeichne auch für die Unterschiede ein Diagramm.

d) Führt solch einen Wettbewerb in eurer Klasse durch.

20 Die Schiller-Regelschule hatte am Ende des Jahres 2001 insgesamt 233 Schülerinnen und 256 Schüler.
Die Entwicklung der Schülerzahlen in den folgenden drei Jahren kannst du aus der Tabelle ablesen.

Schuljahr	Abgänge		Zugänge	
	Jungen	Mädchen	Jungen	Mädchen
2002	46	39	40	44
2003	43	37	37	47
2004	45	36	38	45

a) Wie viele Schülerinnen und Schüler hat die Schule im Jahr 2004?

b) Wie viele Schülerinnen und Schüler waren es in den einzelnen Jahren?

c) Wie hat sich die Zusammensetzung Jungen/Mädchen in den vergangenen Jahren geändert?

d) Stelle die Veränderungen in unterschiedlichen Diagrammen dar.

Rückspiegel

1 Berechne möglichst vorteilhaft.
a) 23 + 46 + 31 + 37 + 24
b) 59 + 13 + 44 + 87 + 41
c) 154 + 83 + 29 + 46 + 171

2 Berechne.
a) 74 + 37 − 81 + 27 − 36
b) 76 + 48 − 29 − 32 + 14
c) 84 − 78 + 72 − 66 + 60 − 54

3 Berechne.
a) 92 − 15 − 24 − 35 − 16
b) 243 − 41 − 23 − 59 − 77
c) 444 − 72 − 109 − 128 − 91

4 Berechne.
a) 478 + 5036 + 919 + 790
b) 15721 + 69 + 706 + 4890
c) 12845 − 1806 − 947 − 8372

5 Achte auf die Klammern.
a) 84 − (23 + 19) − 32
b) 95 − (23 − 16 + 5) + (54 − 32)
c) 67 − (75 − 69 + 24) − (81 − 54)

6 Berechne.
a) 121 − (83 − (57 − 28))
b) 49 + (62 − (83 − 46) − 12)
c) 86 − (73 − (52 − 43)) − (52 − 38)

7 Bilde mit den vier Zahlen und den drei Rechenzeichen einen Rechenausdruck, dessen Wert

18 − 24 61 85 + −

a) möglichst groß ist.
b) möglichst klein ist.

8 Addiere zur Differenz der Zahlen 58 und 19 die Zahl 35.

9 Für ein Klavierkonzert wurden im Vorverkauf nur 154 von 945 Karten abgesetzt. An der Abendkasse wurden 283 Karten mehr verkauft als im Vorverkauf. Wie viele Plätze bleiben frei, wenn man noch 37 Karten an Studenten verschenkt hat?

1 Berechne möglichst vorteilhaft.
a) 26 + 73 + 108 + 74 + 127
b) 271 + 358 + 407 + 242 + 29
c) 347 + 189 + 222 + 411 + 153 + 378

2 Berechne.
a) 482 − 256 + 98 − 163 − 77
b) 824 − 774 + 724 − 674 + 624 − 574

3 Berechne.
a) 425 − 63 − 18 − 27 − 42
b) 333 − 69 − 117 − 31 − 83 − 30
c) 999 − 34 − 177 − 299 − 166 − 223

4 Berechne.
a) 808 + 73059 + 6534 + 12307
b) 53431 − 89 + 7093 − 39409 + 284

5 Achte auf die Klammern.
a) 105 − (82 − 15) + (43 − 25)
b) 176 − (105 − 89 + 54) − (97 − 26)
c) (64 − 36 − 16 + 57) − 15 − (78 − 56)

6 Berechne.
a) 425 − ((196 − 11) − (27 + 53))
b) 71 − (616 − (494 − 27) − (78 + 1))
c) 172 − (314 − ((216 − 108) + (104 − 66)))

7 Bilde mit den fünf Zahlen, den vier Rechenzeichen und dem Klammerpaar einen Rechenausdruck, dessen Wert

11 + 57 − 48 14 − 32) + (

a) möglichst groß ist.
b) möglichst klein ist.

8 Um wie viel ist die Differenz aus 482 und 391 kleiner als die Differenz aus 3722 und 2773?

9 Im Jahr 2000 hat ein Verein 2594 Mitglieder. 2001 kamen 164 Mitglieder hinzu. 2002 war der Zuwachs um 87 Personen geringer als 2001. 2003 erhöhte sich die Zahl gegenüber 2002 um 53 Personen.
Wie viele Mitglieder fehlen dann noch zur 3000-Marke?

Multiplizieren einmal anders

Vor etwa 3000 Jahren multiplizierten die Ägypter komplizierte Produkte nur durch Verdoppeln, Halbieren und Addieren.

Alte Bauernstämme übernahmen diese Art zu multiplizieren und einige Bauern rechnen dort noch heute so.

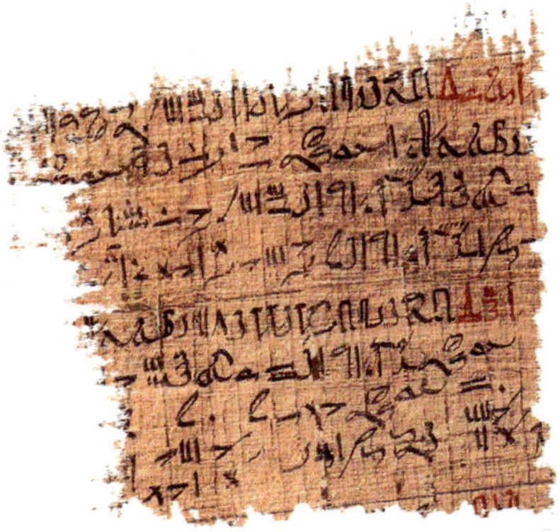

Das ägyptische Verfahren

29 · 154	1. Die linke Zahl wird so oft halbiert, bis man auf die 1 kommt. Tritt beim Halbieren ein Rest auf, so lässt man diesen weg.
~~14 · 308~~	
7 · 616	2. Die rechte Zahl wird entsprechend oft verdoppelt.
3 · 1232	3. Die Zeilen, in denen die linke Zahl eine gerade Zahl ist, streicht man.
1 · 2464	4. Die übrig gebliebenen Zahlen addiert man und erhält so das Ergebnis der Multiplikationsaufgabe.
4466	

Versuche nun selbst ein paar Multiplikationsaufgaben auf diese Art zu lösen.

Die erste „Rechenmaschine" der Welt

Der Schotte John Napier (1550 – 1617) hat Mathematik als Hobby betrieben. Er erfand eine „Rechenmaschine" zum Multiplizieren. Sie bestand aus Rechenstäben, auf denen man das kleine Einmaleins ablesen konnte. Die Zehner und Einer waren durch einen Schrägstrich getrennt.

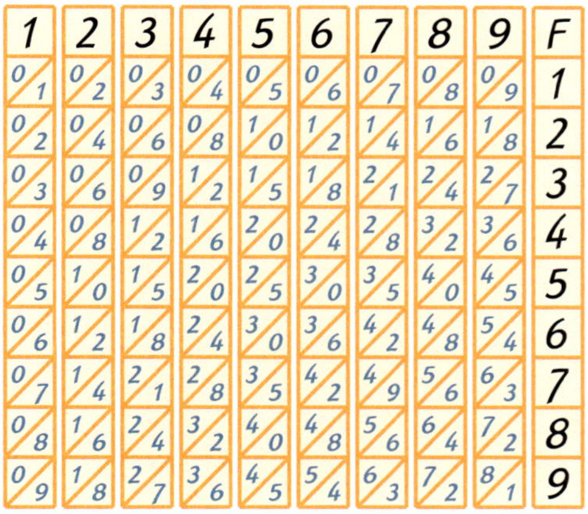

Durch geschicktes nebeneinander legen der Stäbe kann man das Ergebnis von Multiplikationen mit einer einstelligen Zahl sofort ablesen.
Man muss nur noch addieren.

F = Faktor

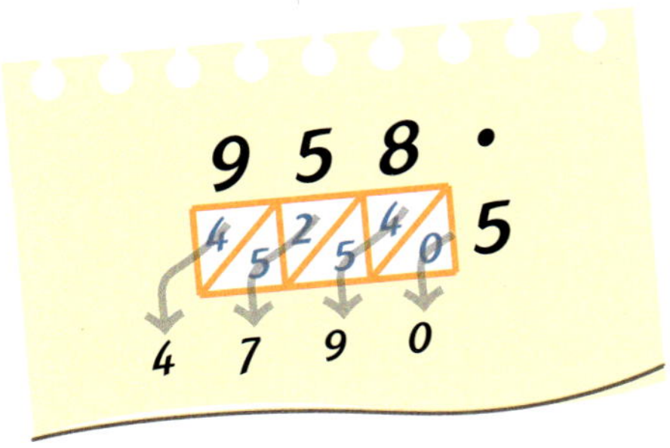

Du kannst dieses Verfahren auch in deinem Heft versuchen:

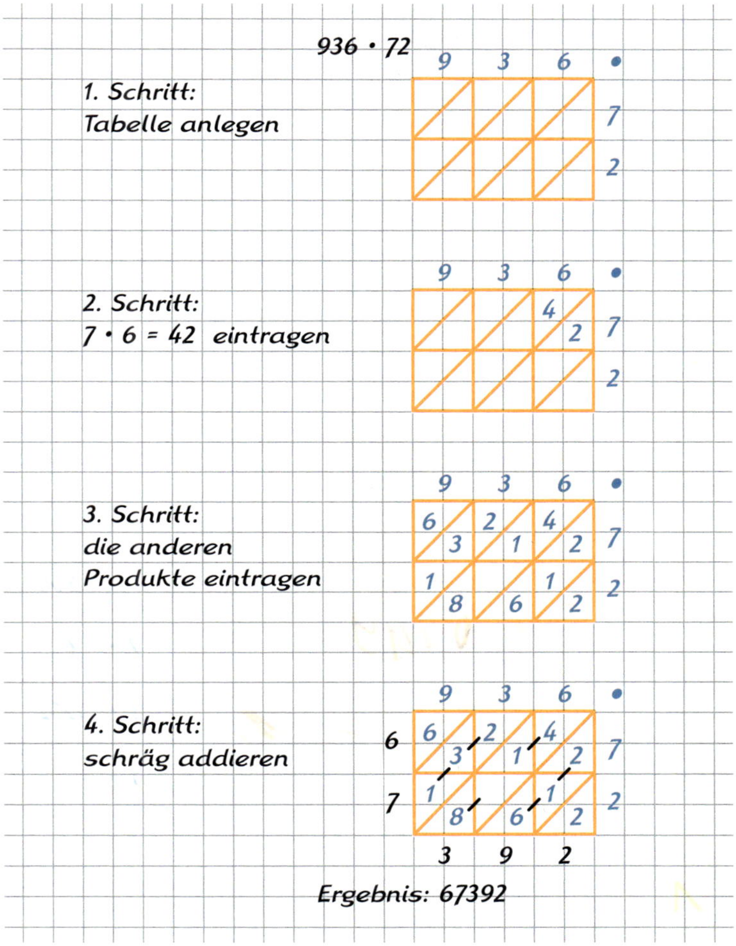

In diesem Kapitel lernst du,

- welche Reihenfolge der Rechenarten beim Berechnen von Rechenausdrücken zu beachten ist,
- welche Bedeutung Klammern in Rechenausdrücken haben,
- Rechengesetze zum vorteilhaften Rechnen zu nutzen.

1 Multiplizieren

Sandra macht einen Fitnesstest. Dazu fährt sie auf einem Fahrrad (Ergometer), an das ein Pulsmessgerät angeschlossen ist.
Die ersten beiden Minuten fährt sie Puls 130, das heißt ihr Herz macht pro Minute 130 Schläge.
Die nächsten 5 Minuten fährt sie Puls 150, dann nochmals 3 Minuten Puls 170.

→ Wie oft hat Sandras Herz in den 10 Minuten geschlagen?

→ Timo fährt 8 Minuten lang gleichmäßig Puls 160.

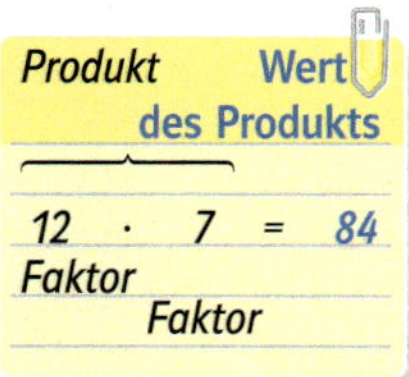

Sind alle Summanden einer Summe gleich, dann lässt sich die Addition auch als Multiplikation schreiben: 8 + 8 + 8 = 3 · 8 = 24.

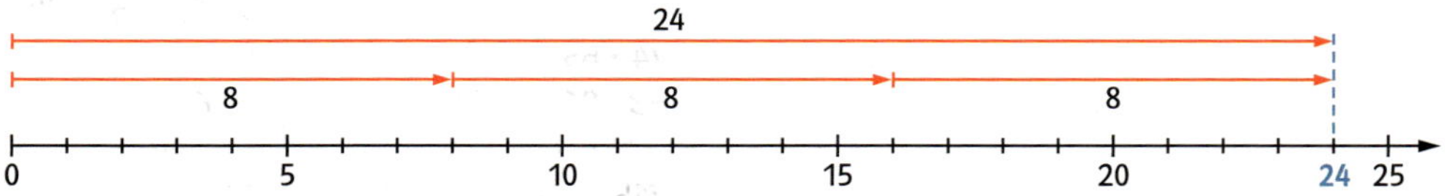

Den Rechenausdruck 8 · 3 bezeichnet man als **Produkt**, sein Ergebnis als **Wert des Produkts**. 8 und 3 sind die **Faktoren**.
Wenn man bei der Aufgabe 463 · 8 mit den Einern beginnt, kann man das Ergebnis sofort aufschreiben.

8 —·3→ 24

4	6	3	·	8
3	7	0	4	

Sprechweise:

8 mal 3 gleich 24	schreibe 4 merke 2
8 mal 6 gleich 48, 48 plus 2 gleich 50	schreibe 0 merke 5
8 mal 4 gleich 32, 32 plus 5 gleich 37	schreibe 37

Ist der zweite Faktor auch mehrstellig, muss er zerlegt werden und die Teilprodukte werden entsprechend berechnet.

4	6	3	·	1	2	3
		4	6	3	0	0
			9	2	6	0
			1	3	8	9
		5	6	9	4	9

123 = 100 + 20 + 3
463 · 100 = 46 300
463 · 20 = 9 260
463 · 3 = 1 389

56 949

Schriftliches Multiplizieren
1. Man beginnt bei der Berechnung der Teilprodukte mit der höchsten Stelle des zweiten Faktors.
2. Man berechnet die weiteren Teilprodukte und rückt sie jeweils um eine Stelle nach rechts.
3. Man addiert alle Teilprodukte.

Beispiele

a) 589 · 23
1178
 1767
 11
13547

b) 423 · 206
846
 000
 2538
 1
87138

c) 317 · 240
634
 1268
 000
 1
76080

Achte auf die Null.

d) Auch im Kopf rechnet man schrittweise durch Zerlegen.

87 · 6 = 80 · 6 + 7 · 6
= 480 + 42
= 522

e) Beim Überschlagen musst du die beiden Faktoren so runden, dass du gut im Kopf rechnen kannst. Die Aufgabe 9748 · 826 kann man so überschlagen:
10 000 · 800 = 8 000 000. Das genaue Ergebnis ist 8 051 848.

Das „Große 1×1“
1 · 11 1 · 12 … 1 · 19
2 · 11 2 · 12 … 2 · 19
3 · 11 3 · 12 … 3 · 19
bis
10 · 11 10 · 12 … 10 · 19

Aufgaben

1 Rechne vorteilhaft.

a) 3 · 21
4 · 31
5 · 41
6 · 51

b) 3 · 19
4 · 29
5 · 39
6 · 49

c) 21 · 56
39 · 23
27 · 19
54 · 31

2 Wenn du zwei Zahlen, die Nullen am Ende haben, miteinander multiplizieren willst, dann hast du es leicht.

7 · 100 = 700 120 · 300 = 36 000
4 · 600 = 2400 500 · 40 = 20 000

Rechne nun geschickt.

a) 3 · 100
5 · 300
4 · 120
50 · 600

b) 7 · 1000
30 · 40
60 · 150
12 · 800

c) 4 · 700
50 · 300
1300 · 4
700 · 80

3 Berechne.

a) 231 · 3
610 · 8
151 · 6
311 · 9

b) 8116 · 7
5103 · 5
25 036 · 9
38 013 · 5

4 Berechne.

a) 326 · 70
418 · 80
536 · 90
857 · 60

b) 985 · 16
814 · 17
509 · 18
740 · 19

c) 1236 · 24
2046 · 21
3201 · 25

d) 555 · 550
606 · 606
770 · 707

5 Die Lösung steht auf dem Rand.

a) 67 · 87 94 · 58 73 · 58 57 · 38
74 · 63 83 · 48 48 · 92
53 · 86 76 · 83 49 · 67

b) 431 · 182 543 · 216 647 · 314
715 · 246 671 · 513 812 · 631

c) 54 · 212 46 · 324 63 · 223
513 · 24 426 · 32 529 · 42
425 · 36 537 · 42

2166	*E*	*3283*	*N*
3984	*B*	*4234*	*G*
4416	*O*	*4662*	*N*
4558	*G*	*5452*	*E*
5829	*R*	*6308*	*E*
11 448	*G*	*12 312*	*I*
13 632	*T*	*14 049*	*W*
14 904	*E*	*15 300*	*E*
22 218	*T*	*22 554*	*R*
78 442	*S*	*117 288*	*C*
175 890	*I*	*203 158*	*H*
344 223	*R*	*512 372*	*M*

6 Mache zuerst einen Überschlag.

a) 832 · 320
218 · 450
634 · 210

b) 701 · 512
316 · 801
704 · 368

c) 3628 · 402
4314 · 208
6998 · 706

d) 3043 · 234
4306 · 316
6080 · 179

7 Sonja multipliziert 12 345 679 mit 9 und behauptet: „Ich kann ohne zu rechnen das Ergebnis von 12 345 679 · 63 angeben.“

8 Welche Aufgabe gehört zu welchem Ergebnis?
Durch Überschlagen kannst du dir Rechenarbeit sparen.

253 · 78	10 982
578 · 19	19 734
892 · 81	9592
436 · 22	14 784
608 · 64	72 252
1056 · 14	38 912

Rechengesetze

In Produkten dürfen die Faktoren vertauscht werden.

$12 \cdot 8 = 8 \cdot 12$

Dies ist das **Vertauschungsgesetz** (Kommutativgesetz) der Multiplikation.

In mehrgliedrigen Produkten dürfen Klammern gesetzt oder weggelassen werden.

$(3 \cdot 4) \cdot 2 = 3 \cdot (4 \cdot 2) = 3 \cdot 4 \cdot 2$

Dies ist das **Verbindungsgesetz** (Assoziativgesetz) der Multiplikation.

Wenn du diese beiden Rechengesetze benutzt, kannst du oft vorteilhaft rechnen. Manchmal ist es besonders hilfreich, beide Regeln gleichzeitig zu benutzen.

Beispiel:
$4 \cdot 7 \cdot 25 \cdot 11$
$= 4 \cdot 25 \cdot 7 \cdot 11$ (Vertauschungsgesetz)
$= (4 \cdot 25) \cdot (7 \cdot 11)$ (Verbindungsgesetz)
$= 100 \cdot 77$
$= 7700$

9 Fasse geschickt zusammen.

Beispiel: $4 \cdot 25 \cdot 7 \cdot 5 \cdot 12$
$= 100 \cdot 7 \cdot 60$
$= 100 \cdot 420 = 42\,000$

a) $3 \cdot 5 \cdot 2 \cdot 25 \cdot 2$ b) $4 \cdot 5 \cdot 12 \cdot 10$
c) $14 \cdot 125 \cdot 8 \cdot 50 \cdot 20$ d) $25 \cdot 4 \cdot 50 \cdot 2 \cdot 7$
e) $8 \cdot 25 \cdot 4 \cdot 50$ f) $4 \cdot 5 \cdot 75 \cdot 2 \cdot 250$

10 Vertausche und rechne geschickt.

Beispiel: $125 \cdot 6 \cdot 8 \cdot 15 \cdot 3$
$= 125 \cdot 8 \cdot 6 \cdot 15 \cdot 3$
$= 1000 \cdot 90 \cdot 3 = 270\,000$

a) $2 \cdot 7 \cdot 5 \cdot 3$ b) $9 \cdot 4 \cdot 8 \cdot 5 \cdot 25$
c) $25 \cdot 20 \cdot 4 \cdot 5 \cdot 9$ d) $2 \cdot 35 \cdot 5 \cdot 9$
e) $3 \cdot 125 \cdot 50 \cdot 8$ f) $4 \cdot 3 \cdot 3 \cdot 5 \cdot 5$
g) $6 \cdot 25 \cdot 125 \cdot 4 \cdot 4$ h) $4 \cdot 7 \cdot 50 \cdot 3$

11 Vertausche nicht nur „Nachbarn".

Beispiel: $40 \cdot 6 \cdot 125 \cdot 5 \cdot 50 \cdot 8$
$= 5 \cdot 6 \cdot 125 \cdot 8 \cdot 50 \cdot 40$
$= 30 \cdot 1000 \cdot 2000$
$= 60\,000\,000$

a) $4 \cdot 8 \cdot 5 \cdot 5 \cdot 2 \cdot 25$
b) $125 \cdot 50 \cdot 20 \cdot 8 \cdot 4 \cdot 30$
c) $30 \cdot 125 \cdot 25 \cdot 8 \cdot 30 \cdot 4$
d) $40 \cdot 15 \cdot 75 \cdot 2 \cdot 4 \cdot 20$
e) $19 \cdot 5 \cdot 25 \cdot 4 \cdot 5 \cdot 4$

12 Manchmal helfen das Verbindungsgesetz und das Vertauschungsgesetz, große Zahlen im Kopf zu multiplizieren.

Beispiele:		
	$36 \cdot 25$	$24 \cdot 75$
	$= (4 \cdot 9) \cdot 25$	$= (6 \cdot 4) \cdot (3 \cdot 25)$
	$= 9 \cdot (4 \cdot 25)$	$= (6 \cdot 3) \cdot (4 \cdot 25)$
	$= 9 \cdot 100 = 900$	$= 18 \cdot 100 = 1800$

a) $32 \cdot 25$ b) $48 \cdot 125$
c) $75 \cdot 28$ d) $125 \cdot 15$
e) $28 \cdot 125$ f) $175 \cdot 36$
g) $325 \cdot 48$ h) $24 \cdot 225$

13 Wie ändert sich das Produkt von 16 und 24, wenn man
a) beide Faktoren verdoppelt?
b) einen Faktor halbiert und den anderen verdoppelt?
c) beide Faktoren verdreifacht?
d) den ersten Faktor um 4 verkleinert und den zweiten Faktor um 4 vergrößert?
e) den ersten Faktor verdreifacht und den zweiten Faktor vervierfacht?
f) beide Faktoren jeweils um 6 vermehrt?

14 Verteile die Ziffern 1 bis 5 und einen Malpunkt so, dass die Rechnung richtig wird.

□ □ □ □ □ □ = 3185

zu Aufgabe 14

Hamburger Hafen

Der Hamburger Hafen zählt zu den größten Häfen der Welt. Beim Güterumschlag liegt er in Europa nach Rotterdam auf Platz 2. Mittlerweile werden die allermeisten Güter in so genannten „20-Fuß-Containern" (Länge ungefähr 6 Meter) verschifft. Die „Hamburg Express" kann bis zu 7500 solcher Container laden.

- Täglich erreichen etwa 40 Seeschiffe sowie 80 Binnenschiffe den Hafen. Rechne diese Angaben auf ein Jahr um.

- Etwa alle 20 Tage wird die „Hamburg Express" neu beladen.

- In einem Container finden ungefähr 250 Computermonitore Platz. Es sollen 150 000 Monitore transportiert werden.

- Wie lange wird die „Containerschlange", wenn man alle Container aneinander reiht?

- Ein Container darf höchstens 24 t schwer sein. Berechne das Gewicht, das auf das Schiff höchstens zugeladen werden kann.

- Die Tabelle zeigt die wichtigsten Handelspartner des Hamburger Hafens (Anzahl der Container pro Jahr).

Rang	Land	2001	2002
1	VR China	783 000	1 030 000
2	Singapur	413 000	470 000
3	Finnland	298 000	380 000
4	Schweden	247 000	280 000
5	Japan	233 000	275 000
	...	...	...
	Gesamt	4 689 000	5 374 000

Mit welchem Land wurde der größte Zuwachs erzielt? Würden alle aneinander gereihten Container des Jahres 2002 von Hamburg bis nach Peking (7500 km) reichen? Erstelle für die Zahlen des Jahres 2002 ein geeignetes Diagramm.

- Die Geschwindigkeit von Schiffen wird in Knoten angegeben. Bei einem Knoten legt ein Schiff 1852 m, das ist eine Seemeile, in der Stunde zurück. Die „Hamburg Express" fährt mit einer Geschwindigkeit von 25 Knoten pro Stunde. Wie lange braucht die „Hamburg Express" für die ungefähr 6000 km weite Strecke Hamburg – New York? 60 Stunden, 6 Tage oder 60 Tage? Überschlage.

- Ein Kühl-Containerschiff hat 200 000 Kartons Bananen geladen. Ein Karton wiegt 12 kg. In jedem Karton sind ungefähr 75 Bananen. Wie schwer wird ein beladener Bananencontainer, der ungefähr 450 Kartons beinhaltet und ein Leergewicht von 2,5 t hat? Wie viele Bananen wurden insgesamt geladen?

2 Potenzieren

Auf drei Bildern mit je drei Teilen findest du drei verschiedene Tiere: einen Elefanten, ein Krokodil und einen Pinguin. Die Köpfe kannst du beliebig vertauschen, ebenso die Bäuche und die Füße. Dadurch entstehen neue „Tiere", z. B. ein Kro-le-in.

→ Schreibe einige Beispiele auf.
→ Findest du alle Möglichkeiten?
→ Malt einige Tiere und probiert aus.

Produkt Potenz Potenzwert
$5 \cdot 5 \cdot 5 = 5^3 = 125$
Grundzahl (Basis) Hochzahl (Exponent)

Eine Summe aus lauter gleichen Summanden kann kürzer als Produkt geschrieben werden: $3 + 3 + 3 + 3 = 3 \cdot 4$

Auch ein Produkt aus lauter gleichen Faktoren kann kürzer geschrieben werden:
$3 \cdot 3 \cdot 3 \cdot 3 = 3^4$ lies: 3 hoch 4

Diese Rechenart nennt man **Potenzieren.**

Beim Potenzieren gibt die **Grundzahl** (die Basis) den Faktor an, die **Hochzahl** (der Exponent) die Anzahl der Faktoren.
$4 \cdot 4 \cdot 4 = 4^3 = 64$
Den Rechenausdruck 4^3 nennt man **Potenz**, sein Ergebnis den **Potenzwert**.

Beispiele

a) $6 \cdot 6 \cdot 6 = 6^3 = 216$ $2 \cdot 2 \cdot 2 \cdot 2 \cdot 2 = 2^5 = 32$
b) $1^6 = 1 \cdot 1 \cdot 1 \cdot 1 \cdot 1 \cdot 1 = 1$
c) Potenzen mit der Hochzahl 2 heißen **Quadratzahlen.**
$8^2 = 8 \cdot 8 = 64$ $12^2 = 12 \cdot 12 = 144$
d) Potenzen mit der Hochzahl 3 heißen **Kubikzahlen.**
$4^3 = 4 \cdot 4 \cdot 4 = 64$ $5^3 = 5 \cdot 5 \cdot 5 = 125$
e) Potenzen mit der Grundzahl 10 heißen **Zehnerpotenzen.**
$10^2 = 10 \cdot 10 = 100$ $10^4 = 10 \cdot 10 \cdot 10 \cdot 10 = 10\,000$

Es gilt:
$7^1 = 7$
$12^1 = 12$
$888^1 = 888$

! *Bitte merken:*

$1^2 = 1$
$2^2 = 4$
$3^2 = 9$
$4^2 = 16$
$5^2 = 25$
$6^2 = 36$
$7^2 = 49$
$8^2 = 64$
$9^2 = 81$
$10^2 = 100$
$11^2 = 121$
$12^2 = 144$
$13^2 = 169$
$14^2 = 196$
$15^2 = 225$
$16^2 = 256$
$17^2 = 289$
$18^2 = 324$
$19^2 = 361$
$20^2 = 400$

Aufgaben

1 Zeichne jeweils das nächste Bäumchen in der Reihe. Wie viele Blätter hat das übernächste Bäumchen?

a)  …

b)  …

2 Nimm ein großes aufgefaltetes Blatt einer Tageszeitung. Falte und zähle jeweils die Lagen nach dem Falten. Wenn du einmal faltest, erhältst du zwei Lagen, wenn du zweimal faltest …
a) Erstelle eine Tabelle.
b) Wann bekommst du beim Falten Probleme?
c) Wie oft müsstest du falten, um mehr als 1000 Lagen zu erhalten?

3 In einem Dorf verbreitet die Marktfrau ein Gerücht. Jede Stunde gibt jeder das Gerücht an eine neue Person weiter.
Wie viele Personen wissen um sechs Uhr abends davon, wenn um 7 Uhr morgens die Marktfrau erstmals davon erzählt?

4 Schreibe die Potenzen als Produkt und berechne ihren Wert.

a) 2^3; 3^2; 3^3 b) 4^2; 2^4; 4^1
c) 2^5; 4^4; 8^2 d) 12^2; 14^2; 15^2
e) 1^5; 10^3; 100^2 f) 9^3; 20^2; 30^2
g) 6^2; 7^2; 13^2 h) 8^2; 9^2; 11^2

5 Berechne die Potenzen und ordne sie nach der Größe.

3^2 2^3 3^3 2^4 3^4 4^3 4^2 2^6
6^2 3^5 2^2 5^3 5^2 2^5 4^4

6 Vergleiche und ersetze das Kästchen durch <, > oder =.

a) $3^2 \square 2^3$ b) $4^2 \square 2^4$
c) $3^4 \square 9^2$ d) $3^3 \square 6^2$
e) $10^2 \square 2^6$ f) $1^7 \square 1^{12}$
g) $4^3 \square 8^2$ h) $5^2 \square 2^5$
i) $3^2 \square 2^4$ j) $3^3 \square 4^2$

7 Welche Zahl kannst du an Stelle des Kästchens schreiben?

a) $2^5 = \square$ b) $2^{\square} = 64$
c) $\square^3 = 1000$ d) $3^{\square} = 81$
e) $\square^7 = 1$ f) $1^{\square} = 1$

8 Große Zahlen lassen sich geschickt mit Zehnerpotenzen darstellen.
Schreibe als Zehnerpotenz.

a) tausend b) hunderttausend
c) eine Million d) zehn Millionen
e) eine Milliarde f) eine Billion
g) eine Billiarde h) zehn Billiarden

9 Schreibe als Zehnerpotenz und benenne die Zahlen.

$10 \cdot 10 \cdot 10 \cdot 10$
$10 \cdot 10 \cdot 10 \cdot 10 \cdot 10 \cdot 10$
$10 \cdot 10 \cdot 10 \cdot 10 \cdot 10 \cdot 10 \cdot 10 \cdot 10$
Übrigens:
Eine **Zentillion** ist 10^{600}.

10 Jörg überlegt sich, wie viele Urgroßeltern er hat.
a) Berechne die Anzahl seiner Ur-Ur-Urgroßeltern.
b) Wie viele Vorfahren hatte Jörg vor sechs Generationen?
c) Erstelle einen Stammbaum für deine Familie.
d) Zwischen der Geburt der Eltern und der Kinder liegen etwa 30 Jahre.
Wie viele Vorfahren hattest du dann vor etwa 300 Jahren?

Zahlenzauber

- Zauberei? $7 \cdot 7 = 49$
$67 \cdot 67 = 4489$
$667 \cdot 667 = 444\,889$
…
$666\,667^2 = ?$

- Jede ungerade Quadratzahl lässt sich als Summe aus dem Vielfachen von 8 plus 1 schreiben.

Beispiel: $9^2 = 10 \cdot 8 + 1$

Prüfe andere Quadratzahlen.

- Wenn man 4 aufeinander folgende Zahlen miteinander multipliziert und zum Ergebnis 1 addiert, erhält man immer eine Quadratzahl.

Beispiel: $2 \cdot 3 \cdot 4 \cdot 5 + 1 = 121$
$121 = 11^2$

Prüfe weitere Beispiele.

- 2^{86} enthält ausgeschrieben keine einzige Null. Wenn du es nicht glaubst, rechne die Zahl einfach aus.

3 Dividieren

Die Klasse 5c der Jahn-Realschule hat 28 Schülerinnen und Schüler.
→ Im Sportunterricht sollen Mannschaften für ein Turnier gebildet werden.
→ Beim nächsten Mal fehlt ein Schüler.
→ Was wäre, wenn noch eine Schülerin dazukommen würde?
→ Denke dir noch andere Situationen aus.

Dividiert man die Zahl 18 durch die Zahl 3, so entsteht der Rechenausdruck 18 : 3.
18 wird dadurch in 3 gleiche Teile geteilt.

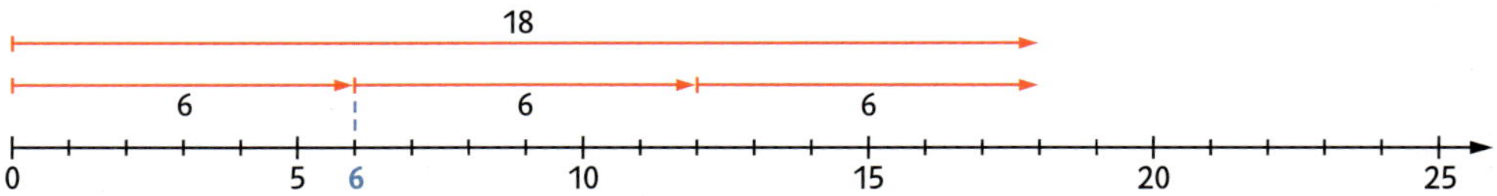

Quotient *Wert des Quotienten*
18 : 3 = 6
Dividend
Divisor

18 —(: 3)→ 6, 6 —(· 3)→ 18

Den Rechenausdruck 18 : 3 bezeichnet man als **Quotient**, sein Ergebnis 6 als **Wert des Quotienten**. 18 ist der **Dividend** und 3 der **Divisor**.
Die Division ist die Umkehrung der Multiplikation. Also ergibt 3 · 6 wieder 18.

3684 : 7 = 526 R 2	Sprechweise	
− 35	3 enthält 7 null mal	null wird nicht notiert
18	36 enthält 7 5-mal	schreibe 5
− 14	5 · 7 = 35, es bleibt 1	schreibe 1, schreibe 8
44	18 enthält 7 2-mal	schreibe 2
− 42	2 · 7 = 14, es bleibt 4	schreibe 4, schreibe 2
2	42 enthält 7 6-mal	schreibe 6
	6 · 7 = 42	
	Es bleibt als Rest 2.	

Die Multiplikation von 526 mit 7 ergibt 3682, zusammen mit dem Rest 2 ergibt sich 3684.

Schriftliches Dividieren
- Man zerlegt die Zahl, die geteilt werden soll, ziffernweise und dividiert dann.
- Geht die letzte Division nicht auf, enthält das Ergebnis einen Rest.

Beispiele

a) Achte auf die Null:

4575 : 15 = 305	Als Probe multipliziert man das Ergebnis mit dem Divisor.	305 · 15
−45		305
07		1525
− 0		4575
75		
− 75		
0		

! *Rechnen mit 1*
7 : 7 = 1, denn 1 · 7 = 7
7 : 1 = 7, denn 7 · 1 = 7

b) 347 : 18 = 19 R 5   Probe: 19 · 18   342 + 5 = 347

```
 347 : 18 = 19 R 5      19 · 18
−18                     -------
 167                      19
−162                     152
   5                     ---
                         342
```

Hier benötigt man bei der Probe zwei Rechenschritte.
Man multipliziert das Ergebnis mit dem Divisor und muss dann noch den Rest addieren.

! Durch null darf man nicht dividieren! Es gilt zwar: 0 : 3 = 0, denn 0 · 3 = 0. Der Quotient 3 : 0 kann jedoch nicht berechnet werden, weil es keine Zahl gibt, die mit 0 multipliziert 3 ergibt.

Bemerkung

Vor jeder Divisionsaufgabe solltest du einen Überschlag machen. Du musst dazu Dividend und Divisor so runden, dass du leicht im Kopf rechnen kannst.
Die Aufgabe 3103 : 29 kann zum Beispiel so überschlagen werden:
3000 : 30 = 100, das genaue Ergebnis ist 107.

Aufgaben

1 Dividiere
a) 48 durch 2; 3; 4; 8; 12 und 16
b) 50 durch 2; 5; 10; 25 und 50
c) 32 durch 2; 4; 8; 16 und 32
d) 100 durch 2; 4; 5; 10; 20 und 25
e) 90 durch 2; 3; 6; 9; 15 und 30

2 Ersetze das Kästchen.

a)	b)
48 : 6 = □	350 : □ = 7
72 : □ = 9	□ : 80 = 90
□ : 5 = 6	150 : 30 = □
c)	**d)**
18 · 6 = □	70 · □ = 560
□ · 12 = 144	280 · 30 = □
25 · □ = 175	□ · 90 = 180

3 Setze die fehlende Zahl ein.

a) 72 —(: 9)→ □
63 —(: □)→ 9
□ —(: 8)→ 7

b) 108 —(: 12)→ □
169 —(: □)→ 13
□ —(: 19)→ 9

4 Wenn Dividend oder Divisor Nullen am Ende haben, kannst du leicht rechnen.
420 : 7 = 60
5000 : 25 = 200
Rechne nun geschickt.

a)		b)	
3500 :	5	5400 :	27
56 000 :	7	7000 :	35
720 :	9	165 000 :	55
c) 1600 :	80	**d)** 3000 :	60
32 000 :	40	13 000 :	650

5 Rechne schriftlich.

a)	b)	c)
882 : 6	868 : 4	966 : 7
665 : 5	963 : 3	976 : 8
1512 : 8	1536 : 6	3193 : 7
d) 4132 : 6	**e)** 4819 : 7	**f)** 5274 : 5
6183 : 9	2534 : 6	6283 : 8
6743 : 7	1128 : 9	5644 : 5
g) 9432 : 12	**h)** 12 365 : 13	**i)** 14 310 : 15
3978 : 17	5092 : 18	15 722 : 14
7329 : 16	14 991 : 19	12 032 : 16

6 Die Lösungen findest du auf dem Rand.

a) 32 949 : 63   b) 54 570 : 85
c) 51 756 : 76   d) 59 696 : 82
e) 53 801 : 67   f) 37 157 : 73
g) 62 980 : 94   h) 31 944 : 66
i) 51 282 : 77   j) 28 600 : 88

H 111	C 285	D 325	P 451
A 484	B 509	S 523	K 642
R 666	O 670	A 681	T 728
W 784	E 803	F 912	

7 Die Zettel sind durcheinander geraten. Welcher Zettel gehört auf welche Klammer? Ordne jedem Zettel die richtige Klammer zu.

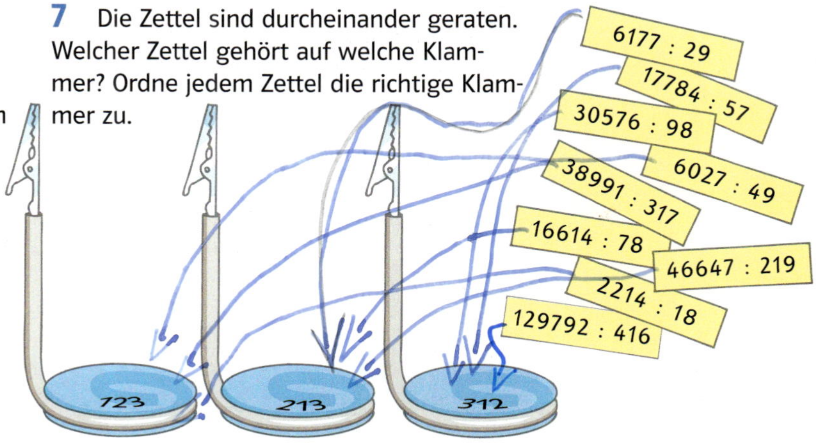

8 Berechne und mache die Probe.

a) 7518 : 21
5148 : 22
19 747 : 31
4914 : 39
46 436 : 52

b) 5656 : 23
2756 : 27
16 037 : 35
5673 : 42
58 019 : 61

9 Welche Aufgabe gehört zu welchem Ergebnis? Überschlage bevor du genau rechnest.

64 468 : 71	141
46 184 : 23	303
28 482 : 202	908
70 633 : 37	7862
194 526 : 642	1909
353 790 : 45	2008

? *Setze die Ziffern von 1 bis 5 und das Divisionszeichen so ein, dass die Rechnung stimmt.*

□ □ □ □ □ □
= 878

10 In den Rechnungen sind einige Ziffern verloren gegangen.

a) 3□6□ : 13 = □3□
−26
4□
− □□
78
− □□
0

b) □□□□ : 24 = □55
−72
13□
−□□□
□2□
−□□□
0

□ □ □ : □ = ?

11 Setze die Ziffern 2; 3; 7 und 9 ein.

a) Der Wert des Quotienten soll möglichst groß sein.

b) Der Wert soll möglichst klein sein.

c) Der Wert des Quotienten soll 47 sein.

d) Weshalb kann der Wert des Quotienten niemals die Zahl 415 sein?

12 Bei diesen Aufgaben erhältst du fast immer einen Rest.
Rechne bis zu der Zahl, bei der sich der Rest wiederholt. Kannst du diese Zahl schon ohne zu rechnen finden?

a) 100 : 7
200 : 7
300 : 7
400 : 7

b) 100 : 11
200 : 11
300 : 11
400 : 11

13 Wo muss links das Divisionszeichen stehen? Überschlagen hilft dir beim Lösen.

a) 4 0 7 2 8 = 509
b) 6 3 0 3 5 = 18
c) 8 5 6 2 1 4 = 4
d) 8 7 1 5 = 5 R 12
f) 6 2 5 2 1 2 = 521

14 Stelle zuerst einen Rechenausdruck auf bevor du rechnest.

a) Berechne den Wert des Quotienten der Zahlen 120 und 30.

b) Der Dividend lautet 98, der Divisor 7. Welchen Wert hat der Quotient?

c) Der Wert des Quotienten ist 8, der Dividend ist 120. Wie heißt der Divisor?

d) Der Divisor ist 11, der Quotient hat den Wert 15. Wie heißt der Dividend?

e) Bilde den Quotienten aus der Summe von 8 und 4 und der Differenz dieser beiden Zahlen und berechne seinen Wert.

f) Bilde den Quotienten aus dem Produkt der Zahlen 6 und 15 und der Summe der Zahlen 2 und 13 und berechne seinen Wert.

15 Wie verändert sich der Wert eines Quotienten, wenn

a) sowohl Dividend als auch Divisor verdoppelt werden?

b) der Dividend verdoppelt und der Divisor halbiert wird?

c) der Dividend halbiert und der Divisor verdreifacht wird? Manchmal bleibt dann ein Rest. Findest du dafür ein Beispiel?

16 Fülle die Mauer. Zwei nebeneinander liegende Steine werden multipliziert.

a)

b)

c) Fülle die Mauer so, dass die Zahlen in der unteren Reihe die Summe 10 ergeben.

Interessantes aus dem Tierreich

Viele Tiere üben seit jeher eine ungeheure Faszination auf die Menschen aus. Besonders beeindruckend sind einige „Bestleistungen".

■ Das größte und schwerste Tier der Erde ist der Blauwal. Er kann bis zu 165 000 kg wiegen. Das entspricht etwa der Masse von 30 afrikanischen Elefantenbullen.
Wie schwer etwa ist ein Elefantenbulle?

■ Im Jahr 1996 legte eine Küstenseeschwalbe die 26 000 km lange Strecke von Finnland nach Australien in 6 Monaten zurück. Berechne die ungefähre Tagesleistung.

Interessante Vergleiche

■ Eine Weinbergschnecke kriecht mit ihrer Höchstgeschwindigkeit in 4 Stunden über ein 16,80 m langes Grundstück.
Wie viele Zentimeter schafft sie in einer Minute? Vergleiche mit dem schnellsten Landtier, dem Gepard, der eine Höchstgeschwindigkeit von 120 Kilometern pro Stunde erreichen kann.

■ Ein 3 Millimeter langer Floh macht einen Sprung von 45 cm. Mike Powell ist 1,90 m groß und hält den Weltrekord im Weitsprung mit 8,95 m.

■ Die amerikanische Antilope benötigt für die Strecke von 1200 m genau 50 Sekunden. Vergleiche mit dem 800 m-Weltrekord der Männer (1:41 min, Wilson Kipketer 1997).

■ Ein Bienenvolk liefert etwa 75 kg Honig im Jahr. Für 150 g Honig sind etwa 20 000 Blütenbesuche notwendig. Berechne die Anzahl für die gesamte Honigmenge.
250 g Honig kosten etwa 3 Euro.
Mit wie viel kann der Imker rechnen?

■ Die Tabelle zeigt die Fluggeschwindigkeit pro Stunde und die Flügelschläge pro Minute verschiedener Vögel.

Vogelart	Geschwindkeit km pro Stunde	Flügelschläge pro Minute
Sperling	42	630
Turmfalke	75	300
Mauersegler	180	715

Wie viel Meter etwa schafft jeder Vogel pro Flügelschlag?

■ Beim Tauchgang, der eine Stunde und 13 Minuten dauerte, erreichte ein Pottwal eine Tiefe von 2100 m. Welche Strecke legte er dabei pro Minute bzw. pro Sekunde zurück? Runde sinnvoll.

■ Die Tabelle zeigt einige gemessene Tauchtiefen von Meeressäugern und dem Menschen. Erstelle ein geeignetes Diagramm.

Kaiserpinguin	540 m
Delfin	350 m
Pottwal	2100 m
Seehund	500 m
Seeelefant	880 m
Mensch	120 m

4 Punkt vor Strich. Klammern

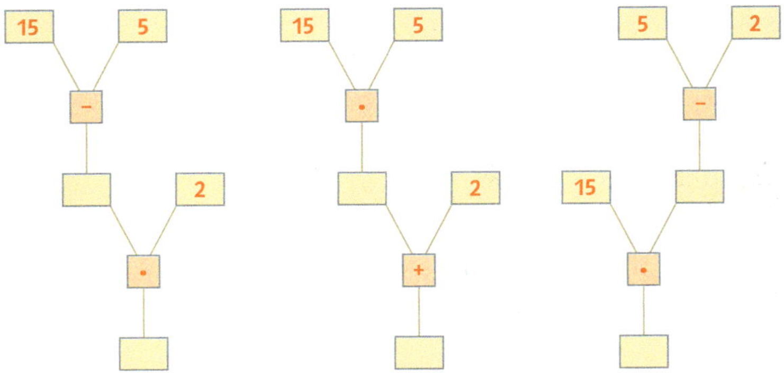

Zu den Rechenbäumen gehören drei der folgenden Rechenausdrücke.

15 + 5 · 2	15 − 5 · 2
(15 + 5) · 2	(15 − 5) · 2
15 · 5 + 2	15 · 5 − 2
15 · (5 + 2)	15 · (5 − 2)

→ Ordne die Rechenbäume richtig zu, ergänze die fehlenden Rechenbäume und berechne.

Bei den bereits bekannten Rechenarten unterscheidet man:

Strichrechnungen	und	**Punktrechnungen**
Addition +		Multiplikation ·
und Subtraktion −		und Division :

Wenn in einem Rechenausdruck Punktrechnung und Strichrechnung vorkommen, muss man darauf achten, dass die Rechenarten in der richtigen Reihenfolge durchgeführt werden. Es sind folgende Regeln festgelegt:

Reihenfolge beim Berechnen von Rechenausdrücken:
- Punktrechnung kommt vor Strichrechnung.
- Berechne zuerst, was in der Klammer steht.

Beispiele

a) Punktrechnung vor Strichrechnung.

16 + 5 · 8	20 − 4 · 3	9 + 15 : 3	15 − 30 : 10
= 16 + 40	= 20 − 12	= 9 + 5	= 15 − 3
= 56	= 8	= 14	= 12

b) Klammer zuerst.

5 · (12 + 4)	3 · (15 − 5)	(27 + 9) : 4	(96 − 12) : 7
= 5 · 16	= 3 · 10	= 36 : 4	= 84 : 7
= 80	= 30	= 9	= 12

c)

38 − (8 + 6 · 12) : 4	Punkt vor Strich in der Klammer
= 38 − (8 + 72) : 4	Klammer
= 38 − 80 : 4	Punkt vor Strich
= 38 − 20	
= 18	

d) In manchen Rechenausdrücken kommen in den Klammern nochmals Klammern vor. Du musst dann zuerst die inneren Klammern ausrechnen.

(3 + 2 · (4 + 5)) : 7	innere Klammer
= (3 + 2 · 9) : 7	Punkt vor Strich in der Klammer
= (3 + 18) : 7	äußere Klammer
= 21 : 7	
= 3	

Aufgaben

1 Rechne im Kopf.

a) $3 \cdot 4 + 5$
$3 \cdot (4 + 5)$
$3 + 4 \cdot 5$

b) $15 \cdot 4 - 3$
$15 \cdot (4 - 3)$
$15 - 4 \cdot 3$

c) $6 + 10 : 2$
$(6 + 10) : 2$
$10 : (3 + 2)$

d) $20 - 4 : 2$
$20 : 4 - 2$
$20 : (4 - 2)$

e) $2 \cdot 3 + 4 \cdot 5$
$2 \cdot (3 + 4) \cdot 5$
$2 \cdot (3 + 4) + 5$

f) $20 : 2 + 8 : 4$
$20 : (2 + 8) + 4$
$20 - 2 + 8 : 4$

2 Schreibe für jeden Rechenbaum den zugehörigen Rechenausdruck und berechne.

a)

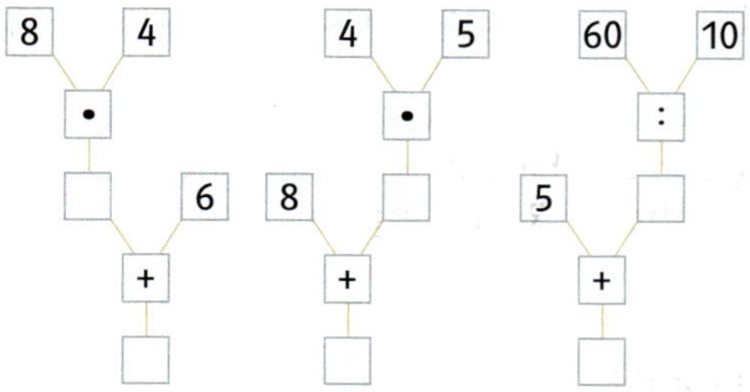

b)

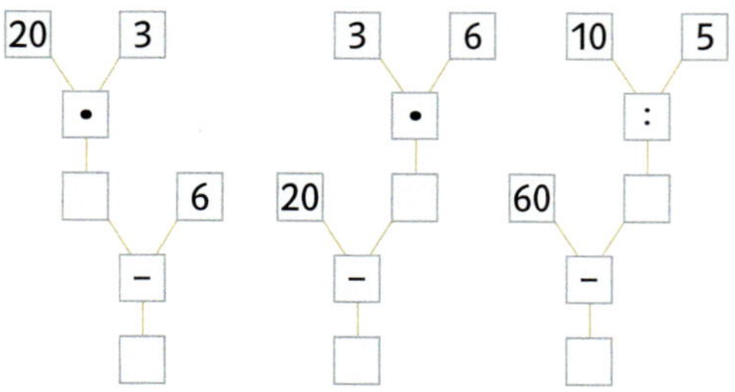

3 Vergleiche.

a) $1 \cdot (2 + 3) \cdot (4 + 5) \cdot (6 + 7) \cdot (8 + 9)$
$(1 + 2) \cdot (3 + 4) \cdot (5 + 6) \cdot (7 + 8) \cdot 9$

b) $9 \cdot (8 - 7) \cdot (6 - 5) \cdot (4 - 3) \cdot (2 - 1)$
$(9 - 8) \cdot (7 - 6) \cdot (5 - 4) \cdot (3 - 2) \cdot 1$

4 Finde verschiedene Rechenausdrücke, in denen die Zahlen 20, 10 und 5 vorkommen.
Zeichne zu jedem Rechenausdruck den entsprechenden Rechenbaum und berechne.
a) Du musst jeweils eine Punkt- und eine Strichrechnung verwenden.
b) Es dürfen auch Klammern vorkommen.

5 In den Rechenausdrücken für diese Rechenbäume musst du auch Klammern verwenden.

a)

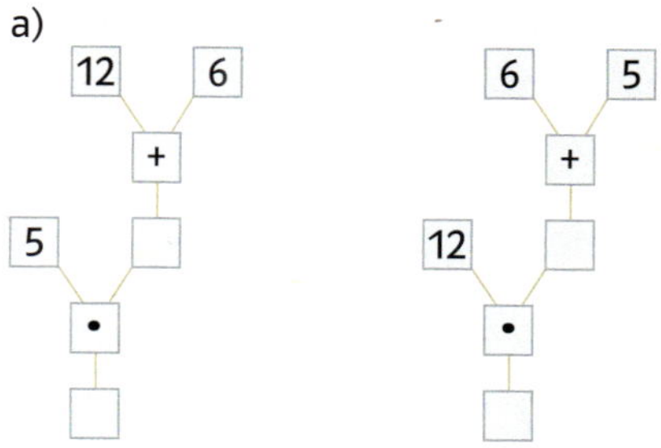

b)

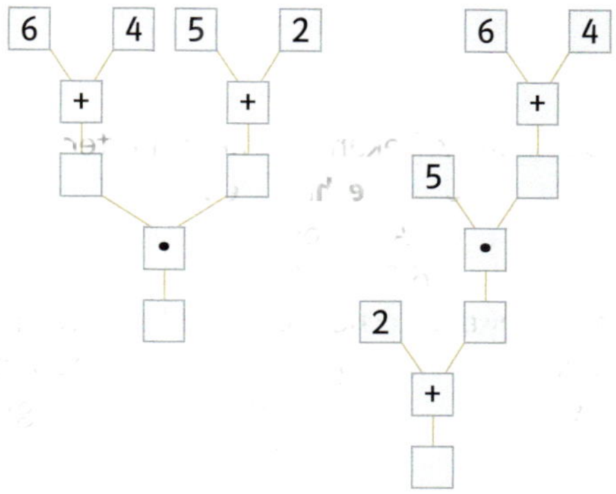

6 Berechne.

a) $15 \cdot 3 + 45$
$15 \cdot 3 - 45$
$45 + 15 \cdot 3$
$45 - 15 \cdot 3$

b) $10 \cdot 5 + 2 \cdot 6$
$10 \cdot 5 - 2 \cdot 6$
$6 \cdot 2 + 10 \cdot 5$
$2 \cdot 6 - 10 : 5$

c) $100 + (10 + 5)$
$100 \cdot (10 + 5)$
$100 + (10 - 5)$
$100 - (10 - 5)$

d) $5 \cdot (10 + 15)$
$5 \cdot (15 - 10)$
$10 : (15 - 10)$
$(10 + 15) : 5$

7 Bilde mit den 5 Ziffern, den 4 Rechenzeichen und dem Klammerpaar einen Rechenausdruck, dessen Wert
a) möglichst groß ist.
b) möglichst klein ist.
Du musst jedes Kärtchen einsetzen, jedoch jeweils nur einmal.

8 Berechne.

a) $(17 + 33) \cdot 7$
b) $3 + 6 \cdot (25 + 75)$
c) $(18 - 3 \cdot 4) \cdot 15$
d) $4 \cdot 7 + 12 : 2 - (28 - 12)$
e) $(2 + 19 \cdot 3) \cdot (25 - 23)$
f) $135 - 3 \cdot (6 + 4 \cdot 3)$
g) $100 - 72 : (16 - 4) + 9 \cdot (4 + 5)$

9 Berechne.

a) $12 \cdot 21 + 2 \cdot (12 + 21) - (21 - 12) \cdot 2$
b) $(21 - 12) \cdot 2 + 21 + 21 \cdot (12 - 2)$
c) $22 \cdot (22 - 2) - 2 \cdot 22 + (22 - 2) \cdot 2$
d) $333 - 33 \cdot 3 + 3 \cdot (33 - 3) - 33$
e) $44 : 4 + 4 \cdot (44 - 4) - 44 : (44 - 40)$
f) $(555 - 55) \cdot 5 - 555 : 5 - 5 \cdot (55 - 5)$

Die Summe aller Ergebnisse der Aufgabe 9 ist 1435.

10 Bei welchen Rechenausdrücken kann man die Klammern weglassen?

a) $5 + 4 \cdot (3 + 2)$
$(5 \cdot 4) + (3 \cdot 2)$
$5 + (4 \cdot 3) + 2$
$5 \cdot (4 + 3 \cdot 2)$
$5 \cdot 4 + (3 + 2)$

b) $10 - (3 \cdot 2) - 1$
$10 - (3 \cdot 2 - 1)$
$10 - 3 \cdot (2 - 1)$
$(10 - 3) \cdot 2 - 1$
$10 \cdot 3 - (2 - 1)$

11 Stelle zuerst einen Rechenausdruck auf und berechne dann seinen Wert.

a) Addiere 85 und das Produkt der Zahlen 3 und 15.
b) Addiere 700 und den Quotienten der Zahlen 210 und 30.
c) Subtrahiere von 444 das Produkt aus 22 und 20.

12 Der Rechenausdruck

$$(2 + 3) \cdot 12$$

bedeutet in Worten:
„Multipliziere die Summe der Zahlen 2 und 3 mit der Zahl 12."
Schreibe die Rechenausdrücke in Worten und berechne ihren Wert.

a) $(18 - 12) \cdot 8$
b) $27 - 6 \cdot 4$
c) $(19 + 11) \cdot (19 - 11)$
d) $3 \cdot 8 + 11 \cdot 12$
e) $35 - 2 \cdot (6 + 5)$

Eintrittspreise Freibad

Erwachsene	6 €
Kinder unter 14 Jahren	4 €

zu Aufgabe 17

13 Ersetze die Kästchen.

a) $6 \cdot 5 + \square = 40$
b) $24 + 4 \cdot \square = 60$
c) $\square - 3 \cdot 10 = 20$
d) $3 \cdot (18 + \square) = 75$
e) $2 \cdot 5 - 9 : \square = 1$
f) $5 \cdot \square - 36 : 12 = 12$
g) $48 : \square + 96 : 12 = 16$

14 Potenzieren geht vor Punkt- und Strichrechnung!

a) $12 \cdot 3^2 + 4$
$12 + 3 \cdot 4^2$
$12 \cdot 3^2 - 4^2$

b) $36 : 3^2$
$3^3 : 9$
$3 \cdot 2^3$

15 Klammer geht vor Potenzieren!

a) $(2 + 3)^2$
$(3 - 2)^2$
$(1 + 2)^3$

b) $2 \cdot (3 + 4)^2$
$3 \cdot (4 - 3)^2$
$4 \cdot (5 - 2^2)^3$

16 a) In den Monaten Juli und August ist die Pension Waldschenke ganz ausgebucht. In dieser Zeit wird der Preis pro Zimmer um 8 € erhöht. Wie müssen die Preise für den Ferienprospekt lauten?
b) Kannst du die Einnahmen für einen Tag in einem Rechenausdruck schreiben?

Pension Waldschenke

16 Einzelzimmer
Übernachtung mit Frühstück 36 €

4 Doppelzimmer
Übernachtung mit Frühstück für zwei Personen 60 €

c) Im April sind an 14 Tagen 3 Doppelzimmer und 12 Einzelzimmer belegt, an weiteren 8 Tagen 2 Doppel- und 14 Einzelzimmer.
d) Eine Gruppe bucht im Mai für 5 Tage 2 Doppelzimmer und 8 Einzelzimmer. Sie erhält pro Zimmer und Tag einen Nachlass von 3 €. Stelle für die Berechnung einen möglichst kurzen Rechenausdruck auf.

17 a) Am Samstag kamen 158 Erwachsene und 412 Kinder ins Freibad (Eintrittspreise siehe Rand).
b) Am Sonntag war Aktionstag „Für alle gelten die halben Preise!"
Es kamen 226 Erwachsene und 452 Kinder. Rechne auf verschiedene Arten.
c) Im folgenden Jahr soll das Bad verschönert werden. Deshalb sollen die Preise für Erwachsene um 2 € erhöht werden. Rechne mit den Angaben der Teilaufgaben a) und b).

5 Ausklammern. Ausmultiplizieren

Martina hat 16 Tütchen, Manuel 24 Tütchen mit Gummibärchen geschenkt bekommen. Sie stellen fest, dass in einem Tütchen 15 Gummibärchen sind.
Darauf rechnen die beiden aus, wie viel jeder hat, und addieren die Ergebnisse.
→ Hättest du eine bessere Idee, wie man die Gesamtzahl ermitteln könnte?

Den Rechenausdruck $(50 + 7) \cdot 8$ müsste man nach der Regel „Klammer zuerst" mit $57 \cdot 8$ berechnen. Vorteilhafter rechnet man aber

$$(50 + 7) \cdot 8 = 50 \cdot 8 + 7 \cdot 8$$
$$= 400 + 56 = 456$$

Diesen Vorgang nennt man **Ausmultiplizieren**.

Bei manchen Rechenvorgängen ist es dagegen vorteilhafter, Klammern zu setzen.

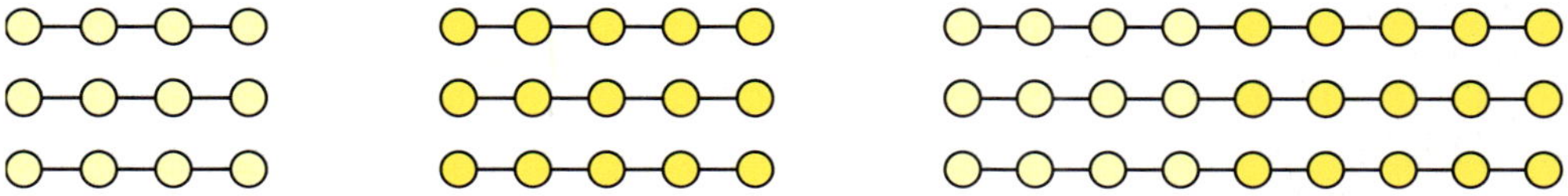

Hier spricht man von **Ausklammern**.

Verteilungsgesetz (Distributivgesetz)

Ausmultiplizieren

$\mathbf{7} \cdot (40 + 8)$
$= \mathbf{7} \cdot 40 + \mathbf{7} \cdot 8$

Wenn man eine Summe mit einer Zahl multipliziert, kann man jeden Summanden mit der Zahl multiplizieren und die Produkte addieren.

Ausklammern

$\mathbf{4} \cdot 12 + \mathbf{4} \cdot 38$
$= \mathbf{4} \cdot (12 + 38)$

Wenn in einer Summe ein Faktor mehrmals vorkommt, kann man ihn ausklammern.

Beispiele

a) $27 \cdot (20 + 3)$
$= 27 \cdot 20 + 27 \cdot 3$
$= 540 + 81$
$= 621$
Hier ist Ausmultiplizieren vorteilhafter.

b) $12 \cdot 17 + 12 \cdot 33$
$= 12 \cdot (17 + 33)$
$= 12 \cdot 50$
$= 600$
Mit Ausklammern geht es leichter.

Bemerkung

Du kannst diese Regeln auch bei Differenzen und beim Dividieren anwenden.

c) $(260 - 26) : 13$
$= 260 : 13 - 26 : 13$
$= 20 - 2$
$= 18$

d) $180 : 14 - 40 : 14$
$= (180 - 40) : 14$
$= 140 : 14$
$= 10$

Aufgaben

1 Schreibe einen Faktor als Summe und berechne dann geschickt im Kopf.

Beispiel: $36 \cdot 8 = 30 \cdot 8 + 6 \cdot 8 = 288$

a) $23 \cdot 6$	b) $61 \cdot 12$	c) $102 \cdot 9$
$34 \cdot 7$	$72 \cdot 11$	$203 \cdot 8$
$51 \cdot 9$	$13 \cdot 81$	$7 \cdot 510$

2 Schreibe einen Faktor als Differenz und berechne dann im Kopf.

Beispiel: $49 \cdot 7 = (50 - 1) \cdot 7 = 343$

a) $29 \cdot 8$	b) $39 \cdot 11$	c) $98 \cdot 7$
$39 \cdot 9$	$49 \cdot 12$	$199 \cdot 6$
$48 \cdot 6$	$13 \cdot 59$	$4 \cdot 499$

3 Berechne geschickt.

a) $21 \cdot 8$	b) $49 \cdot 7$	c) $6 \cdot 102$
$6 \cdot 51$	$39 \cdot 8$	$8 \cdot 199$
$62 \cdot 9$	$7 \cdot 99$	$44 \cdot 11$

4 Berechne durch Ausmultiplizieren.

a) $5 \cdot (10 + 7)$ b) $7 \cdot (10 + 8)$
c) $6 \cdot (20 + 6)$ d) $4 \cdot (30 + 9)$
e) $(30 - 3) \cdot 8$ f) $(20 - 2) \cdot 17$

5 Viele Aufgaben kannst du im Kopf rechnen, wenn du die Aufgabe geschickt umformst. Entscheide jeweils, ob Ausklammern oder Ausmultiplizieren besser ist.

a) $5 \cdot 17 + 5 \cdot 33$ b) $9 \cdot (14 + 66)$
c) $89 \cdot 9 - 19 \cdot 9$ d) $(20 + 4) \cdot 8$
e) $(80 + 32) : 16$ f) $14 \cdot 20 + 17 \cdot 20$
g) $17 \cdot (18 + 23 + 9)$

6 Schreibe den Rechenausdruck auf und berechne dann seinen Wert geschickt.

a) Multipliziere 9 mit der Summe von 7 und 23.
b) Addiere das Produkt von 17 und 38 und das Produkt von 17 und 12.
c) Subtrahiere den Quotienten von 96 und 12 vom Quotienten von 144 und 12.

7 Schreibe den Rechenausdruck in Worten und berechne seinen Wert.

a) $7 \cdot (13 + 27)$ b) $(112 - 12) \cdot 31$
c) $18 \cdot 22 + 18 \cdot 28$ d) $13 \cdot 25 - 13 \cdot 21$

8 In den folgenden Aufgaben fehlen die Klammern. Schreibe die Aufgaben mit den richtigen Klammern.

a) $9 \cdot 5 + 6 = 99$ b) $55 - 5 \cdot 4 = 200$
c) $5 + 9 \cdot 10 = 140$ d) $3 \cdot 11 - 7 = 12$
e) $5 + 13 + 12 \cdot 8 = 240$
f) $27 + 22 + 21 \cdot 8 = 560$
g) $29 \cdot 7 + 14 - 11 = 290$
h) $15 \cdot 21 + 37 - 43 = 225$
i) $25 \cdot 16 + 14 - 20 = 730$
j) $26 + 15 \cdot 14 + 36 = 776$

9 Monika bekommt zweimal im Monat Geld für ihre Spardose, einmal 6 € und einmal 14 €. Wie viel Geld hat sie am Ende des Jahres gespart?

10 Anna und Sebastian wollen für ein Regal verschiedene Bretter kaufen.

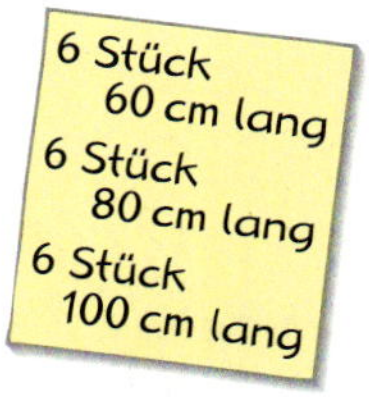

Preise im Baumarkt:

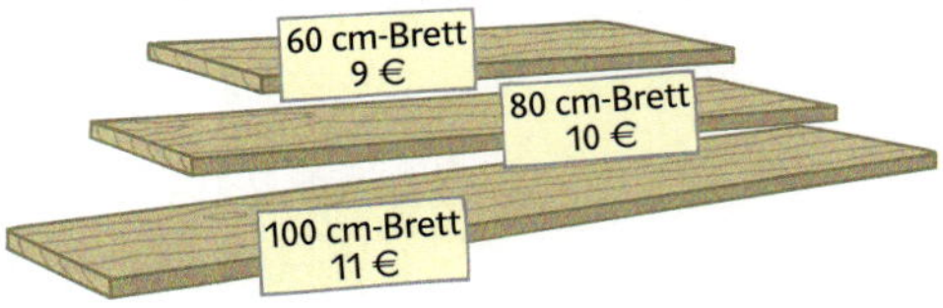

Kannst du die Kosten im Kopf berechnen?

11 Außer den vier Rechenzeichen darfst du auch noch Klammern benutzen.

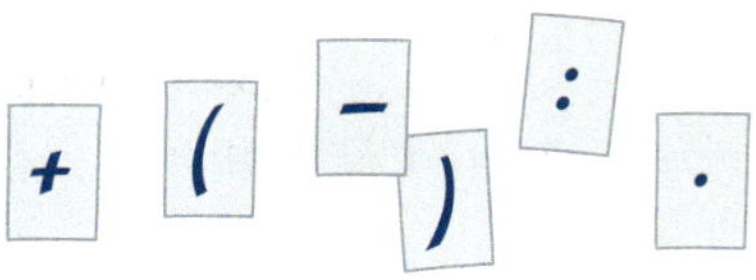

Aus den vorgegebenen Zahlen sollst du einen Rechenausdruck bilden, der den in der Klammer angegebenen Wert hat.

a) 2; 3; 4; 5 (26) b) 3; 4; 5; 6 (29)
c) 4; 5; 6; 7 (51) d) 5; 6; 7; 8 (520)

Zusammenfassung

Multiplizieren

Das Multiplizieren ist Addieren von lauter gleichen Summanden.

$7 + 7 + 7 + 7 + 7 = 5 \cdot 7 = 35$

$$\overbrace{\underset{\text{1. Faktor}}{12} \cdot \underset{\text{2. Faktor}}{8}}^{\text{Produkt}}$$

Wert des Produktes = 96

Dividieren

Die Division ist die Umkehrung der Multiplikation.

$56 : 7 = 8$, da $8 \cdot 7 = 56$

$$\overbrace{\underset{\text{Dividend}}{75} : \underset{\text{Divisor}}{15}}^{\text{Quotient}}$$

Wert des Quotienten = 5

Vertauschungsgesetz

In Produkten dürfen **Faktoren** beliebig **vertauscht** werden.

$9 \cdot 12 = 12 \cdot 9$

Verbindungsgesetz

In Produkten dürfen **Klammern beliebig gesetzt** werden.

$4 \cdot (5 \cdot 6) = (4 \cdot 5) \cdot 6$

Schriftliches Multiplizieren bzw. Dividieren

Beim schriftlichen Multiplizieren bzw. Dividieren werden die Zahlen nach den bekannten Verfahren berechnet.

```
458 · 32
--------
 1374
   916
   1
--------
 14656
```

```
 3648 : 57 = 64
-342
 ----
  228
 -228
 ----
    0
```

Potenzieren

Das Potenzieren ist Multiplizieren mit lauter gleichen Faktoren.

$2^5 = 2 \cdot 2 \cdot 2 \cdot 2 \cdot 2 = 32$

2^5: Potenz; Hochzahl: 5; Grundzahl: 2

Verteilungsgesetz

Das Verteilungsgesetz verwendet man zum **Ausklammern** bzw. zum **Ausmultiplizieren**.

Ausklammern

$$\begin{aligned} 32 \cdot 13 + 32 \cdot 7 &= 32 \cdot (13 + 7) \\ &= 32 \cdot 20 \\ &= 640 \end{aligned}$$

Ausmultiplizieren

$$\begin{aligned} 9 \cdot (50 + 6) &= 9 \cdot 50 + 9 \cdot 6 \\ &= 450 + 54 \\ &= 504 \end{aligned}$$

Berechnen von Rechenausdrücken

Punktrechnung geht vor Strichrechnung.

$$\begin{aligned} &95 - 108 : 9 - 72 \\ = &95 - 12 - 72 \\ = &11 \end{aligned}$$

Was in Klammern steht, wird zuerst berechnet.

$$\begin{aligned} &35 + (64 - 48 : 4) \\ = &35 + (64 - 12) \\ = &35 + 52 = 87 \end{aligned}$$

Innere Klammer vor äußerer Klammer.

$$\begin{aligned} &36 - (64 - (120 - 13 \cdot 7)) \\ &36 - (64 - (120 - 13 \cdot 7)) \\ = &36 - (64 - (120 - 91)) \\ = &36 - (64 - 29) \\ = &36 - 35 = 1 \end{aligned}$$

Üben • Anwenden • Nachdenken

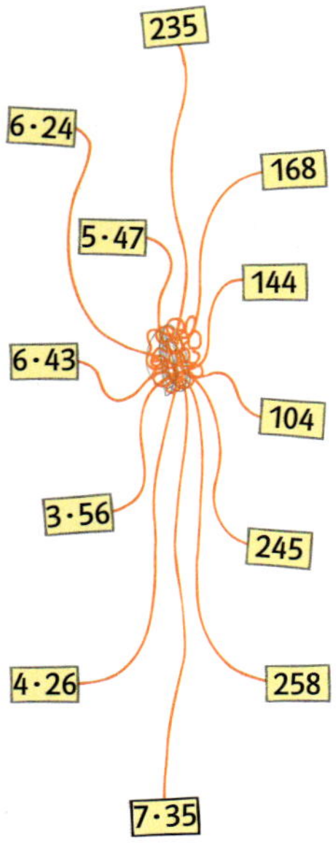

zu Aufgabe 8

1 Berechne.

a) 832 · 32
634 · 21
213 · 45
657 · 24

b) 721 · 402
316 · 503
416 · 405
774 · 512

c) 2036 · 24
1608 · 21
2036 · 26
7601 · 32

d) 2323 · 232
8091 · 304
9090 · 909
4004 · 111

2 Berechne.
Die Summe aller Ergebnisse beträgt 117.

a) 276 : 23
851 : 37
221 : 17

b) 861 : 41
351 : 39
1755 : 45

3 Achte auf die Nullen.

a) 280 : 70
2800 : 7
2800 : 700

b) 560 : 80
56 000 : 80
5600 : 8

c) 6300 : 9
63 000 : 9000
630 : 90

d) 96 000 : 120
9600 : 12
96 000 000 : 1200

4 Setze in deinem Heft das richtige Rechenzeichen ein.

a) 25 ☐ 74 = 99
b) 90 ☐ 15 = 6
c) 125 ☐ 25 = 100
d) 333 ☐ 666 = 999
e) 99 ☐ 9 = 11
f) 9 ☐ 99 = 891

5 Berechne.

a) (18 − 3 · 4) : 2
b) 123 · (3 + 11 − 4)
c) (2 · 17 − 9) · (11 − 11)
d) 3 · 14 − (42 − 3 · 9)
e) 64 − (2 · (3 + 19))

6 Berechne.

a) 2 · (3 · (4 + 5) + 6)
b) (2 + 3) + (4 + 5) · 6
c) 2 · 3 + (4 + 5 · 6)
d) 2 + 3 · 4 · (5 + 6)

7 Berechne.

a) ((17 · 6 − 3) · 4 − 96) · 5
b) 11 · ((45 − 5 · 8) · 2 − 9)
c) 190 + (6 · (46 + 4 · 8) − 68) · 5
d) 4 · ((5 · (6 · 7) − 7) − 5) − 4

8 Kannst du das Knäuel auf dem Rand entwirren? Welche Aufgabe gehört zu welchem Ergebnis?

9 Schreibe jedes Mal einen Klammerausdruck auf und berechne ihn.

a) Multipliziere die Summe der Zahlen 83 und 56 mit der Differenz der Zahlen 312 und 85.
b) Multipliziere den Quotient der Zahlen 221 und 13 mit der Summe der Zahlen 713 und 829.
c) Dividiere die Differenz der Zahlen 11 510 und 1214 durch das Produkt der Zahlen 11 und 13.
d) Multipliziere die Differenz der Zahlen 51 und 18 mit 35 und addiere dieses Produkt zum Quotienten aus 1001 und 13.

Rechennetze

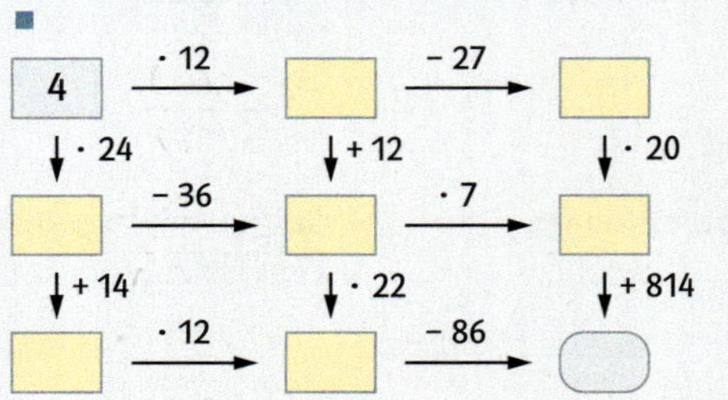

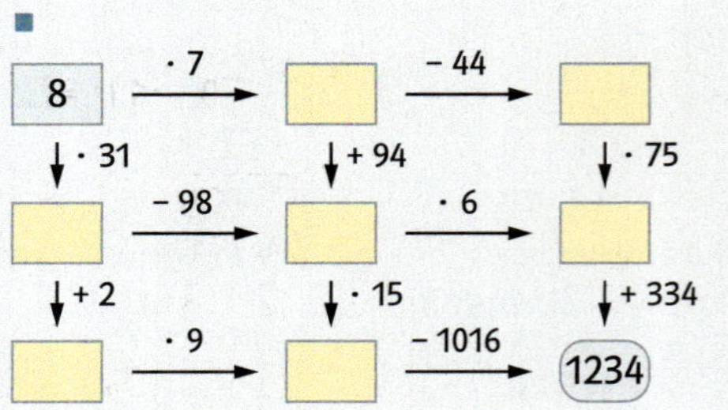

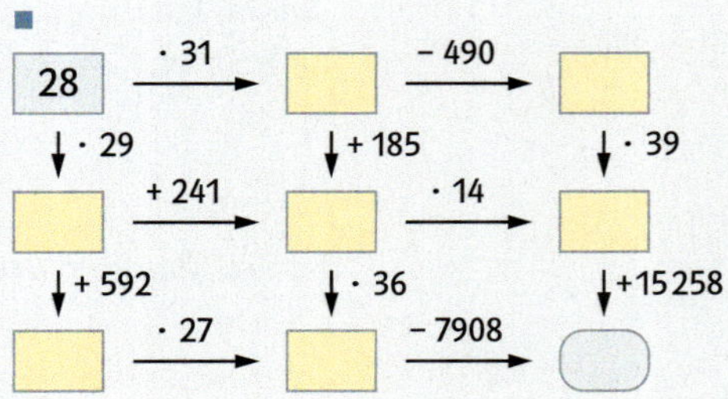

10 In der Mauer auf dem Rand soll auf jedem Stein das Produkt der beiden Zahlen stehen, die sich auf den beiden Steinen darunter befinden. Übertrage die Mauer in dein Heft und ergänze die fehlenden Zahlen.

11 Berechne durch Ausklammern.
Beispiel: $7 \cdot 23 + 7 \cdot 17 = 7 \cdot (23 + 17) = 280$

a) $5 \cdot 17 + 5 \cdot 33$ b) $4 \cdot 71 + 4 \cdot 19$
c) $6 \cdot 22 + 6 \cdot 48$ d) $9 \cdot 14 + 9 \cdot 66$
e) $11 \cdot 19 + 11 \cdot 61$ f) $95 \cdot 8 + 105 \cdot 8$
g) $101 \cdot 7 + 7 \cdot 99$ h) $19 \cdot 12 + 18 \cdot 12$
i) $12 \cdot 23 + 27 \cdot 12$ j) $21 \cdot 18 + 22 \cdot 21$

12 Berechne vorteilhaft.

a) $6 \cdot 13 + 6 \cdot 47$
$28 \cdot 7 + 22 \cdot 7$
$8 \cdot 19 + 91 \cdot 8$
$9 \cdot 89 - 9 \cdot 19$
$73 \cdot 4 - 33 \cdot 4$

b) $28 \cdot 11 + 32 \cdot 11$
$37 \cdot 5 - 5 \cdot 18$
$89 \cdot 6 - 78 \cdot 6$
$130 \cdot 12 + 70 \cdot 12$
$211 \cdot 11 - 111 \cdot 11$

13 Ersetze die Kästchen.

a) 182 · □7
1□2
1□7□
□0□4

b) 637 · □□
1□□4
44□□
□7199

c) □77 · 5□□
□8□□
11□1
3□16
2□2□2□

d) □□□ · 1□□1
□□100
7□1
□8□□□□

e) □8□□□ : □46 = □□
−2□□8
□□□8
− □9□□
0

f) □□0□ : 111 = □□
− □□□
□□5
− □□□
0

g) □7□□□ : □□ = □2□
−2□□
18□
− □30
□20
− □□□
0

h) □□□□□ : □8 = □□□
−3□0
1□3
− □□□
□□□
− 2□2
0

14 Prüfe nach.
$2^3 + 3^3 + 4^3 = 99$

15 Potenzieren kommt vor „Punkt vor Strich".
a) $5 \cdot 3^2 + 3 \cdot 5^2$
b) $32 : 2^4 - 2^4 : 8$
c) $2 + 3^2 + 3 \cdot 2^3$
Klammer kommt immer zuerst!
d) $(5 + 3)^2 + (3 + 2)^3$
e) $(1 + 2)^3 - (2 - 1)^5$
f) $4 + 2 \cdot (5 - 3)^3 + (3 \cdot 2)^2$

16 Achte auf die verschiedenen Rechenarten.

a) 4^3	$4 \cdot 3$	$4 + 3$	3^4
b) 2^5	$2 \cdot 5$	$2 + 5$	5^2
c) 3^3	$3 \cdot 3$	$3 + 3$	
d) 5^1	$5 \cdot 1$	$5 + 1$	1^5

17 Versuche möglichst viele Zahlen mit drei Dreiern oder vier Vierern oder … darzustellen. Du darfst alle Rechenarten und auch Klammern verwenden. Wer findet die größte, wer die kleinste Zahl?

18 Versuche mit den Rechenzeichen +; −; ·; : und den vorgegebenen Zahlen möglichst viele verschiedene Ergebnisse zu bekommen.

Beispiele: 3 6 4

6 : 3 + 4 = 6
4 + 3 · 6 = 22
3 · 4 − 6 = 6

a) 2 8 10
b) 3 5 15
c) 4 4 5 7
d) 6 6 9 9

19 Erstelle aus den Ziffern von 1 bis 5 Rechenausdrücke, die unterschiedliche Ergebnisse haben.

Beispiele: $1 + 2 \cdot 3 + 4 \cdot 5 = 27$
$5 - 2 \cdot (3 - 1) + 4 = 5$

Findest du als Ergebnisse alle Zahlen von 1 bis 10?

zu Aufgabe 10

3	?	18
?	6	?
?	?	12

In diesem magischen Quadrat musst du multiplizieren.
Wie heißt die „magische Zahl"?

20 Schau dir die Aufgabe genau an und überlege bevor du rechnest.

a) $(36 \cdot 37 + 38 \cdot 39) \cdot 0$
b) $1 : (12\,450 - 12\,449)$
c) $27^2 + 199 \cdot 0 - 27^2$
d) $(100 + 99 \cdot 0) \cdot (100 - 99)$
e) $100 : (100 \cdot 0 + 100 \cdot 1)$
f) $237 \cdot (237 - 237) + 237$

21 Setze die Aufgabenreihen fort. Versuche, die Ergebnisse vorherzusagen bevor du die nächste Aufgabe berechnest.

a) $1 \cdot 2 + 3$
$2 \cdot 3 + 4$
$3 \cdot 4 + 5$
…

b) $1 + 2 \cdot 3$
$2 + 3 \cdot 4$
$3 + 4 \cdot 5$
…

c) $(1 + 2) \cdot 3$
$(2 + 3) \cdot 4$
$(3 + 4) \cdot 5$
…

d) $1 \cdot (2 + 3)$
$2 \cdot (3 + 4)$
$3 \cdot (4 + 5)$
…

e) $1 \cdot 9 + 1$
$21 \cdot 9 + 11$
$321 \cdot 9 + 111$
…

f) $1 \cdot 9 + 1$
$12 \cdot 9 + 2$
$123 \cdot 9 + 3$
…

g) $1 \cdot 9 + 2$
$12 \cdot 9 + 3$
$123 \cdot 9 + 4$
…

h) $9 \cdot 9 + 7$
$98 \cdot 9 + 6$
$987 \cdot 9 + 5$
…

Ermittle nun den Wert der folgenden Rechenausdrücke mithilfe der obigen Reihen.

i) $8 \cdot 9 + 10$
j) $9 \cdot (10 + 11)$
k) $987\,654\,321 \cdot 9 + 111\,111\,111$
l) $123\,456\,789 \cdot 9 + 9$
m) $9\,876\,543 \cdot 9 + 1$
n) $12\,345\,678 \cdot 9 + 9$

22 Berechne zuerst die Produkte und bilde dann die Differenz.

a) $10 \cdot 10 - 9 \cdot 11$
b) $15 \cdot 15 - 14 \cdot 16$
c) $20 \cdot 20 - 19 \cdot 21$
d) $26 \cdot 26 - 25 \cdot 27$
e) $30 \cdot 30 - 29 \cdot 31$
f) $37 \cdot 37 - 36 \cdot 38$
g) $40 \cdot 40 - 39 \cdot 41$
h) $48 \cdot 48 - 47 \cdot 49$

Erfinde selbst entsprechende Aufgaben und überprüfe deine Vermutung durch eine Rechnung.

23 Es gibt „Rechentricks", mit denen man manche Quadratzahlen im Kopf schneller berechnen kann als schriftlich.

a) Das Quadrat von Zahlen, die kleiner als 100 sind und auf 5 enden, kann man so berechnen, z.B. $75^2 = ?$
Die Zehnerziffer wird mit der um eins größeren Zahl multipliziert, man erhält $7 \cdot 8 = 56$ und schreibt 25 dahinter: 5625.
Probiere es mit anderen Zahlen aus.

b) Die Quadratzahlen von 41 bis 49 lassen sich so berechnen:
Beispiel: $43^2 = 1849$
$43 - 25 = 18$
$50 - 43 = 7$ und $7^2 = 49$
Prüfe nach und berechne dann die Quadratzahlen von 41 bis 49.

Triff die Ikosaederzahl

Das ist ein Spiel für zwei oder mehr Spielerinnen und Spieler. Ihr spielt mit einem Ikosaederwürfel („Zwanzigerwürfel") und drei normalen Würfeln.

Zunächst wird eine Zahl mit dem Ikosaederwürfel vorgegeben. Wenn ihr keinen solchen Würfel habt, kann abwechselnd eine Zahl zwischen eins und 20 genannt werden. Dann würfelt ihr mit den drei normalen Würfeln. Aus diesen Augenzahlen soll jeder von euch einen Rechenausdruck bilden, dessen Wert möglichst nahe an der Ikosaederzahl liegt. Alle Rechenoperationen und Klammern sind erlaubt.

Beispiel: $4 \cdot (1 + 3) = 16$
Jeder schreibt seinen Rechenausdruck auf. Wer die Zahl hat, die am nächsten ist, erhält einen Punkt. Die genaue Ikosaederzahl ergibt sogar zwei Punkte. Gewonnen hat, wer zuerst 10 Punkte erreicht.

Rückspiegel

1 Berechne.

a) $23 \cdot 41$ b) $43 \cdot 26$
c) $192 : 12$ d) $294 : 14$
e) $124 \cdot 36$ f) $1352 \cdot 76$
g) $5535 : 15$ h) $2139 : 31$

2 Berechne vorteilhaft.

a) $2 \cdot 17 \cdot 50$ b) $2 \cdot 39 \cdot 10$
c) $4 \cdot 19 \cdot 2 \cdot 25$ d) $25 \cdot 3 \cdot 8 \cdot 11$

3 Berechne.

a) $6 \cdot 13 + 2 \cdot 7$
b) $12 + 5 \cdot 11 + 3 \cdot 25$
c) $35 - 90 : 15 + 12$
d) $144 : 6 \cdot 5 - 18 \cdot 4$

4 Nutze Rechenvorteile.

a) $38 \cdot 73 + 38 \cdot 27$
b) $8 \cdot (50 + 9)$
c) $23 \cdot 169 + 49 \cdot 169 + 28 \cdot 169$

5 Berechne.

a) $3 - (81 - 225 : 25) : 36$
b) $(46 + 45 : 9 - 8) \cdot 2 - 84$
c) $(36 \cdot 27 - 18 \cdot 11) : 3 - 257$

6 Bilde mit den vier Ziffern, den drei Rechenzeichen und dem Klammerpaar einen Rechenausdruck, dessen Wert
a) möglichst groß ist.
b) möglichst klein ist.

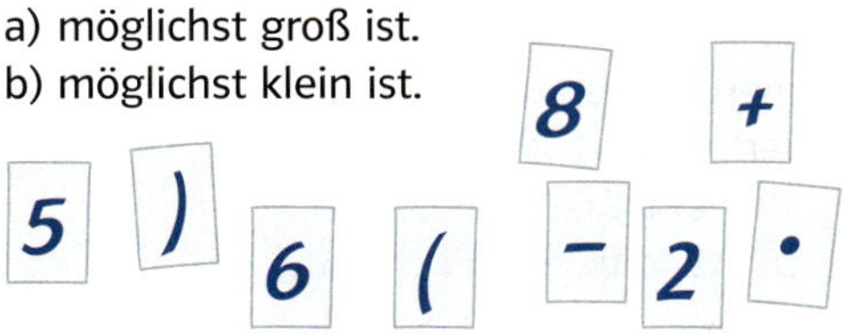

7 Stelle zuerst einen Rechenausdruck auf. Rechne dann.
Addiere zur Differenz der Zahlen 124 und 69 das Produkt der Zahlen 7 und 15.

8 Ein Kühlschiff hat 200 000 Kartons Bananen geladen. In jedem Karton befinden sich etwa 250 Stück. Eine Banane hat ein Gewicht von 120 g.
Berechne das Gesamtgewicht der Bananenladung.

Rückspiegel

1 Berechne.

a) $69 \cdot 57$ b) $184 \cdot 73$
c) $782 : 23$ d) $4131 : 17$
e) $5107 \cdot 231$ f) $90\,876 \cdot 547$
g) $2378 : 58$ h) $51\,120 : 72$

2 Berechne vorteilhaft.

a) $4 \cdot 27 \cdot 2 \cdot 25$ b) $8 \cdot 3 \cdot 25 \cdot 12$
c) $19 \cdot 4 \cdot 125 \cdot 2$ d) $8 \cdot 6 \cdot 2 \cdot 125 \cdot 50$

3 Berechne.

a) $94 - 12 \cdot 7 + 18$
b) $184 : 4 - 12 \cdot 3$
c) $192 : 12 + 11 \cdot 7 - 512 : 8$
d) $24 + 72 : 12 - 68 : 17 - 2$

4 Nutze Rechenvorteile.

a) $57 \cdot 24 + 57 \cdot 62 + 57 \cdot 14$
b) $12 \cdot (250 + 20 + 8)$
c) $229 \cdot 713 + 713 \cdot 158 - 287 \cdot 713$

5 Berechne.

a) $((48 - 13 \cdot 3) \cdot 11 + 45) : 12 - 10$
b) $7 - (2^5 - 5^2) : 7$
c) $(16 \cdot (99 - 96) - 3 \cdot (67 - 61)) : (5 \cdot (148 - 145))$

6 Bilde mit den fünf Ziffern, den vier Rechenzeichen und dem Klammerpaar einen Rechenausdruck, dessen Wert
a) möglichst groß ist.
b) möglichst klein ist.

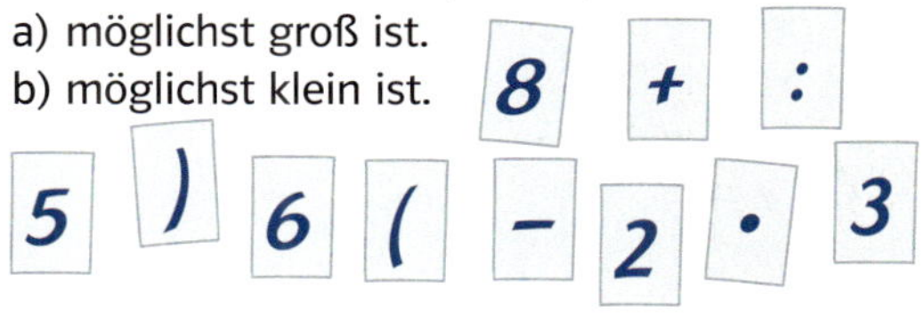

7 Stelle zuerst einen Rechenausdruck auf. Rechne dann.
Subtrahiere von der Differenz der Zahlen 184 und 122 den Quotienten der Zahlen 364 und 14.

8 Ein Lastkraftwagen hat eine zulässige Gesamtmasse von 7500 kg. Seine Leermasse beträgt 2800 kg. Wie viele Steinplatten mit je 25 kg Masse können geladen werden, wenn die Masse des Fahrers mit 75 kg berücksichtigt werden muss?

Die Geometrie fängt an!

Faltlinien

Papierbögen haben gerade Kanten.
Durch Falten bekommt auch ein Ausriss wieder eine gerade Kante. Wie kannst du erreichen, dass der Ausriss vier gerade Kanten bekommt?

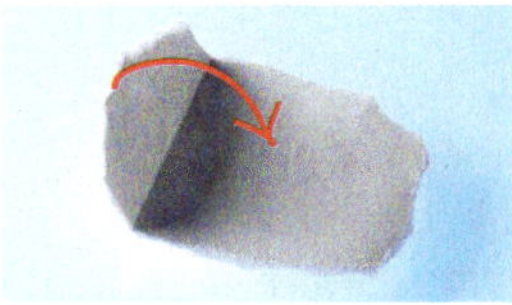

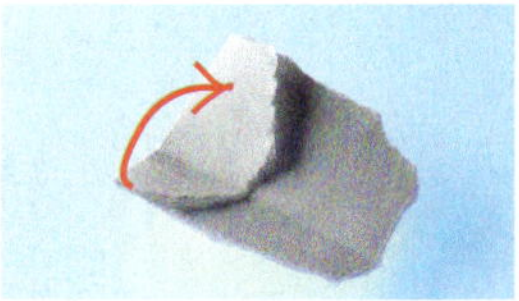

Kreuzungen

Zwei Faltlinien können sich auch überkreuzen. Probiere zwei Arten aus:
einen Bogen
falten – aufklappen – falten – aufklappen
und
einen Bogen falten – falten – aufklappen.

Versuche vorherzusagen, was du nach dem letzten Aufklappen sehen wirst.

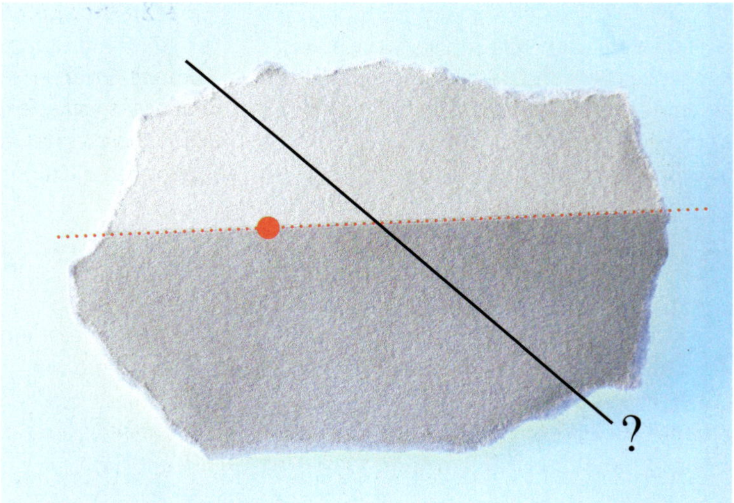

Besondere Kreuzungen

Falte zweimal. Der Punkt auf der ersten Faltlinie soll wieder auf die erste Faltlinie zu liegen kommen.

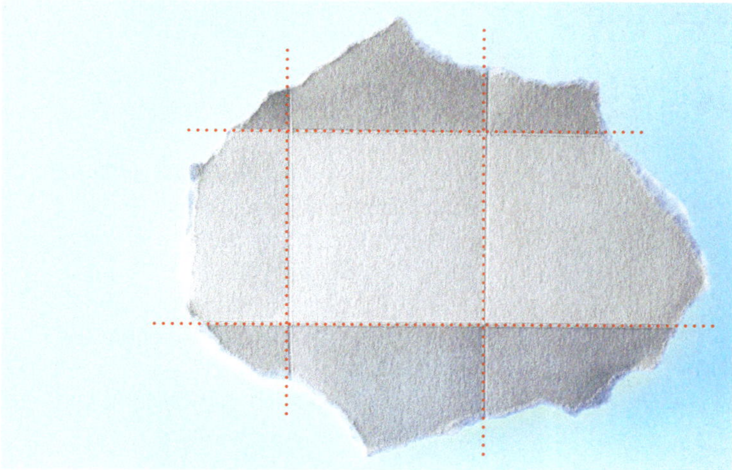

Ausrisse wieder zu Bögen machen

Du sollst aus dem Ausriss einen rechteckigen Bogen machen. Mit Faltlinien wie im Bild geht aber ziemlich viel Papier verloren. Wie geht es besser?

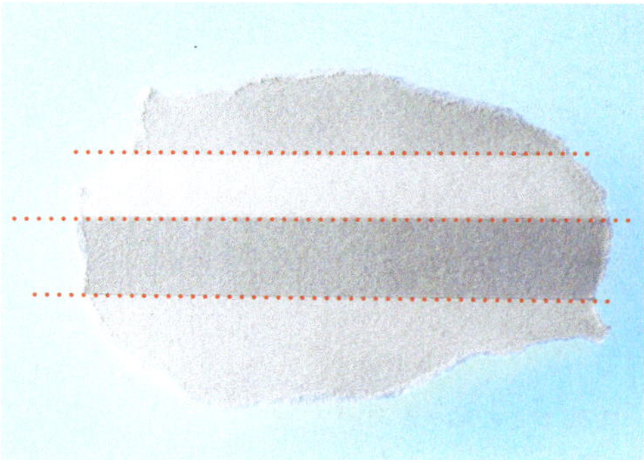

Keine Kreuzung

Falte so, dass sich die Linien nicht kreuzen, auch wenn du sie dir sehr, sehr weit verlängert denkst. Es gibt eine Möglichkeit, die besondere Kreuzung von Faltlinien auszunutzen.

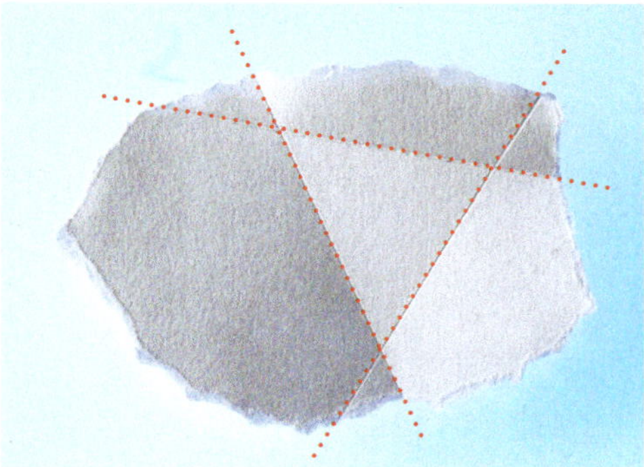

Viele Kreuzungen

Faltlinien unterteilen das Papier in Felder. Besonders viele Felder gibt es, wenn sich die Faltlinien alle kreuzen.

Faltlinien	Kreuzungen	Felder
2	?	4
3	?	?
4	?	?
5	?	?

Wie geht es wohl weiter? Zahlen raten kann leichter sein als Falten oder Zeichnen.

In diesem Kapitel lernst du,

- Strecke, Strahl und Gerade zu unterscheiden,
- wie man Geraden benennt, die sich nicht kreuzen,
- Punkten eine Adresse zu geben,
- wie man schöne symmetrische Figuren zeichnet.

1 Strecke. Strahl. Gerade

Bahnlinien, Straßen und Wege sind selten geradlinig.

➔ Welche Vorteile, welche Nachteile hätten schnurgerade Verbindungen?

➔ Welche Stadt liegt auf der geradlinigen Verbindung Gotha–Weimar?

➔ Trifft die geradlinige Verbindung Bad Salzungen–Ilmenau auf einen Ort, wenn man sie verlängert?

➔ Suche selbst nach drei Orten in Luftlinie.

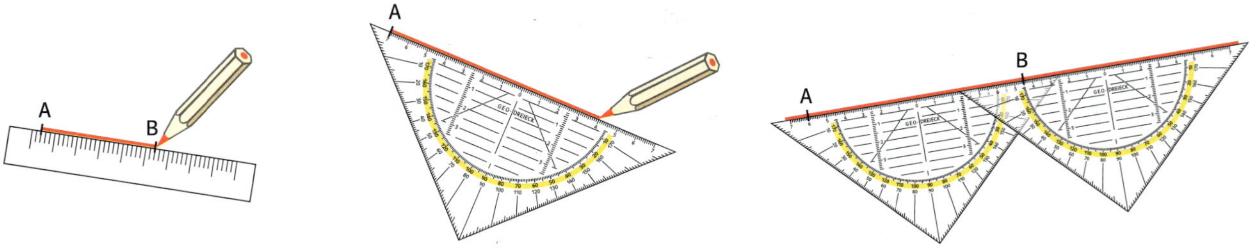

So zeichnet man eine Strecke, einen Strahl und eine Gerade.

Die geradlinige Verbindung zwischen den zwei Punkten A und B ist die **Strecke**. Sie wird mit $\overline{AB}$ bezeichnet. Eine Strecke hat einen Anfangs- und einen Endpunkt.

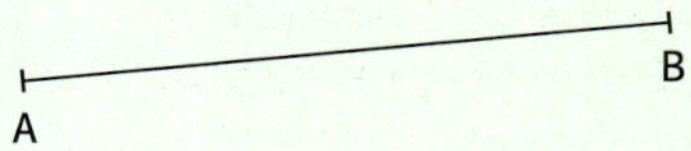

Ein **Strahl** ist eine gerade Linie mit einem Anfangs-, aber keinem Endpunkt.

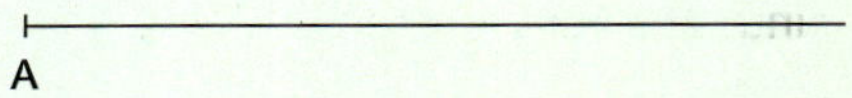

Eine **Gerade** ist eine in beide Richtungen beliebig weit verlängerte Strecke. Geraden werden mit g, h, i, … bezeichnet. Eine Gerade hat keinen Anfangs- und keinen Endpunkt.

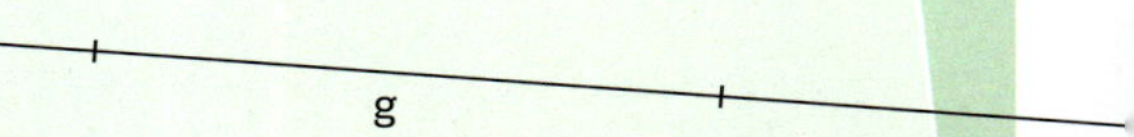

Man sagt:
Zielgerade
linke Gerade
Wanderstrecke
10 km-Strecke
Sonnenstrahl
Was sagst du dazu?

Beispiele

a) Jeder der fünf Punkte ist mit allen anderen durch eine Strecke verbunden. Von jedem Punkt gehen vier Strecken aus und in jedem Punkt enden vier Strecken.

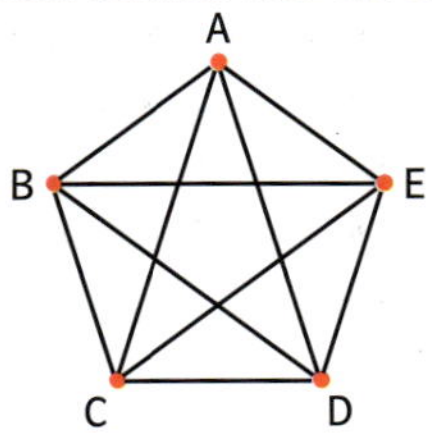

b) Die Strecken $\overline{AB}$ und $\overline{CD}$ haben den **Schnittpunkt** S. Auch die Geraden g und h haben einen Schnittpunkt. Er liegt aber außerhalb des Zeichenblatts.

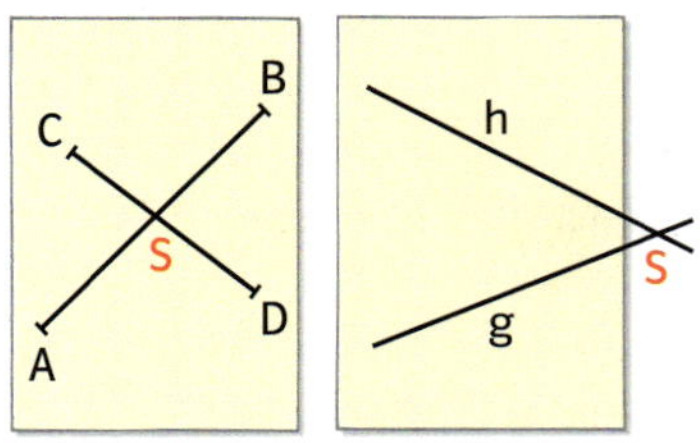

Aufgaben

1 Welches ist eine Strecke, eine Gerade, ein Strahl?

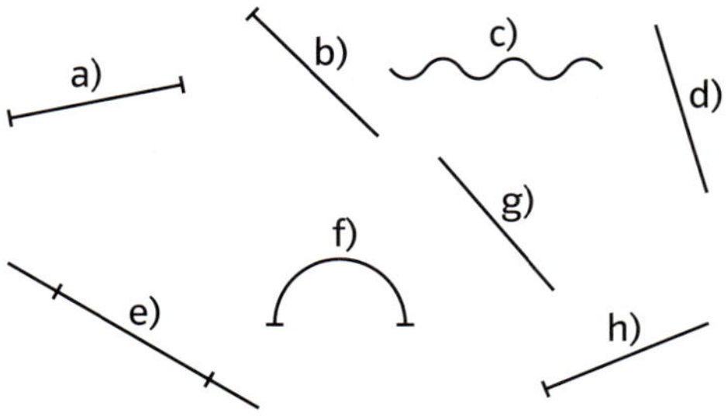

2 Miss die Längen folgender Strecken und schreibe sie auf ($\overline{AB}$ = ...)

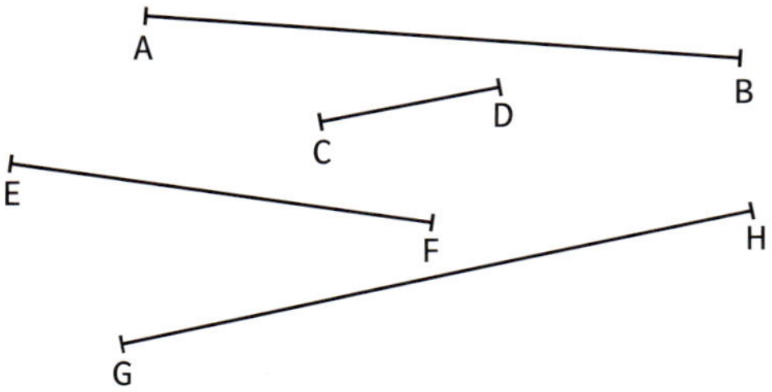

3 Zeichne folgende Strecken:
$\overline{AB}$ = 3 cm; $\overline{CD}$ = 4,8 cm; $\overline{EF}$ = 2,5 cm;
$\overline{GH}$ = 1,3 cm; $\overline{IK}$ = 7,4 cm; $\overline{LM}$ = 10,2 cm

4 Verbinde alle Punkte und bezeichne die Strecken.

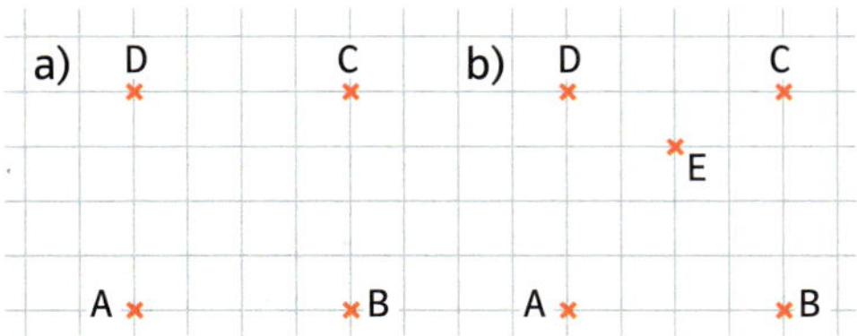

5 Verbinde die Punkte durch Geraden. Zeichne die Geraden bis zum Rand der Heftseite.

6 Verbinde alle Punkte durch Strecken. Markiere die Schnittpunkte. Verbinde sie wieder durch Strecken.

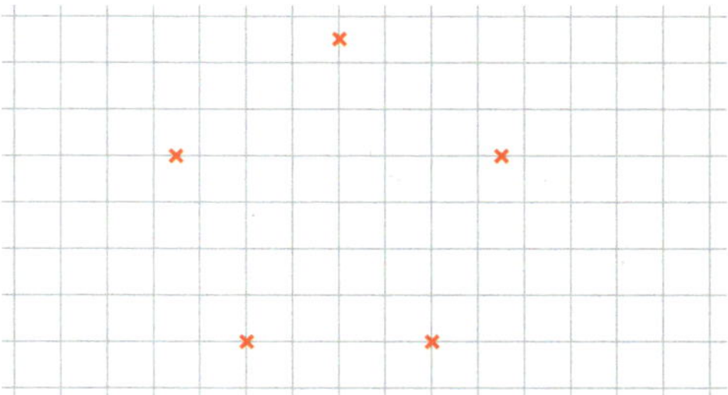

7 Wie viele Geraden und wie viele Strecken findest du?

a)

b)

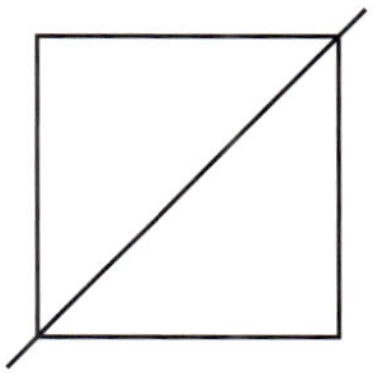

c)

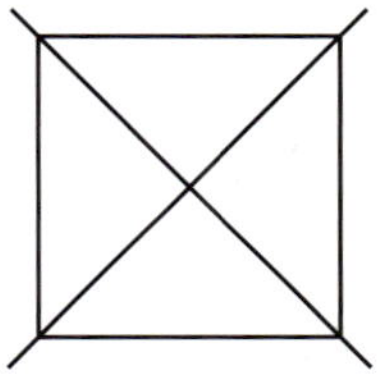

d)

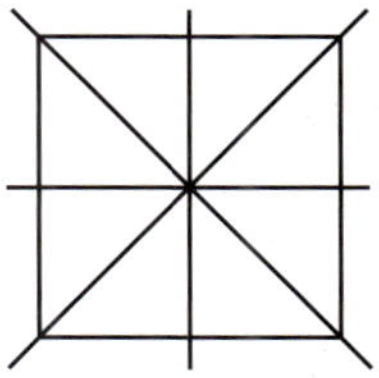

e)

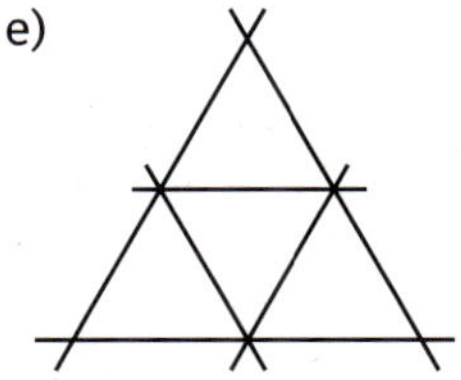

8 a) Vier Strahlen aus A und fünf Strahlen aus B – wie viele Schnittpunkte gibt das?

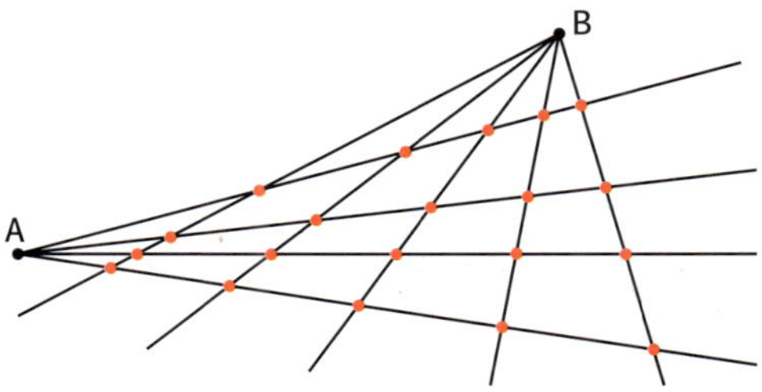

b) Sieben Strahlen aus A und fünf Strahlen aus B – musst du zeichnen, um die Schnittpunkte zu zählen?

c) Schreibe eine Regel für die Anzahl der Schnittpunkte auf.

Zeichne dieses Häuschen ohne den Stift abzusetzen.

In wie viele Stücke wird ein Pfannkuchen durch drei gerade Schnitte geteilt? Es gibt mehrere Möglichkeiten.

2 Zueinander senkrecht

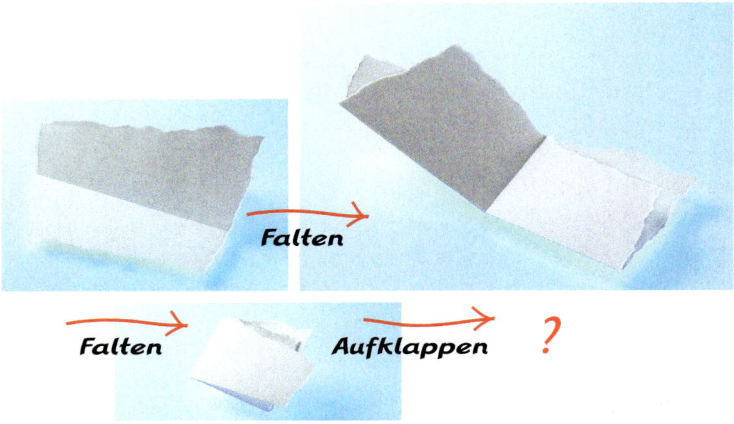

→ Beschreibe die Figur, die entsteht, wenn du einen Papierausriss faltest, dann quer über die Faltkante nochmals faltest und danach das Papier aufklappst.
→ Wie musst du falten, dass nach dem Aufklappen nur zwei sich schneidende Geraden zu sehen sind?
→ Stelle diese aus zwei Geraden bestehende Figur auch durch Falten, Aufklappen, nochmals Falten und Aufklappen her.
→ Nenne die erste Faltlinie g und die zweite h. Falte jetzt zuerst längs h und dann längs g. Was beobachtest du?

Die zwei Faltlinien liegen genauso zueinander wie die lange Seite und die Mittellinie des Geodreiecks.

Zwei Geraden g und h, die so zueinander liegen wie die lange Seite und die Mittellinie des Geodreiecks, sind **zueinander senkrecht**.
Man schreibt $\mathbf{g \perp h}$, gelesen „g senkrecht zu h". In Zeichnungen markiert man solche Geraden mit dem Zeichen ⊾.

Bemerkung
Strecken nennt man zueinander senkrecht, wenn sie auf zueinander senkrechten Geraden liegen.

Beispiel
Die Gerade g und der Punkt P sind gegeben. Durch P soll die zu g senkrechte Gerade h gezeichnet werden. Die Abbildung zeigt, wie du das Geodreieck anlegen sollst. In der ersten Figur liegt P auf g, in der zweiten nicht.

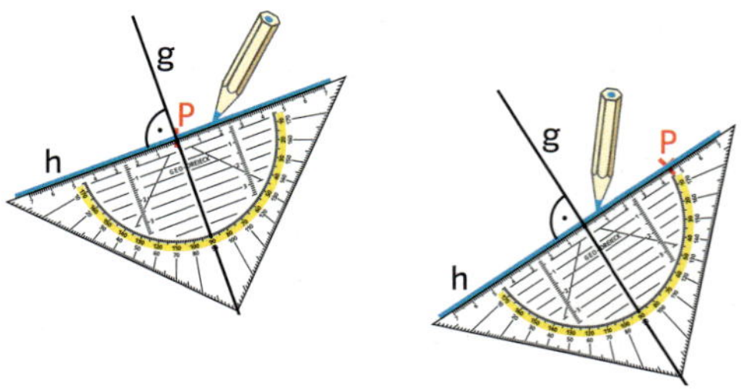

Aufgaben

1 Wo im Klassenzimmer, auf dem Schulhof, auf dem Schulweg siehst du zueinander senkrechte Geraden oder Strecken?

2 Welche der sieben Geraden sind zueinander senkrecht, welche nicht?

	g	h	
g	☐	n. s.	...
h	n. s.	☐	...

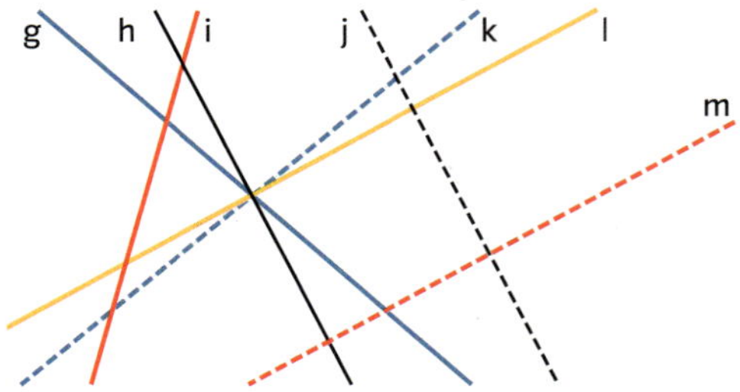

3 Der Streckenzug ist nach einer Regel gezeichnet. Setze ihn möglichst weit fort.

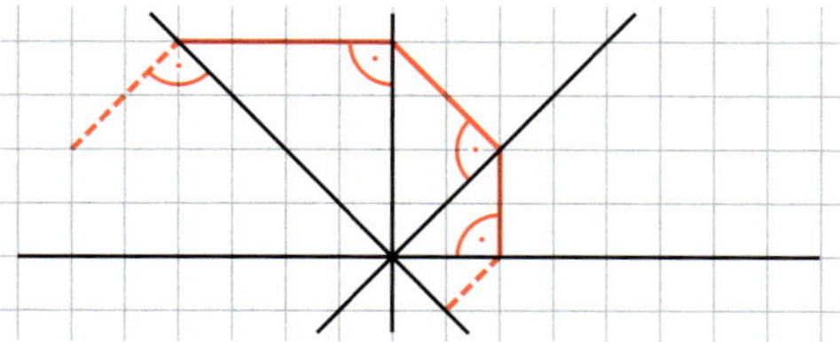

4 a) Zeichne durch den Punkt A die Gerade i, die zu g senkrecht ist.
b) Zeichne durch den Punkt B die Gerade k, die zu h senkrecht ist.

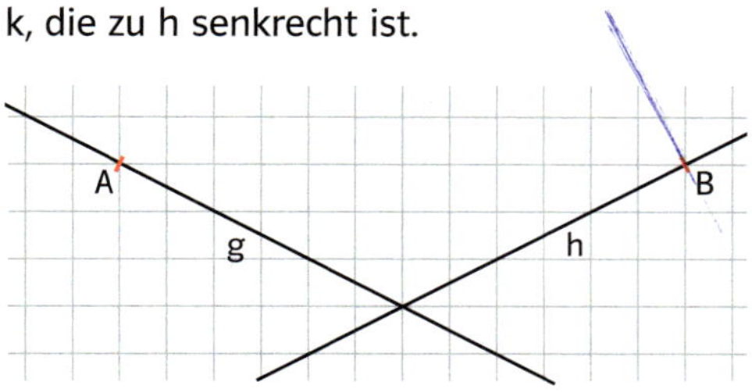

5 Zeichne durch jeden der Punkte P, Q und R die Gerade, die zu g senkrecht ist.

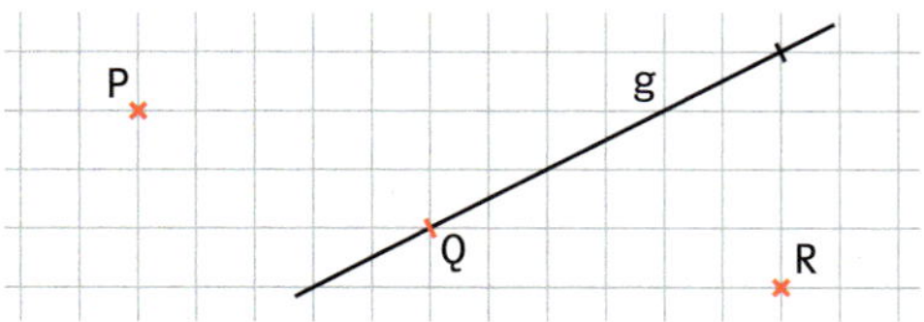

6 Verbinde gegenüberliegende Eckpunkte. Prüfe mit dem Geodreieck, ob die Strecken zueinander senkrecht sind.

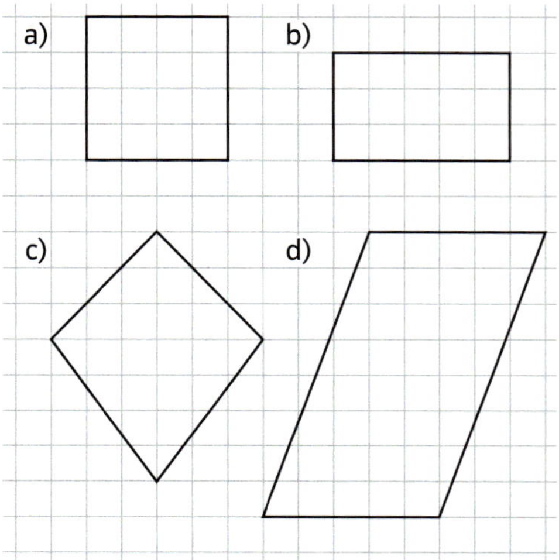

7 Was sagst du zu diesen Situationen?

- Du fährst auf dem Fahrrad aus südöstlicher Richtung geradeaus über die Kreuzung K1.
- Ein Lkw mit Anhänger fährt aus nordwestlicher Richtung in die Kreuzung K1 ein und biegt nach rechts ab.

Erfinde selbst solche Verkehrssituationen auch für die anderen zwei Kreuzungen. Welche Kreuzung macht am wenigsten Probleme und warum?

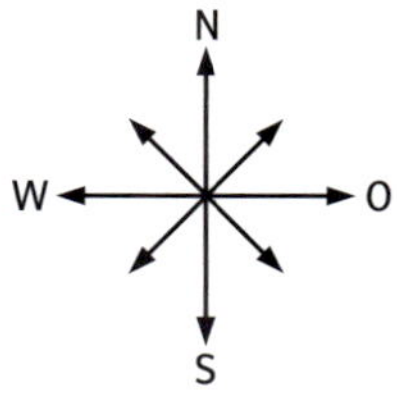

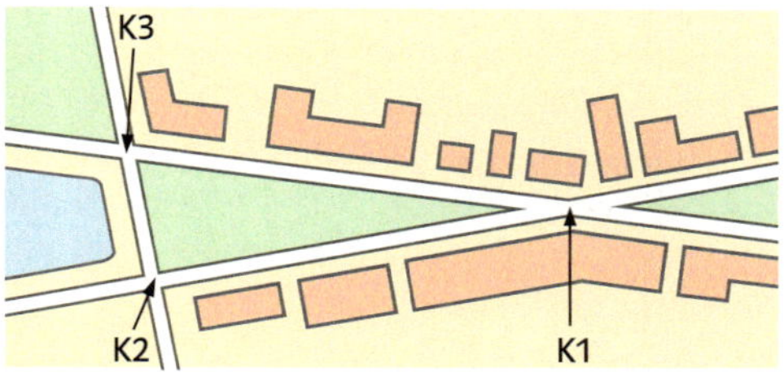

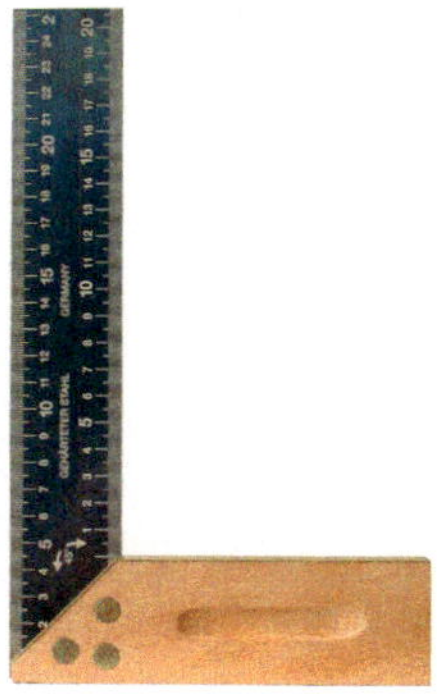

Schreinerlineal

5×5-Nagelbrett

Auf dem 5×5-Nagelbrett (siehe S. 171) kannst du mit Gummiringen Strecken und Figuren spannen.

- Spanne alle Strecken, die zu der roten Strecke senkrecht sind.
- Probiert gemeinsam aus, ob es zu jeder Strecke eine Senkrechte gibt.

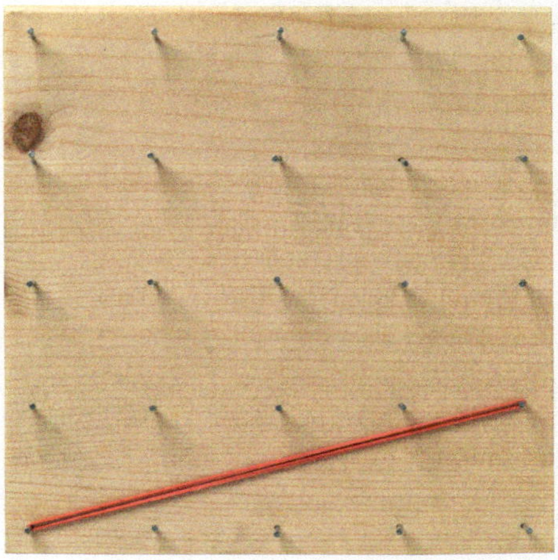

3 Parallel

→ Ein schmaler Papierausriss soll zum Streifen gefaltet werden. Auch die vierte Seite soll gerade sein.
→ Beschreibe, wie die vier Faltlinien nach dem Aufklappen liegen.

Auch wenn man den Streifen sehr lang macht, schneiden sich der obere und der untere Rand nicht. Das kommt daher, dass beide auf dem linken Rand senkrecht stehen.

Zwei Geraden, die auf einer dritten Gerade senkrecht stehen, heißen zueinander **parallel**. Man schreibt $g \parallel h$ und liest „g ist parallel zu h".
Parallele Geraden schneiden sich nicht.

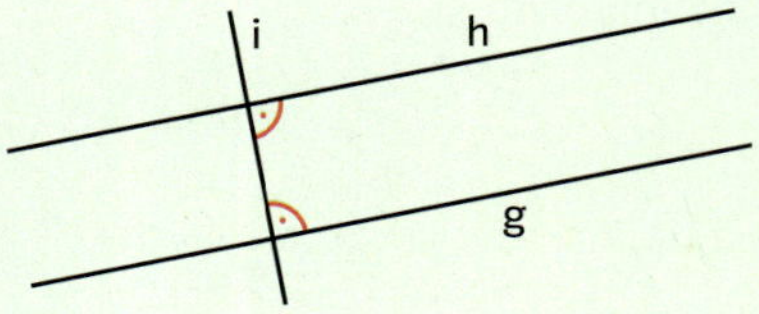

Bemerkung

Zwei Strecken heißen parallel, wenn sie auf parallelen Geraden liegen.
Man schreibt $\overline{AB} \parallel \overline{CD}$.

Beispiele

a) Der Punkt P und die Gerade g sind gegeben. Die Bilderfolge zeigt, wie du durch den Punkt P die Gerade h zeichnen kannst, die zu g parallel ist.

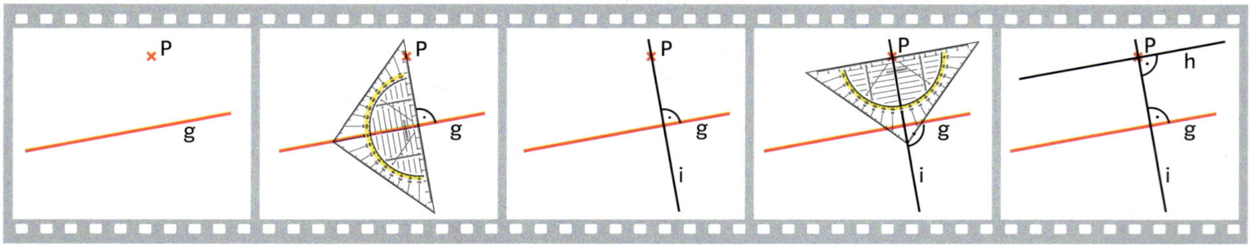

b) Um zu prüfen, ob sich zwei Geraden g und h vielleicht noch weit außerhalb des Zeichenblattes schneiden, kannst du das Geodreieck benutzen:

- Wähle einen Punkt P auf g.
- Zeichne durch P die Senkrechte i zu g.
- Markiere den Schnittpunkt Q von h und i.
- Lege das Geodreieck in Q so an, dass die Mittellinie auf h liegt.
- Prüfe bei Q, ob i und h senkrecht zueinander verlaufen.

Im Bild sind i und h nicht senkrecht.
Also sind g und h nicht parallel.

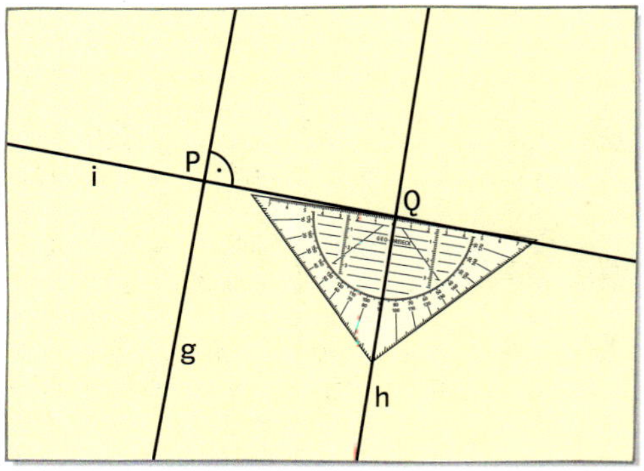

Parallele Geraden?

Solche Bilder nennt man optische Täuschungen.

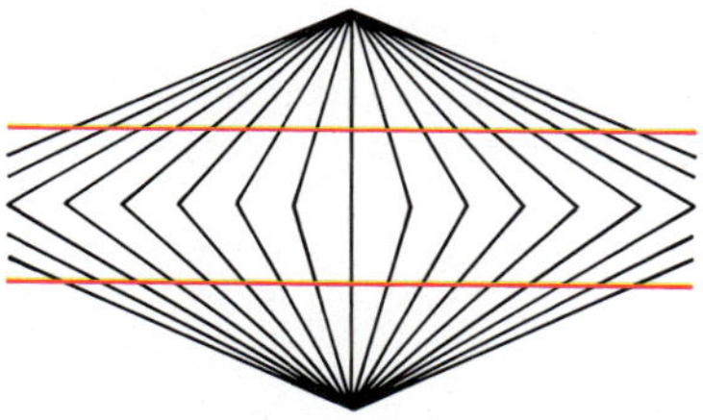

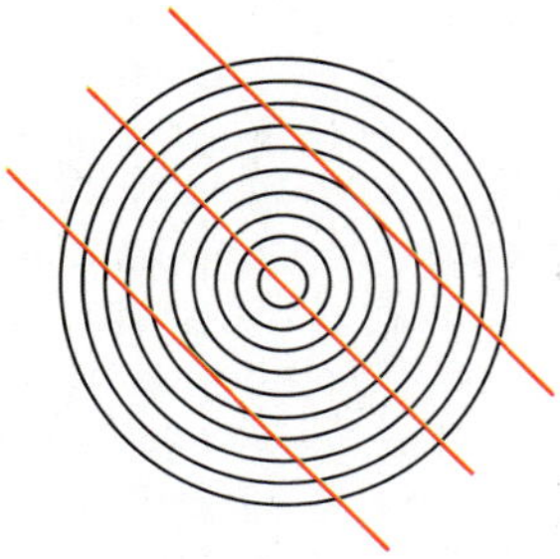

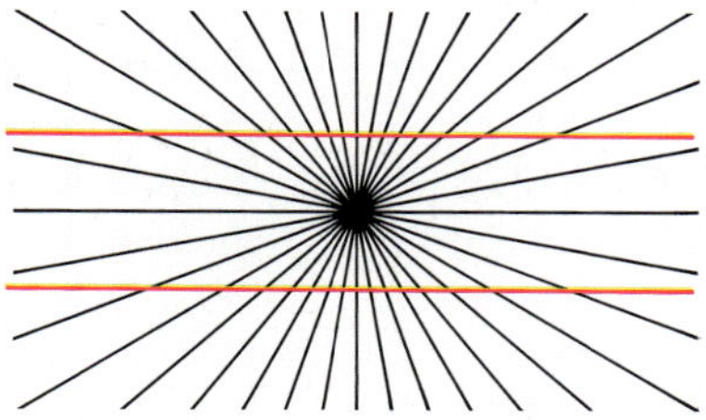

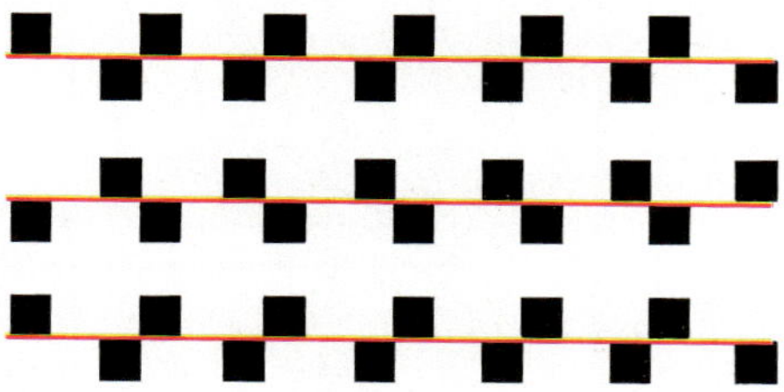

Aufgaben

1 Wo findest du im Klassenzimmer, auf dem Schulweg oder auf dem Sportplatz parallele Strecken?

2 Welche Geraden sind parallel?
Wo das Augenmaß nicht reicht, helfen die parallelen Linien auf dem Geodreieck.

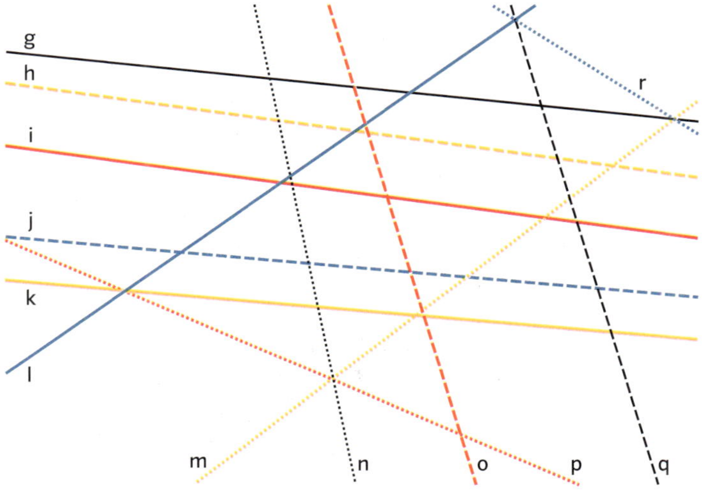

3 Zeichne die Gerade h durch P, die zu g parallel ist.

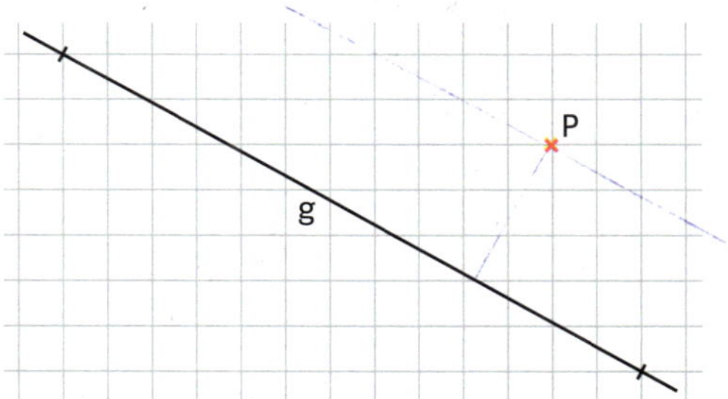

4 Zeichne
- die Gerade i durch P, die zu g parallel ist.
- die Gerade j durch T, die zu h parallel ist.

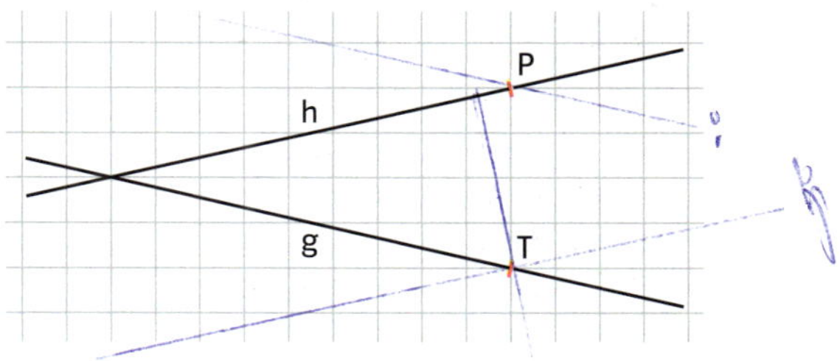

Senkrecht, lotrecht, waagerecht …

Im täglichen Leben bedeutet „senkrecht“ etwas anderes als in der Mathematik. Ein Fahnenmast steht senkrecht, wenn sein unteres Ende genau zum Erdmittelpunkt zeigt.
Weil die Erde eine Kugel ist, sind an verschiedenen Orten senkrecht stehende Masten nicht parallel.
Statt „senkrecht“ in diesem Sinn sagt man auch **lotrecht** oder **vertikal**. Ein Lot ist ein Gewicht, das an einer Schnur nach unten hängt.
Linien, die auf einer lotrechten Linie senkrecht stehen, heißen **waagerecht** oder **horizontal**.

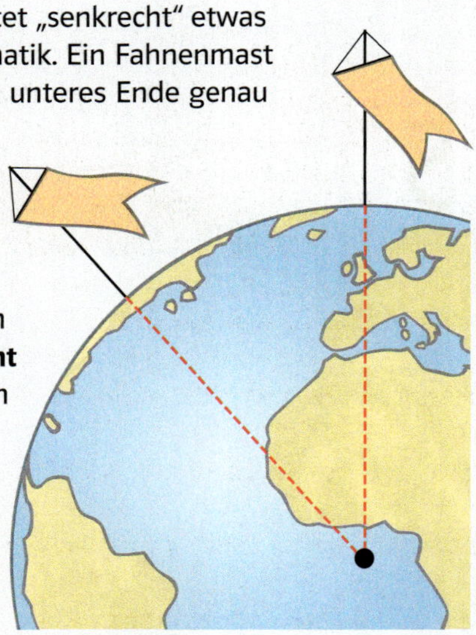

Mit der **Wasserwaage** prüft der Maurer, ob eine Mauer gerade oder schief ist. Fehler gleicht er mit Mörtel aus.
Die Wasserwaage hat zwei Röhrchen, die bis auf eine Luftblase mit Alkohol gefüllt sind. Die Oberkante der Mauer ist waagerecht, wenn im Röhrchen an der langen Seite der Wasserwaage die Luftblase genau in der Mitte steht. Für lotrechte Kanten schaut der Maurer auf das andere Röhrchen.

Ein **Lot** kann man aus einer Schnur und einem Gewicht schnell herstellen. Ab jetzt nie mehr unabsichtlich schief aufgehängte Poster!

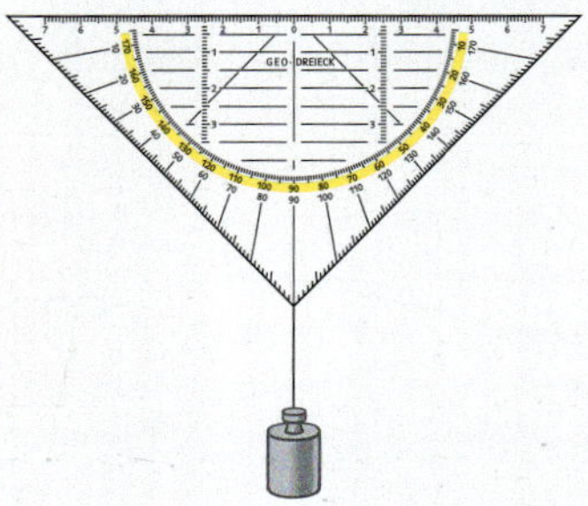

5 Zeichne die Vierecke in doppelter Größe. Verbinde die Mittelpunkte benachbarter Seiten. Was stellst du fest? Versuche dasselbe auch mit anderen Vierecken.

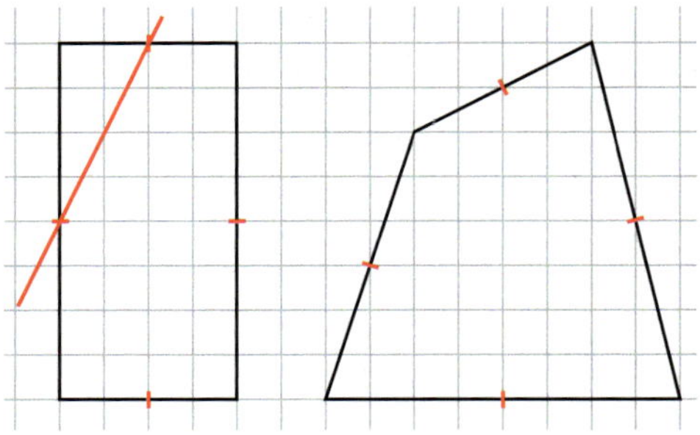

6 Auch mit den parallelen Hilfslinien auf dem Geodreieck kannst du parallele Strecken zeichnen:

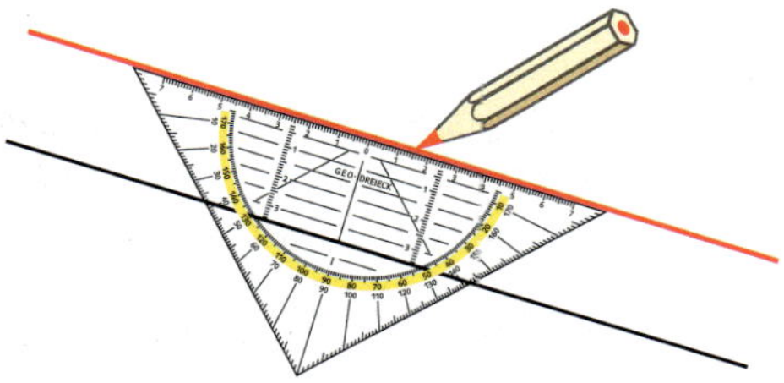

Vier Musterfiguren zum Nachzeichnen – auf die Form der Dreiecke kommt es nicht genau an.

Entwirf eigene Figuren.
Was findest du gut an dieser Art, parallele Strecken zu zeichnen, was nicht?

4 Quadratgitter. Koordinatensystem

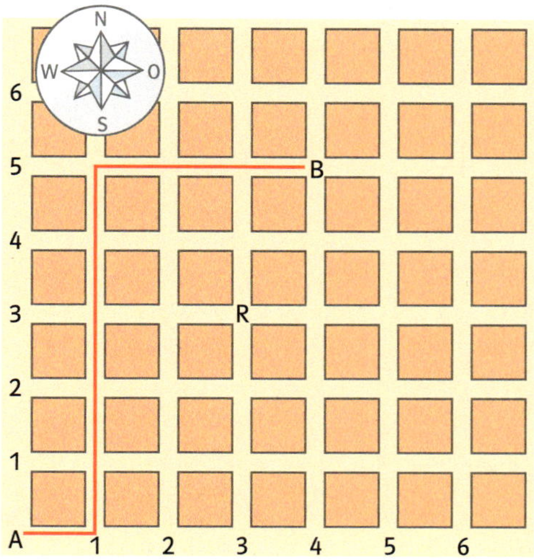

Neuf-Brisach in Frankreich

→ In Schachbrett-City brauchen die Straßen keine Namen. Nummern genügen. Wie würdest du die Kreuzungen nummerieren?
→ Von A nach B gibt es einen Weg, der neun Häuserblocks lang ist. Gibt es noch andere ebenso lange Wege von A nach B?
→ Das Rathaus liegt bei R. Von wo aus ist der Weg nach R drei Häuserblocks lang?

Unser Kästchenpapier ist eine Quadatgitter. Um einen Gitterpunkt festzulegen, zeichnet man ein **Koordinatensystem**.

Das **Koordinatensystem** besteht aus einer **x-Achse** und einer **y-Achse**, die senkrecht zueinander verlaufen.
Den Achsenschnittpunkt nennt man **Ursprung 0**.
Für den Punkt P mit dem x-Wert 7 und dem y-Wert 4 schreibt man P(7|4).

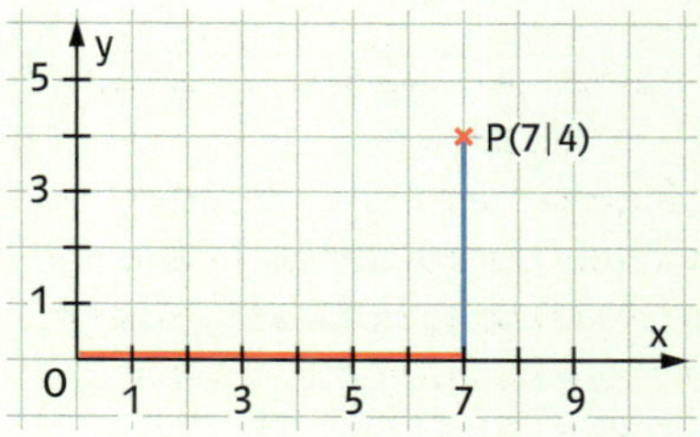

Beispiele

a) Geht man von A(3|2) aus 5 Kästchen nach rechts und 4 Kästchen nach oben, so kommt man zu B(8|6).

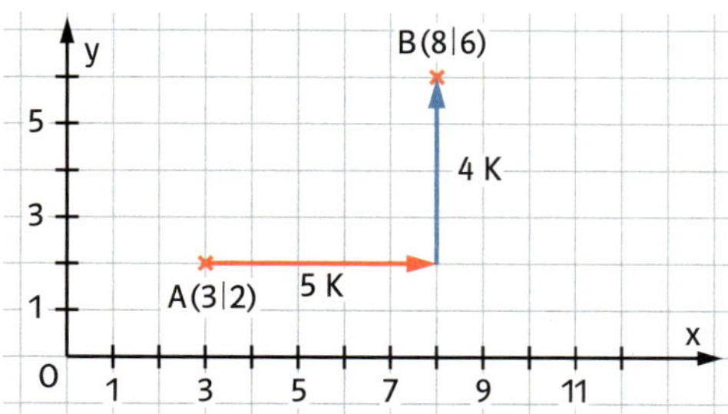

b) Punkt C(3|7) ist ein anderer Punkt als D(7|3).

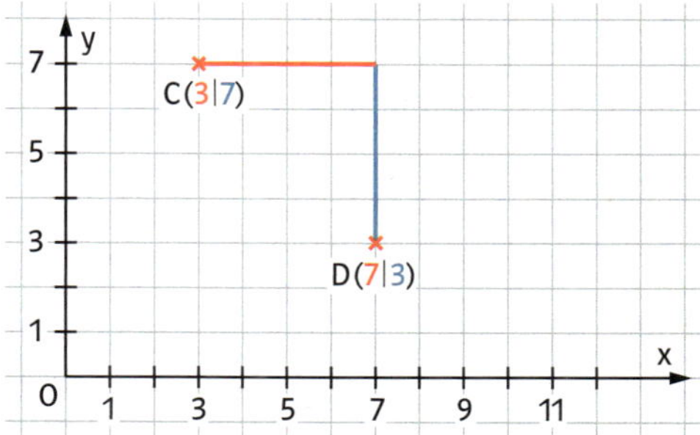

Aufgaben

1 Wie werden Plätze im Fußballstadion und im Kino nummeriert? Wie bezeichnet man die Planquadrate eines Stadtplans?

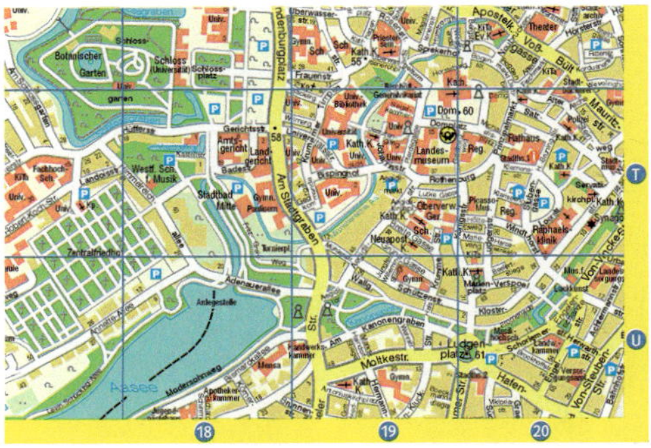

2 Gib die x-Werte und die y-Werte der Punkte an.

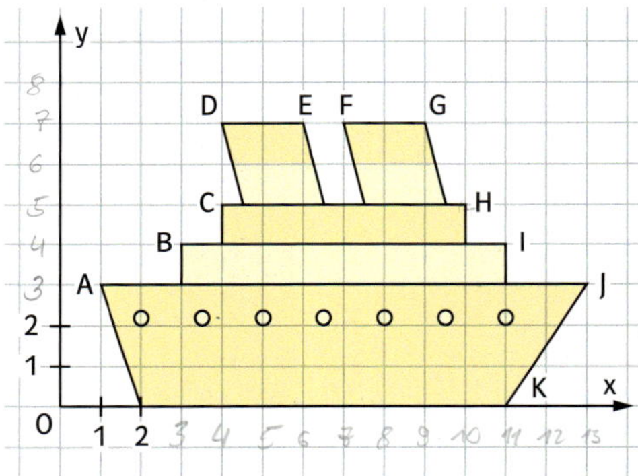

3 Zeichne alle Punkte, deren x-Wert und deren y-Wert mindestens 1 und höchstens 8 ist. Markiere sie

- rot, wenn der x-Wert und der y-Wert gerade Zahlen sind,
- blau, wenn der x-Wert und der y-Wert ungerade Zahlen sind,
- grün, wenn der x-Wert gerade und der y-Wert ungerade ist,
- gelb, wenn der x-Wert ungerade und der y-Wert gerade ist.

4 a) Zeichne die Punkte P(2|2), Q(1|7), R(8|6) und S(7|3). Verbinde jeden Punkt mit jedem anderen.
b) Wiederhole dasselbe mit den Punkten A(6|4), B(16|4), C(20|12), D(16|20), E(6|20) und F(2|12).

5 a) Zeichne die Punkte A(6|3), B(12|4) und C(8|7).
b) Gehe von A, B und C je um 9 Kästchen nach rechts und um 4 Kästchen nach oben. So erhältst du die Punkte D, E und F.
c) Zeichne die Strecken
$\overline{AB}$, $\overline{BC}$, $\overline{AC}$, $\overline{DE}$, $\overline{EF}$, $\overline{DF}$, $\overline{AD}$, $\overline{BE}$, $\overline{CF}$.

6 Zeichne die Figur und dazu noch vier Kopien nach folgenden Vorschriften:

- x-Werte + 5, y-Werte + 3
- x-Werte + 5, y-Werte − 3
- x-Werte − 5, y-Werte + 3

Jetzt fehlt nur noch die vierte Kopie.

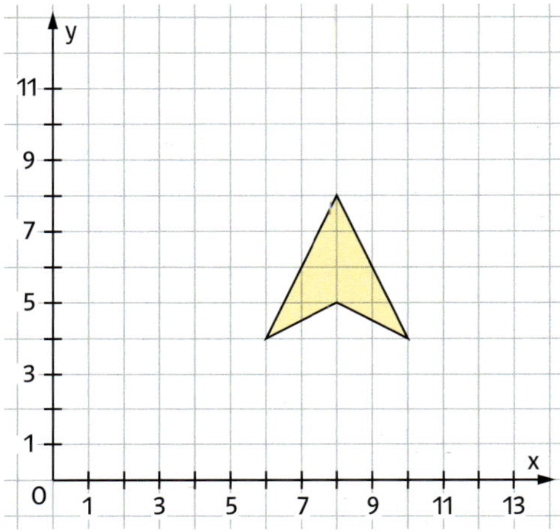

7 In der Figur wurde das Quadratgitter weggelassen. Welchen x-Wert und welchen y-Wert haben die Punkte D und E?

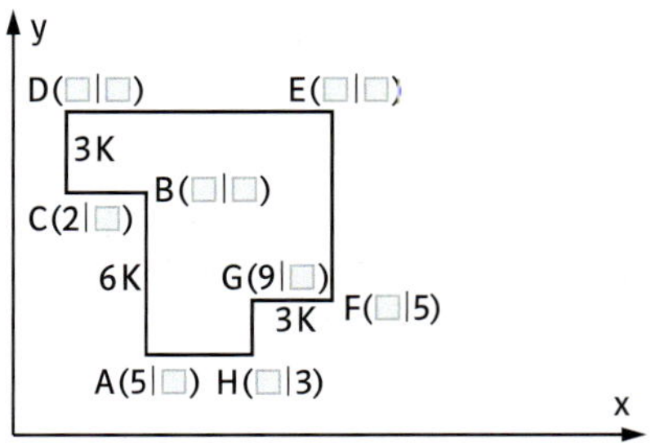

8 a) Zeichne die Punkte A(5|2), B(10|2) und C(15|5). Vertausche x- und y-Werte und zeichne die Punkte, die dadurch aus A, B und C entstehen.
b) Verbinde die sechs Punkte so, dass eine schöne Figur entsteht. Es gibt viele Möglichkeiten.

9 Auf dem 5×5-Nagelbrett werden die Geraden, die durch zwei Gitterpunkte gehen, Gittergeraden genannt.
Auf dem Nagelbrett kannst du zueinander parallele und senkrechte Strecken spannen.
Besser ist es, das Nagelbrett mit Gittergeraden zu zeichnen.

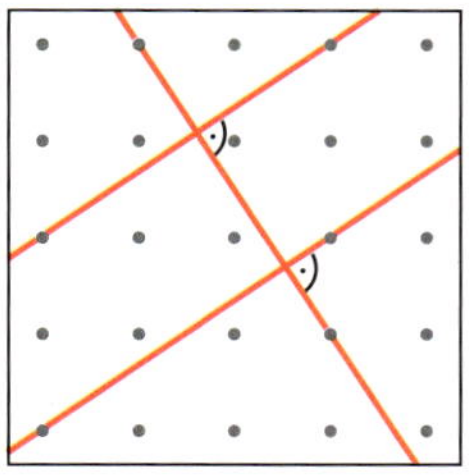

a) Wie findet man parallele Gittergeraden, wie findet man senkrechte Gittergeraden? Schreibe Regeln ins Heft.

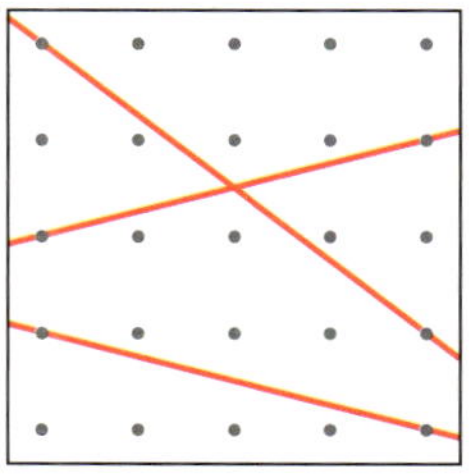

b) Gibt es zu jeder Gittergeraden eine senkrechte Gittergerade? Vielleicht sogar mehrere?
c) Gibt es zu jeder Gittergeraden eine parallele Gittergerade? Oder sogar mehrere?

Gitterspiele

Susanne hat einen Spielplan entworfen.

Der Weg verläuft von einem markierten Punkt zum nächsten geradlinig auf dem Gitter.

Jeder Schritt ist ein Kästchen lang.

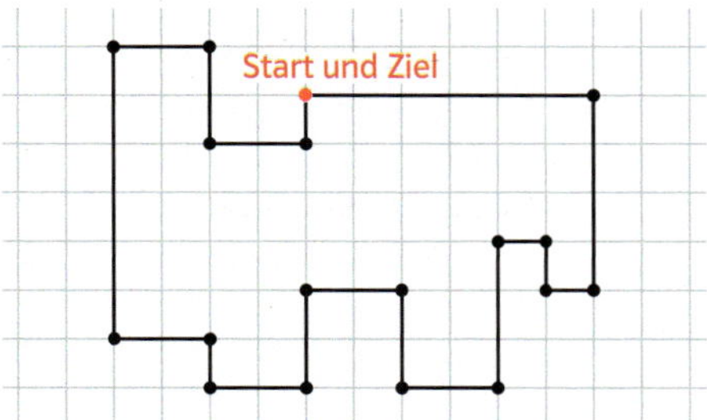

■ Wie viele Schritte führt der Weg nach rechts, links, oben, unten?

■ Stell dir vor, du wärst ein Spielstein. Wie oft müsstest du nach rechts, wie oft nach links abbiegen?

■ Entwirf selbst solche Spielpläne. Zähle Schritte und Richtungswechsel. Erkennst du Regeln? Kannst du sie begründen?

■ Suche einen Weg von A nach B, der im Innern des Rechtecks auf Gittergeraden verläuft und keinen markierten Punkt trifft.

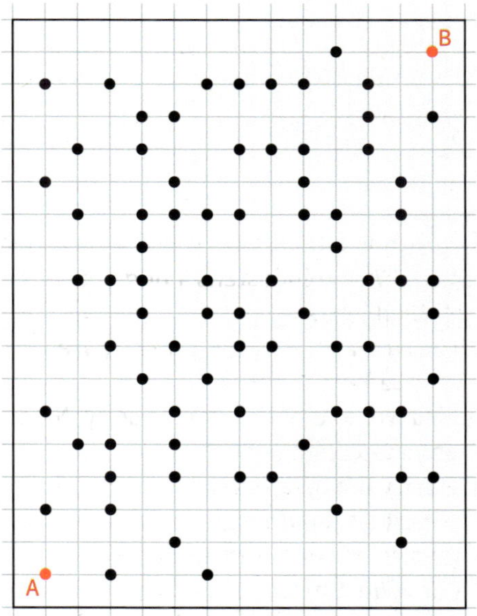

■ Entwirf selbst eine solche Labyrinth-Aufgabe und stelle sie deinem Nachbarn oder deiner Nachbarin.
■ Wann ist ein solches Labyrinth interessant, wann ist es langweilig?

5 Entfernung und Abstand

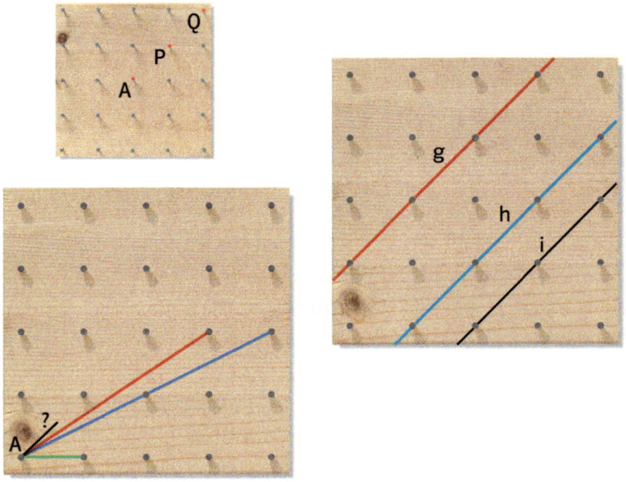

→ Im oberen Nagelbrett verdeckt der Nagel P den Nagel Q, wenn man von A aus hinschaut. Wie lang sind die Strecken zwischen A und den von A aus sichtbaren Nägeln? Wie viele Strecken musst du mindestens messen?

→ Im unteren Nagelbrett liegt A unten links. Welche Nägel sind von A aus sichtbar? Wie viele verschiedene Streckenlängen gibt es?

→ Im Nagelbrett rechts liegen auf den Geraden g und h je vier Nägel. Welche Entfernungen kommen zwischen diesen acht Nägeln vor? Untersuche auch die Geraden g und i.

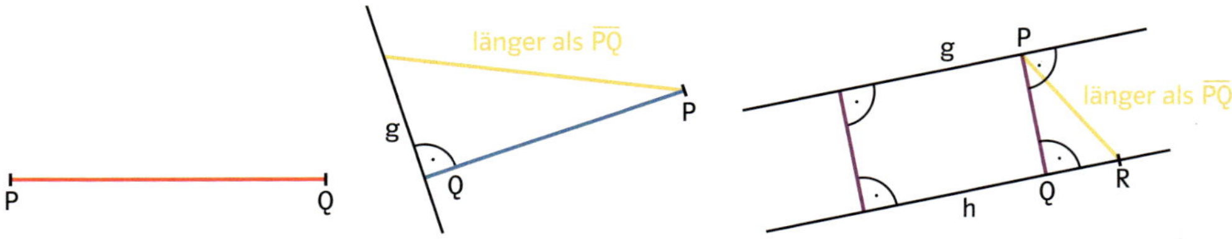

Entfernung von P und Q Abstand von P und g Abstand von g und h

Die Länge der Verbindungsstrecke der Punkte P und Q ist die **Entfernung von P und Q**.
Die kürzeste Entfernung zwischen einem Punkt P und einer Geraden g ist der **Abstand von P und g**. Er ist die Länge der Strecke, die von P aus senkrecht zu g führt.
Die Länge der kürzesten Strecke zwischen zwei parallelen Geraden g und h ist der **Abstand von g und h**. Er kann auf jeder Strecke gemessen werden, die g und h senkrecht verbindet.

Beispiel

Zu einer Geraden g gibt es zwei Parallelen im Abstand 4 cm. Zeichne
- einen beliebigen Punkt P auf g,
- durch P die Senkrechte i zu g,
- auf i die Punkte Q und R im Abstand 4 cm von g,
- durch Q und R die Senkrechten h und j zu i.

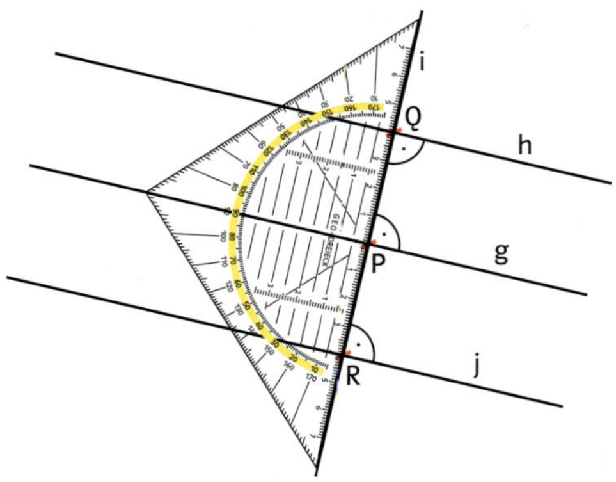

Mit den parallelen Hilfslinien auf dem Geodreieck wird die Zeichnung für große Abstände ungenau.

Aufgaben

1 Trage die Punkte A(2|12), B(13|3), C(13|8) und D(7|6) ins Koordinatensystem ein.
a) Miss alle Entfernungen.
b) Ist der direkte Weg von A nach B wirklich kürzer als der Umweg über D?

2 Zwei Punkte, zwei parallele Geraden – miss alle Entfernungen und Abstände. Manche Ergebnisse passen zusammen.

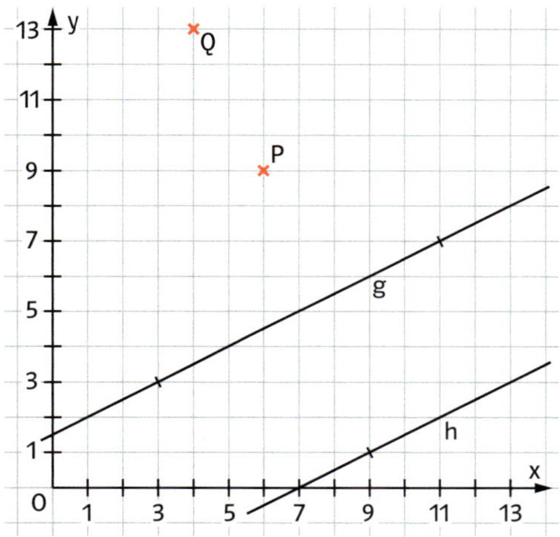

3 Zeichne die Punkte A(16|4), B(4|11) und C(4|1). Verbinde sie geradlinig. Wie groß ist der Abstand zwischen A und $\overline{BC}$, zwischen B und $\overline{AC}$, zwischen C und $\overline{AB}$?

4 Miss die Abstände der Punkte P, Q, R und S von der Geraden g.
Was fällt dir auf? Denke dir die Punktreihe durch einen Punkt T fortgesetzt. Wie groß wäre sein Abstand von g?
Welchen Abstand von g hätte der zehnte Punkt?

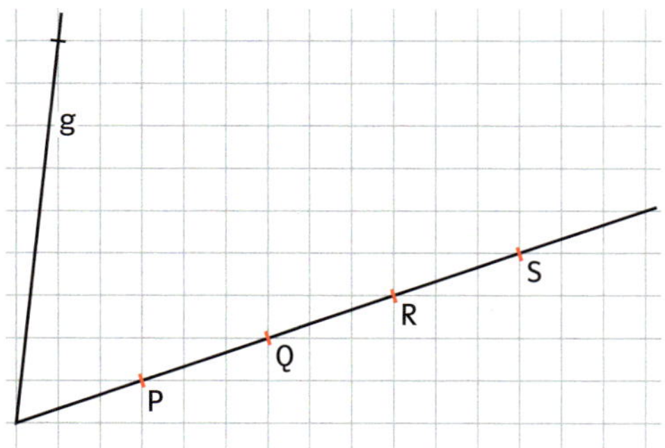

5 Zeichne eine beliebige Gerade g und dazu die parallelen Geraden im Abstand 2 cm, 4 cm und 6 cm.
Wenn du eine Gitterlinie als g wählst, ist das Zeichnen sehr einfach, aber langweilig.

6 Zeichne zwei Geraden, die sich schneiden. Zeichne alle Parallelen zu beiden Geraden, im Abstand 2 cm, 4 cm und 6 cm. Gitterlinien als Geraden gelten aber nicht.

7 Miss alle Abstände zwischen den Punkten P, Q, R, S und den Geraden g und h. Was fällt auf? Erkläre.

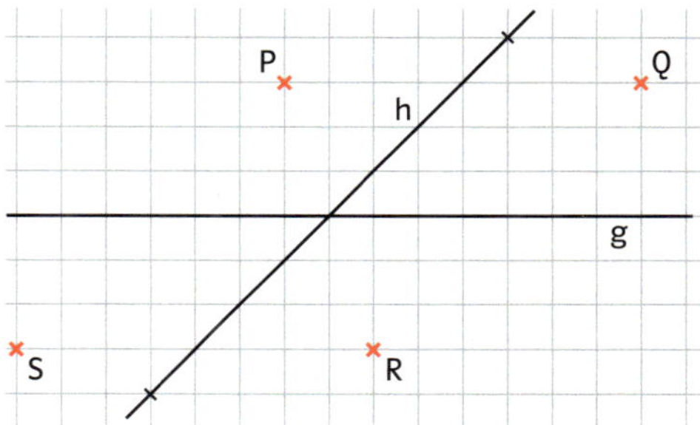

8 a) Suche im 5×5-Nagelbrett die Nägel, die vom unteren linken Nagel genau 15 cm entfernt sind.
b) Gibt es noch mehr Nägel, die genau 15 cm voneinander entfernt sind?
c) Welche Nägel sind von A weiter entfernt als B?
d) Gib fünf Nägel an, die von A weiter entfernt sind als von B.
e) Welche Nägel sind von A und B gleich weit entfernt?

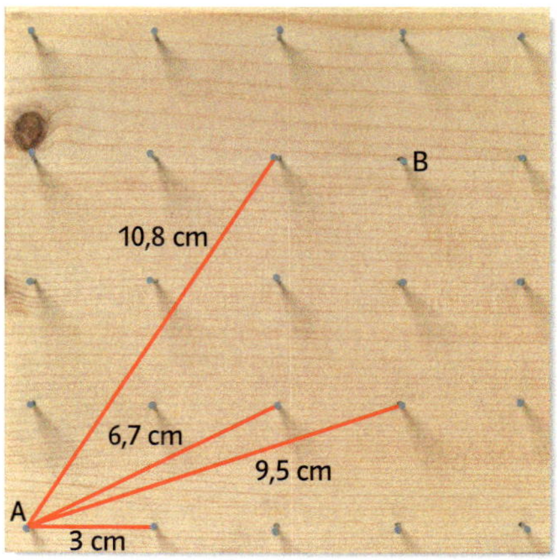

9 Zeichne einen Punkt, der von der Geraden g den Abstand 2 cm und zugleich von der Geraden h den Abstand 3 cm hat. Gibt es mehr als einen solchen Punkt?

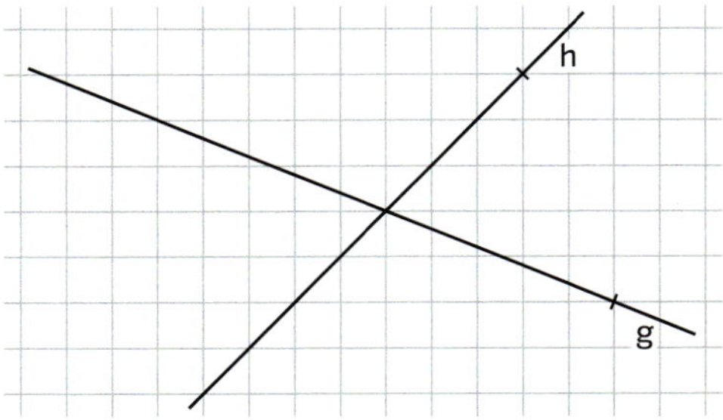

10 Zeichne den Punkt P, der von g denselben Abstand wie A und von h denselben Abstand wie B hat.

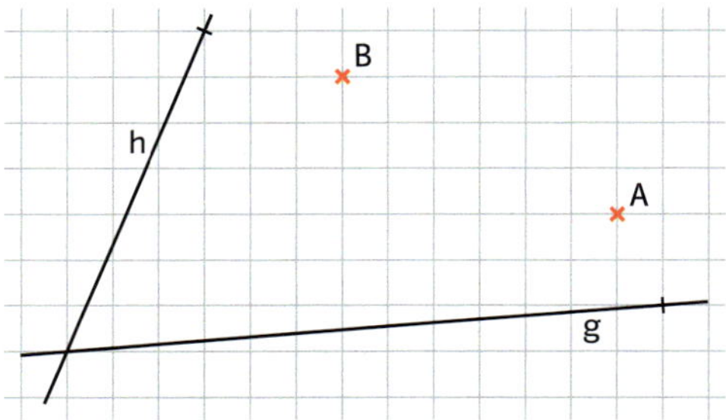

Karten

- Wie weit ist es in Luftlinie von Talhausen nach Bergdorf? Miss von Ortsmitte zu Ortsmitte.
- Wie weit ist es auf der Straße von einem Ort zum anderen? Schätze zuerst und miss dann so gut es geht. Wie groß ist der Umweg gegenüber der Luftlinien-Entfernung?
- Wie weit ist es von Talhausen zur Straße L 111, wenn man geradeaus quer über die Felder und durch den Wald geht?

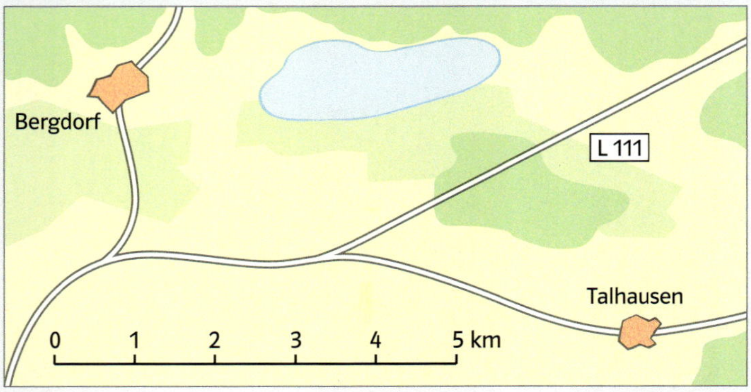

11 a) Alex misst den Abstand zwischen der Geraden g und dem Punkt P längs der roten Strecke. Warum ist das falsch? Sabine misst den Abstand, ohne über das Blatt hinaus zu zeichnen. Wie geht das?
b) Alex lernt schnell. Er misst den Abstand zwischen den zwei parallelen Geraden, ohne über den Rand zu zeichnen.

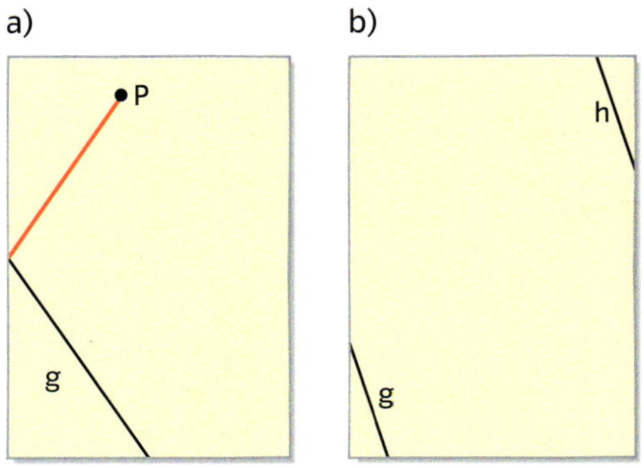

12 Bevor der Hund zum Fressnapf kommt, muss er um die Mauern herum laufen. Suche den kürzesten Weg für den hungrigen Hund.

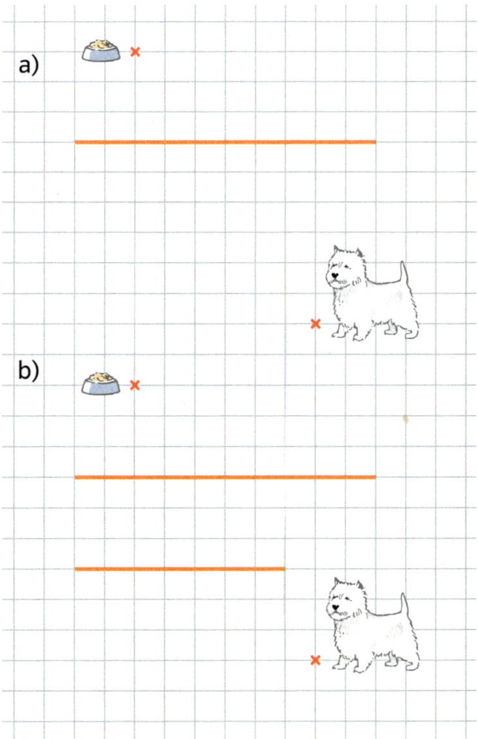

6 Symmetrische Figuren

→ Ein Blütenbild kannst du aus Zeichenkarton anfertigen.
Wie viele Spitzen bekommt die Blüte?
Wie erreichst du, dass eine Blüte 6, 8 oder 5 Spitzen hat?
→ Das Klappbild zeigt die Blüte so, wie man sie von vorne sieht.
Wie sieht sie von oben aus?
→ Blütenbilder kannst du auch im Quadratgitter zeichnen.
Stelle auch einmal einen Spiegel auf die rote Gerade.

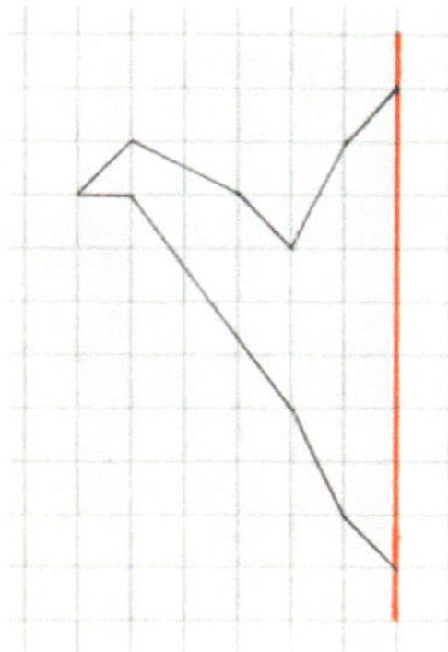

Gegenstände und Figuren aus zwei spiegelbildlichen Hälften kommen in Natur und Technik sehr oft vor. Sie haben einen besonderen Namen.

Eine Figur aus zwei spiegelbildlichen Hälften heißt **achsensymmetrisch**.
Die Trenngerade der zwei Hälften heißt Symmetrieachse.
Zwei spiegelbildlich liegende Punkte einer symmetrischen Figur haben den gleichen Abstand von der Symmetrieachse. Ihre Verbindungsstrecke
- steht auf der Symmetrieachse senkrecht,
- wird von der Symmetrieachse halbiert.

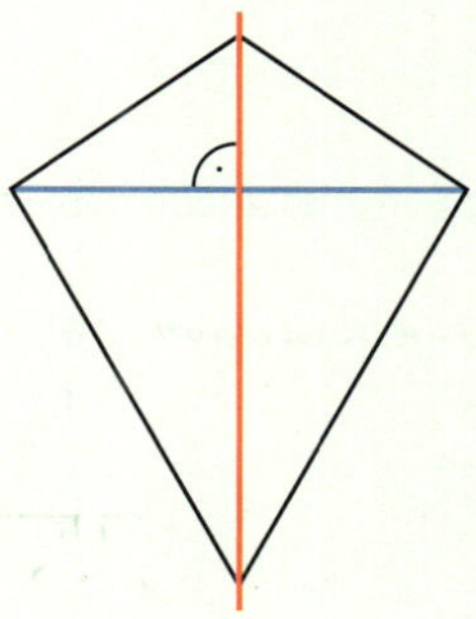

Beispiele

a) Symmetrieachsen können horizontal oder vertikal verlaufen. Beim abgebildeten Pfeil liegt die Symmetrieachse horizontal.

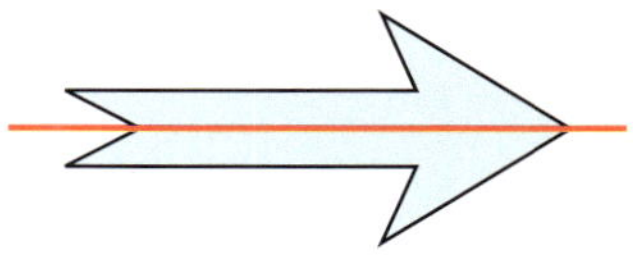

b) Figuren können auch mehr als eine Symmetrieachse haben. Das Quadrat hat sogar vier Symmetrieachsen.
Genau diese Art von Symmetrie findet man beim Blumen-Hartriegel.

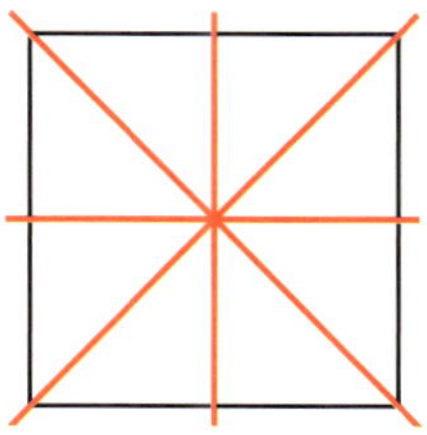

ABCDEFGHIJKLMNOPQRSTUVWXYZ

Aufgaben

1 Falte wie im Bild. Schneide Muster in das einmal, zweimal oder dreimal zusammengefaltete Blatt. Wie viele Symmetrieachsen hat das Muster nach dem Auffalten?

Versuche auch mit dem einfach zusammengefalteten Blatt ein Muster mit vier Symmetrieachsen herzustellen.

2 Zeichne alle Symmetrieachsen ein.

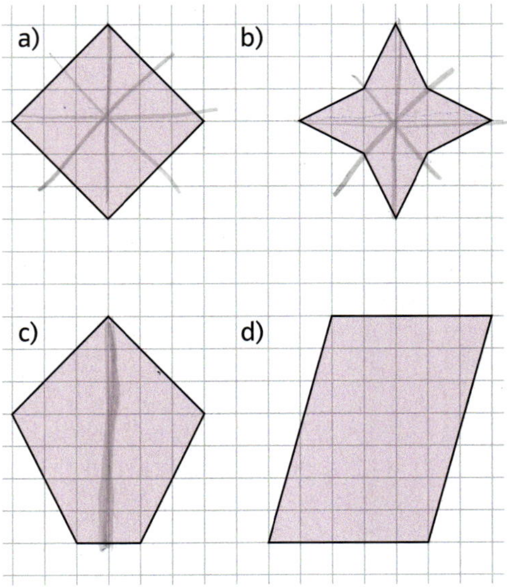

3 Wo liegen die Symmetrieachsen der Blütenbilder?

Knabenkraut

Gelber Enzian

Veilchen

Erdbeere

4 Welche Druckbuchstaben vom Rand lassen sich so schreiben, dass sie
a) eine b) zwei c) mehr als zwei
Symmetrieachsen haben?

5 a) Zeichne die Symmetrieachsen ein.

b) Entwirf selbst solche achsensymmetrischen Figuren.

6 So sieht das Gartentor von der Straße betrachtet aus. Zeichne es so, wie es von innen aussieht.

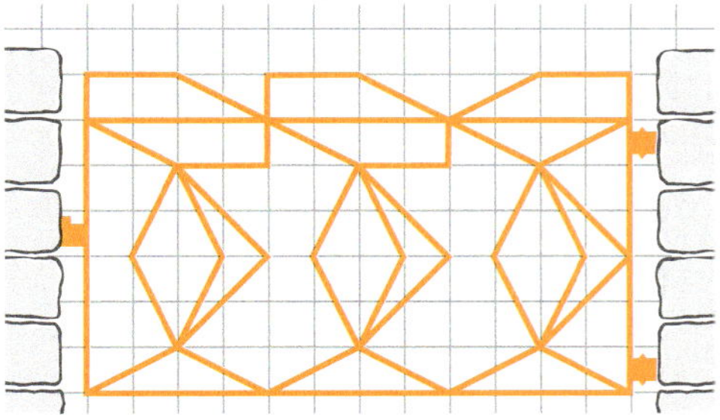

7 Ergänze zur symmetrischen Figur. Beschreibe, wie du die Kästchen gezählt hast.

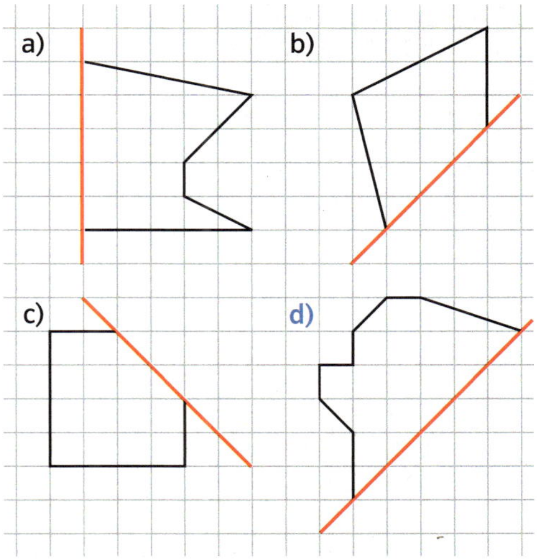

Blätter

Viele Blätter sind achsensymmetrisch. Wenn man aber einen Spiegel anlegt, sieht man kleine Abweichungen von der Symmetrie. Deshalb sind Blätter auch noch reizvoller als ganz genau symmetrisch gezeichnete mathematische Figuren.
Suche selbst Blätter.
Prüfe sie auf Symmetrie und versuche sie zu zeichnen.

Zusammenfassung

Strecke. Strahl. Gerade

Eine **Strecke** ist die geradlinige und auch kürzeste Verbindung von zwei Punkten.
Ein **Strahl** ist eine gerade Linie mit einem Anfangs- aber keinem Endpunkt.
Eine **Gerade** ist eine in beiden Richtungen beliebig weit verlängerte Strecke.
Geraden, Strahlen und Strecken schneiden sich in **Schnittpunkten**.

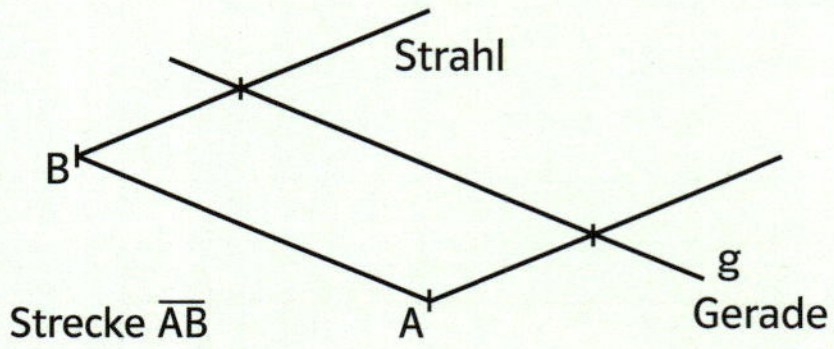

Zueinander senkrecht

Zwei Geraden oder Strecken sind **zueinander senkrecht**, wenn sie so zueinander liegen wie die lange Seite und die Mittellinie des Geodreiecks.

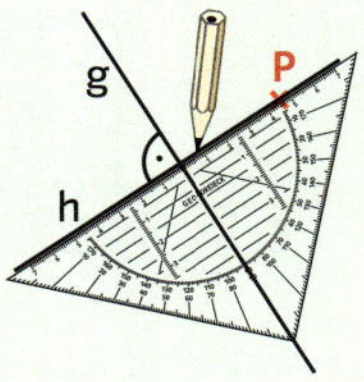

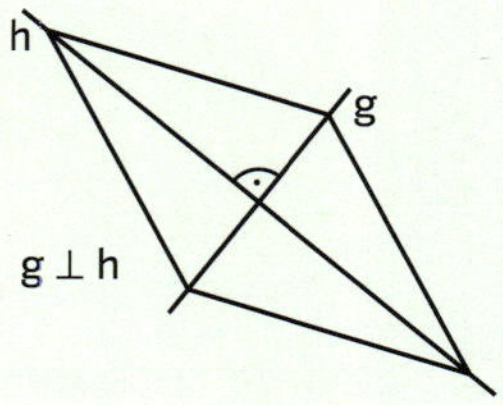

Parallel

Zwei Geraden, die zur selben Geraden senkrecht stehen, sind **parallel**.
Strecken heißen parallel, wenn sie auf parallelen Geraden liegen.

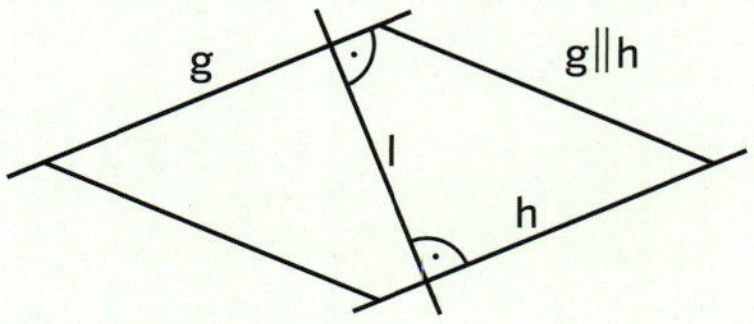

Koordinatensystem

Im Koordinatensystem kann man Punkte durch x-Wert und y-Wert angeben.

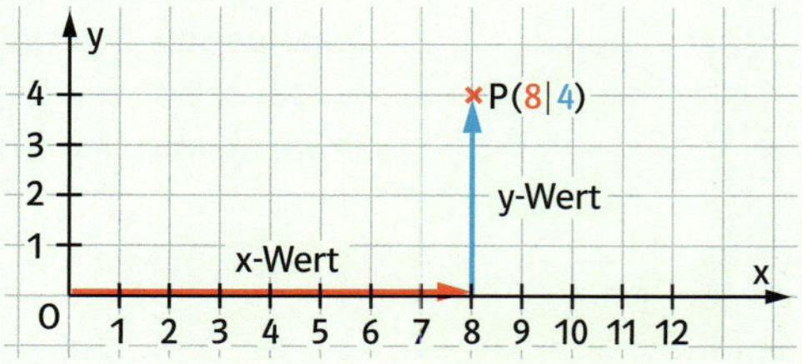

Entfernung und Abstand

Die Länge der Strecke zwischen A und B heißt **Entfernung** von A und B.

Die kürzeste Entfernung zwischen einem Punkt P und einer Geraden g ist der **Abstand von P und g**.

Zwei parallele Geraden haben einen **Abstand**. Man misst ihn auf einer Strecke, die zu beiden Geraden senkrecht steht und diese verbindet.

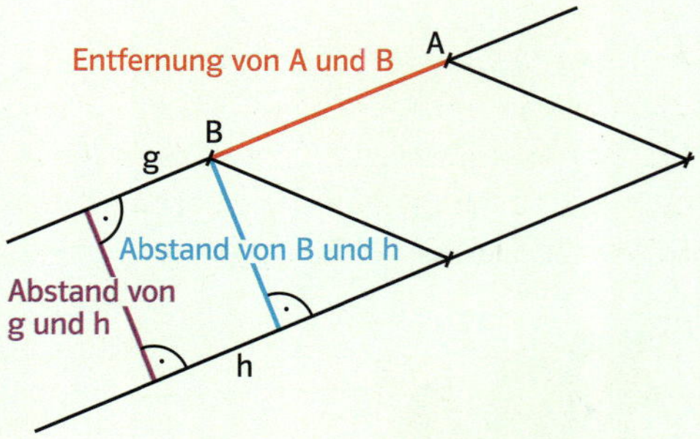

Symmetrische Figuren

Eine Figur mit zwei spiegelbildlichen Hälften heißt **achsensymmetrisch**.
Die Verbindungsstrecke zweier spiegelbildlich liegender Punkte steht auf der **Symmetrieachse** senkrecht und wird von ihr halbiert.
Manche Figuren haben mehr als eine Symmetrieachse.

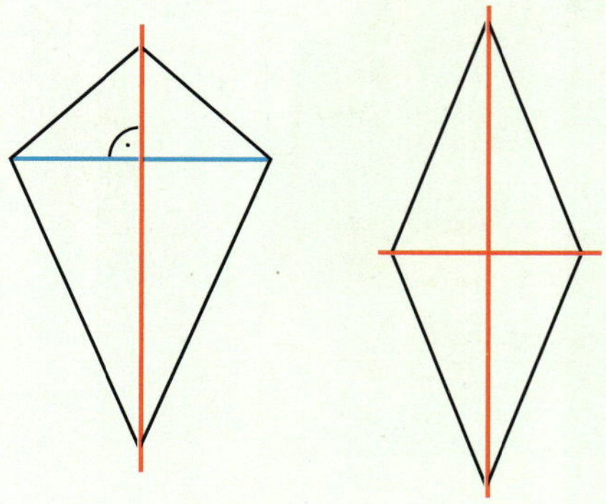

Üben • Anwenden • Nachdenken

1 Wie viele Symmetrieachsen hat der Grundriss der Stauferburg Castel del Monte in Italien?

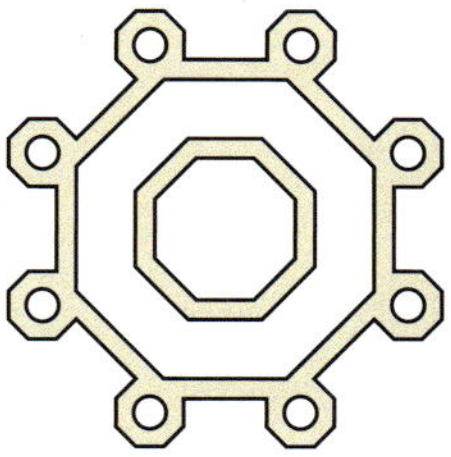

2 Miss den Abstand
a) zwischen g und h. b) zwischen i und j.

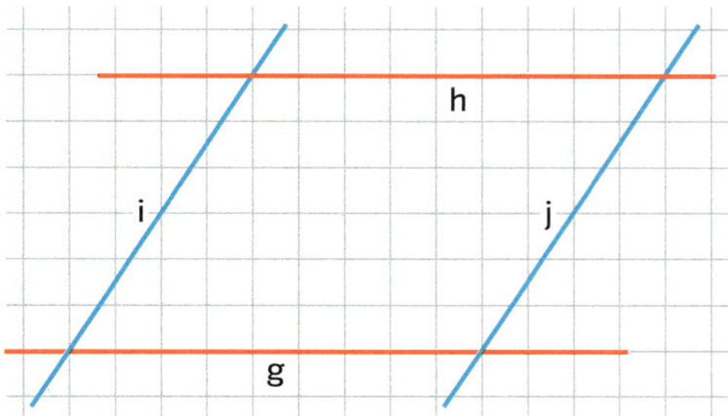

3 Zeichne 4, 5, 6 Geraden so, dass jede Gerade jede andere schneidet. Zähle die Schnittpunkte.

4 Welche Flaggen sind symmetrisch? Wie viele Symmetrieachsen haben sie? Du kannst entweder auf das Muster allein oder auf das Muster und die Farbe achten. Schau dir auch andere Flaggen an.

Frankreich

Japan

Dänemark

5 Zeichne durch jeden der roten Punkte
- die Gerade, die auf der roten Geraden senkrecht steht.
- die zur roten Geraden parallele Gerade.

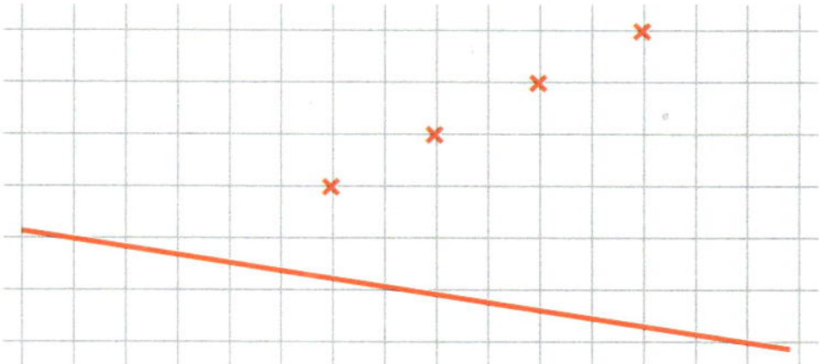

6 Trage ins Koordinatensystem ein:
A(2|1); B(4|1); C(6|1); D(8|1); E(10|1); F(1|2); G(1|4); H(1|6); I(1|8); J(1|10).
Verbinde A mit J, B mit I, C mit H, D mit G und E mit F.

7 a) Setze die Figur nach außen fort.

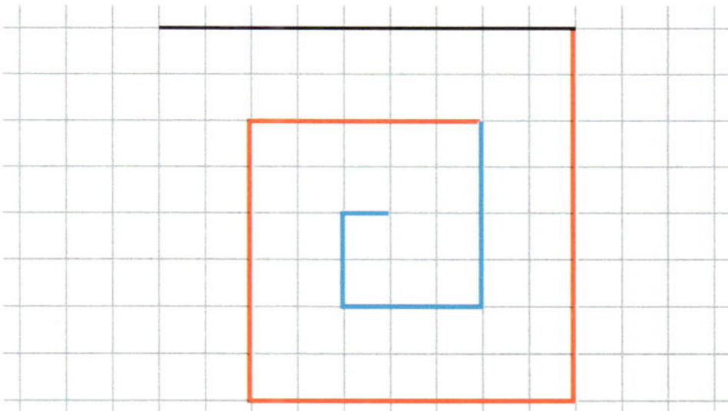

b) Wie viele Kästchen lang sind die einzelnen Runden? Wie viele Kästchen lang sind die ersten 5 Runden insgesamt? Wie lang wären 10 Runden oder sogar 100 Runden, die niemand mehr zeichnen kann?
c) Siljana hat einen 78 Kästchen langen Streckenzug gezeichnet. Wie viele Runden sind das?
d) Tanja ist gerade bei einer Gesamtlänge von 108 Kästchen angekommen.

8 Zeichne die Punkte A(1|2); B(2|4); C(3|8) und D(4|16). Füge die Punkte E, F, G und H hinzu, die aus A, B, C und D durch Vertauschen von x- und y-Wert entstehen. Verbinde die Punkte so, dass eine symmetrische Figur entsteht.

9 Setze die Figur fort. Probiere auch aus, wie die Figur aussieht, wenn du die Geraden g und h anders wählst.

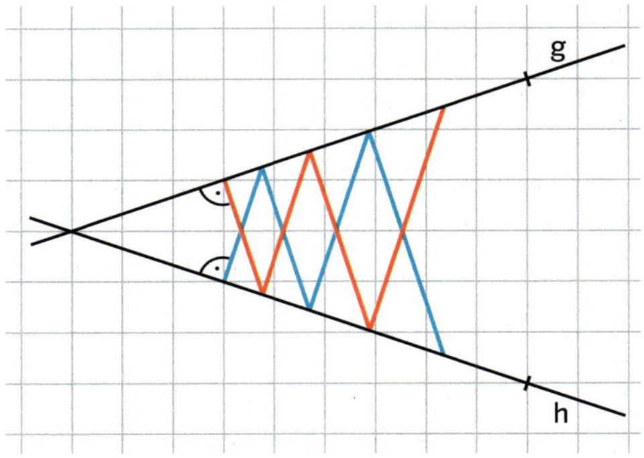

10 Auch die Schnittflächen von Früchten können Symmetrieachsen haben.

11 a) Wie lang ist die Route der Fähre von Warnemünde nach Gedser?
b) In welchem Abstand passieren die Fähren Warnemünde–Gedser und Travemünde–Helsinki das Feuerschiff?
c) Wie lange könnte die Überfahrt Warnemünde–Gedser dauern?
Sind es 20 Minuten, 2 Stunden oder 20 Stunden?

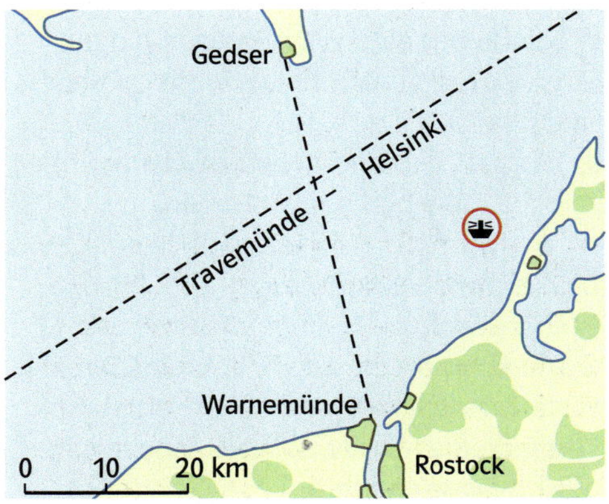

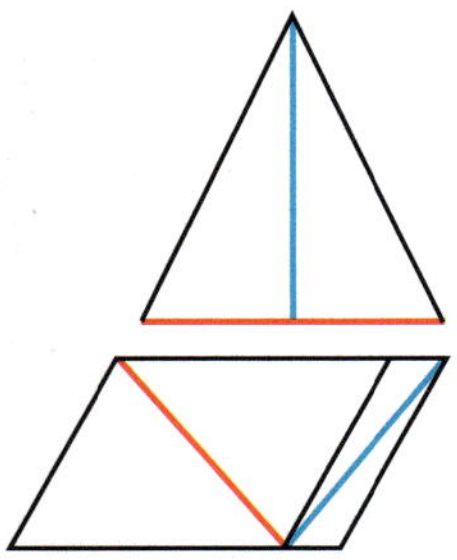

Welche Strecke ist länger, die rote oder die blaue? Erst schätzen, dann messen!

Wege im Gitter

■ Zeichne im Gitter einen möglichst langen Weg in einem Zug.
Kein Stück darf doppelt gegangen werden.
Der Start ist frei. Findest du einen längeren Weg?

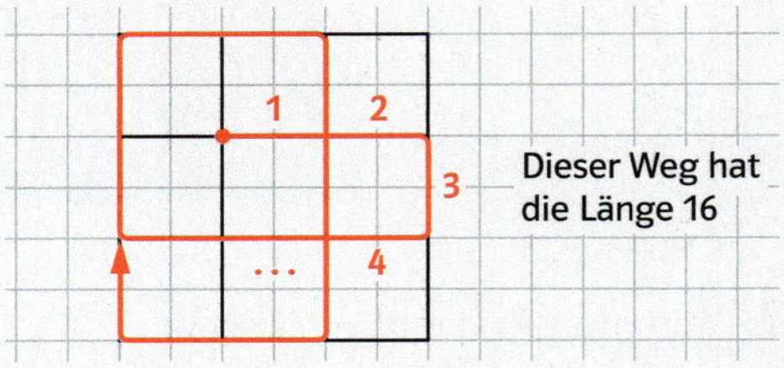

■ Löse die Aufgabe auch für andere Gitter.

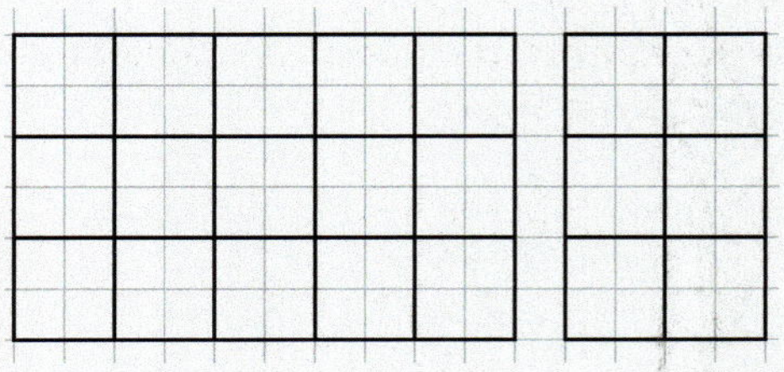

■ Suche einen möglichst kurzen und einen möglichst langen Weg von A nach B, der alle Punkte verbindet, aber durch keinen Punkt mehrmals geht.

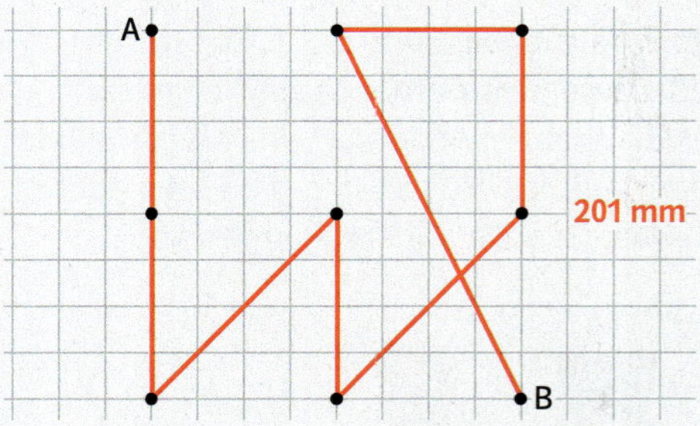

■ Der Gärtnermeister soll im Stadtgarten vier Reihen mit je drei Bäumen bepflanzen. Er hat aber nur sechs Bäume.
Tipp: Zeichne Punkte und Linien auf unliniertem Papier.

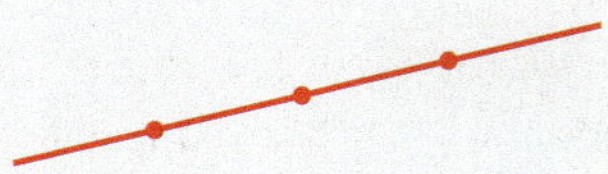

Rückspiegel

1 Wie viele Verbindungsgeraden haben diese sechs Punkte? Überlege erst, zeichne dann.

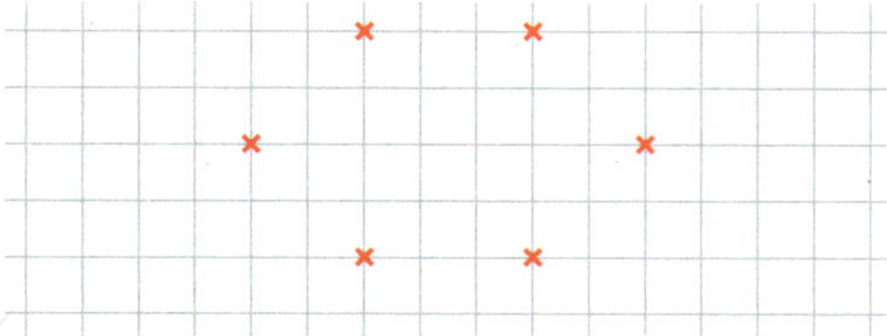

2 Zeichne die Gerade j, die durch P geht und auf g senkrecht steht.
Zeichne auch noch die Geraden k und l, die durch P gehen und auf h bzw. auf i senkrecht stehen.
Welche Symmetrieachsen hat die fertig gezeichnete Figur?

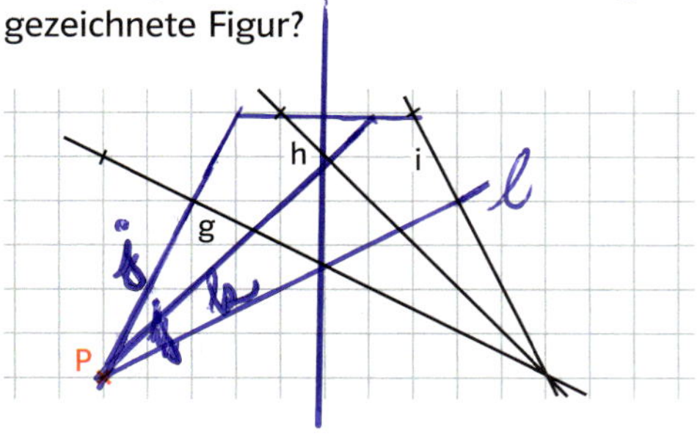

3 Zeichne die Gerade, die durch P geht und zu g parallel ist.
Miss ihren Abstand von g.

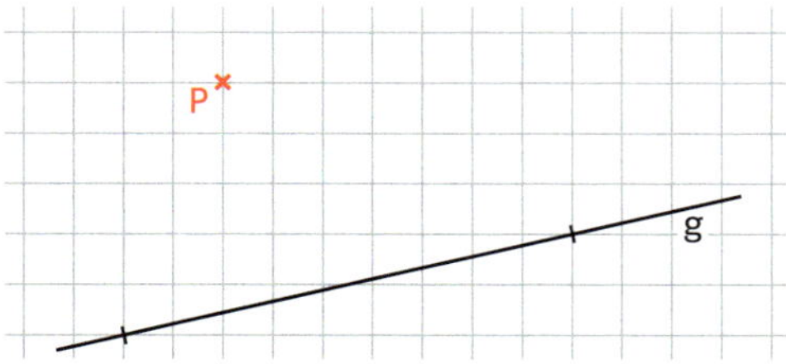

4 Zeichne die Punkte A(6|4), B(10|4) und C(10|8). Durch Vertauschen von x- und y-Wert bekommst du D, E und F. Verbinde die Punkte so, dass eine symmetrische Figur entsteht.
Welche Entfernungen haben die Punkte voneinander? Überlege erst, wie oft du messen musst.

1 Zeichne ein 5×5-Nagelbrett mit der linken unteren Ecke:

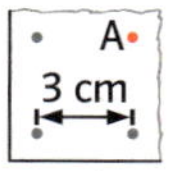

Welche Nägel sind von A aus sichtbar? Verbinde sie mit A.
Wie viele verschiedene Streckenlängen kommen vor?

2 Zeichne die Gerade durch P, die auf g senkrecht steht, und die Gerade durch P, die auf h senkrecht steht.
Zeichne ebenso zwei Geraden durch R.
Welche Symmetrieachsen hat die fertig gezeichnete Figur?

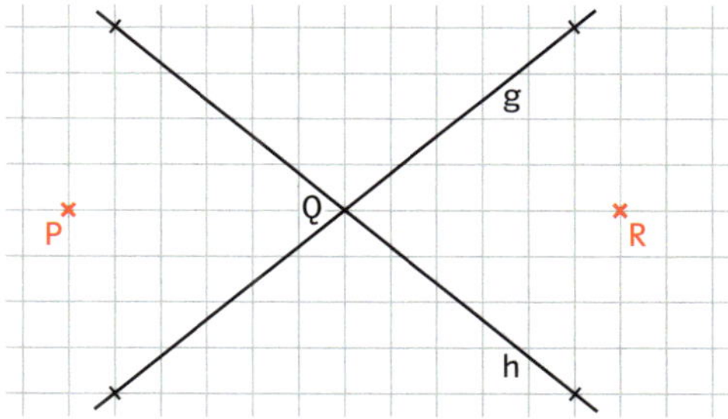

3 Welchen Abstand hat der Punkt P von der Geraden g? Der Punkt Q kann dir helfen. Du darfst nur im Rechteck zeichnen.

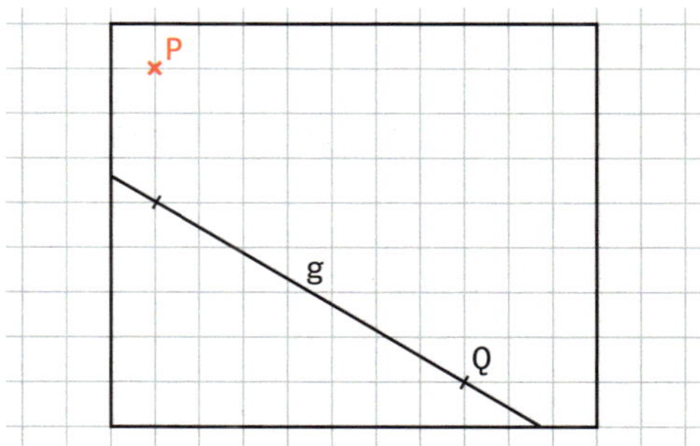

4 Zeichne die Punkte A(9|14), B(13|2), C(16|5) und D(16|11). Trage dazu noch E, F, G, H so ein, dass eine Figur mit zwei Symmetrieachsen entsteht, wenn du die Punkte verbindest.
Wie viele unterschiedliche Entfernungen zwischen den acht Punkten gibt es?

Sechs Quadrate – ein Würfel

Der einfachste aller Körper ist der Würfel. Er zeigt aber schon, was ein Körper haben kann: Flächen, Kanten und Eckpunkte. Zähle sie doch einmal.

Der Würfel hat sechs Flächen.
An jeder Fläche liegen vier Eckpunkte.
6 mal 4 = 24
Also hat der Würfel 24 Eckpunkte.
Wo liegt der Denkfehler?
Der Würfel hat 12 Kanten. An jede Kante grenzen zwei Flächen. Also hat der Würfel … Flächen. Wieder falsch!
Kannst du noch mehr solche Sätze bilden?

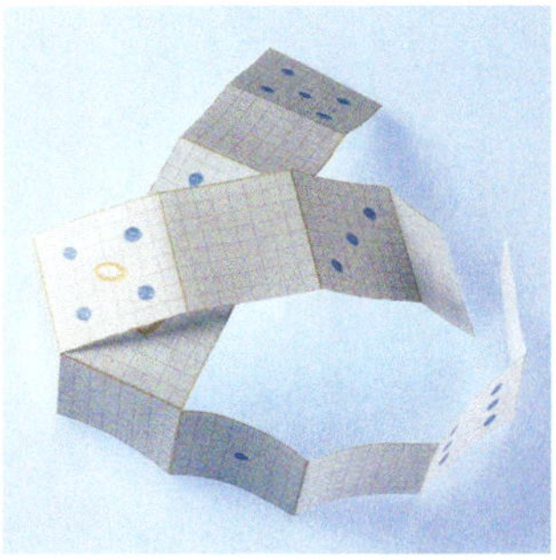

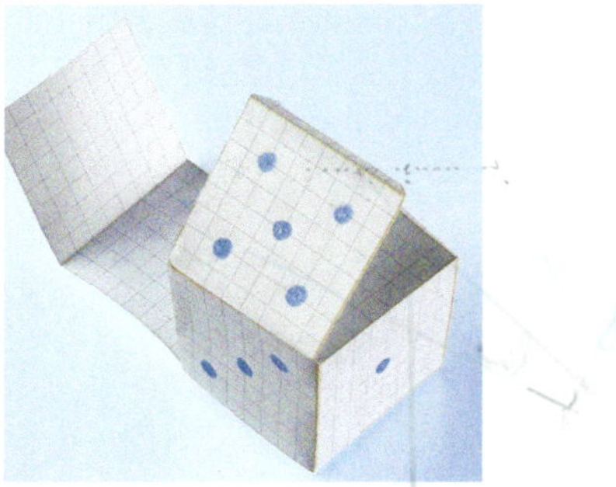

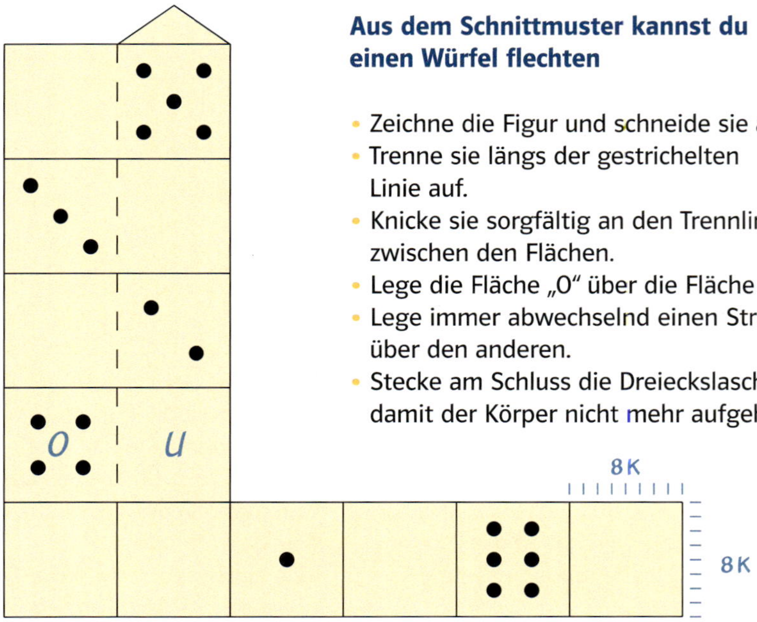

Aus dem Schnittmuster kannst du einen Würfel flechten

- Zeichne die Figur und schneide sie aus.
- Trenne sie längs der gestrichelten Linie auf.
- Knicke sie sorgfältig an den Trennlinien zwischen den Flächen.
- Lege die Fläche „O" über die Fläche „U".
- Lege immer abwechselnd einen Strang über den anderen.
- Stecke am Schluss die Dreieckslasche ein, damit der Körper nicht mehr aufgeht.

Schachteln

Zwei der Figuren sind Schnittmuster einer Schachtel mit Deckel. Welche sind es?

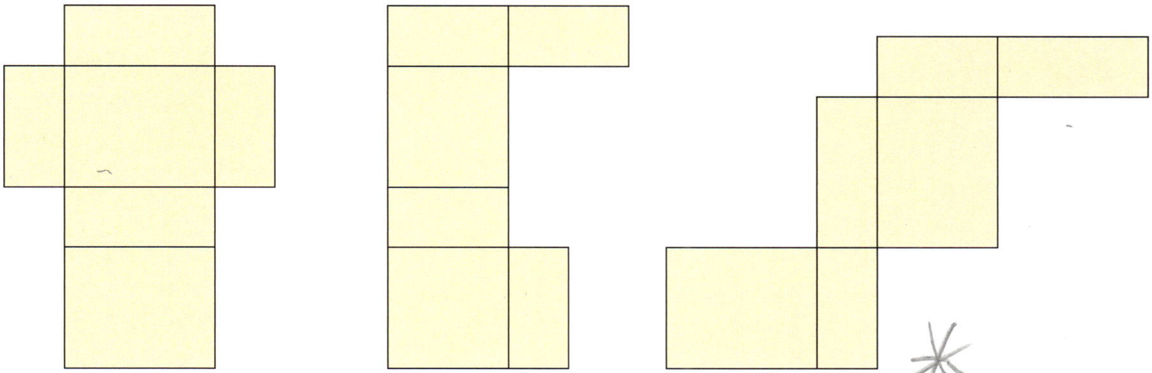

Würfel

Gibt es wirklich zwei verschiedene Arten von Spielwürfeln?

Drei Bilder, zwei Würfel – welcher Würfel ist zweimal abgebildet?

In diesem Kapitel lernst du,

- woran man Quadrate und Rechtecke erkennt,
- dass es neben Quadrat und Rechteck noch andere interessante ebene Figuren gibt,
- dass du mit dem Würfel mehr anfangen kannst als würfeln,
- wie du einen Quader in vielen Lagen zeichnen kannst,
- wie man weitere regelmäßige Körper herstellen kann.

1 Rechteck und Quadrat

→ Falte aus einem Papierausriss ein Viereck mit vier rechten Winkeln. Trenne überstehende Teile ab.
→ Warum sind gegenüberliegende Seiten des Vierecks gleich lang?
→ Vier gleich lange Seiten – das wäre Zufall. Du musst ein Stück des Vierecks abtrennen.
→ Erkläre, was du tun musst und warum dann alle Seiten gleich lang sind.

Die Vierecke mit vier rechten Winkeln in den Ecken heißen
Rechteck und Quadrat.

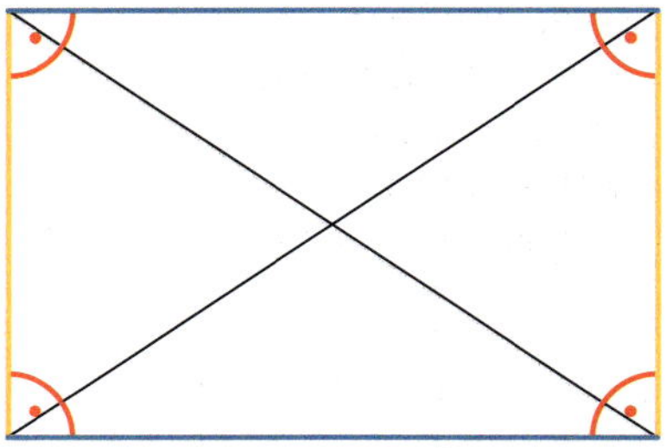

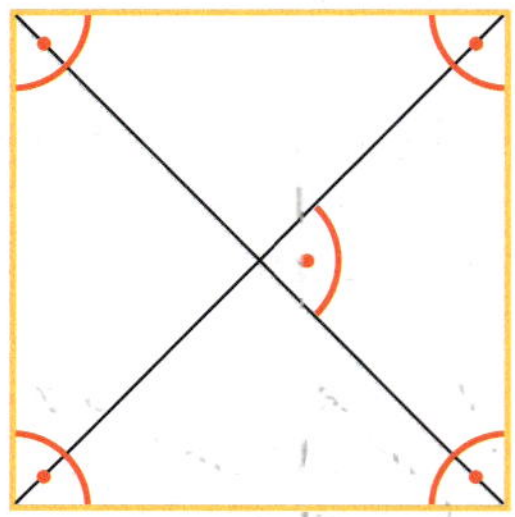

Im **Rechteck**
- sind benachbarte Seiten zueinander senkrecht.
- sind gegenüberliegende Seiten parallel.
- sind gegenüberliegende Seiten gleich lang.

Das **Quadrat** ist ein besonderes Rechteck. Es hat vier gleich lange Seiten.

Die Verbindungsstrecken gegenüberliegender Eckpunkte heißen **Diagonalen**. Im Rechteck sind sie gleich lang. Im Quadrat stehen sie sogar zueinander senkrecht.

Beispiel
Die Abbildung zeigt, wie man in vier Schritten ein Rechteck zeichnet, ohne das Quadratgitter zu Hilfe zu nehmen.
Die Eckpunkte werden meist mit A, B, C, D bezeichnet.

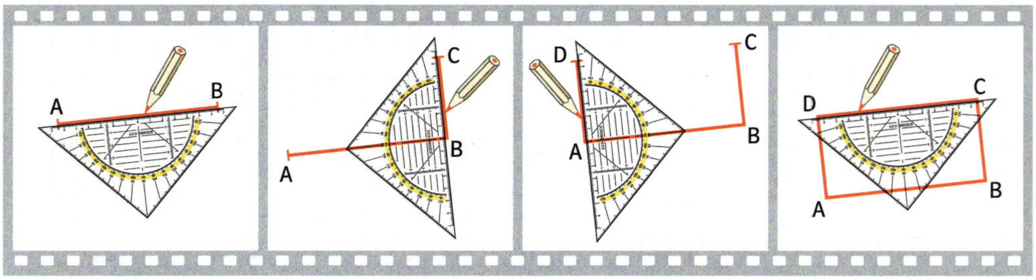

Aufgaben

1 In den Liniennetzen verstecken sich viele Quadrate und Rechtecke. Zähle sie, aber mit Köpfchen.

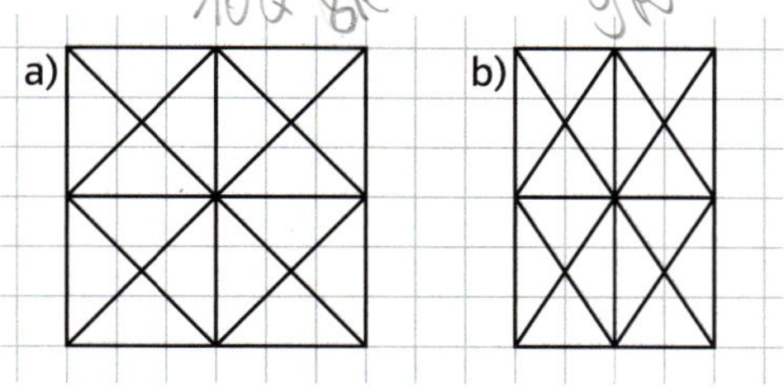

2 Zeichne im Quadratgitter Rechtecke mit den folgenden Seitenlängen.
a) 5 cm und 3 cm b) 9 cm und 4 cm
c) 7,5 cm und 5,5 cm d) 10 cm und 5 mm

3 Zeichne die Rechtecke aus Aufgabe 2 wie im Beispiel (Seite 96), also ohne das Quadratgitter zu benutzen.

4 Drei Eckpunkte eines Rechtecks sind durch ihre x- und y-Werte festgelegt. Zeichne und lies den x-Wert und den y-Wert des vierten Eckpunkts ab.
a) A(4|9); B(4|1); C(12|1)
b) A(2|2); B(10|2); C(10|8)
c) A(4|2); B(14|7); C(12|11)

5 Manche Rechtecke lassen sich auf verschiedene Arten in Quadrate zerlegen. Die Quadrate müssen nicht gleich groß sein. Zerlege Rechtecke mit diesen Seitenlängen.
a) 8 cm und 3 cm b) 9 cm und 3 cm

6 Bauern aus Mosambik in Afrika konstruieren die Grundrisse ihrer Häuser so:
- Ein Seil wird in zwei gleich lange Stücke geschnitten.
- Die Mitten der Stücke werden markiert.
- Die zwei Stücke werden in ihren Mitten verknotet und über Kreuz gelegt.
- Vier Leute spannen die Seile gerade.
- An den Seilenden werden die Eckpfosten eingeschlagen.

Wie sieht der Grundriss aus?
Wie sähe er aus, wenn die Seilstücke verschieden lang wären?

7 Zeichne die Figur. Sie besteht aus lauter Rechtecken. Beginne links unten.

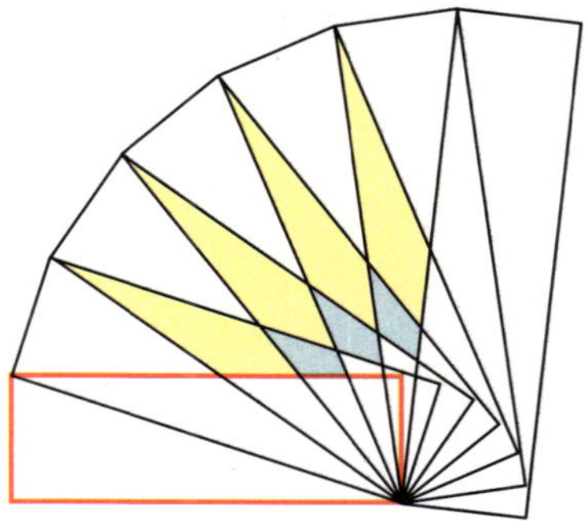

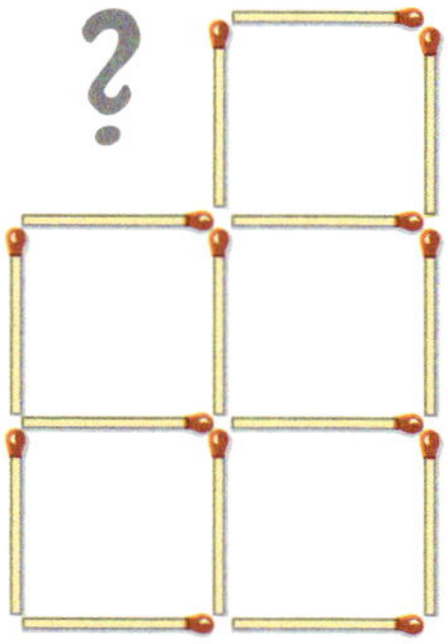

Nimm drei Streichhölzer so weg, dass drei Quadrate übrig bleiben.

Zerlegungstricks

- Zerlege die Figur
  - in sieben Rechtecke.
  - in vier Quadrate und vier Rechtecke.
  - in sechs Rechtecke.

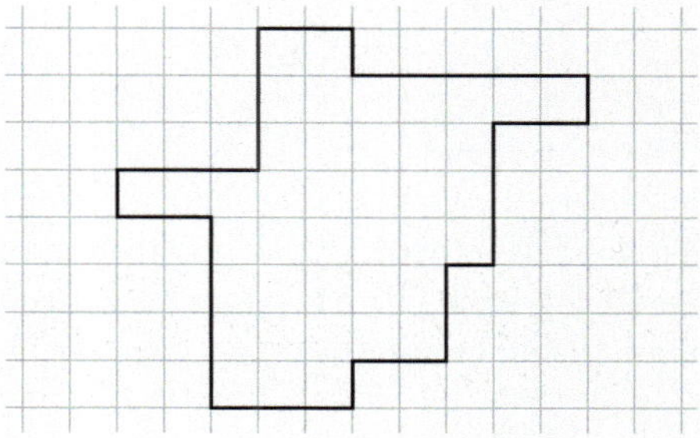

- Das große Rechteck ist aus Quadraten zusammengesetzt. Einige Seitenlängen (in mm) sind verraten, andere nicht.

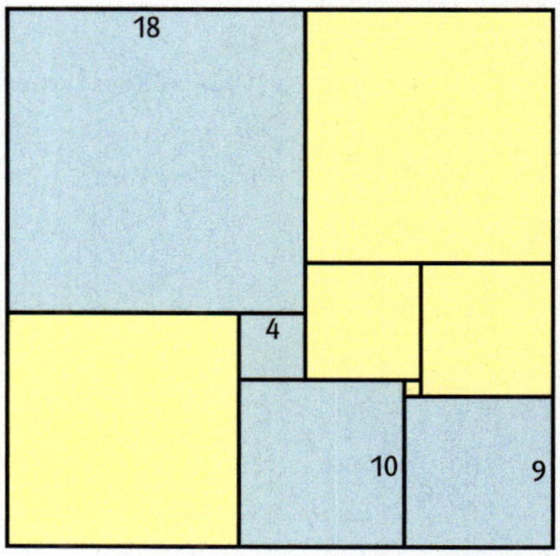

Diese Briefmarke wurde 1998 zum Internationalen Mathematikerkongress in Berlin herausgegeben.

2 Parallelogramm und Rhombus (Raute)

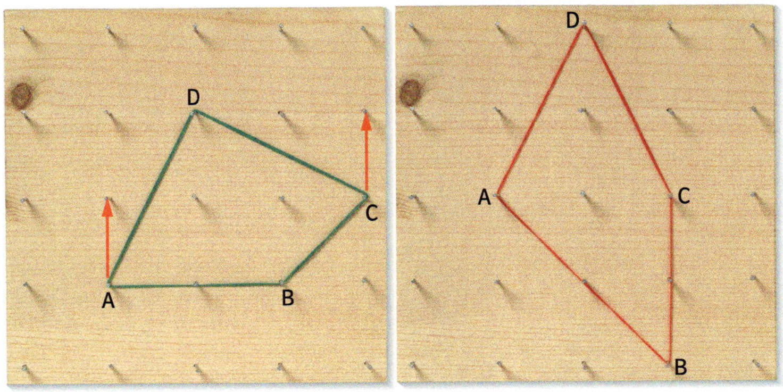

→ Das unregelmäßige Viereck im linken Nagelbrett wird zu einem regelmäßigen Viereck, wenn du statt A oder C einen anderen Eckpunkt wählst.
→ Beschreibe die Eigenschaften der neuen Vierecke.
→ Kannst du solche Vierecke auch bekommen, wenn du B oder D verlegst?
→ Im Nagelbrett rechts ist nicht verraten, wohin du A, B, C oder D verlegen sollst. Ein besonders schönes Viereck siehst du bestimmt schon.

In manchen Vierecken sind gegenüberliegende Seiten parallel. Solche Vierecke heißen
Parallelogramm und Rhombus (Raute).

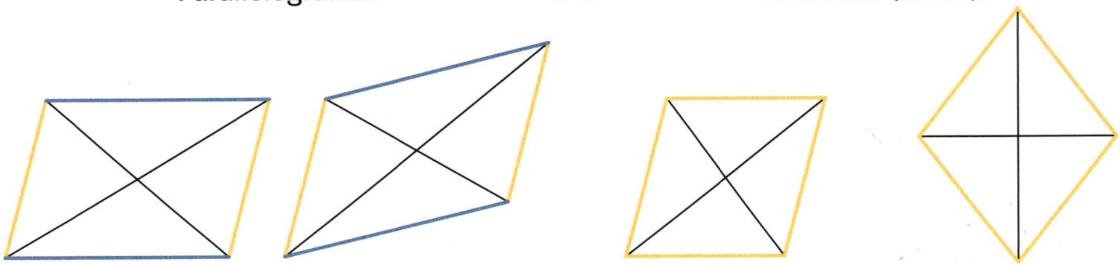

Ein Viereck, in dem je zwei gegenüberliegende Seiten parallel sind, heißt **Parallelogramm**. Je zwei gegenüberliegende Seiten sind gleich lang.
Ein Parallelogramm mit vier gleich langen Seiten heißt **Rhombus (Raute)**.

Bemerkung

Der Rhombus ist ein besonderes Parallelogramm. Auch das Rechteck ist ein besonderes Parallelogramm, nämlich eines mit vier rechten Winkeln.
Das Quadrat ist ein besonderer Rhombus, nämlich einer mit vier rechten Winkeln.

Beispiele

a) Die Eckpunkte A, B, C eines Parallelogramms sind gegeben. Den vierten Eckpunkt D kann man im Quadratgitter durch Auszählen von Kästchen finden.
b) Zum Zeichnen der Parallelen mit dem Geodreieck muss man manchmal Hilfsgeraden ziehen.

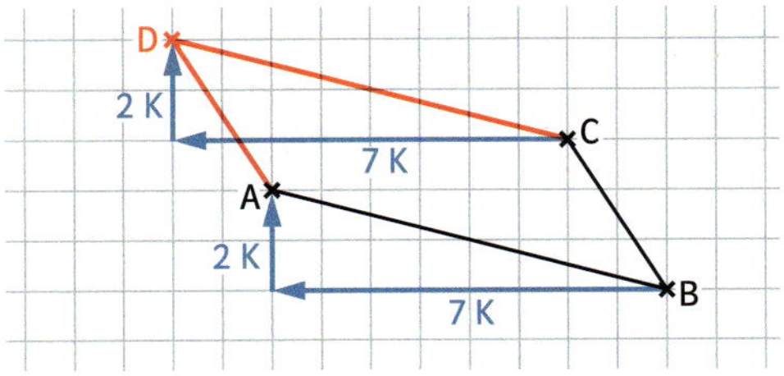

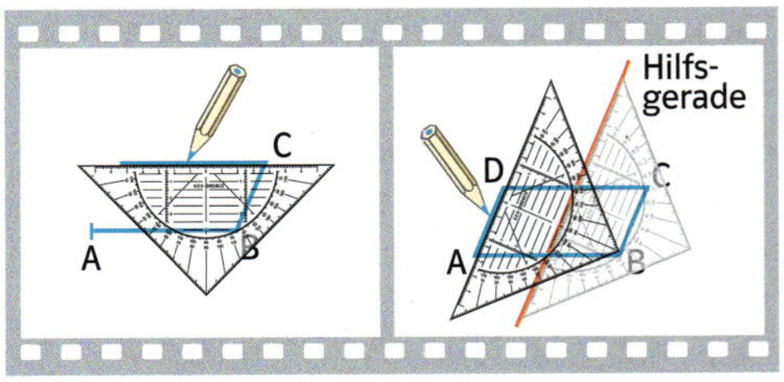

Aufgaben

1 Welche Vierecke sind Parallelogramme? Welche sind sogar Rhomben? Findest du auch besondere Parallelogramme oder Rhomben?

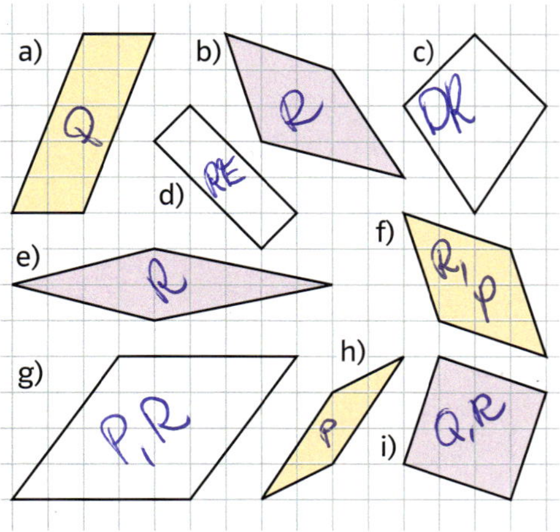

2 Schneide vier solche Dreiecke aus.

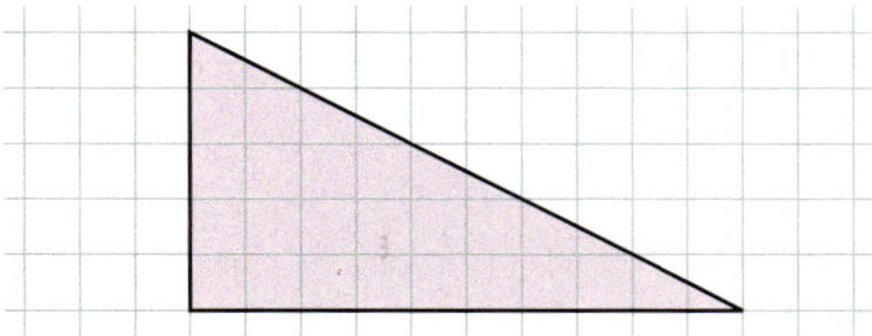

Lege aus ihnen
- ein Quadrat.
- ein Rechteck, das kein Quadrat ist.
- ein Rhombus, der kein Quadrat ist.
- ein Parallelogramm, das kein Rechteck ist.

Zeichne die Figuren mit ihren Teilungslinien ins Heft.

3 Wie viele Parallelogramme verstecken sich in der Figur? Wie viele davon sind Rhomben?

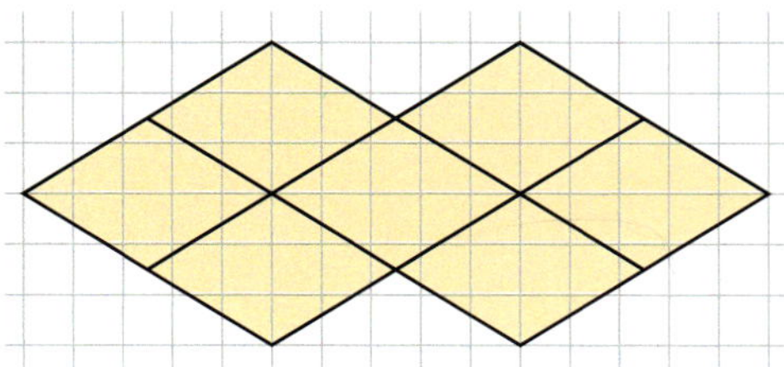

4 Das Parallelogramm hat die Eckpunkte
a) A(3|2); B(14|2); C(16|10).
b) A(4|6); B(15|1); C(14|9).
c) A(4|1); B(14|4); D(7|6).
d) B(7|1); C(11|10); D(10|14).
Welchen x-Wert und welchen y-Wert hat der nicht angegebene Eckpunkt?

5 Ergänze zum Parallelogramm.

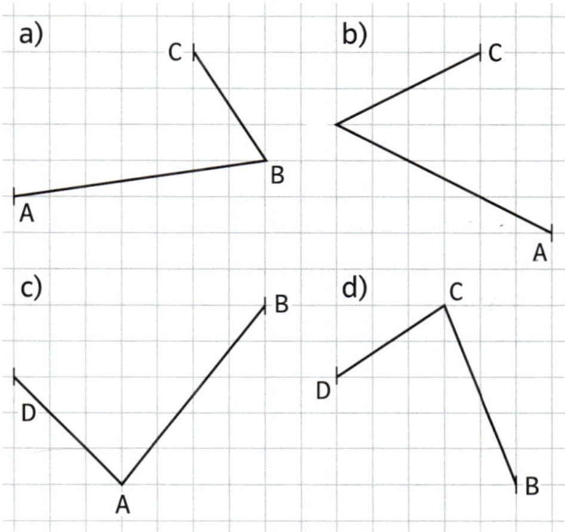

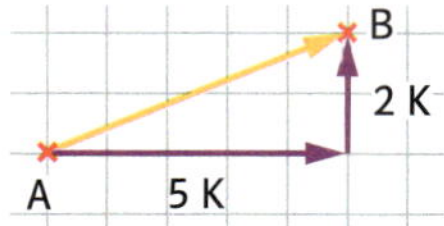

So kommst du sicher von A nach B.

6 Verbinde im Viereck die Mittelpunkte benachbarter Seiten.
Was fällt dir auf?
Vergewissere dich an anderen Vierecken, dass deine Vermutung richtig war.

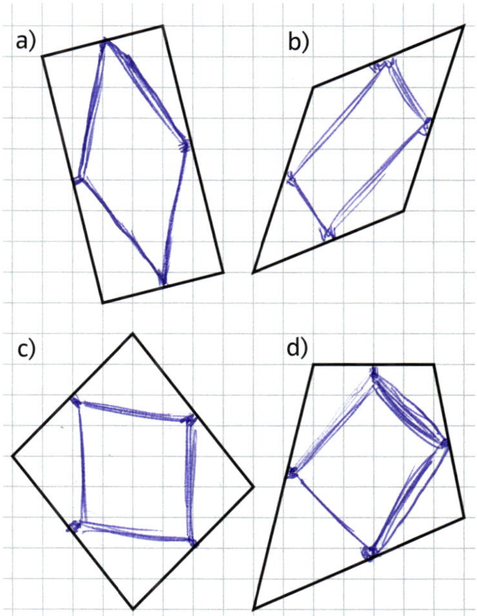

Die Pilatusbahn ist eine Zahnradbahn in der Schweiz. Sie überwindet Steigungen bis 48 %. Entwirf eine Innenansicht.

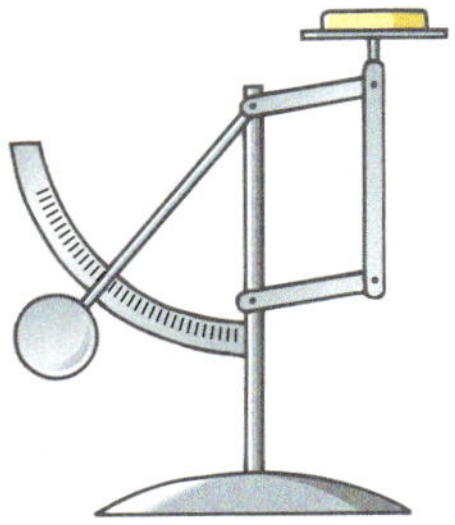

7 In manchen Geräten steuern Parallelogramme mit Gelenken die Bewegungen. Beschreibe, wie dies bei Briefwaage und Schreibtischlampe funktioniert.
Suche mehr solche Geräte.

Aus Pappstreifen und Klammern kannst du ein bewegliches Parallelogramm basteln. Füge die Streifen auch einmal in anderer Reihenfolge zusammen.

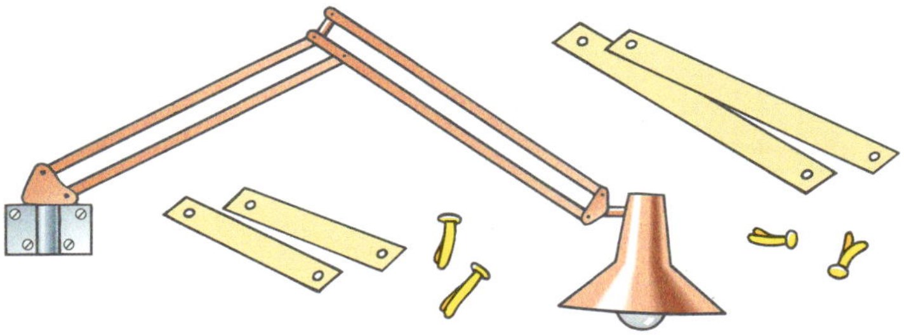

8 Anja behauptet: „Ich kann ein Viereck zeichnen, das zugleich ein Rhombus und ein Rechteck ist." Hat sie zu viel versprochen?

9 In der Punktwolke verstecken sich die Eckpunkte von 14 Parallelogrammen.

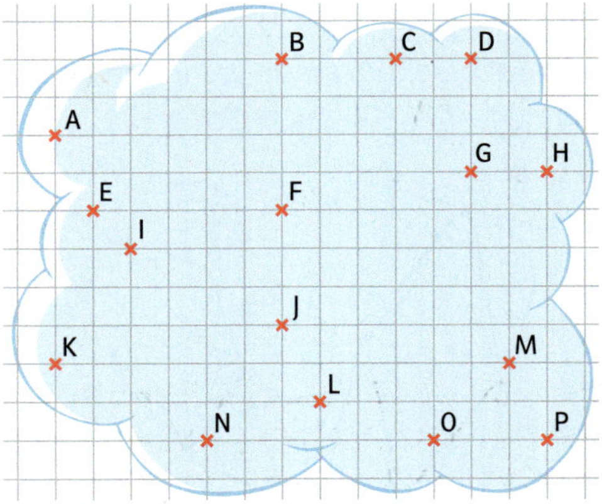

10 Von den Parallelogrammen ABCD sind drei Eckpunkte gegeben.

- A(5|6); B(14|9); C(10|14)
- A(5|6); C(14|9); D(10|14)
- A(5|6); B(14|9); D(10|14)

a) Zeichne jedes Parallelogramm in ein eigenes Koordinatensystem.
b) Zeichne die drei Parallelogramme in ein Koordinatensystem. Lasse die Bezeichnungen der Eckpunkte weg. Beschreibe die Figur.

11 a) Zeichne das Parallelogramm mit den Eckpunkten A(8|2), B(18|6), C(12|12), D(2|8).
b) Zeichne das Parallelogramm mit den Eckpunkten A(10|1), B(13|3), C(5|9), D(2|7).
c) Zeichne die Raute mit den folgenden Eckpunkten A(10|1), B(18|7), C(10|13), D(2|7).
d) Trage jeweils die Halbierungspunkte der Seiten ein und verbinde diese zu einem Viereck.
Welche neuen Vierecke entstehen dabei?
e) Verbindest du die Halbierungspunkte der gegenüberliegenden Seiten, so erhältst du die Mittellinien, zeichne sie grün ein.

12 Schneide aus einem DIN-A4-Blatt ein Parallelogramm aus. Zeichne die Diagonalen. Falte so, dass A auf C fällt. Falte wieder auf und falte dann B auf D. Wo schneiden sich die Faltlinien? Was kannst du jetzt über die Diagonalen sagen?

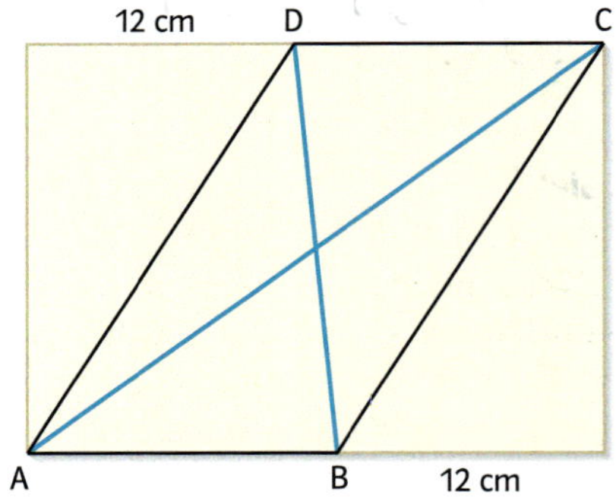

13 Wenn du einen Eckpunkt anders wählst, bekommst du ein Parallelogramm. Es gibt aber immer mehr als eine Möglichkeit. Vergleiche die verschiedenen Möglichkeiten.

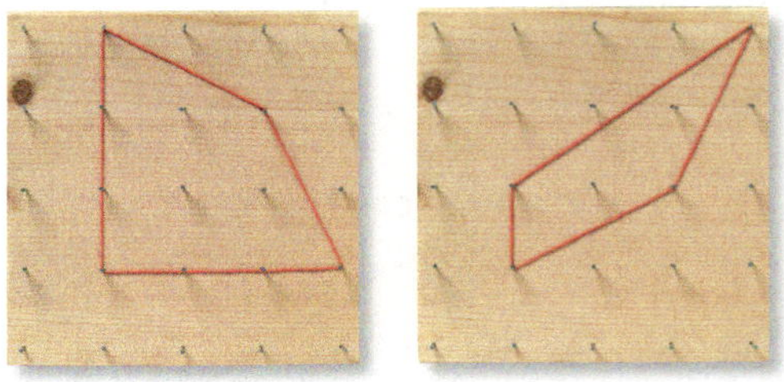

Zeichne auch eigene Figuren ins Heft. Dort ist mehr Platz für die Verlegungen.

3 Noch mehr Vierecke

→ Schneide die Parallelogramme aus und zerlege sie.
→ Welche Vierecke kannst du aus den je zwei Teilen legen? Du darfst auch ein Teil wenden.
→ Wie viele Symmetrieachsen haben die Vierecke?

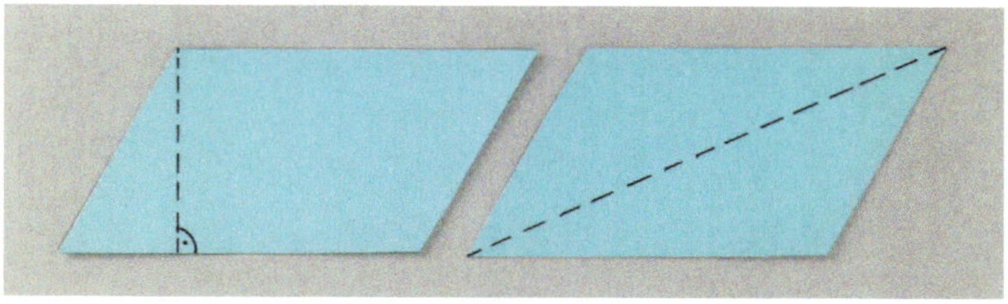

Die Vierecke mit einer Symmetrieachse sind Drachen und symmetrisches Trapez.

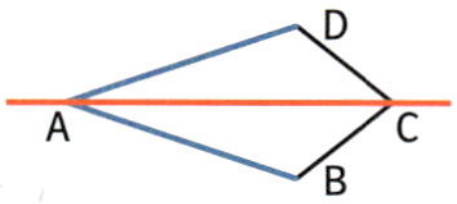

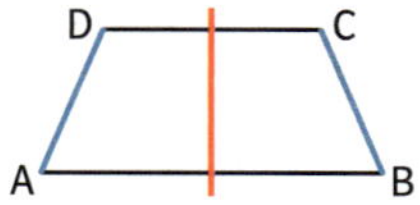

Der **Drachen** hat zwei Eckpunkte, in denen gleich lange Seiten aneinanderstoßen. Diese Eckpunkte liegen einander gegenüber und durch sie geht eine Symmetrieachse.
Das **symmetrische Trapez** hat zwei parallele Seiten. Die anderen zwei Seiten sind gleich lang. Durch die Mittelpunkte der parallelen Seiten geht eine Symmetrieachse.

Beispiel
Drei Punkte A, B, C sind gegeben. Der vierte Eckpunkt des symmetrischen Trapezes ABCD und des Drachens ABCD lässt sich mithilfe der Symmetrieachse finden.

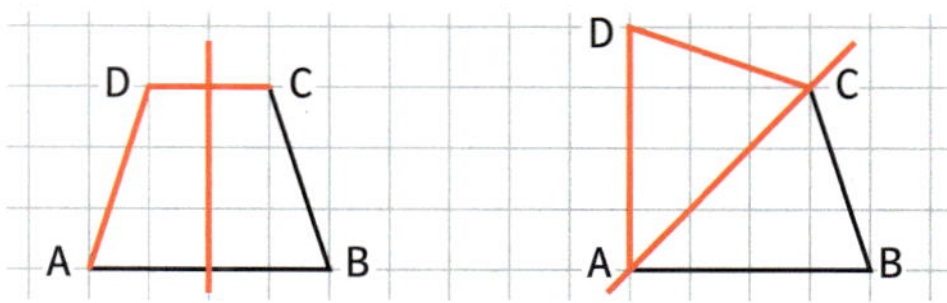

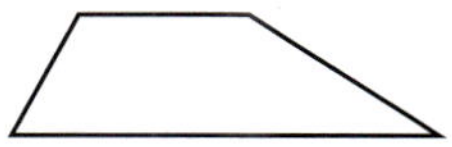

! *Nicht alle Trapeze sind symmetrisch.*

Aufgaben

1 Lege aus zwei, drei oder allen vier Teilen des Quadrats (Seitenlänge 10 cm) Vierecke. Du darfst auch Teile wenden.

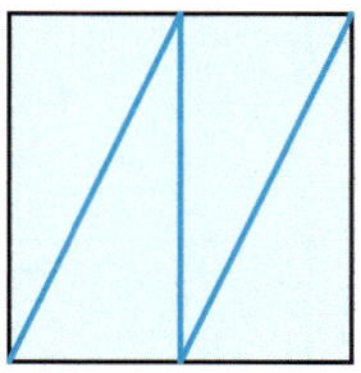

2 Zeichne den Drachen mit der Symmetrieachse durch A und C und den folgenden Eckpunkten.
a) A(5|8); B(14|3); C(18|8)
b) A(7|5); B(16|1); C(15|13)
c) A(3|1); B(10|5); C(9|7)
d) A(2|11); C(20|2); D(6|14)

3 Anja sagt: „Ein Rhombus ist ein besonderer Drachen". „Ich kann ein Viereck zeichnen, das zugleich ein Drachen und ein symmetrisches Trapez ist."

4 Zeichne das symmetrische Trapez mit der zur Seite $\overline{AB}$ senkrechten Symmetrieachse und den folgenden Eckpunkten.
a) A(5|5); B(20|5); C(16|12)
b) A(8|6); B(20|6); D(10|10)
c) A(6|11); B(14|3); C(13|9).

5 Spanne oder zeichne mehr Drachen, mehr symmetrische Trapeze.

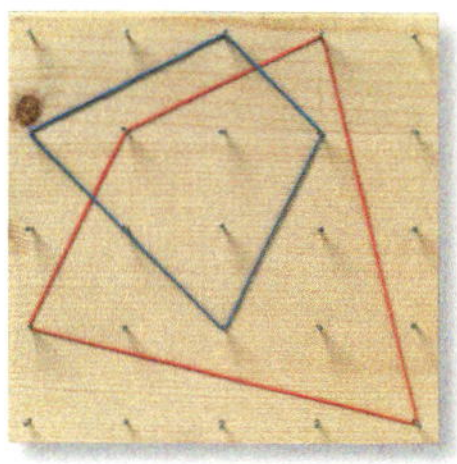

4 Kreis

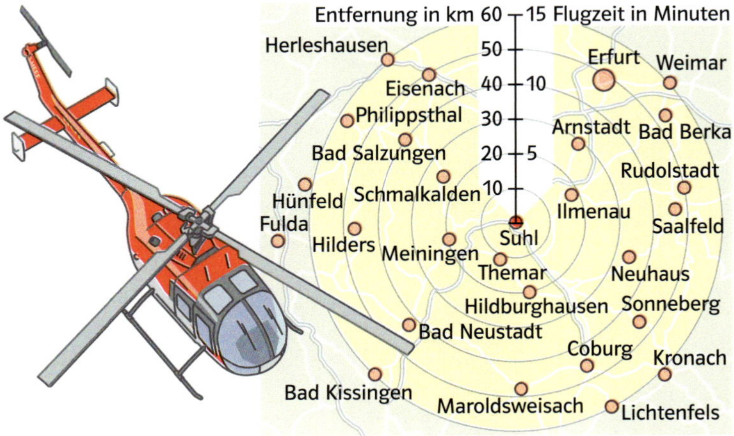

Bei der medizinischen Versorgung von Menschen nach Unfällen ist Zeit sehr kostbar. Rettungshubschrauber sind in ganz Deutschland so stationiert, dass jeder Ort innerhalb von 15 Minuten erreicht werden kann.
Suhl ist der Standort des Rettungshubschraubers „Christoph 60".

➔ Nenne Städte, die innerhalb von 5; 10 oder 15 Minuten erreichbar sind. Gib ihre Entfernung von Suhl an.

➔ Bestimme die Entfernungen Bad Kissingen–Weimar, Meiningen–Ilmenau und Arnstadt–Erfurt ohne Messung.

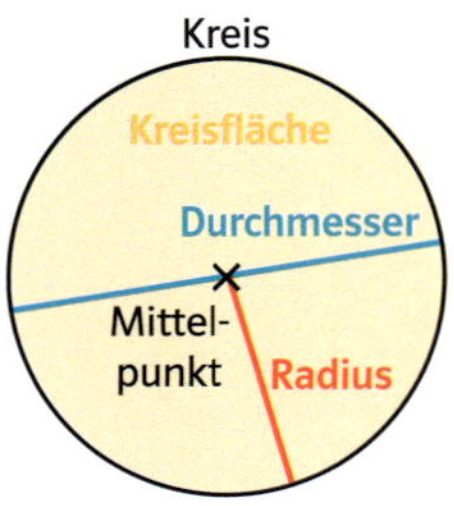

Alle Punkte des Kreises haben vom Mittelpunkt dieselbe Entfernung. Die Kreisfläche wird vom Kreis eingeschlossen.
Kreise zeichnet man mit dem Zirkel. Zuerst wird der Mittelpunkt markiert. Der Radius des Kreises wird zwischen Spitze und Mine des Zirkels eingestellt.

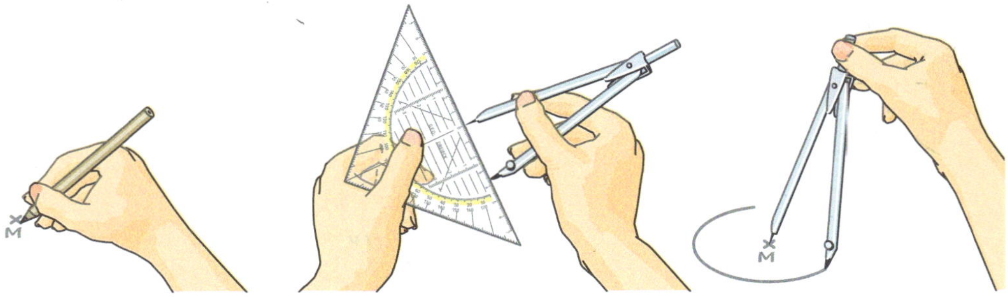

Jede Strecke vom Mittelpunkt zu einem Punkt auf dem Kreis heißt **Radius** r.
Jede Strecke, die zwei Punkte auf dem Kreis verbindet und durch den Mittelpunkt geht, heißt **Durchmesser** d.
Der Durchmesser ist doppelt so lang wie der Radius.

Beispiele

a) Um den Mittelpunkt M(5|5) ist ein Kreis mit dem Radius 4 Kästchen eingezeichnet. Der Radius wird zwischen zwei Gitterpunkten oder auf dem Lineal mit dem Zirkel abgegriffen.

b) Um den Mittelpunkt M(11|2) ist ein Kreis gezeichnet, der durch den Punkt P(11|0) geht.
Auf diesem Kreis liegen außerdem die Gitterpunkte Q, R und S.

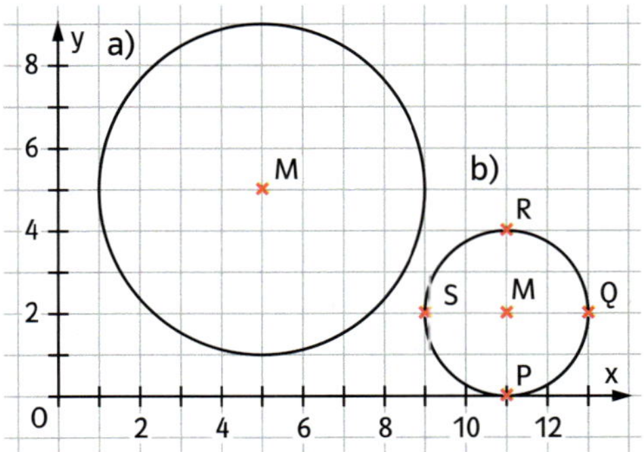

Aufgaben

1 Nenne kreisförmige Gegenstände aus deiner Umgebung. Skizziere.

2 Zeichne Kreise mit
a) Radius: 3 cm; 5 cm; 40 mm; 3,5 cm.
b) Durchmesser: 80 mm; 64 mm; 1 dm.

3 a) Zeichne den Kreis um M mit Radius r bzw. Durchmesser d.
M(4|8); r = 2 cm M(14|16); r = 3,5 cm
M(7|9); d = 60 mm M(5|5); d = 50 mm
b) Zeichne den Kreis um M durch P.
M(8|10); P(15|10) M(13|8); P(10|10)
M(12|10); P(7|6) M(7|7); P(3|3)

4 a) Zeichne die Kreisfiguren vergrößert ins Heft und färbe sie.

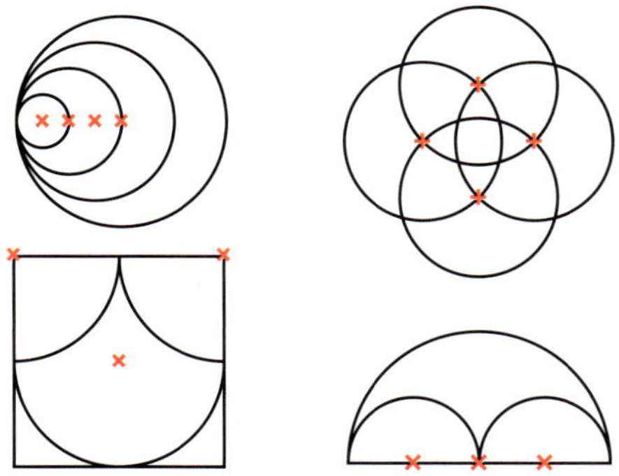

b) Gestalte selbst schöne Kreisfiguren.

5 Für viele Sportarten braucht man kreisförmige Spielfeldmarkierungen.
Zeichnet auf dem Pausenhof mit Kreide ein Basketball-Freiwurffeld.
Welche besonderen Spielregeln gelten auf dem Freiwurffeld?

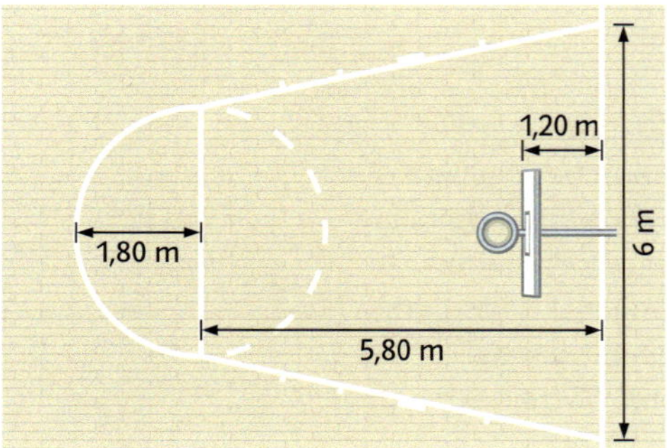

6 Zeichne eine Spirale aus Halbkreisen und schneide an den Kreislinien entlang. Mit Fäden und kleinen Stäbchen lassen sich interessante Mobile herstellen.

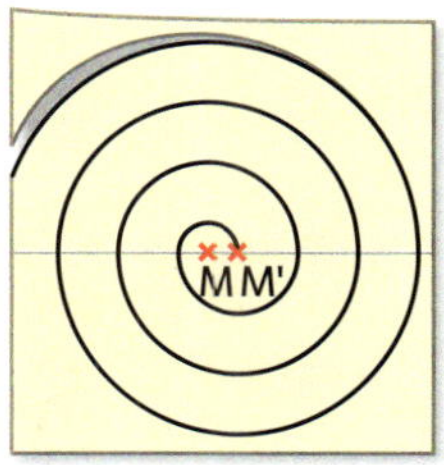

7 Die 32 Fünfer passen nicht in das Rechteck. Wie viele musst du wegnehmen, damit die übrigen hineinpassen? Probiere oder zeichne.

Kreispuzzles

Wenn ihr die Figuren sinnvoll zerschneidet, könnt ihr aus dem Kreis ein Windrad und aus den Fischen Quadrate legen.

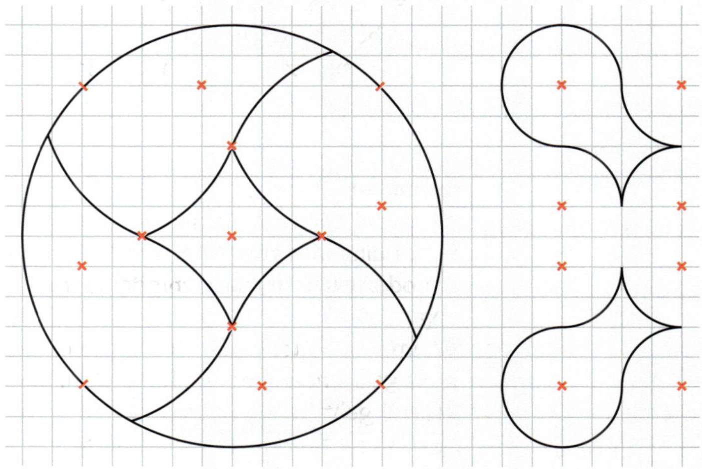

5 Würfel

Sechs Quadrate sind zum Würfel zusammengeklebt.
→ Wie viele Klebelaschen muss man auftrennen, damit man den Würfel flach ausbreiten kann, wie viele bleiben ganz?
→ Wie viele Quadratseiten bilden den Rand des Schnittmusters?
→ Erkläre die Zahlen, die du ermittelt hast. Zähle auch an anderen Würfelnetzen.

Körper werden von **Flächen** begrenzt. Wo zwei Flächen zusammenstoßen, entstehen **Kanten**. Wo Kanten zusammenstoßen, entstehen **Eckpunkte**.
Je vier Kanten begrenzen die Grundfläche und die Deckfläche des Würfels, und vier verbinden die Eckpunkte der Grundfläche mit den Eckpunkten der Deckfläche.

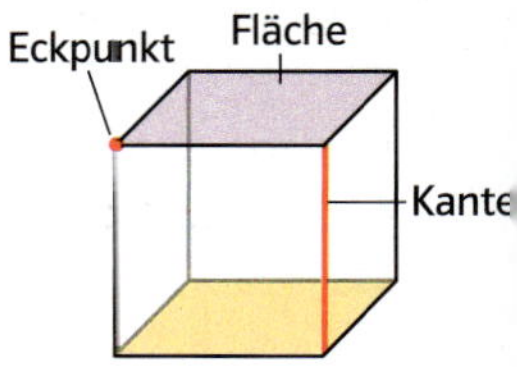

Der **Würfel** hat sechs quadratische Flächen, zwölf Kanten und acht Eckpunkte.
Seine Kanten sind gleich lang.
Je vier Kanten sind zueinander parallel.

Beispiel

Quadratsechslinge, aus denen sich ein Würfel falten lässt, heißen **Würfelnetze**.
Wenn man sich ein Quadrat als Grundfläche (**u**nten) vorstellt, ist festgelegt, welches Quadrat nach dem Zusammenfalten **l**inks, **r**echts, **v**orne, **h**inten, **o**ben liegt.
Nicht jeder Quadratsechsling ist ein Würfelnetz.

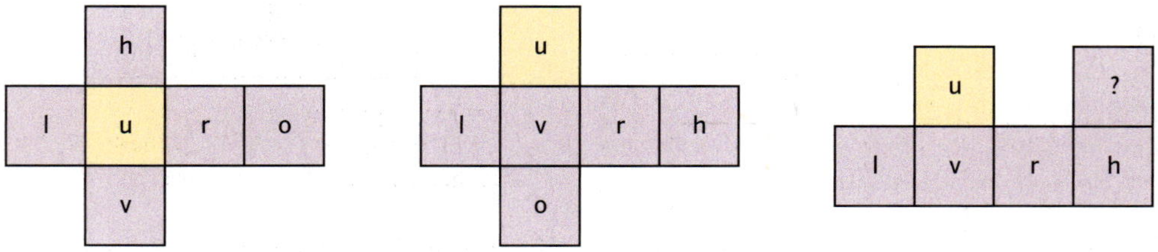

Aufgaben

1 Zeichne das Würfelnetz und falte es zum Würfel. (Seitenlänge: 4 cm).

a)

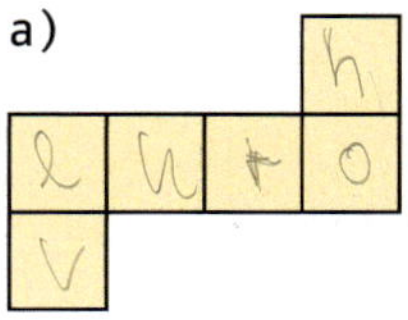

b)

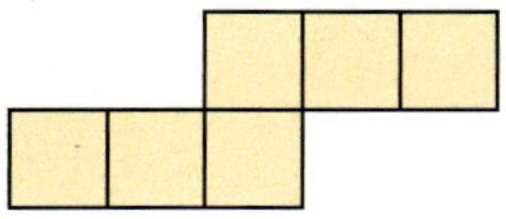

2 Wo überall kann das sechste Quadrat an den lila Quadratfünfling angesetzt werden, damit daraus ein Würfelnetz entsteht?

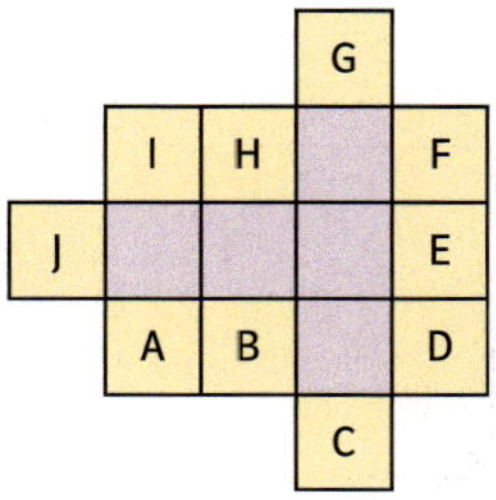

3 a) Die Grundfläche des Würfels ist mit „u" bezeichnet. Zeichne das Würfelnetz in doppelter Größe und trage v, h, l, r, o ein.

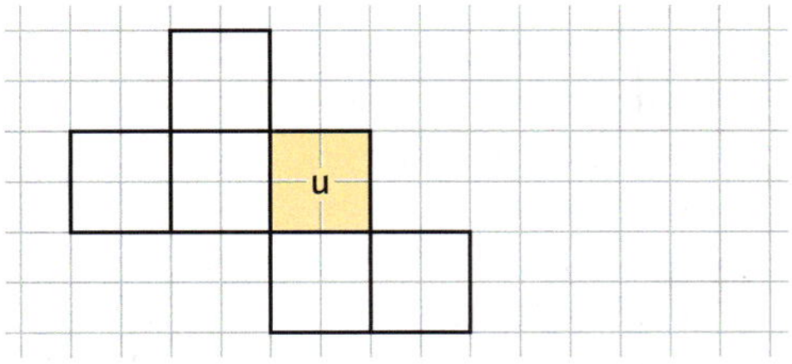

b) Jedes Quadrat im Würfelnetz kann zur Grundfläche des Würfels werden. Wo liegen dann die übrigen Flächen? Markiere eine Grundfläche und zeichne wie in a).

4 Aus welchen Quadratfünflingen könntest du eine oben offene Schachtel falten?

a)

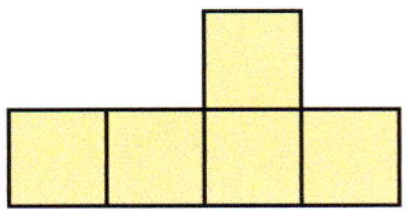

b)

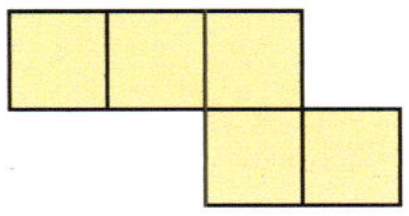

c)

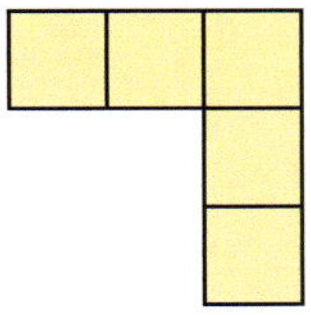

d)

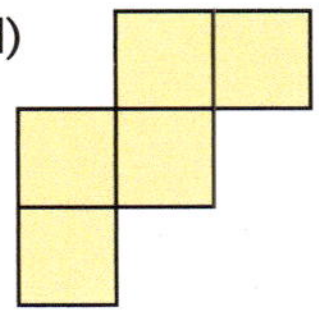

5 Zeichne ein Würfelnetz und trage die roten Linien richtig ein.

a)

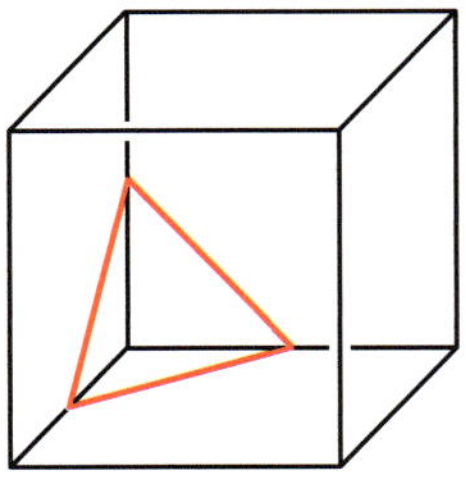

b)

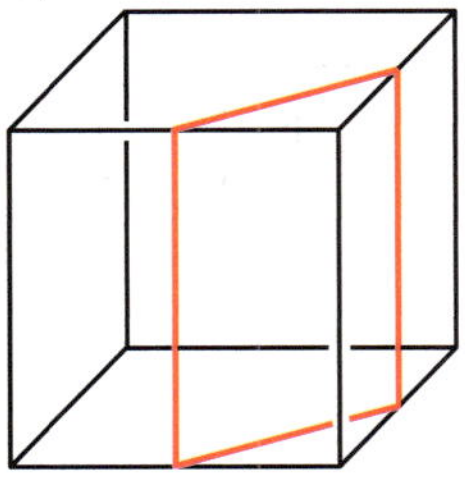

c)

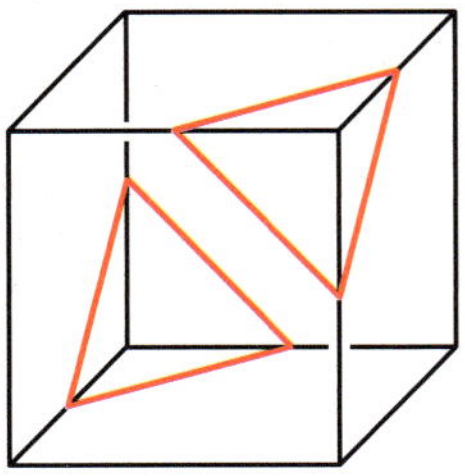

d)

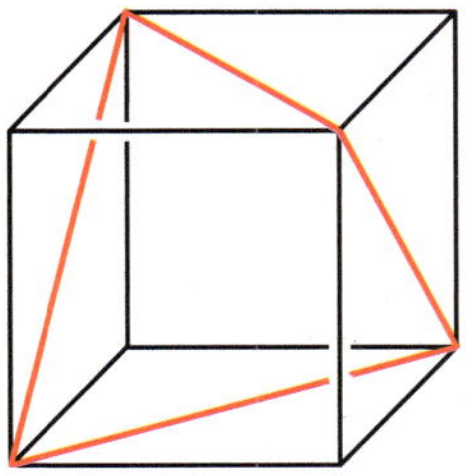

6 Zwei Würfel aus Karton werden längs der roten Kanten aufgeschnitten. Welches Würfelnetz passt zu welchem Würfel?

a)

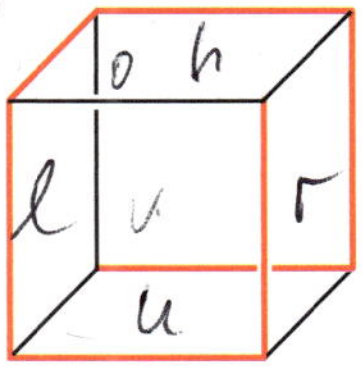

b)

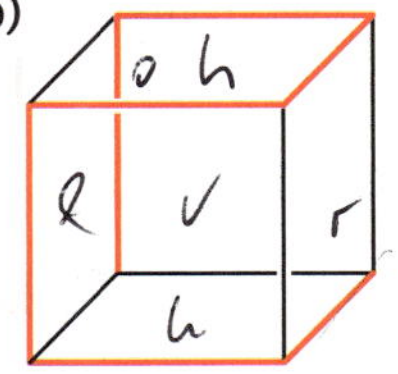

1

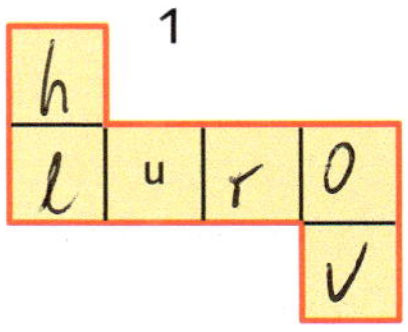

2

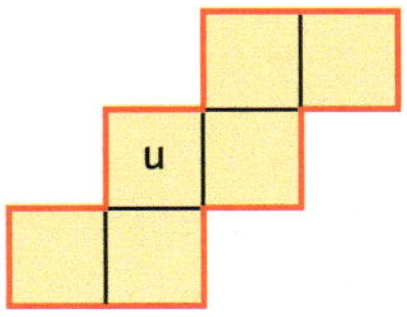

3

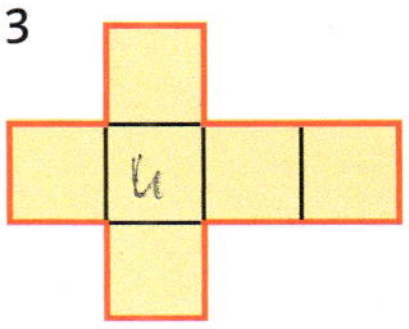

4

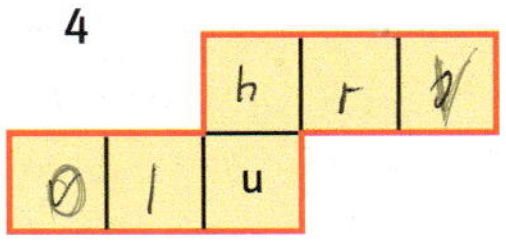

7 Auf dieser und der vorigen Seite sind viele Würfelnetze zu sehen. Zeichne sie alle.
Gibt es noch mehr Würfelnetze? Überlege dazu, dass die längsten geraden Bänder in den Würfelnetzen aus vier, drei oder zwei Quadraten bestehen können.

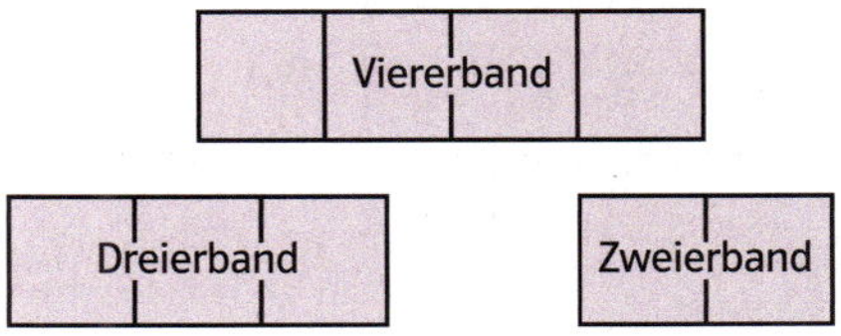

8 Auf manchen Würfelnetzen kann der Würfel abrollen, ohne dass er umkehren muss.
Eines dieser Abrollnetze siehst du unten. Zeichne die drei weiteren möglichen Netze.

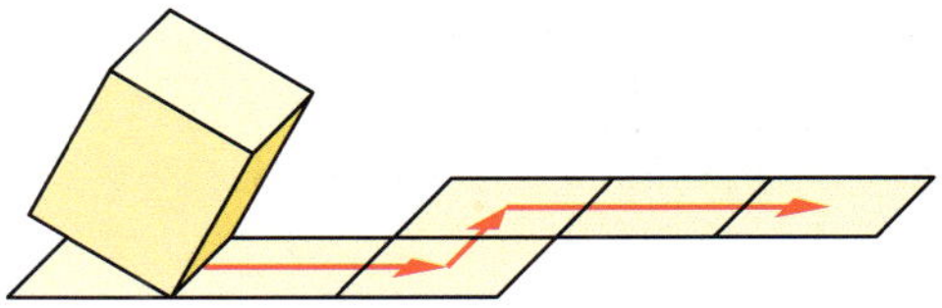

Wie viele Augen liegen auf den Flächen, die du nicht sehen kannst?

6 Quader

Zwölf Würfel kannst du auf vier Arten zu einem Quader zusammensetzen.
→ Welche Möglichkeiten gibt es mit 6; 8; 18 Würfeln?
Du kannst diese Möglichkeiten sogar ohne Probieren finden. Du musst nur mit den Zahlen arbeiten.
→ Welche Möglichkeiten gibt es mit 100 Würfeln?

Genauso wie der Würfel hat der Quader sechs Flächen, zwölf Kanten und acht Eckpunkte.

Der **Quader** hat sechs rechteckige Flächen.
Je zwei gegenüberliegende Rechtecke sind gleich.
Je vier Kanten sind parallel und gleich lang.

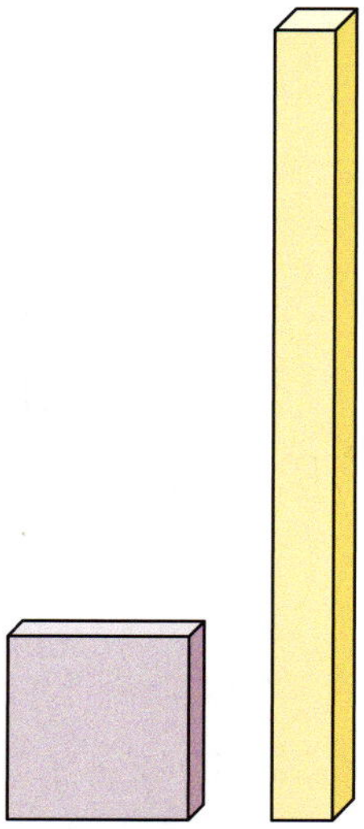

quadratische
Platte *Säule*

Bemerkung

Quader können auch acht oder zwölf gleich lange Kanten haben.
Der Quader mit zwölf gleich langen Kanten ist der Würfel.

Beispiel

Es gibt viele Möglichkeiten, einen Quader aus Karton zum Netz auseinander zu falten.

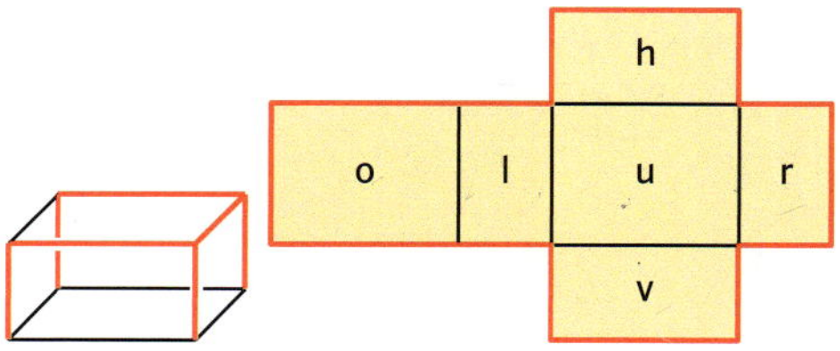

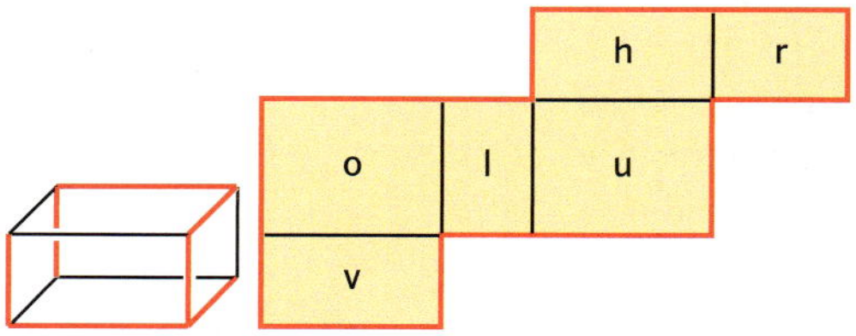

Aufgaben

1 a) Falte zwei Quader mit gleichem Netz. An der Figur siehst du, wo du Klebefalze anbringen kannst.
Lege die Quader zu einem einzigen Quader zusammen. Wie viele Möglichkeiten findest du?
b) Lege mit deinem Partner vier solche Quader zu einem einzigen zusammen.
Wie viele Möglichkeiten gibt es jetzt?
c) Mit sechs Quadern gibt es viele Möglichkeiten.
Beispiel: Kantenlängen 15 K, 14 K, 11 K.

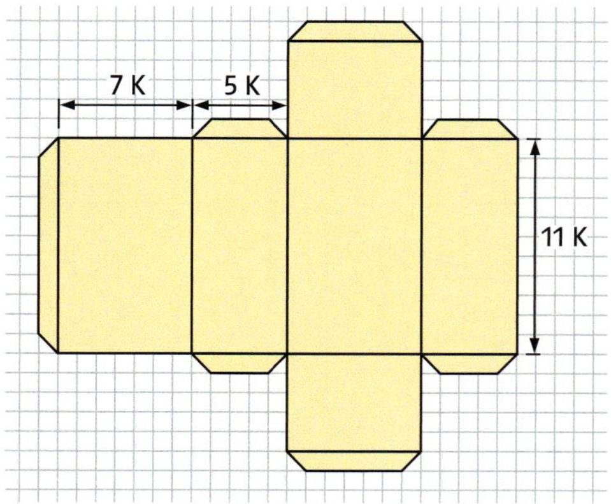

Kopfgeometrie

■ Ein Buchstabenwürfel ist in zwei Lagen zu sehen. Welcher Buchstabe liegt dem Buchstaben „H" gegenüber?

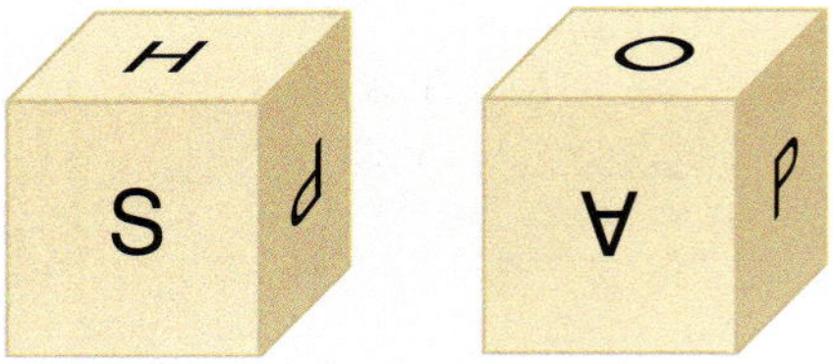

■ Wie viele abgeknickte „H" entstehen, wenn man das Netz a), b), c) zusammenfaltet?

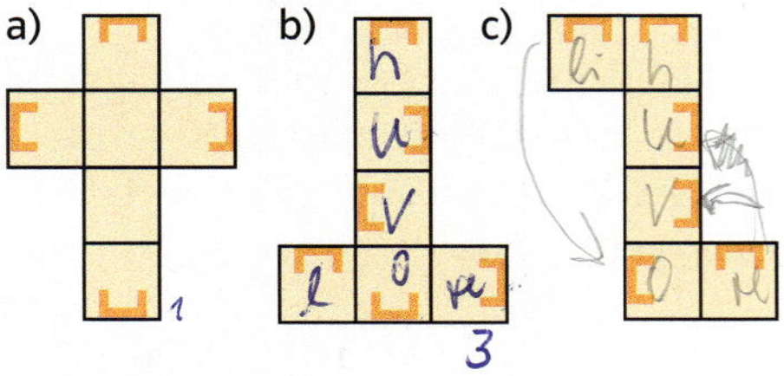

■ Wo im Würfelnetz liegen die anderen zwei roten Dreiecke?

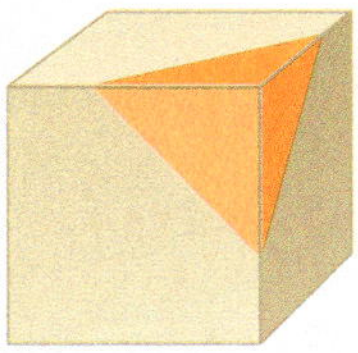

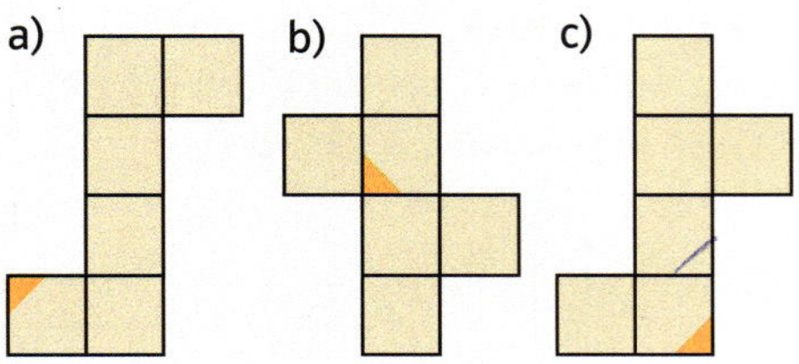

■ Bei zwei Würfeln sind die Ecken auf dieselbe Art ausgeschnitten. Welche beiden Würfel können es nur sein?

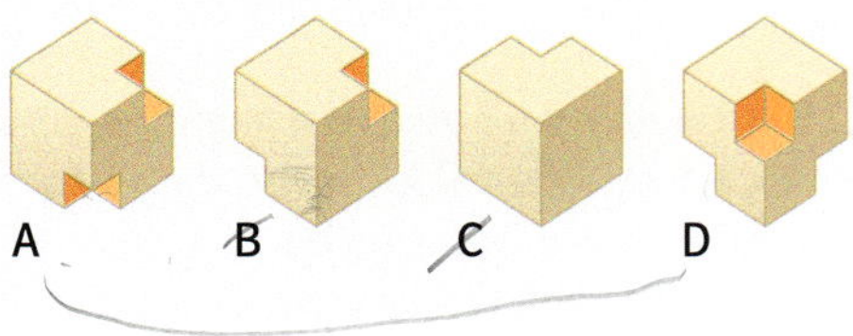

2 Übertrage die Quadernetze in doppelter Größe auf Papier, schneide sie aus und falte sie zu Quadern.

3 Aus welchen Rechtecksechslingen könntest du keinen Quader falten?

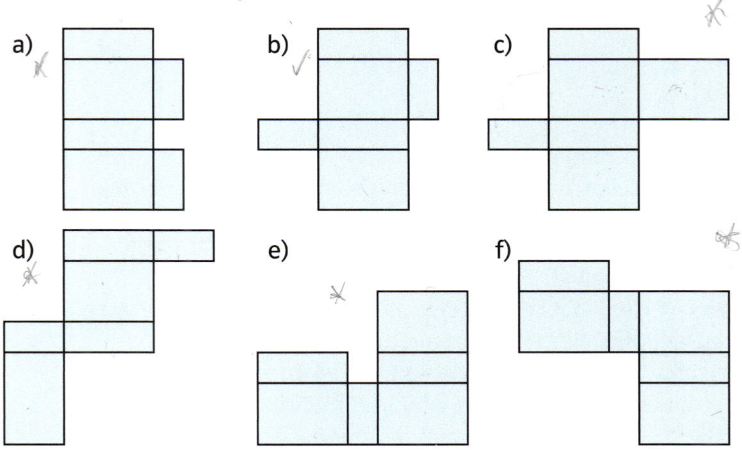

4 Ein Rechteck fehlt im Quadernetz. Wie sieht es aus, wo kann es hingehören?

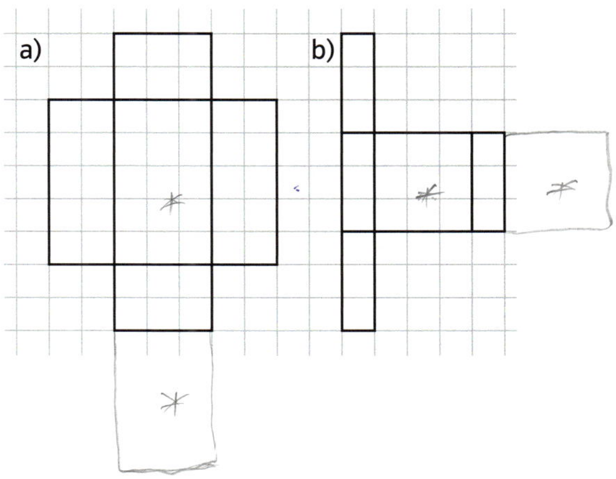

Zählen mit Verstand

Würfelteilung

Der gelbe Würfel wird in kleine Würfel zerlegt.
Was könnte man zählen?
Die kleinen Würfel mit

- drei gelben Flächen
- zwei gelben Flächen
- einer gelben Fläche
- keiner gelben Fläche ...

... und natürlich alle kleinen Würfel.

Eine Tabelle hilft.

	3 gelbe Flächen	2 gelbe Flächen	1 gelbe Fläche	0 gelbe Fläche	Gesamtzahl der Würfel
3er-Teilung	8	12	6	1	27
4er-Teilung	8	?	24	?	?
5er-Teilung	?	?	?	27	?

Wie zählt man geschickt?
Wenn du das Prinzip verstanden hast, kannst du die Zahlen auch für die 10er-Teilung ausrechnen.

Würfelgerüst

Der Würfel ist jetzt in drei Richtungen von Fläche zu Fläche ausgehöhlt. Nur ein Kantengerüst bleibt übrig.
Es gibt viele Arten, die kleinen Würfel zu zählen. Man muss aufpassen, dass man keine Würfel mehrfach zählt.
Wer zu viele Würfel wegnimmt, muss wieder welche dazutun.
Nur zur Sicherheit: Bei 10er-Teilung sind es 104 kleine Würfel.

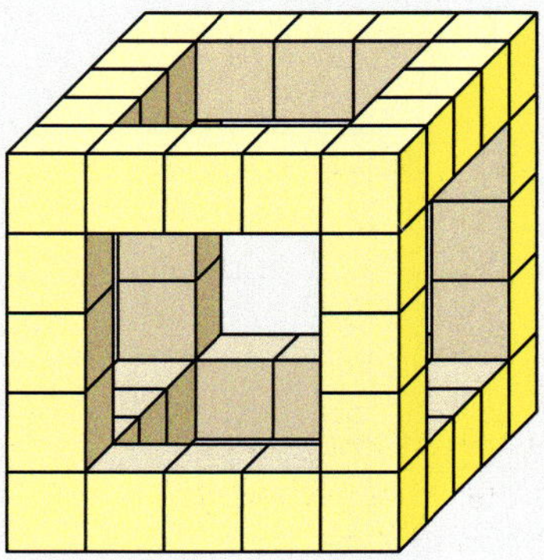

5 Bastle den Umzugskarton im Mini-Format.

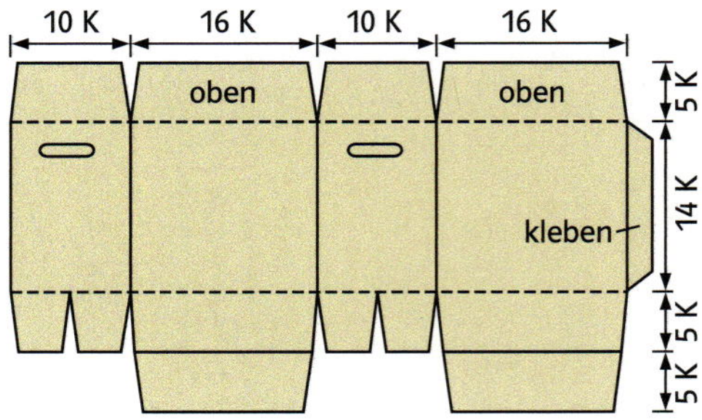

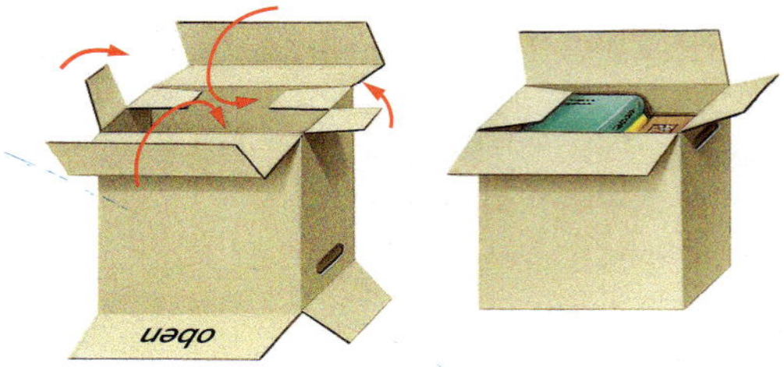

6 Ein Quader aus Karton wird längs der roten Kanten aufgeschnitten. Die schwarzen Kanten bleiben ganz. Zeichne das Quadernetz.

a)

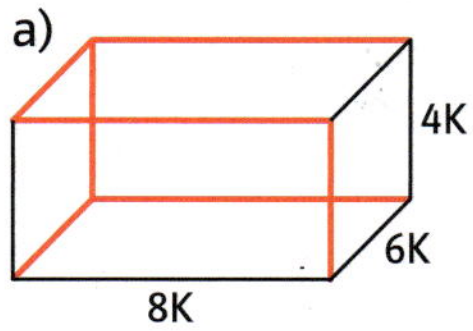

b)

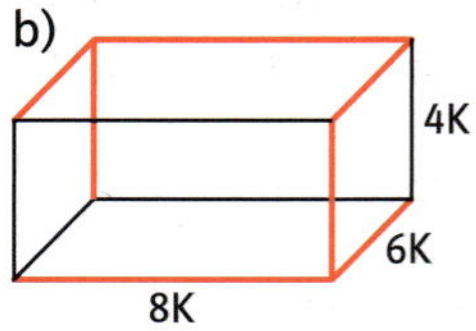

7 a) Skizziere das Quadernetz mit selbst gewählten Maßen. Die gefärbte Fläche ist die Grundfläche. Trage die roten Diagonalen der drei Quaderflächen ein.

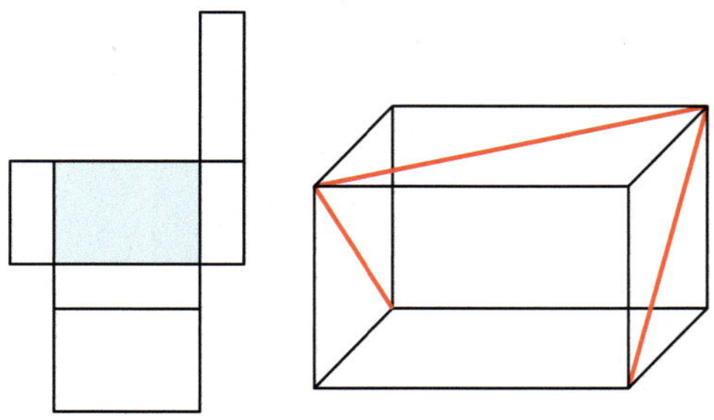

b) Der Quader wird zweimal nach vorne gekippt. Seine Deckfläche wird damit zur Grundfläche. Skizziere wieder das Quadernetz und trage die Diagonalen ein.

7 Würfel und Quader im Schrägbild

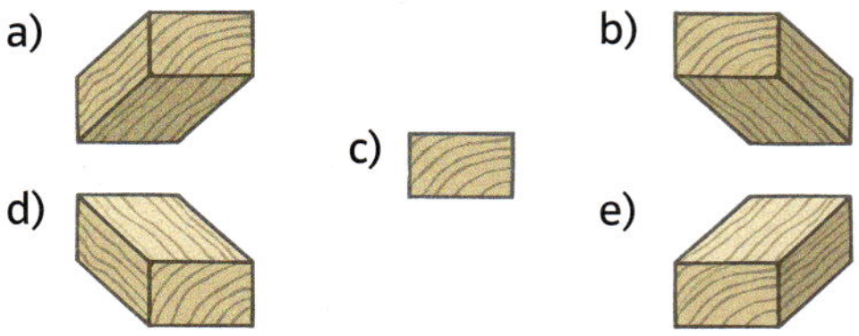

➔ Von wo aus musst du schauen, um einen Quader so zu sehen, wie es die fünf Bilder zeigen? Von oben oder unten, rechts oder links?
➔ Von wo aus siehst du den Quader so wie im mittleren Bild?

Körper zeichnet man im **Schrägbild**, um einen räumlichen Eindruck zu bekommen. Schrägbilder werden nach bestimmten Regeln hergestellt. Damit lassen sich die wichtigsten Maße des Körpers ins Bild übertragen. Am einfachsten ist der Quader zu zeichnen.

So zeichnet man einen Würfel.

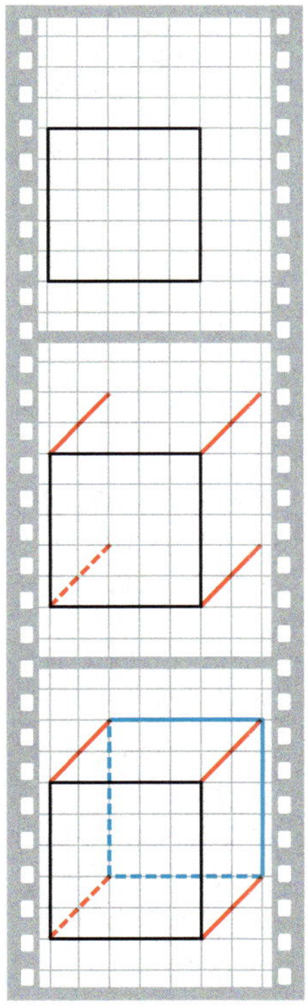

Schrägbild eines Würfels oder Quaders: Zeichne
- die Vorderfläche mit den gegebenen Maßen.
- die nach hinten laufenden Kanten in halber Länge schräg nach rechts oben.
- die hintere Fläche mit den gegebenen Maßen.
- verdeckte Kanten gestrichelt.

Bemerkungen
Wenn man nur das Kantengerüst eines Quaders zeichnet, sind alle Kanten sichtbar. Sie werden also durchgezogen.
Der Einfachheit halber darf man die schrägen Kanten so verlängern oder verkürzen, dass sie im nächsten Gitterpunkt enden.

Beispiele
Ein Quader mit den Kantenlängen 3 cm; 2 cm; 1 cm kann in unterschiedlichen Lagen gezeichnet werden.

a) Vorderfläche 3 cm; 2 cm
Grundfläche 3 cm; 1 cm

b) Vorderfläche 2 cm; 3 cm
Grundfläche 2 cm; 1 cm

c) Vorderfläche 2 cm; 1 cm
Grundfläche 2 cm; 3 cm

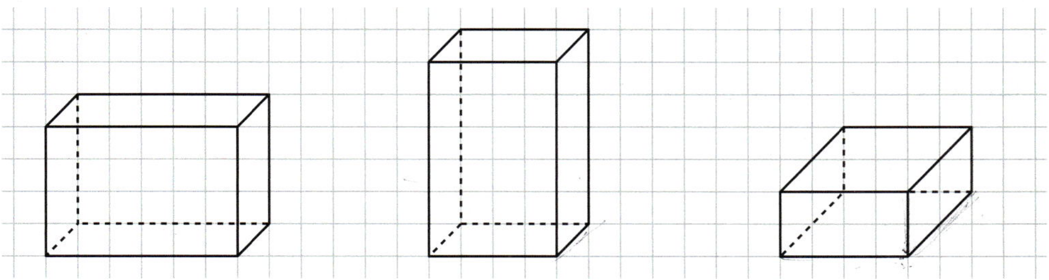

Aufgaben

1 Zeichne ein Schrägbild des Quaders.
a) 7 cm; 6 cm; 4 cm b) 10 cm; 6 cm; 3 cm
c) 8 cm; 4 cm; 2 cm d) 10 cm; 3 cm; 3 cm
e) 5 cm; 5 cm; 5 cm f) 14 cm; 14 cm; 2 cm

2 Das Beispiel zeigt drei Lagen, in denen man den Quader mit den Kantenlängen 3 cm; 2 cm; 1 cm zeichnen kann.
Es gibt noch drei weitere Lagen.

3 Zeichne eine 12 cm lange, 2 cm breite und 1 cm dicke Platte so, dass die vier kurzen Kanten im Schrägbild
a) waagerecht verlaufen.
b) senkrecht verlaufen.
c) schräg verlaufen.

4 Aus Würfeln kannst du Buchstaben legen.
a) Zeichne T und E im Schrägbild.
b) Zeichne auch andere Buchstaben so.

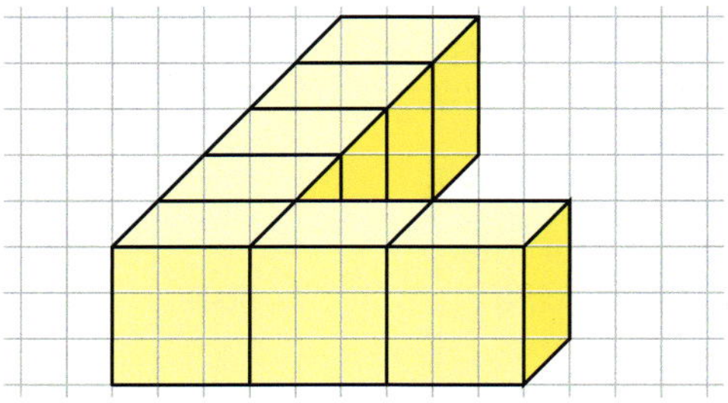

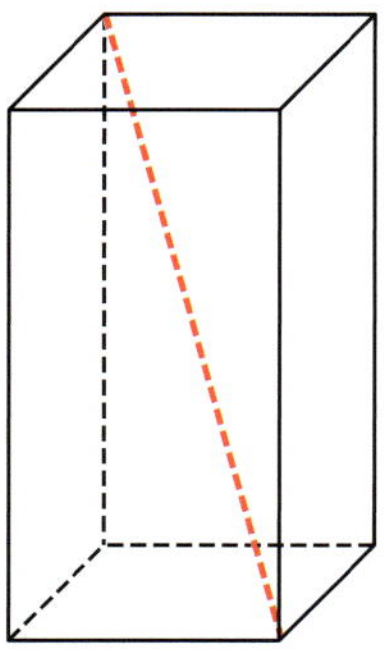

5 Ein Quader hat vier Raumdiagonalen. Wähle selbst die Maße eines Quaders. Zeichne ihn und trage alle Raumdiagonalen ein.

6 Zeichne die Schrägbilder und trage alle verdeckten Kanten gestrichelt ein.

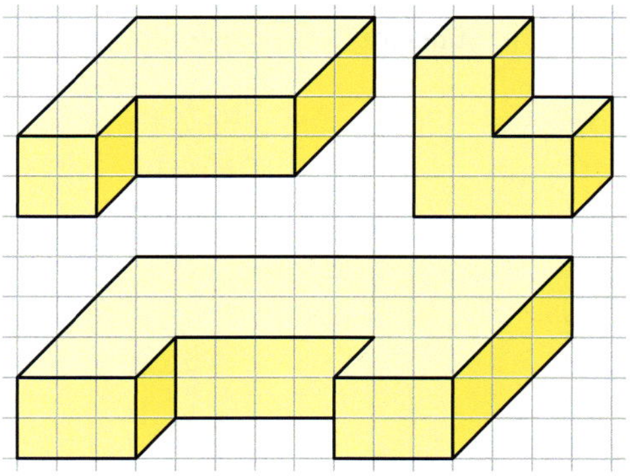

7 Schräg verlaufende Kanten kann man auch in andere Richtungen als nur nach rechts oben zeichnen. Zeichne einen Quader auf vier Arten. Die dritte Kantenlänge soll 8 cm sein.

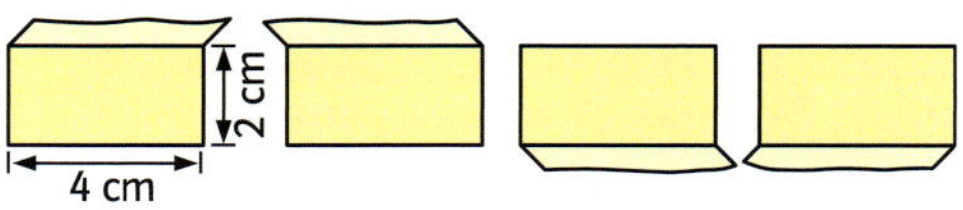

Schrägbilder auf Dreieckspapier

Schrägbilder kann man auch auf Dreieckspapier zeichnen. Kanten in den drei Haupt richtungen behalten die gegebene Länge.

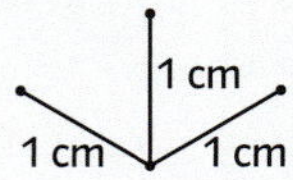

■ Von wo aus schaut man auf diese Körper?

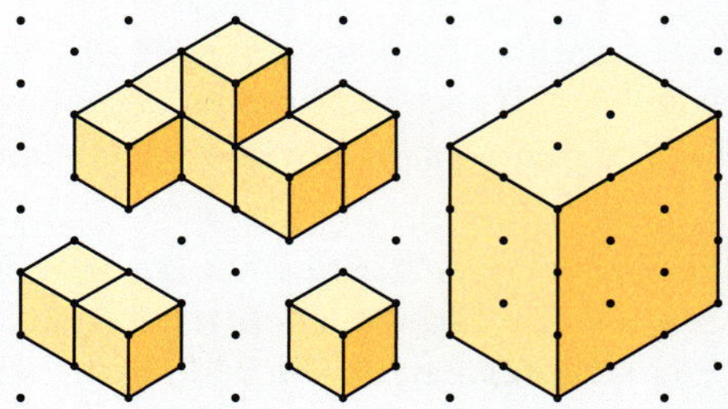

■ Zeichne Quader aus drei Würfeln in verschiedenen Lagen.

■ Du kannst einen Quader mit den Kantenlängen 6 cm, 3 cm, 1 cm in sechs Lagen zeichnen, auch mit freier Hand.

■ Aus wie vielen Würfeln bestehen die Mauerecken? Erkennst du in der Zahlenreihe eine Regel? Wie viele Würfel bräuchte man für die zehnte Mauer in der Reihe?

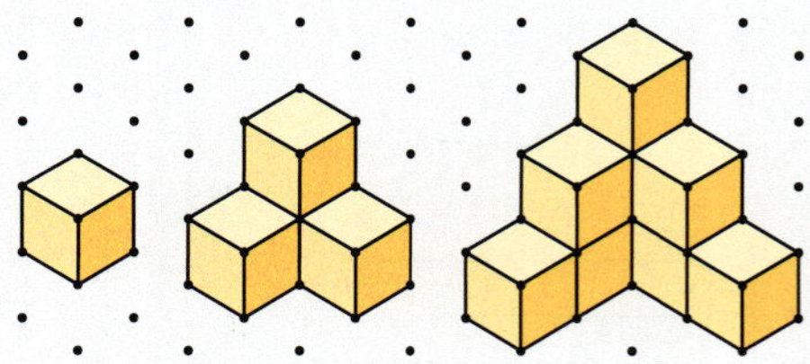

■ Zeichne die Treppe und zähle sie aus.

8 Pyramide

→ Zeichne das Netz und falte den Körper. Es gibt viele Möglichkeiten, solche Körpernetze in zwei Kreise einzuzeichnen.
→ Stelle auf diese Weise flache Körper, spitze Körper, Körper mit mehr und mit weniger Flächen her.

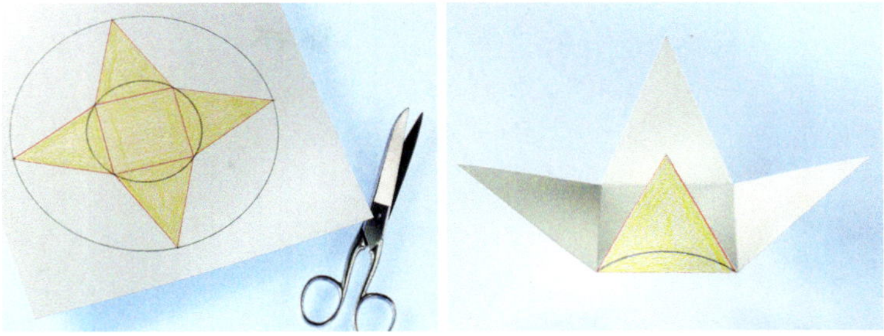

Ein über seiner Grundfläche spitz zulaufender Körper heißt **Pyramide**.

Eine **Pyramide** ist begrenzt durch die Grundfläche und den Mantel.
Die Dreiecke, aus denen der Mantel besteht, treffen sich in der Spitze.
Die Grundfläche kann 3; 4 oder mehr Eckpunkte haben. Sie bestimmt den Namen der Pyramide: Dreieckspyramide, Quadratpyramide, usw.

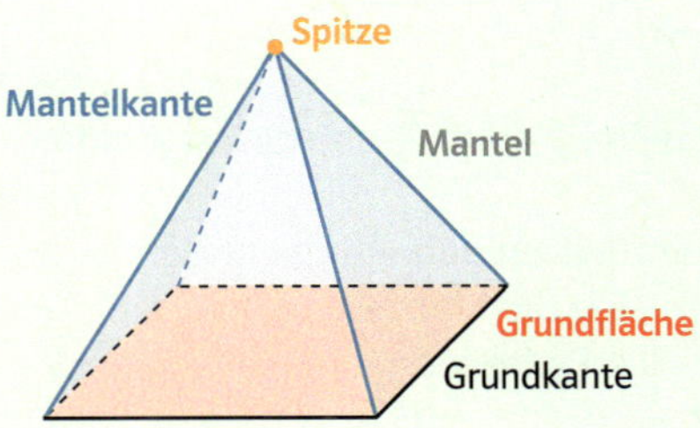

Beispiele

a) Das Netz einer Quadratpyramide ist im Quadratgitter leicht zu zeichnen. Die Seiten der Manteldreiecke, die in einer Kante zusammenkommen, sind gleich lang.

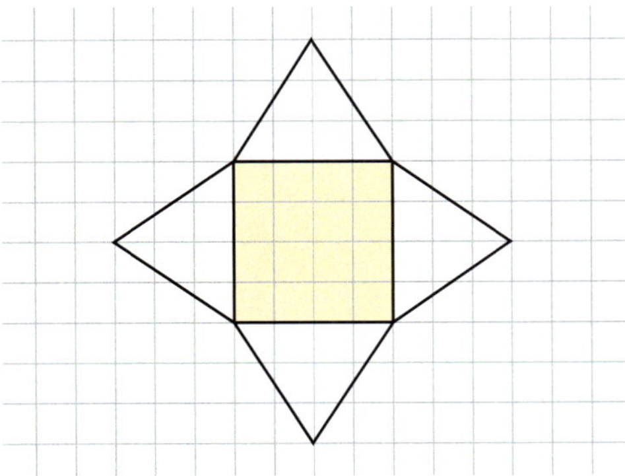

b) Im Netz einer Rechteckspyramide lässt sich die Länge der Mantelkanten nicht immer durch Auszählen von Kästchen bestimmen. Man überträgt sie mit dem Zirkel.

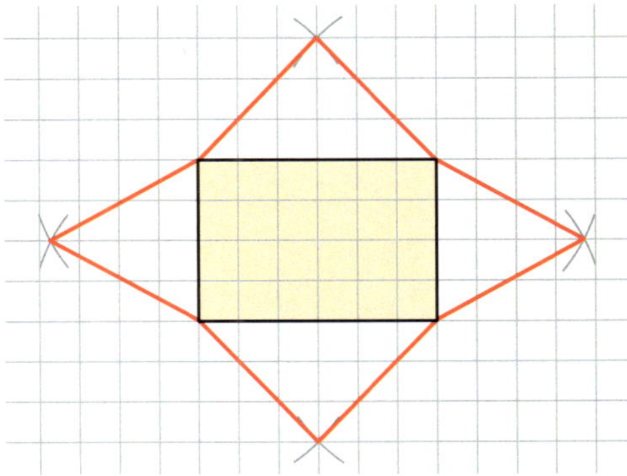

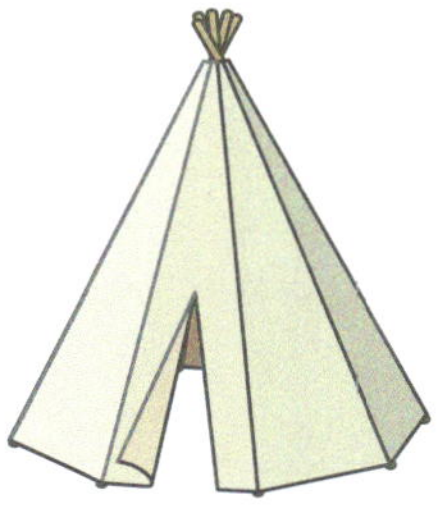

Aufgaben

1 Stelle über einem 10-cm-Quadrat eine Pyramide her. Überlege, ob die Pyramide hoch oder niedrig werden soll. Wähle dann die Länge der Mantelkanten.

2 Nenne Pyramiden, die du in deiner Umgebung siehst.
Manchmal findest du auch Pyramiden als Teile von zusammengesetzten Körpern.

3 a) Stelle diese Rechteckspyramide her.

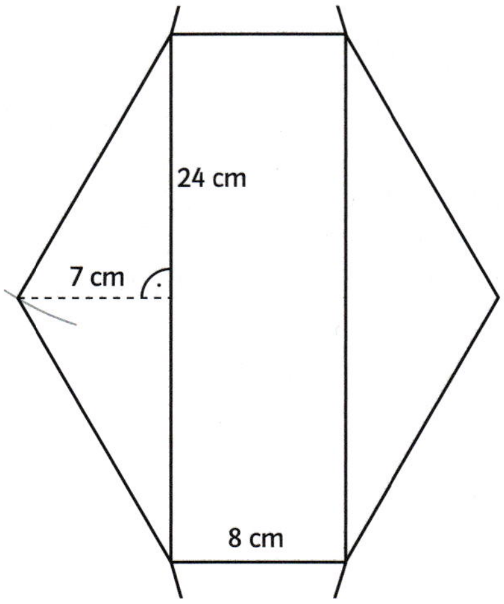

b) Baue deine eigene Rechteckspyramide.

4 Quadratpyramiden einmal anders – wie fügen sich die Flächen zusammen? Versuche die Pyramiden herzustellen.

a)

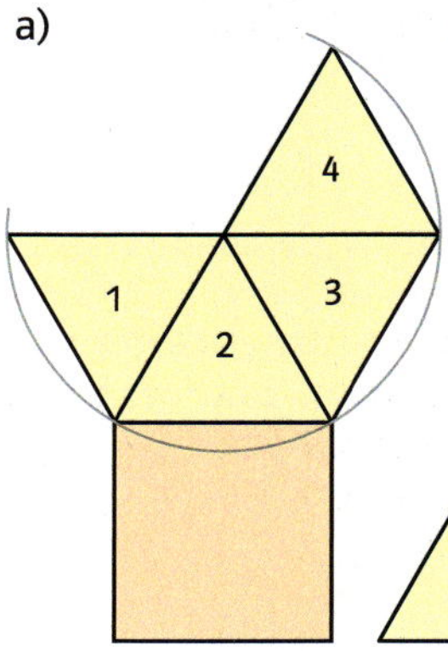

b)

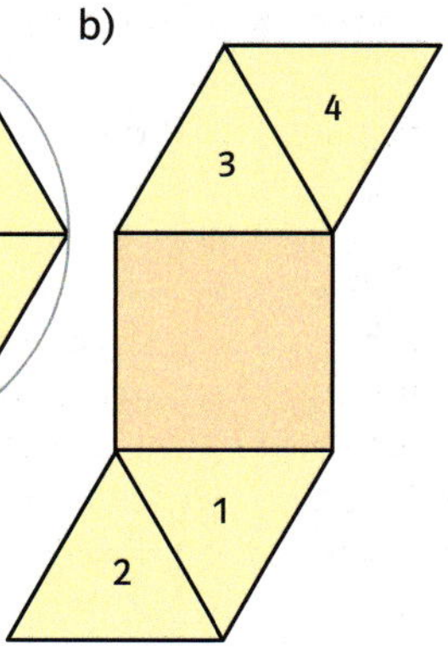

5 Das sind keine Pyramidennetze. Wo steckt der Fehler?

a)

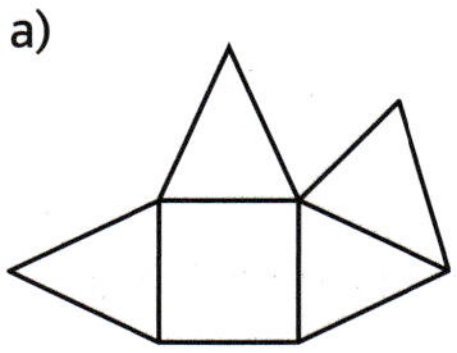

b)

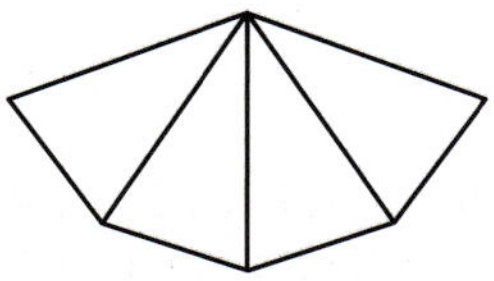

c)

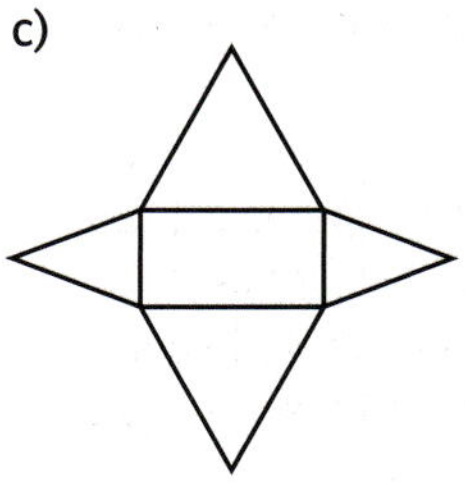

d)

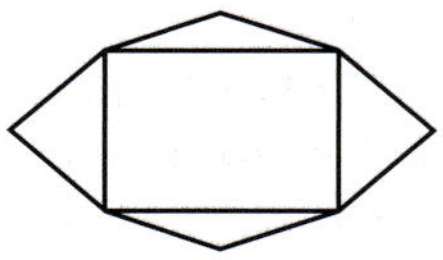

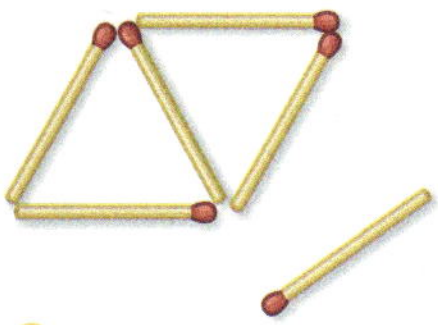

? *Kannst du aus sechs Hölzchen vier Dreiecke mit lauter gleich langen Seiten bilden?*

6 Vom Kreismuster zur Sechseckspyramide. Zeichne. Schneide. Falte.

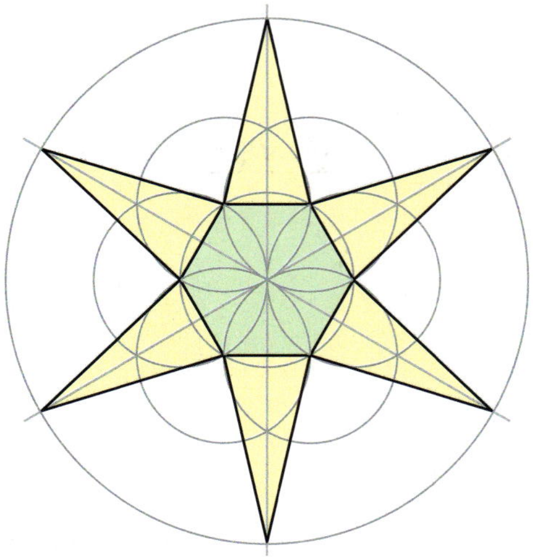

7 Wie viele Eckpunkte, Kanten und Flächen hat eine Pyramide über diesen Grundflächen?

a) Dreieck
b) Viereck
c) Fünfeck
d) Sechseck
e) Zehneck
f) Hunderteck

8 Welche Eckpunkte des Netzes treffen sich beim Zusammenfalten im selben Eckpunkt der Pyramide?
Welche Seiten treffen sich in derselben Kante?

a)

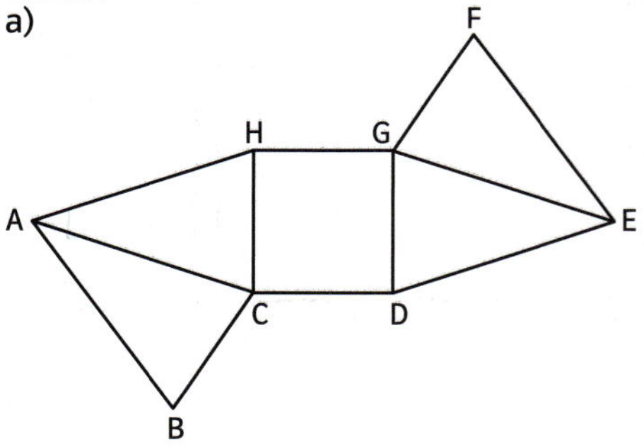

b)

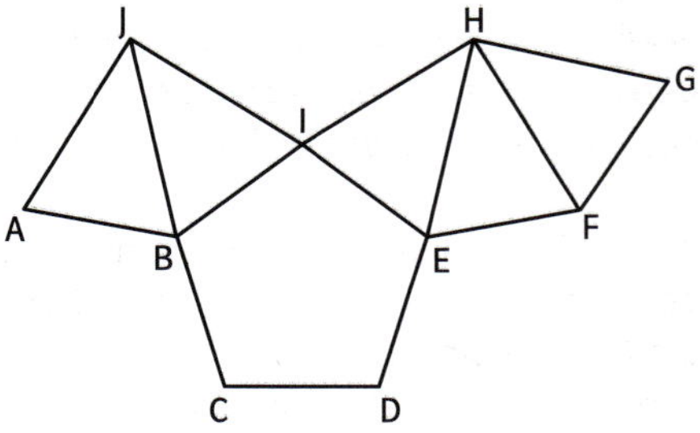

9 Zylinder. Kegel. Kugel

Der Zylinder entsteht aus einem Rechteck und zwei Kreisen.
→ Aus welchen Teilen entsteht ein Kegel?

Versuche doch einmal, eine Kugel aus Streifen herzustellen.
→ Geht das auch mit sehr breiten Streifen?

Der Zylinder hat eine gekrümmte Fläche und zwei ebene Flächen. Der Kegel hat eine gekrümmte und eine ebene Fläche. Die Kugel hat nur eine Fläche. Diese ist gekrümmt.

Der **Zylinder** besteht aus einem **Grundkreis**, einem **Deckkreis** und einem aufgerollten Rechteck als **Mantel**.
Der **Kegel** besteht aus einem **Grundkreis** und einem aufgerollten Kreisausschnitt als **Mantel**.
Die **Kugel** lässt sich nicht aus ebenen Flächenstücken zusammensetzen.

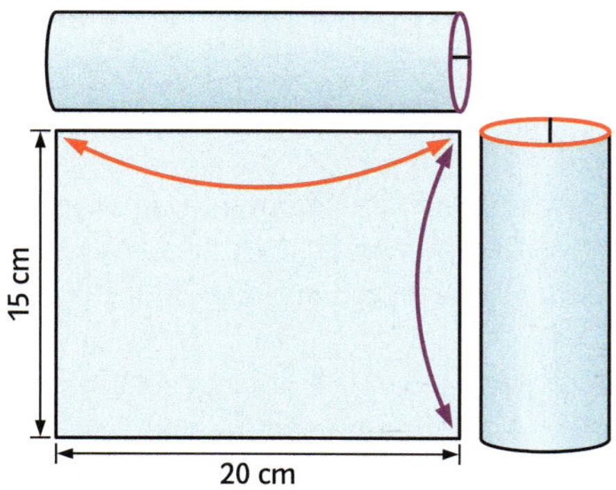

Beispiel
Ein Rechteck lässt sich auf zwei Arten zu einem Rohr zusammenwickeln. Mit zwei Kreisen wird das Rohr zum Zylinder verschlossen. Den Durchmesser der Kreise kann man am Rohr abmessen.

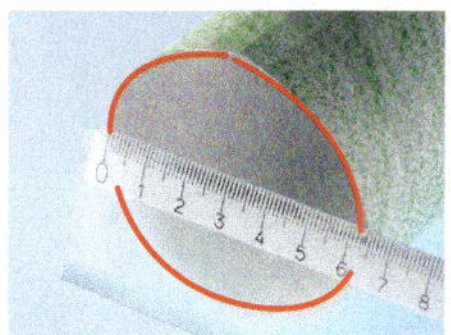

Aufgaben

1 Wo siehst du Zylinder, Kegel, Kugeln oder wenigstens Teile dieser Körper? Denke an Gegenstände aus dem Haushalt, dem Supermarkt, der Technik.

2 Zylinder, Kegel und Kugel unterscheiden sich durch die Art zu rollen und durch die Art, wie sie auf einer ebenen Unterlage aufliegen. Erkläre das genauer.

3 Wickle eine Kugel in ein Blatt Papier. Was beobachtest du?
Kann man ein Stück Orangenschale flach auf den Tisch legen?

4 Beschaffe Tischtennisbälle und experimentiere, wie man sie platzsparend in einen Karton packen kann. Wirf sie zum Vergleich auch ungeordnet in den Karton.

5 Welcher der vier Kegel wird am höchsten, welcher am niedrigsten?
Das kannst du herausfinden, ohne die Kegel herzustellen.

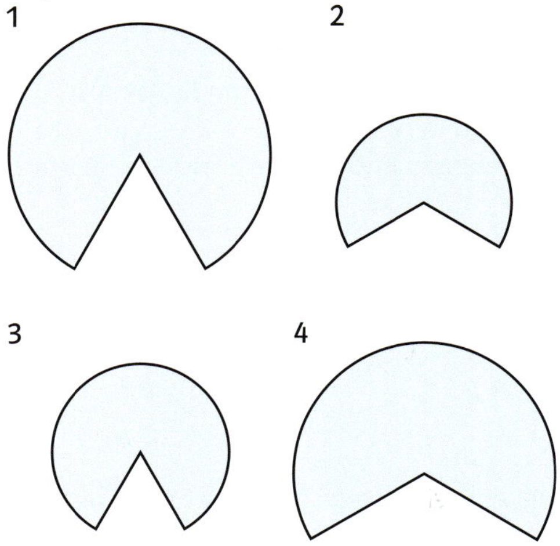

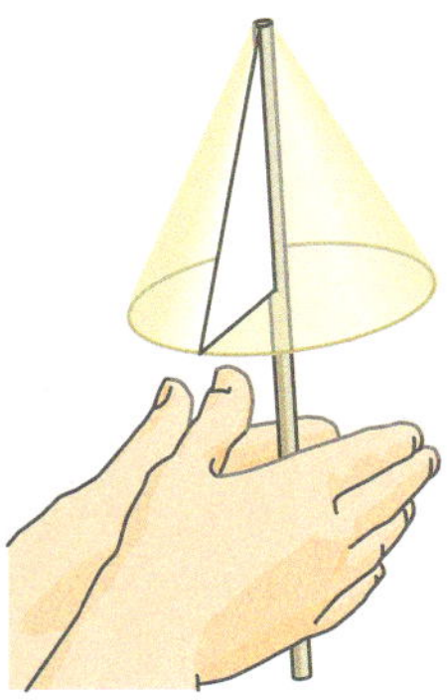

6 Beschreibe die Körper, die erscheinen, wenn du die Flächenstücke um die rote Achse drehst.

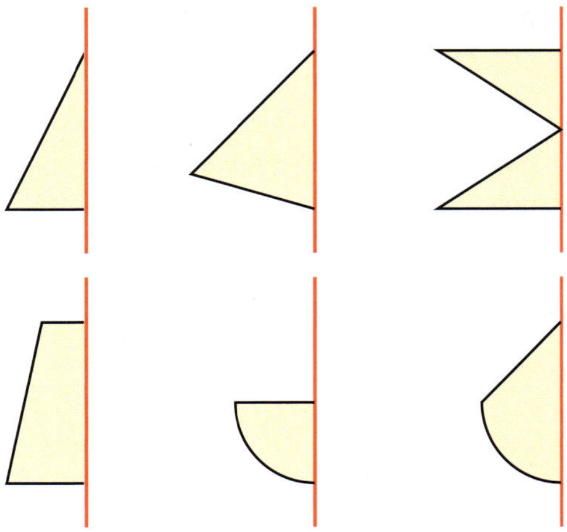

7 Zeichne auf ein Transparentpapier oder auf eine Folie eine Strecke schräg von Rand zu Rand. Rolle das Blatt so auf, dass mehrere Schichten übereinander liegen. Was beobachtest du?

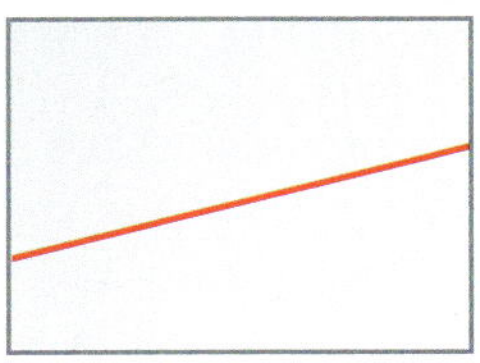

8 Schneide aus einer Folie einen Kreisausschnitt aus. Zeichne eine Strecke auf. Experimentiere damit wie in Aufgabe 7.

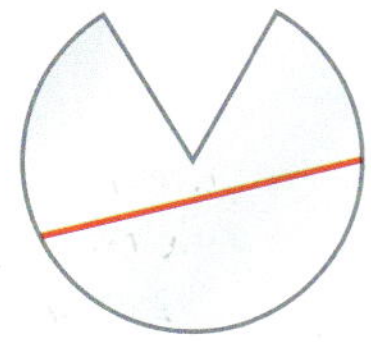

9 Welche Figuren ergeben Zylindermäntel?

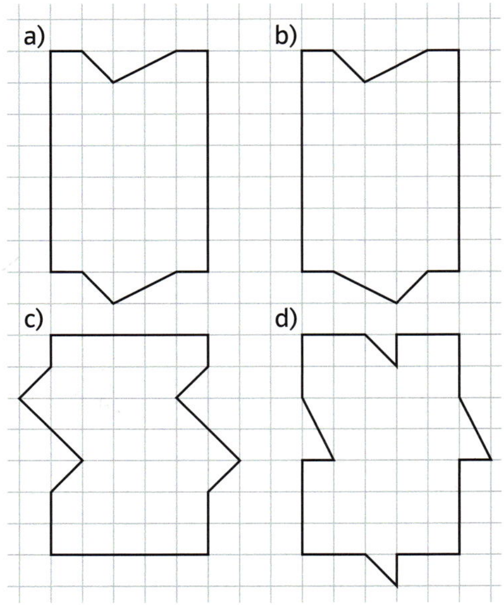

10 Zeichne das Parallelogramm in vierfacher Größe ab und schneide es aus. Die Seite a soll also 12 cm und die Höhe 16 cm lang sein.
Lege entweder die zwei langen oder die zwei kurzen Seiten ohne Überstand aneinander. Was beobachtest du?

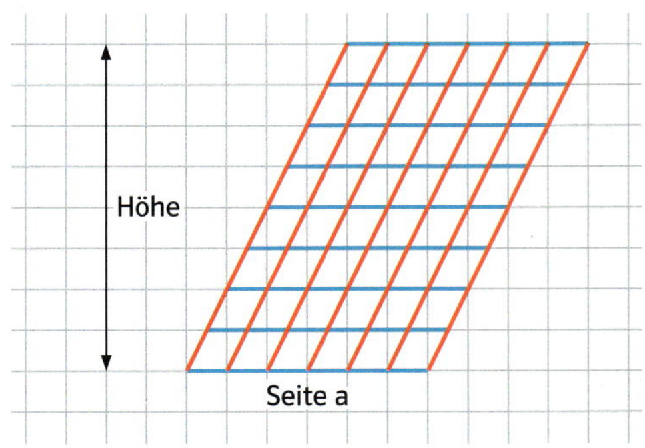

? *Warum gibt es Plakatsäulen, aber keine Plakatkugeln?*

Zusammenfassung

Vierecke

Das **Rechteck** hat vier rechte Winkel. Gegenüberliegende Seiten sind parallel und gleich lang. Das **Quadrat** ist ein Rechteck mit vier gleich langen Seiten.

Das **Parallelogramm** hat parallele und gleich lange gegenüberliegende Seiten. Der **Rhombus** ist ein Parallelogramm mit vier gleich langen Seiten.

Der **Drachen** hat zwei Eckpunkte, in denen gleich lange Seiten aneinander stoßen. Diese Eckpunkte liegen einander gegenüber.

Das **symmetrische Trapez** hat zwei parallele Seiten. Die anderen zwei Seiten sind gleich lang.

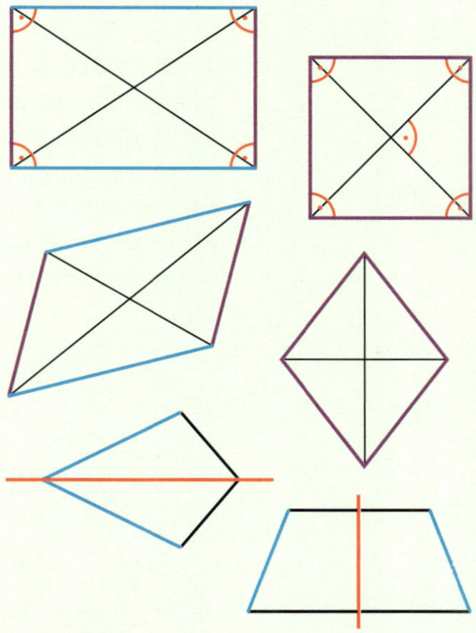

Kreis

Alle Punkte des Kreises haben vom Mittelpunkt dieselbe Entfernung. Jede Strecke vom Mittelpunkt zu einem Punkt auf dem Kreis heißt **Radius** r. Der **Durchmesser** d ist doppelt so lang wie der Radius.

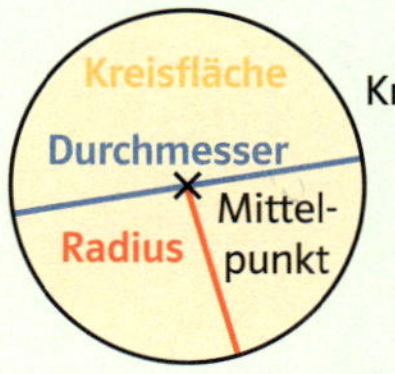

Würfel und Quader

Der **Würfel** hat sechs quadratische Flächen, zwölf Kanten und acht Eckpunkte. Seine Kanten sind gleich lang. Je vier Kanten sind zueinander parallel.

Der **Quader** hat sechs rechteckige Flächen. Je zwei gegenüberliegende Rechtecke sind gleich. Je vier Kanten sind parallel und gleich lang.

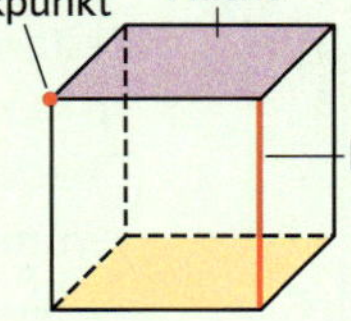

Pyramide

Ein über seiner Grundfläche spitz zulaufender Körper heißt **Pyramide**. Die Manteldreiecke treffen sich in der **Spitze**.

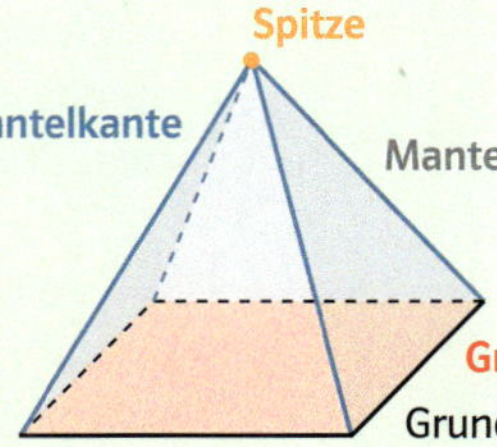

Zylinder

Der **Zylinder** besteht aus einem **Grundkreis**, einem **Deckkreis** und einem aufgerollten Rechteck als **Mantel**.

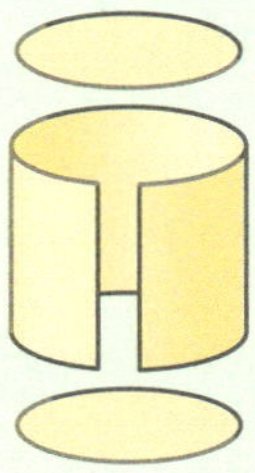

Kegel

Der **Kegel** besteht aus einem **Grundkreis** und einem aufgerollten Kreisausschnitt als **Mantel**.

Kugel

Die **Kugel** lässt sich nicht aus ebenen Flächenstücken zusammensetzen.

Üben • Anwenden • Nachdenken

1 Ein Quadrat, ein Rechteck, ein Rhombus, ein Parallelogramm, ein Drachen und ein symmetrisches Trapez wurden in je ein lila und ein oranges Teil zerlegt. Wie haben sie zusammengehört?
Abzeichnen und Ausschneiden ist nicht nötig. Begründen ist besser.

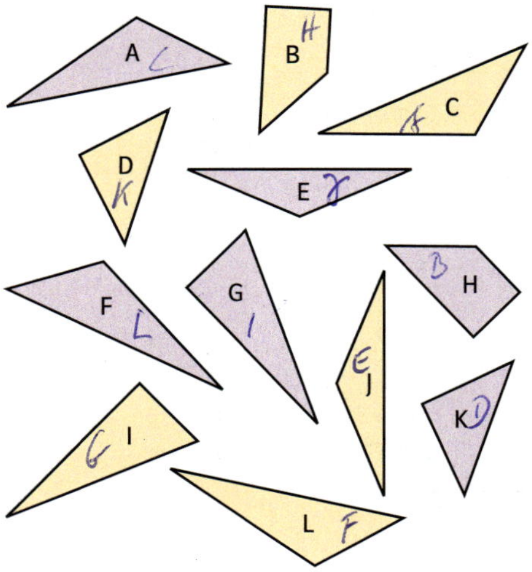

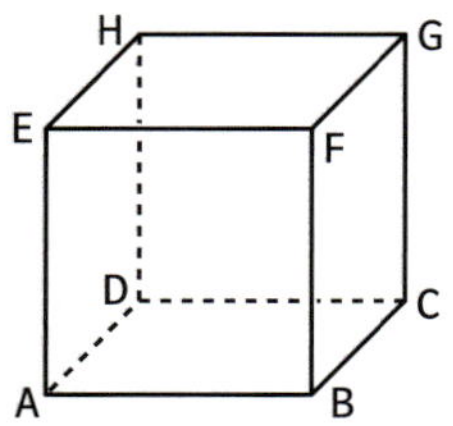

zu Aufgabe 7

2 a) Schneide zwei Quadrate mit der Seitenlänge 8 cm aus. Zerlege das erste so, dass sich seine Teile mit dem zweiten Quadrat zu einem größeren Quadrat zusammenlegen lassen.
b) Mach auf diese Weise aus zwei Parallelogrammen eines.
c) Welche Vierecke bekommst du, wenn du dasselbe mit zwei Rechtecken oder zwei Rhomben ausführst?

3 Zeichne zwei Kreise mit den Radien $r_1 = 4\,cm$ und $r_2 = 25\,mm$.
In welcher Lage zueinander können sie sich befinden?

4 Zeichne eine quadratische Säule mit den Kantenlängen 10 cm; 2 cm; 2 cm
a) aufrecht.
b) liegend mit einer quadratischen Fläche als Vorderfläche.
c) liegend mit einer nicht quadratischen Fläche als Vorderfläche.

5 Zerlege das Parallelogramm in drei Rhomben.

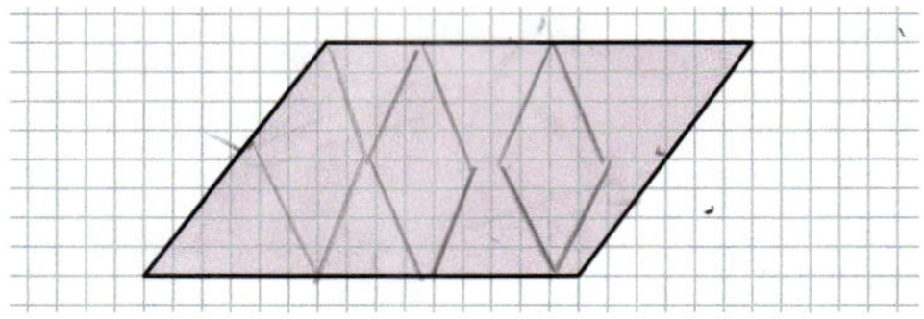

6 Zeichne das Würfelnetz mit 4 cm langen Quadratseiten. Die farbige Fläche ist die Grundfläche.
Trage die roten Diagonalen ein.

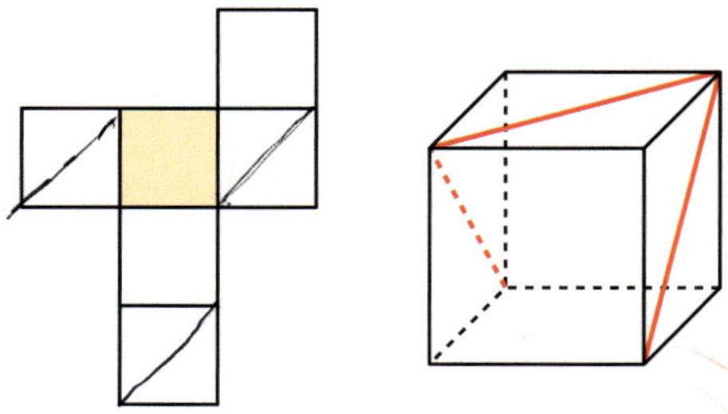

7 Beim Zusammenfalten von Würfelnetzen vereinigen sich bestimmte Ecken zum selben Würfeleckpunkt (siehe Abbildung auf dem Rand). Bezeichne die Eckpunkte im Netz. Als Beispiel ist ein „B“ schon dreimal eingetragen.

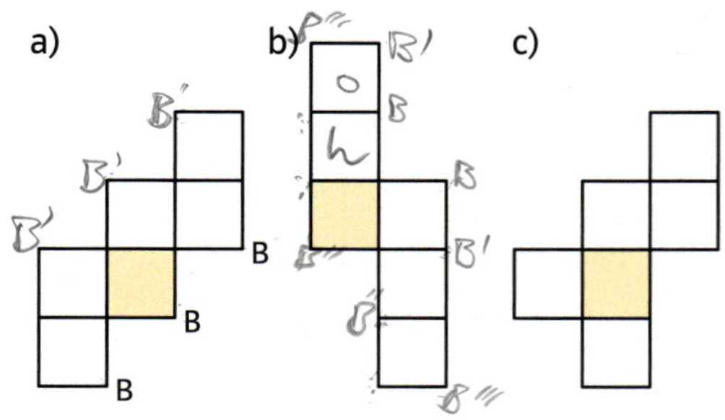

8 Drei Quader haben die Kantenlängen
6 cm; 5 cm; 3 cm;
7 cm; 5 cm; 3 cm;
13 cm; 5 cm; 4 cm.
a) Wie lassen sie sich zu einem einzigen Quader zusammensetzen?
b) Zeichne den großen Quader mit seinen drei Teilquadern im Schrägbild.

9 In das Würfelgerüst ist ein Körper eingebaut. Seine Eckpunkte sind die Mittelpunkte der Würfelkanten.
Beschreibe den Körper. Versuche ihn nachzuzeichnen. Dabei ist es günstig, die Würfelkanten erst mit Bleistift vollständig zu zeichnen und ihre verdeckten Teile am Schluss wegzuradieren.

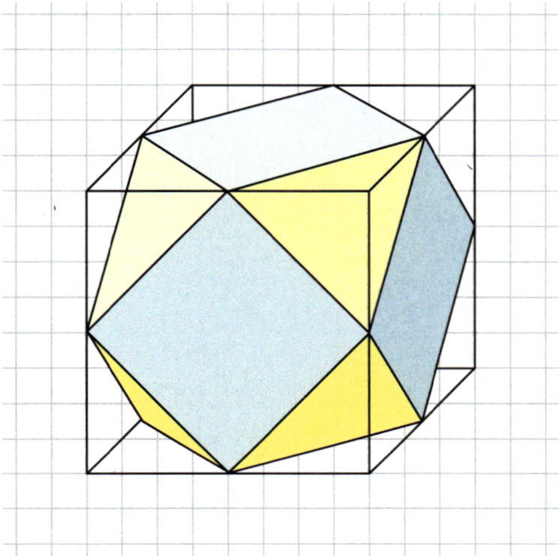

10 Wenn man das Kantenbild eines Quaders schön zeichnen will, ist es gut, die hinten liegenden Kanten zu unterbrechen. Wenn man das falsch macht, bekommt man eine andere Art von Schrägbild oder sogar unmögliche Quader. Zeichne diese Quader, übe auch mit freier Hand.

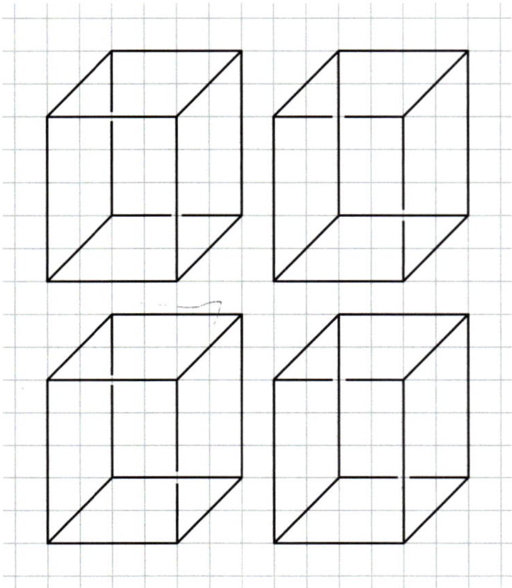

11 Aus welchen Quadern ist der große Quader zusammengesetzt?

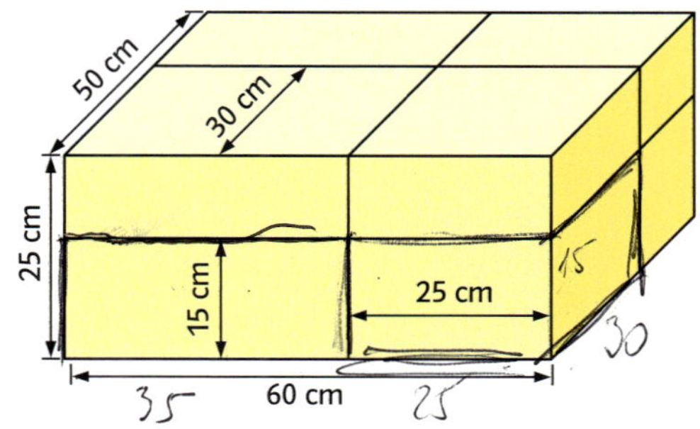

12 Wie wird der Körper aussehen, der dieses Netz hat? Zeichne, schneide aus und falte.

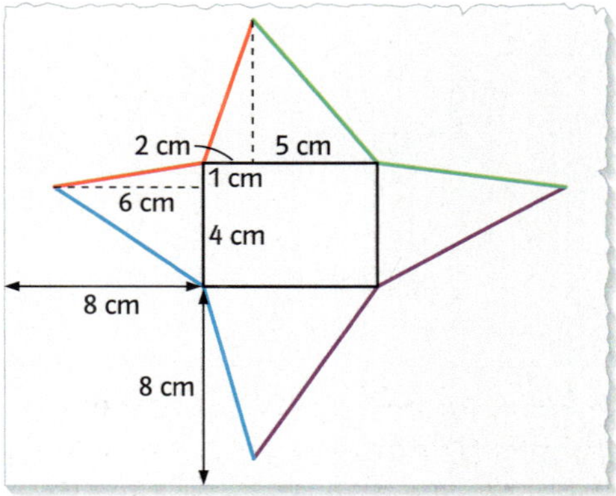

13 Stelle zwei Quadratpyramiden her.
Die Grundkanten und Mantelkanten sollen 8 cm lang sein.
Klebe die Grundflächen zusammen.
Beschreibe den Körper.

14 Über welchem Fenster hängt die Fahne heraus? Aus welchem Fenster des Turms kommt die Fledermaus?
Schau sie genau an.

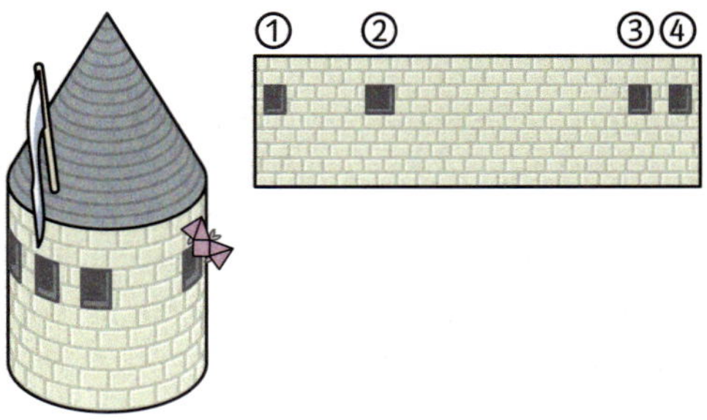

15 Zeichne …
- das Viereck mit den Eckpunkten A(2|14), B(14|2), C(14|10), D(10|14).
- die Mittelpunkte E, F, G, H der Seiten $\overline{AB}$, $\overline{BC}$, $\overline{CD}$, $\overline{DA}$.
- das Viereck mit den Eckpunkten E, F, G, H.
- die Mittelpunkte I, J, K, L der Seiten $\overline{EF}$, $\overline{FG}$, $\overline{GH}$, $\overline{HE}$.
- das Viereck mit den Eckpunkten I, J, K, L.

Welche Art von Vierecken erkennst du?

16 Wie sehen die Würfelhäuser von hinten, von links, von rechts aus?
Zeichne die Schrägbilder der anderen Ansichten.

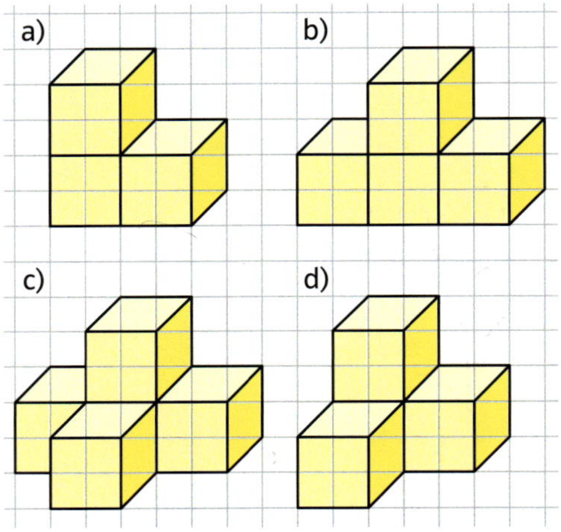

17 Wie viele verschiedene Körper zeigen die sechs Schrägbilder?

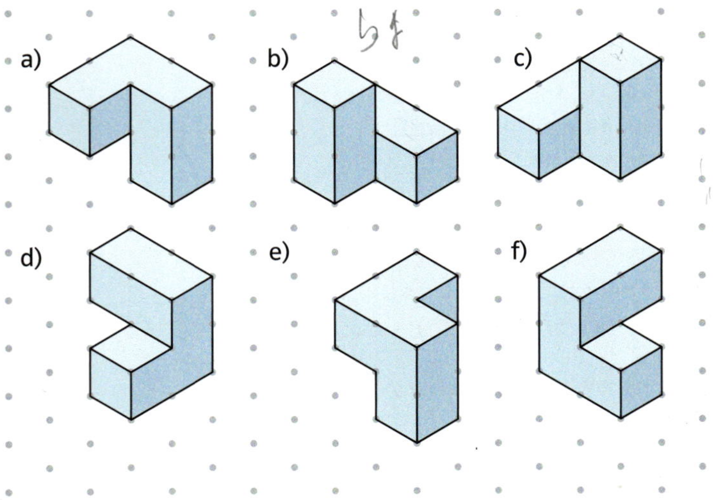

Vierecke auf dem Nagelbrett

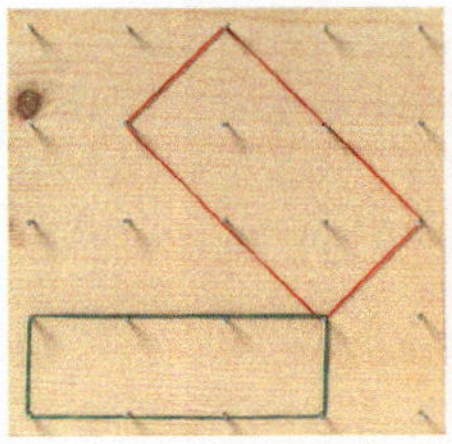
Zwei Rechtecke ohne Überlappung

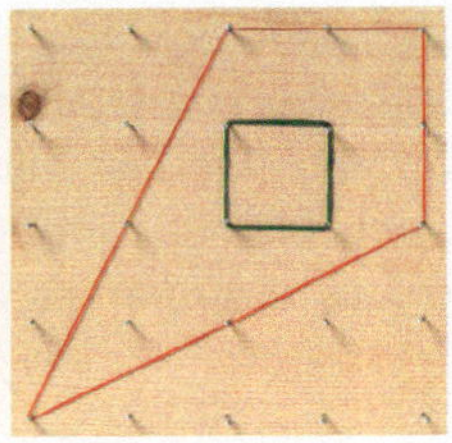
Quadrat im Drachen

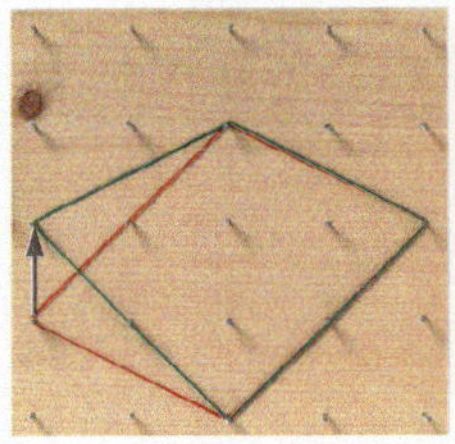
Parallelogramm → Drachen

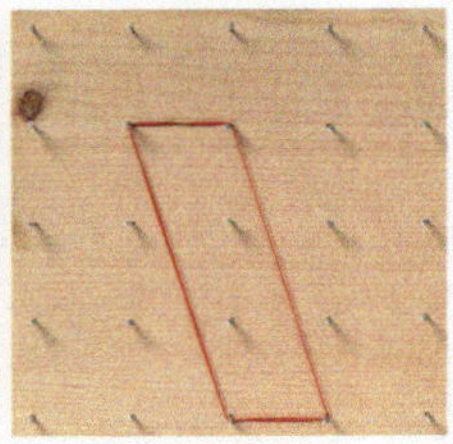
Parallelogramm mit zwei Nägeln innen

- Versuche es jetzt selbst:
  - Drei verschieden geformte Rhomben
  - Acht Quadrate unterschiedlicher Größe
  - Drachen, Rhombus und Rechteck ohne Überlappung
  - Drachen, Rhombus, symmetrisches Trapez und Quadrat ohne Überlappung
  - Parallelogramm → Rechteck
  - Parallelogramm in einem Parallelogramm
  - Quadrat → Drachen → Rhombus → Drachen → Quadrat
  - Symmetrisches Trapez mit drei Nägeln innen
  - Quadrat → Drachen → Parallelogramm → symmetrisches Trapez
  - Drachen im symmetrischen Trapez
  - Ein möglichst großes Parallelogramm ohne Nagel innen

- Erfinde auch selbst solche Aufgaben und stelle sie deiner Partnerin oder deinem Partner.

Rückspiegel

Rückspiegel

1 Zeichne das Rechteck ABCD mit den Eckpunkten A(3|8), B(13|2), C(16|7).
Gib den x-Wert und den y-Wert des Eckpunkts D an.

2 a) Zeichne das Parallelogramm ABCD mit den Eckpunkten A(5|7), B(16|3), C(20|6).
Welchen x-Wert und y-Wert hat D?
b) Zeichne das Parallelogramm ABCD mit den Eckpunkten A(5|7), B(20|6), C(16|3).
Welchen x-Wert und y-Wert hat D?

3 Zeichne den Drachen ABCD mit den Eckpunkten A(6|7), B(11|2), C(20|7).
Die Symmetrieachse soll die Verbindungsgerade von A und C sein.

4 „Ein Rhombus ist zugleich ein Parallelogramm und ein Drachen."
Stimmt das? Begründe.

5 Zeichne die Kreisfigur und färbe sie.

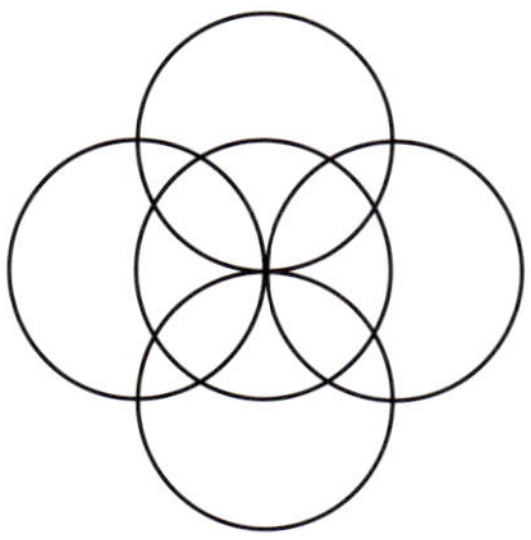

6 Übertrage das Netz ins Heft.
Auf welche Fläche des Würfelnetzes gehört die Augenzahl „5"?
Trage auch die übrigen Augenzahlen auf die entsprechenden Flächen ein.

7 Zeichne einen Quader mit den Kantenlängen 8 cm; 4 cm; 3 cm im Schrägbild in zwei verschiedenen Lagen.

1 Zeichne ein Rechteck mit den Seitenlängen 8 cm und 5 cm, ohne das Quadratgitter zu benutzen.

2 a) Zeichne die Parallelogramme ABCD, von denen drei Eckpunkte gegeben sind:
A(6|6), B(13|5), C(18|10)
A(6|6), B(18|10), C(13|5)
A(18|10), B(6|6), C(13|5).
Ist ein besonderes Parallelogramm dabei?
b) Zeichne die drei Parallelogramme in einer einzigen Figur.

3 Zeichne das symmetrische Trapez ABCD mit A(2|2), B(18|6), C(12|13).
Die Symmetrieachse soll auf der Seite $\overline{AB}$ senkrecht stehen.

4 „Ein Rechteck ist zugleich ein symmetrisches Trapez und ein Drachen."
Stimmt das? Begründe.

5 Zeichne den Kreis um M durch P.
Gib jeweils Radius und Durchmesser an.
M(10|8); P(5|8)   M(18|16); P(18|7)

6 Aus dem Netz wird ein Würfel gefaltet.
a) Welche Seiten des Netzes liegen dann am Würfel links oben?
b) Was wird aus den blauen Linien?

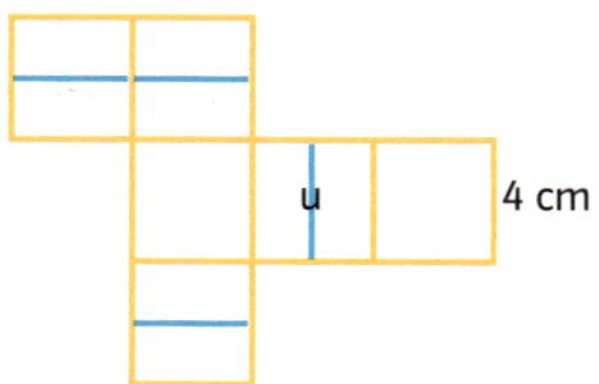

7 Vier Quader haben die Kantenlängen
12 cm; 6 cm; 5 cm,   12 cm; 5 cm; 2 cm,
9 cm; 8 cm; 4 cm,   8 cm; 4 cm; 3 cm.
Wie kann man sie zu einem großen Quader zusammensetzen?
Zeichne den Quader mit den Teilquadern im Schrägbild.

Pakete, Gebühren, Kosten

Ständig stößt man im Alltag auf Situationen, die man durch mathematisches Überlegen klären muss.
- Wie hoch ist die Paketgebühr?
- Wie lange dauert der Transport?
- Wie hoch sind die Benzinkosten?

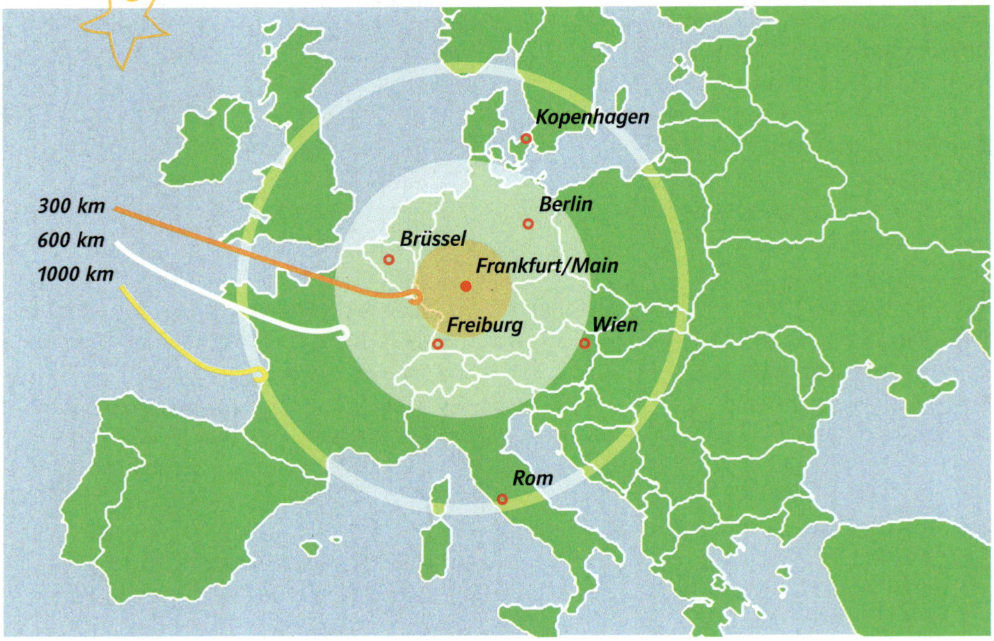

Paketgebühren innerhalb Europas

Zustellung ab Deutschland	1. Zone	2. Zone	3. Zone
bis 5 kg	18,75 €	47,25 €	77,00 €
über 5 kg bis 6 kg	19,00 €	49,00 €	80,00 €
über 6 kg bis 7 kg	19,50 €	51,50 €	86,00 €
über 7 kg bis 8 kg	20,00 €	54,00 €	92,00 €
über 8 kg bis 9 kg	20,50 €	56,50 €	97,00 €
über 9 kg bis 10 kg	21,00 €	59,00 €	102,00 €
über 10 kg bis 12 kg	22,50 €	62,75 €	107,00 €
über 12 kg bis 14 kg	25,00 €	67,75 €	112,00 €
über 14 kg bis 16 kg	27,50 €	72,75 €	117,00 €
über 16 kg bis 18 kg	30,00 €	77,75 €	122,00 €
über 18 kg bis 20 kg	32,50 €	82,75 €	127,00 €

1. Zone: 300 km Luftlinie
2. Zone: 600 km Luftlinie
3. Zone: 1000 km Luftlinie
4. Zone: über 1000 km; 18,00 € je kg

Paketgebühren

Der Paketdienst liefert von Frankfurt/Main aus Pakete innerhalb Europas bis 10:30 Uhr des folgenden Tages beim Empfänger an.
Gib die Zustellgebühr an
- von einem Paket zu 11 kg von Frankfurt/Main nach Berlin
- von einem Paket zu 15 kg von Frankfurt/Main nach Freiburg
- von zwei Paketen zu 16,1 kg von Frankfurt/Main nach Kopenhagen.

Stellt euch gegenseitig ähnliche Aufgaben.
Lohnt es sich, ein schweres Paket in leichtere aufzuteilen?

Zeit und Treibstoff

Berechne die Transportzeit und die Treibstoffkosten (zum derzeit gültigen Literpreis) des „Traffix“ auf der Fahrt von
- Frankfurt/Main nach Brüssel
- Frankfurt/Main nach Wien
- Frankfurt/Main nach Rom.

Berechne eigene Beispiele.

Schnelltransporter „Traffix“
Höchstgeschwindigkeit: 180 km/h
durchschnittl. Transportgeschwindigkeit: 70 km/h
zulässiges Ladegewicht: 2,8 t
Verbrauch (Diesel): 9 l/100 km

In diesem Kapitel lernst du,

- was man unter einer Größe versteht,
- wie sich Größen aus Maßzahl und Maßeinheit zusammensetzen,
- wie man Größen in verschiedene Einheiten umrechnet,
- wie man mit Größen wie Geld, Zeit, Masse und Länge rechnet,
- wie man mit Maßstabsangaben umgeht,
- wie man Sachaufgaben löst.

1 Geld

→ Mit wenig Berechnung bekommst du heraus, dass 12 € zum Bezahlen ausreichen. Wie kannst du dich vergewissern?
→ Reichen aber auch 10 €?
→ Kannst du zusätzlich noch 6 Chipstüten zum Preis von je 1,49 € kaufen, wenn du mit einem 20-Euro-Schein bezahlst?
→ Welche Banknoten und Münzen sind dir bekannt?

Kennst du Länder in Mitteleuropa mit anderen Währungen?

Die Werte von Waren lassen sich durch Geldbeträge angeben und vergleichen. Seit dem 1. Januar 2002 gilt in den Ländern der Europäischen Währungsunion die Währung Euro.

In allen Ländern der Europäischen Währungsunion werden als Einheiten für **Geld** benutzt:
Euro (abgekürzt **€** bzw. **EUR**)
Cent (abgekürzt **ct**)

Für die Umwandlung gilt: 1 € = 100 Cent.

5,60 €
5 € 60 ct
560 ct

Beispiele

a) Wenn der Preis einer Ware mit 5,60 € ausgezeichnet ist, heißt dies, dass man 5 € und 60 ct dafür bezahlen muss.
b) Geldbeträge addiert man, indem man die einzelnen Beträge so untereinander schreibt, dass stets Komma unter Komma steht. Dann wird spaltenweise addiert.
c) Kleinere Beträge kann man auch addieren, indem man sie in Cent-Beträge umwandelt.

```
    3,25 €
+  11,99 €
+   8,85 €
   1 2 1
---------
   24,09 €

   0,81 € =  81 ct
+  1,45 € = 145 ct
   1          1
---------------------
   2,26 € = 226 ct
```

Aufgaben

1 Schreibe in € und ct.

a)	776 ct	b)	9,36 €	c)	999 ct
	984 ct		8,04 €		9,09 €
	1570 ct		10,01 €		990 ct
	3807 ct		12,12 €		9,90 €

2 Schreibe in Cent.

a)	5 €	b)	2 € 18 ct	c)	3,48 €
	8 €		16 € 38 ct		10,26 €
	15 €		70 € 12 ct		0,51 €
	245 €		20 € 2 ct		0,01 €

3 Schreibe mit Komma.

a)	b)	c)
870 ct	5 € 36 ct	99 ct
1435 ct	12 € 75 ct	9 ct
709 ct	10 € 2 ct	50 ct

4 Wandle zuerst in Cent um.
a) 0,99 € + 1,25 € + 2,89 €
b) 3,89 € + 0,05 € + 1,49 €
c) 1,79 € + 2,55 € + 0,76 € + 3,19 €

5 Berechne, indem du mit Komma untereinander schreibst.
a) 5,36 € + 12,32 € + 9,18 €
b) 202,58 € + 58 € 22 ct
c) 99,99 € + 999 ct + 9 € 9 ct

Überschlagsrechnungen

Beim Einkaufen ist es oft wichtig, dass man mit gerundeten Zahlen schnell die ungefähre Summe berechnen kann.
Eine Rechnung mit **gerundeten Zahlen** heißt **Überschlagsrechnung**.
Man rundet dabei so, dass man leicht im Kopf rechnen kann.
Beispiel:

Überschlag:
2 € + 0,50 € + 1 € + 1 € + 0,50 € = 5 €

- Überschlage auf volle Euro.
a) 2,98 € + 3,14 € + 7,08 €
b) 0,89 € + 1,73 € + 2,28 €
c) 6,13 € + 6,99 € + 1,03 €
d) 29,34 € + 12,14 € + 11,98 €

- Mehr oder weniger als 100 €?
a) 27 € + 45 € + 38 €
b) 56 € + 5 € + 17 € + 28 €
c) 16 € + 20 € + 24 € + 18 € + 12 €

- Reicht das Geld?
a) 10 €: 4,17 € + 3,69 € + 1,19 €
b) 20 €: 8,59 € + 6,99 € + 6,19 €

6 Tim richtet sich sein Aquarium neu ein. Mit seiner Mutter kauft er bei ZOO-Raabe ein. Überschlage zuerst.

7 Paul soll beim Bäcker fünf Brötchen, ein Stück für 35 Cent, und ein Brot für 3,20 € holen. Er bezahlt mit 5 €.

8 a) Susanne hat 4 Hefte zu je 0,70 € und 3 Bleistifte zu je 0,85 € gekauft. Sie bezahlt mit einem 20-Euro-Schein.
b) Matthias kauft ein Buch für 6,80 € und 6 Postkarten zu je 0,65 €. Er bezahlt mit zwei 5-Euro-Scheinen und einem 2-Euro-Stück.

9 Stelle den Geldbetrag mit möglichst wenig Scheinen und Münzen zusammen.

a)	b)	c)
3,25 €	426 €	12 € 52 ct
17,68 €	2650 €	1011 € 19 ct
112,30 €	600,04 €	998,50 €

10 Geldbeträge kann man auf viele Arten mit Scheinen und Münzen bezahlen. Gib einige Arten an.
a) 9,33 € b) 17,82 € c) 26,45 €

11 Ein Wechselgeldautomat in einem Parkhaus wechselt Geldscheine auf Wunsch in Münzen zu 50 ct, 1 € und 2 € um.
a) Peter lässt einen 20-Euro-Schein in 11 Münzen umwechseln. Welche Münzen hat er erhalten?
b) Sabine lässt sich einen 10-Euro-Schein in 5 Münzen umwechseln.
c) Denke dir selbst Münzkombinationen für 5-€- und 50-€-Scheine.

An der Rückseite von Euro-Münzen erkennst du das Herkunftsland.

Erkennst du diese Länder? Hast du vielleicht noch eine andere Münze?

2 Zeit

→ Was weißt du über die einzelnen Uhren?

Bei der Zeitmessung unterscheidet man zwischen **Zeitpunkten** und **Zeitspannen**.
Nach einem **Zeitpunkt** fragt man mit **wann** oder **um wie viel Uhr**.
Nach einer **Zeitspanne**, die zwischen zwei Zeitpunkten liegt, fragt man mit **wie lange**.
Die wichtigsten Zeiteinheiten sind **Jahr (a), Tag (d), Stunde (h), Minute (min) und Sekunde (s)**.

Die Abkürzung h kommt vom lateinischen „hora" (englisch: „hour"), die Abkürzung d kommt vom lateinischen „dies" (englisch: „day"), die Abkürzung a kommt vom lateinischen „annus".

365 **d** = 1 **a**
24 **h** = 1 **d**
60 **min** = 1 **h**
60 **s** = 1 **min**
Ausnahme: Ein Schaltjahr hat 366 Tage. Der 29. Februar heißt Schalttag.

Beispiele

a) Umwandeln von Zeitspannen in eine andere Einheit
5 min 36 s = 5 · 60 s + 36 s = 336 s   444 min = 7 · 60 min + 24 min = 7 h 24 min

b) Startet man zu einer zweistündigen Fahrt mit 15 Minuten Pause um 14:55, so kommt man um 17:10 Uhr an.

14:55 —*+ 2 h*→ 16:55 —*+ 15 min*→ 17:10

c) Zwischen 13:07 Uhr und 14:55 Uhr liegt die Zeitspanne 1 h 48 min.

13:07 —*+ 53 min*→ 14:00 —*+ 55 min*→ 14:55
53 min + 55 min = 108 min = 1 h 48 min

d) Der Zug fährt um 13:21 Uhr. Der Weg zum Bahnhof dauert 45 Minuten. Man muss also um 12:36 Uhr das Haus verlassen.

– 45 min
13:21 —*– 21 min*→ 13:00 —*– 24 min*→ 12:36

Aufgaben

1 Ordne zu.

eine Schulstunde	1 s
einmal niesen	1 h
ein Ei weichkochen	45 min
100 km Autobahnfahrt	15 min
Flug rund um die Welt	3 min
1 km Gehen	40 h

2 Wandle um.
a) in **s**: 7 min; 12 min; 20 min; 2 h
b) in **min**: 3 h; 5 h; 9 h; 11 h; 37 h
c) in **h**: 2 d; 5 d; 8 d; 11 d; 49 d
d) in **min**: 240 s; 720 s; 1080 s
e) in **h**: 180 min; 420 min; 660 min
f) in **d**: 48 h; 72 h; 120 h; 2 a

3 Wandle um.
a) in **min**: 300 s; 540 s; 1140 s; 3300 s
b) in **h**: 480 min; 720 min; 1380 min
c) in **d**: 48 h; 72 h; 120 h; 360 h

4 Schreibe in anderen Einheiten.
a) 75 min; 115 s; 310 min; 930 s; 200 s
b) 1 h 20 min; 180 min; 9000 s; 600 min

5 Wie viel fehlt bis zur nächstgrößeren Einheit?
a) 57 min; 38 s; 1 min; 10 s; 59 min
b) 59 min 59 s; 12 min 8 s; 23 min 23 s

6 Berechne die Zeitspanne.
a) von 8:05 Uhr bis 9:30 Uhr
b) von 7:55 Uhr bis 10:35 Uhr
c) von 13:35 Uhr bis 17:10 Uhr
d) von 8:22 Uhr bis 10:07 Uhr
e) von 20:50 Uhr bis 1:25 Uhr

7 Gib den Zeitpunkt an.
a) 15 min nach 13:20 Uhr
b) 38 min vor 22:12 Uhr
c) eine halbe Stunde vor 18:05 Uhr
d) zweieinhalb Stunden nach 16 Uhr
e) viereinhalb Stunden vor 13:15 Uhr
f) zwölf Stunden nach 14:07 Uhr

8 Gib das Ergebnis in der größeren Einheit an.
a) 25 min + 47 min; 18 min + 54 min
b) 23 s + 43 s; 51 s + 56 s
c) 12 h + 13 h; 20 h + 17 h
d) 1 h 30 min + 2 h 40 min; 90 min + 2 h 45 min
e) 3 min 4 s + 6 min 58 s; 1 min 55 s + 2 min 55 s

9 Betrachte die Uhren auf dem Rand.
a) Wie spät ist es bei uns, wenn es in Sydney 10:00 Uhr ist?
b) Wie spät ist es in New York, wie spät in Sydney, wenn es bei uns 12:30 Uhr ist?
c) Warum sollte Angela ihre Brieffreundin in New York nicht um 10 Uhr morgens aus Erfurt anrufen?
d) 2000 wurden die Olympischen Spiele in Sydney ausgetragen. Um 18:00 Uhr begann dort die Eröffnungsfeier.

10 Fabian sieht übers Wochenende fern:

Fr:	16:15 – 17:00	Wunderbare Welt
	17:30 – 18:00	Unter uns
	19:40 – 20:15	GZSZ
Sa:	15:55 – 17:00	Tour de France
	18:45 – 19:40	Inseln Spaniens
	20:15 – 22:30	Wetten dass!
So:	17:10 – 18:05	Sportschau
	18:30 – 19:15	Formel 1

a) Siehst du mehr fern als Fabian?
b) Durchschnittlich sieht der deutsche Zuschauer täglich 205 Minuten fern.
c) Manchmal schaltet Fabian zwischen den Sendungen nicht ab. Um wie viele Minuten erhöht sich die Fernsehzeit?

Erkundige dich, bei welchen Sportereignissen die Zeit in Zehntel-, Hundertstel- oder gar Tausendstelsekunden gemessen wird.

12 min 36 Sekunden 14 Hundertstelsekunden

9,82 s ist um 2 Zehntel- und 3 Hundertstelsekunden kürzer als 10,05 s.

11 Uns begegnen in Kursbüchern und Fahrplänen sehr viele Zeitangaben und andere notwendige Informationen.

Südthüringenbahn

STB 1 Eisenach - Meiningen - Grimmenthal - Eisfeld - Sonneberg

Süd-Thüringen-Bahn ...die Bahn, die uns verbindet

km		Zug	STB 82920 2.	STB 82954 2. Mo-Fr 3	STB 83016 2. Sa, So 4	STB 82922 2. Mo-Fr 1	STB 82924 2.	STB 82956 2. Mo-Fr 3
		von						
0	**Eisenach**		13 15	13 58	14 15	14 15	15 15	15 58
8	Förtha (Eisenach)		13 21	14 04	14 21	14 21	15 21	16 04
13	Marksuhl		13 27	14 09	14 27	14 27	15 27	16 09
17	Ettenhausen		13 30	14 12	14 30	14 30	15 30	16 12
20	Oberrohn		13 34	14 19	14 34	14 34	15 34	16 19
27	Bad Salzungen 573	3 ○	13 40	14 26	14 40	14 40	15 40	16 26
	Bad Salzungen		13 41		14 41	14 41	15 41	
31	Immelborn		13 46		14 46	14 46	15 46	
37	Breitungen (Werra)		13 50		14 50	14 50	15 50	
41	**Wernshausen**	2 ○	13 55		14 55	14 55	15 55	
	Wernshausen 573		13 57		14 57	14 57	15 57	
45	Schwallungen		14 01		15 01	15 01	16 01	
48	Wasungen		14 04		15 04	15 04	16 04	
55	Walldorf (Werra)		14 09		15 09	15 09	16 09	
61	**Meiningen** 570,815	○	14 13		15 13	15 13	16 13	
		nach	Neuhaus a.R.				Neuhaus a.R.	
	Meiningen 569		14 22		15 19	15 19	16 22	
	Grimmenthal	○	14 28		15 25	15 25	16 28	
	Eisfeld	○	15 14		16 14	16 21	17 14	
	Sonneberg (Thür) Hbf	○	16 00				18 00	

a) Wie lange fährt STB 82924 von Eisenach nach Eisfeld?
b) Wie viele Kilometer sind es von Bad Salzungen nach Wernshausen?
c) Welche Bahnen haben den längsten Aufenthalt in Meiningen?
d) Was unterscheidet STB 83016 und STB 82922?
e) Besorgt einen Bus- oder Bahnfahrplan für eine Strecke eurer Region. Stellt für Hin- und Rückfahrten selbst Fragen.

Sydney 22:00

Erfurt 12:00

New York 6:00

zu Aufgabe 9

Annette von Droste-Hülshoff (12.1.1797 – 24.5.1848) Dichterin

Hildegard Knef (28.12.1925 – 1.2.2002) Schauspielerin und Schriftstellerin

Esther von Kirchbach (26.5.1894 – 19.2.1946) Publizistin und Dichterin

12 Die Briefmarken zeigen einige berühmte Frauen. Wie alt sind sie geworden?

13 Gib dein heutiges Alter in verschiedenen Zeiteinheiten an.

14 Gib das Alter in Jahren an. Überschlage zuerst.
a) Julia ist 1000 Wochen alt.
b) Sascha ist 10 000 Tage alt.
c) Silvia ist 1 000 000 000 Sekunden alt.

15 a) Kevin ist am 2. Mai 1994 und Anja am 17. November 1994 geboren. Wie viele Tage ist Kevin älter als Anja?
b) Angelika ist am 13.12.1993 und Stefan am 17.5.1994 geboren. Wie viele Tage ist Stefan jünger als Angelika?

16 Sara, Mareen, Tim und Ali beschreiben ihr Alter etwas ungewöhnlich:
Wer ist am ältesten, wer ist am jüngsten?

Ali: „Ich bin 1 Jahr, 120 Monate und 90 Tage alt."

Mareen: „Ich bin 138 Monate alt."

Sara: „Ich bin in 8 Jahren 19 Jahre alt."

Tim: „Ich bin 4350 Tage alt."

17 Wie viele Tage sind es noch bis zum Jahresende
a) vom 8. Dezember?
b) vom 2. Oktober?
c) vom 7. Juli?
d) vom 19. Mai?

18 Hier sind die Namen einiger Jugendbuchautoren mit ihren Lebensdaten aufgelistet.

Enid Blyton	1896–1968
Erich Kästner	1899–1974
Astrid Lindgren	1907–2002
Jack London	1876–1916
R. L. Stine	geb. 1943
Joanne K. Rowling	geb. 1965

a) In welcher Reihenfolge wurden die Autoren geboren?
b) Ordne die Autoren nach dem Alter mithilfe eines Diagramms.

19 Beim Eishockey beträgt die reine Spielzeit eines Drittels 20 Minuten. Die Pausen dauern jeweils 10 Minuten.
a) Wann endet ein Spiel, das um 19:30 Uhr begann und bei dem es insgesamt 34 Minuten Spielunterbrechung gab?
b) Wann wurde ein Spiel angepfiffen, das mit insgesamt 41 Minuten Spielunterbrechung um 21:17 Uhr abgepfiffen wurde?

20 Aus der Zeitung vom 31.12.1999:

Postkarte kommt 234 Monate verspätet an

a) Wie viele Jahre war die Karte unterwegs?
b) Wie alt war der heute 43-jährige Absender, als er die Karte abgeschickt hat?
c) Berechne den Monat und das Jahr, in dem die Karte geschrieben wurde.

Systematisches Probieren

Susannes Mutter ist dreimal so alt wie sie selbst. Zusammen sind sie 48.

Solche Aufgaben kann man durch systematisches Probieren lösen:

Alter von Susanne	10	20	15	12
Alter der Mutter	30	60	45	36
Alter von beiden	40	80	60	48

- Lucas ist 12 Jahre alt. Wäre er zwei Jahre älter, so wäre er doppelt so alt wie Florian.

- Vor drei Jahren war der Vater viermal so alt wie sein Sohn heute ist. Nach 19 Jahren ist der Vater gerade doppelt so alt wie sein Sohn.

- Manja sagt zu Kerstin: „In drei Jahren wirst du gerade doppelt so alt sein wie ich." Darauf Kerstin: „Vor fünf Jahren war ich sogar sechsmal so alt wie du!"

21 a) Wie viel Stunden und Minuten Unterricht hast du insgesamt in einer Woche?

Mo	Di	Mi	Do	Fr
D	M	D	Rel	EWG
Rel	E	E	Bk	Mu
M	Mu	NWA	E	
Sp	D			

b) Wie lange dauern bei deinen Unterrichtszeiten alle Pausen zusammen?

c) Wie lange brauchst du für deinen Schulweg?

d) Wie lange bist du insgesamt von zu Hause weg?

e) Kannst du die Ergebnisse auf das ganze Schuljahr hochrechnen?

f) Stelle selbst weitere Aufgaben.

22 Auf Kalenderblättern ist häufig der Sonnenaufgang und der Sonnenuntergang angegeben.

Datum	16.1	27.2.	3.4.	22.5.	10.7.	29.8.	10.10.
SA	8:20	7:12	5:54	4:22	4:17	5:30	6:37
SU	16:45	17:59	18:58	20:16	20:37	19:15	17:40

a) Vergleiche und ordne.

b) Zeichne ein Säulendiagramm.

c) Wann sind Tag und Nacht gleich lang?

23 Nathalie verdient 9,65 € pro Arbeitsstunde.

a) Wie viel verdient sie in der Woche bei einem achtstündigen Arbeitstag?

b) Nach der Lohnerhöhung bekommt sie 408 € in der Woche.

24 Im Parkhaus „Innenstadt" gelten folgende Gebühren.

- für die erste Stunde 2,– €
- bis zu 5 Stunden für jede weitere angefangene halbe Stunde 1,– €
- über 5 Stunden für jede weitere angefangene halbe Stunde 1,50 €
- Tageshöchstgebühr 15,– €

Stelle eine Kostentabelle für verschieden lange Parkzeiten auf.

Kalender

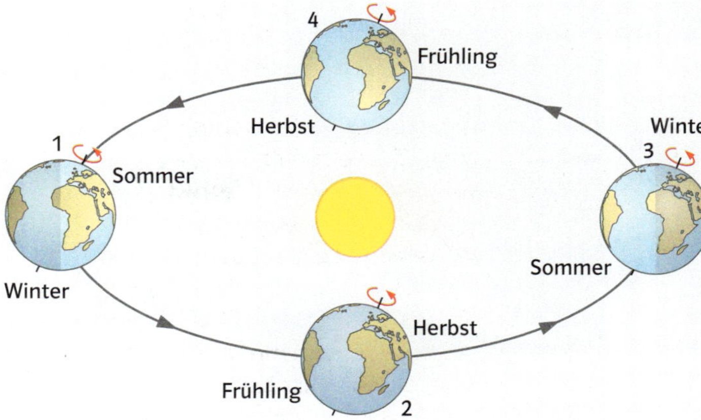

- Erkläre mit dem Bild, wodurch der Wechsel von Tag und Nacht entsteht.
- Kannst du auch die Entstehung der Jahreszeiten erklären?
- Wann sind die Nächte lang, wann sind sie kurz?
- Wann sind Tag und Nacht gleich lang?

Julius Cäsar ließ den Vorläufer des heute gültigen Kalenders aufstellen. Ein Jahr hatte 365 Tage, jedes vierte Jahr einen Schalttag.

- Mit welcher durchschnittlichen Jahreslänge rechnete Cäsar? Bestimme den Unterschied zur genauen Dauer eines Jahres: 365 d 5 h 48 min 46 s.

Die letzte Veränderung am Kalender wurde von Papst Gregor XIII. durchgeführt.
Er ließ den 29. Februar in den Schaltjahren ausfallen, deren Jahreszahl sich durch 100, aber nicht durch 400 teilen lässt. Mit den vorherigen Informationen kannst du dies erklären.

- In welchem der Jahre 1600, 1700, 1800, 1900 und 2000 gab es den 29. Februar?

Um die seit etwa 1600 Jahren aufgelaufenen Abweichungen des julianischen Kalenders wieder auszugleichen ließ Papst Gregor XIII. zehn Tage ausfallen.
Auf den 4. Oktober 1582 folgte sofort der 15. Oktober 1582.

3 Masse

Sechs Nilpferde wiegen so viel wie fünf Elefanten.
180 Elefanten wiegen so viel wie drei Blauwale.

→ Müssen das so viele Wale und Elefanten sein?

→ Wiegen vier Strauße und eine Meeresschildkröte schon so viel wie ein Walross?

→ Ein Nilpferd wiegt so viel wie ???

→ Suche noch mehr Sätze über schwere Tiere.

Die **Masse** wird in der Grundeinheit **Gramm (g)** angegeben. Als weitere Einheiten verwendet man **Milligramm (mg)**, **Kilogramm (kg)** und **Tonne (t)**.
Im täglichen Sprachgebrauch wird oft Gewicht gesagt.

„milli" bedeutet „durch 1000"
1 mg = 1 g : 1000

„kilo" bedeutet „1000-mal"
1 kg = 1 g · 1000

1000 **kg** = 1 **t**
1000 **g** = 1 **kg**
1000 **mg** = 1 **g**

Die Umrechnungszahl für Masseeinheiten ist die Zahl 1000.

$1\,\text{mg} \xrightarrow{\cdot 1000} 1\,\text{g} \xrightarrow{\cdot 1000} 1\,\text{kg} \xrightarrow{\cdot 1000} 1\,\text{t}$

Bemerkung

Für die Umwandlung von Masseangaben in andere Masseeinheiten oder in die **Kommaschreibweise** eignet sich die Darstellung in einer Tabelle.

t			kg			g			mg		
100	10	1	100	10	1	100	10	1	100	10	1
		3,	7	6	2						
				4	2,	1	8	5			
								7,	0	5	8

3,762 t = 3 t 762 kg = 3762 kg
42,185 kg = 42 kg 185 g = 42 185 g
7,058 g = 7 g 58 mg = 7058 mg

Größen wie 5 kg, 27 €, 4 h usw. bestehen aus einer Maßzahl und einer Maßeinheit:

5 kg → Maßzahl / Maßeinheit

Beim **Rechnen mit Größen** wandelt man Größen derselben Art so um, dass sie dieselbe Maßeinheit haben. Dann werden die Maßzahlen addiert, subtrahiert, mit einer Zahl multipliziert oder durch eine Zahl dividiert.
Beim Dividieren von zwei Größen erhält man eine Anzahl.

Beispiele

a) 3 kg + 250 g = 3000 g + 250 g = 3250 g = 3,250 kg
b) 2 t − 1350 kg = 2000 kg − 1350 kg = 650 kg
c) 6 Pkw mit jeweils 1275 kg Masse auf einem Transporter: 1275 kg · 6 = 7650 kg = 7 t 650 kg
d) Eine 200-g-Tafel Schokolade in 8 gleiche Teile geteilt: 200 g : 8 = 25 g
e) Ein Transporter mit 7,5 t Tragfähigkeit soll 30 t Stahlmatten verteilen. Dazu muss das Fahrzeug viermal fahren: 30 000 kg : 7500 kg = 4

Aufgaben

1 Welche Maßeinheiten und welche Waagen verwendet man für die Masse folgender Gegenstände?
Buch, Lokomotive, Fußball, Brotlaib, Vogelfeder, Flugzeug, Briefmarke, Apfel, Fahrrad

2 Die Masseangaben wurden durcheinander gebracht.

Meise	4 t	Blauwal	700 kg
Elefant	1 g	Gorilla	10 g
Pferd	180 t	Fliege	300 kg
Katze	30 kg	Hund	6 kg

3 a) Ein Hühnerei wiegt etwa 60 g. Überschlage die Masse von 5 Lagen zu jeweils 25 Eiern.
b) Zehn Büroklammern wiegen etwa 5 g. Wie schwer ist ein Paket mit 10 Tausender-Packungen Büroklammern?

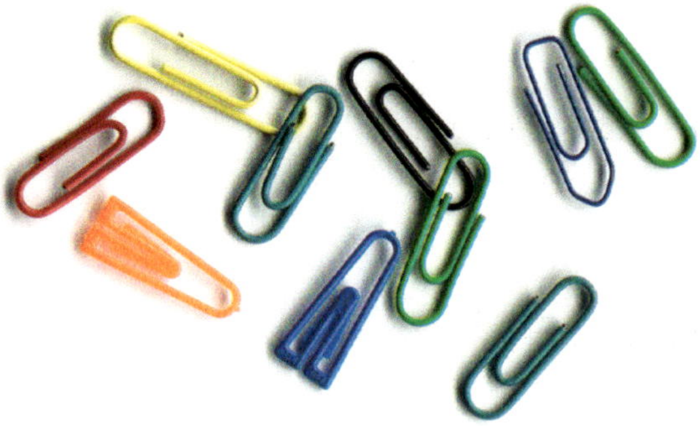

c) Eine 0,75-Liter-Flasche Mineralwasser wiegt etwa 1 kg. Wie viel wiegt ein Kasten mit 12 Flaschen ungefähr?

4 Wandle um.
a) in **g**: 6 kg; 700 mg; 700 kg; 5 kg 625 g; 7 kg 80 g; 3 kg 3g
b) in **kg**: 2 t; 50 000 g; 908 000 g; 8 t 436 kg; 9 t 90 kg; 1t 1 kg
c) in **mg**: 4 g; 40 g; 2 kg; 17 g 425 mg; 65 g 50 mg; 6g 6mg
d) in **t**: 5000 kg; 63 000 kg; 210 000 kg; 22 000 000 g; 3 500 000 g

5 Schreibe in einer kleineren Einheit.
a) 5 t; 8 kg; 7 g; 555 g; 4200 g; 36 000 g
b) 5 kg 800 g; 4 t 940 kg; 170 kg 70 g
c) 8 t 100 kg; 8 t 10 kg; 8 t 1 kg; 8 t 100 g

Schätzen

Schätze die Masse der drei Angler.

Eine ungefähre Vorstellung von einer Anzahl oder einem Maß erhält man durch Schätzen. Dazu braucht man Erfahrung und Vergleichsgrößen.

Von Vergleichsgrößen zu Massen
1 g – zwei Büroklammern
2 g – ein Kolibri
10 g – ein Füller oder ein Esslöffel voll Weizenkörner
100 g – eine Tafel Schokolade oder ein neu geborener Hund
1000 g – eine Packung Zucker oder ein erwachsenes Meerschweinchen

Nenne zehn Gegenstände aus deiner Umgebung, die sich in der Masse möglichst stark unterscheiden und schätze die Masse. Mit welcher Waage könntest du die geschätzten Größen nachprüfen?

Wie viel wiegt …? Übertrage in dein Heft. Schätze zuerst und ordne dann.

Art	geschätzt	tatsächlich
Blauhai		
Blaumeise		
Brieftaube		
Feldmaus		
Hamster		
Igel		
Storch		

Die größte Glocke der Welt wiegt 200 t; sie befindet sich in Moskau.

7 Schreibe mit Komma.

a) in **g**: 7845 mg; 54 638 mg; 111 111 mg; 9045 mg; 14 g 736 mg

b) in **kg**: 4732 g; 3038 g; 8400 g; 1 kg 800 g; 5 kg 78 g; 15 kg 5 g

c) in **t**: 12 800 kg; 99 999 kg; 4 t 707 kg; 9 t 9 kg; 100 t 100 kg

8 Berechne.

a) 1 kg + 1365 g; 3,1 kg + 380 g; 2,5 t + 8 kg; 2,5 kg + 280 g; 1,05 kg + 150 g; 3 kg + 2 t

b) 15 t + 18 kg; 5 t − 495 kg; 3,2 t + 32 kg; 17,8 t − 900 kg; 4,1 kg − 3675 g; 1 kg − 1 mg

9 Berechne. Wandle wenn notwendig vorher in eine andere Einheit um.

a) 5,500 kg · 3
6,875 kg · 6

b) 12,650 kg · 12
24,500 kg · 26

c) 1,750 kg : 5
12,3 kg : 10

d) 1,750 kg : 7
27,189 kg : 9

e) 8 t : 500 kg
5 t : 8

f) 900 kg : 12 kg
100 kg : 500 g

10 Vorsicht! Ein 4,2 t schwerer Lastkraftwagen soll mehrere 140 kg schwere Kisten transportieren. Sein Weg führt über eine Brücke mit zulässiger Höchstlast von 5,5 t.

11 Während des Jahres 1999 verursachten die 81 Mio. Bundesbürger insgesamt 35 478 000 t Hausmüll.

Weitere Einheiten für die Masse sind:

Pfund
1 Pfd = 500 g

Zentner
1 Ztr = 50 kg

Dezitonne
1 dt = 100 kg
= 0,1 t

12 a) Stelle mit den Massestücken des abgebildeten Wägesatzes zusammen:
128 g; 340 g; 498 g; 1768 g; 603 g; 823 g; 1 kg 7 g; 956 g; 2109 g; 1 kg 999 g

b) Der Wägesatz für eine Feinwaage enthält die folgenden Massestücke:
50 g; 20 g; 10 g; 10 g; 5 g; 2 g; 2 g; 1 g; 500 mg; 200 mg; 200 mg; 100 mg; 50 mg; 20 mg; 20 mg; 10 mg.
Stelle damit diese Massen zusammen:
8 g 250 mg; 85 g 140 mg; 101 g; 101 g 90 mg; 4220 mg; 16 340 mg; 100 230 mg; 43 210 mg

13 David (47,5 kg), Svenja (51 kg), Turan (49 kg) und Lisa (48 kg) wollen zu Herrn Leicht (74 kg), der gerade 24 Päckchen Fliesen zu je 5,5 kg Masse transportiert, in den Fahrstuhl steigen. Geht das gut?

14 In den vier Rhein- und Neckarhäfen Baden-Württembergs wurden in einem Jahr folgende Gütermengen umgeschlagen (ein- und ausgeladen):

Heilbronn	5 300 000 t
Karlsruhe	5 500 000 t
Mannheim	7 800 000 t
Stuttgart	2 100 000 t

a) Beschreibe die Größenverhältnisse in Worten.

b) Zeichne ein Diagramm.

15 Wie viel würde ein Lottogewinn von 1 000 000 € wiegen, wenn er in 50-Cent-Münzen (7 g) ausbezahlt würde? Würde der Kofferraum eines Pkw die Last fassen?

16 Vom Verkauf eines halben Pfundes Kaffee der Marke „help" gehen 50 ct direkt an die Landarbeiter in Lateinamerika. Wie viele Packungen Kaffee müssen verkauft werden, bis 100 000 € zusammenkommen? Welche Masse haben die Kaffeepackungen zusammen?

17 Eine Tageszeitung wiegt etwa 150 g und kostet pro Ausgabe 1,50 €. In einem Jahr erscheint die Zeitung an rund 300 Tagen.

a) Welche Masse haben die Zeitungen von einem Jahr?

b) Was kosten sie in diesem Zeitraum?

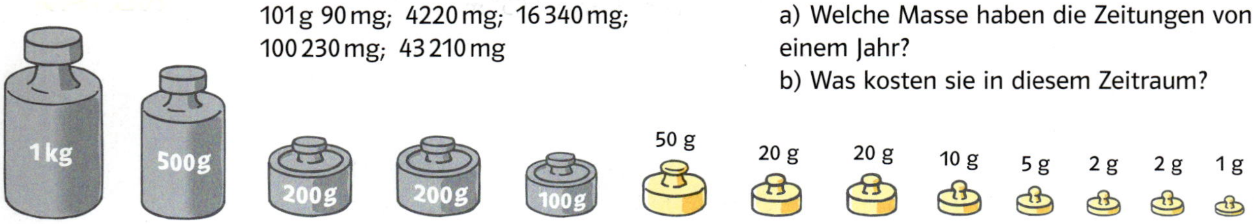

4 Länge

→ Benutze deine Arme, Füße oder Hände zum Messen von beliebigen Längen im Klassenzimmer.
→ Schätze die Länge und Breite deines Klassenzimmers. Überprüfe dein Ergebnis zunächst durch Abschreiten.

1 Klafter
= 4 Ellen
= 6 Fuß
= 8 Spannen
= 24 Handbreiten
= 96 Fingerbreiten

Früher gab es beim Messen von Längen häufig Schwierigkeiten, weil sich die verwendeten Längeneinheiten von Region zu Region unterschieden. Deshalb haben sich viele Länder im Jahre 1799 darauf geeinigt, das **Meter** als 40millionsten Teil des Erdumfangs als Grundmaß zu verwenden. Das damit bestimmte Urmeter aus Metall kann man heute noch in Sèvres bei Paris besichtigen. Heute ist das Meter als Vielfaches einer bestimmten Lichtwellenlänge festgelegt.

1000 **m** = 1 **km**
10 **dm** = 1 **m**
10 **cm** = 1 **dm**
10 **mm** = 1 **cm**
Die Umrechnungszahl für Längeneinheiten ist die Zahl 10. **Vorsicht** bei **km**!

$1\,\text{mm} \xrightarrow{\cdot 10} 1\,\text{cm} \xrightarrow{\cdot 10} 1\,\text{dm} \xrightarrow{\cdot 10} 1\,\text{m} \xrightarrow{\cdot 1000} 1\,\text{km}$

„dezi" bedeutet „durch 10"
1 dm = 1 m : 10

„zenti" bedeutet „durch 100"
1 cm = 1 m : 100

Bemerkung

Entfernungsangaben auf Wegweisern und Verkehrsschildern findest du häufig in **Kommaschreibweise**. Für die Umwandlung von Längenangaben in andere Längeneinheiten oder in die Kommaschreibweise eignet sich die Darstellung in einer Tabelle.

km			m			dm	cm	mm
100	10	1	100	10	1			
		2 ,	5	0	0			
		2 ,	0	5	0			
	2	0 ,	0	5	0			
					4 ,	3	2	

2,500 km = 2 km 500 m oder kurz 2,5 km
2,050 km = 2 km 50 m = 2050 m
20,050 km = 20 km 50 m = 20 050 m
4,32 m = 4 m 32 cm = 43,2 dm = 432 cm = 4320 mm

Beispiele

a) 3200 mm = 320 cm = 32 dm = 3 m 2 dm = 3,2 m
b) 905 cm = 90 dm 5 cm = 9 m 0 dm 5 cm = 9,05 m
c) 12,052 km = 12 km 52 m = 12 052 m
d) 43,2 m = 43 m 2 dm = 432 dm

Wandle in die kleinste Einheit um.

4 dm 8 cm + 15 mm
= 48 cm + 15 mm
= 480 mm + 15 mm
= 495 mm

Aufgaben

1 Schätze und ordne nach der Länge: Ein Pkw, ein Heft, ein Bleistift, ein Bett, ein Lkw, ein Radiergummi.

2 Welche Einheiten sind zum Messen folgender Längen geeignet?
- Dicke eines Buchs
- Größe eines Säuglings
- Weltrekord im Weitsprung
- Beinlänge einer Spinne
- Entfernung der Erde von der Sonne

3 Wandle um.
a) in **mm**: 5 cm; 2 dm; 4 m; 7 cm 8 mm
b) in **cm**: 7 dm; 13 dm; 32 m; 5 m 5 cm
c) in **m**: 3 km; 300 cm; 350 dm; 3 km 5 m

Ergänze Endnullen und achte auf das Komma.
3,5 km + 0,48 km + 1,062 km + 2 km

3,500 km
+ 0,480 km
+ 1,062 km
+ 2,000 km
7,042 km

4 Wandle in die kleinere Einheit um.
a) 5 m 6 cm; 4 dm 8 cm; 57 m 8 dm
b) 5 km 987 m; 6 km 75 m; 2 km 8 m
c) 26 m 8 cm; 400 m 40 cm;

5 Schreibe ohne Komma.
4,25 m = 4 m 25 cm = 4 m 2 dm 5 cm
a) 3,5 cm; 13,24 m; 2,342 km
b) 3,02 m; 5,070 km; 33,004 km
c) 3,04 m; 13,005 m; 45,01 dm

6 Setze das Zeichen >, < oder =.
a) 14 dm 8 cm 2 mm ▢ 1482 mm
b) 6 m 18 dm 1 cm ▢ 6181 cm
c) 2 m 6 dm 2 cm ▢ 26,02 dm
d) 4 km 5 m ▢ 4,05 km

7 Ordne aufsteigend.
a) 4 m 6 dm; 4,06 m; 466 cm
b) 1030 m; 1 km 3 m; 10 km 30 m
c) 0,85 m; 8 dm 50 cm; 85 dm
d) 1,21 dm; 1,12 m; 1 m 2 dm
e) 4 m 44 dm; 40 m 4 dm; 44,44 m

8 Berichtige die Fehler.

5 m 5 cm = 5,5 m
2 km 20 m = 2,20 km
550 mm = 5,5 m
30 m 30 dm 30 mm = 30,303 m
18 cm 18 mm = 18,18 cm
7 km 77 m = 7,077 km
5 dm 5 mm = 0,505 m

9 Erst umwandeln, dann rechnen.
a) 43 dm + 25 cm
72 dm + 75 cm
b) 3 dm + 50 mm
2 m + 35 mm
c) 13 km − 550 m
99 km − 1350 m
d) 16 m − 5 mm
99 m − 99 mm

10 Peter hat die Ergebnisse vom Weitsprung merkwürdig notiert.

Anke	2630 mm	Daniel	0,002 km
Bernd	24 dm 6 cm	Elise	258 cm
Christa	2,62 m	Frank	1 m 16 dm 4 cm

Welche Reihenfolge ergab sich aus den erreichten Weiten?

11 Berechne in der Kommaschreibweise.
a) 12,5 m + 0,38 m
3,02 m + 7,69 m
b) 45,1 m − 34,75 m
108,6 m − 56,88 m
c) 3,4 dm + 79,6 cm
35,7 m + 2,08 km
d) 2,08 m − 6,3 dm
75,1 cm − 0,8 dm

12 Eric und David haben die Länge der Schulwege ihrer Klassenkameraden notiert:

Nadine	5,5 km	Adam	3500 m
Eric	3 km	David	4 km 700 m
Melanie	2700 m	Elena	3 km 50 m

Vergleiche mithilfe eines Diagramms.

13 Ende 2002 waren in Deutschland 44,4 Mio. Pkw zugelassen. Wie lang wäre die Autoschlange, wenn alle Pkw hintereinander ständen? Rechne mit einer durchschnittlichen Autolänge von 4,5 m.
Wie oft würde diese Schlange in Nord-Süd-Richtung durch Deutschland reichen? Reicht sie um den Äquator oder gar bis zum Mond?

14 Berechne. Wandle wenn nötig um.

a) 5,50 m · 4
9,20 m · 8

b) 1,27 m · 4
2,19 m · 7

c) 3,90 m · 15
45,80 m · 21

d) 8,26 m · 17
7,77 m · 77

e) 672 mm : 12
1869 km : 21

f) 325 m : 13
9801 cm : 99

15 Michael notiert sich jeweils am Montag und Freitag den Tachostand am Fahrrad.

Woche	Montag	Freitag
1. Woche	76,45	86,97
2. Woche	86,99	100,56
3. Woche	112,86	123,39
4. Woche	123,39	134,67

Was kann er mit diesen Daten berechnen?

16 Ein Woll-Pullover wiegt 800 g. Der Faden eines 50-g-Knäuels Wolle ist 85 m lang.

a) Wie viel Meter Wolle wurden verbraucht?

b) Ein langer Schal aus der gleichen Wolle wiegt 250 g.

17 Das Licht legt in einer Sekunde etwa 300 000 km zurück.

a) Berechne die Lichtgeschwindigkeit in Kilometern pro Stunde.

b) Die Erdkugel hat am Äquator einen Umfang von 40 000 km. Wie oft könnte das Licht in einer Sekunde diese Strecke zurücklegen?

c) Ein Lichtjahr ist die Strecke, die das Licht in einem Jahr zurücklegt. Gib diese Entfernung in Kilometern an.

Alte Maße

Das Meter ist zwar schon 200 Jahre alt, aber dennoch sind in vielen Bereichen die alten Maße recht beharrlich.

Moderne ICE-Züge fahren auf einer Spurweite von 4 **Fuß** und 8,5 **Zoll** (1435 mm), Piloten fliegen ihre Jets in 10 000 Fuß Höhe, Schiffe fahren in **Knoten** – Seemeilen (1852 m) pro Stunde, Felgendurchmesser beim Fahrrad und beim Auto werden in Zoll angegeben.
Diese Maße waren allerdings selten einheitlich. So schwankte die Länge des Fußes zwischen 25 cm und 35 cm.

Das heute noch gebräuchliche Fuß wurde vor 1000 Jahren von König Edgar festgelegt: „36 der Länge nach aneinander gelegte Gerstenkörner aus der Mitte der Ähre".

1 Fuß oder – englisch – 1 foot beträgt heute 30,48 cm.

Die im Sport häufig anzutreffende Längeneinheit **Yard** wurde von Heinrich I. (1068–1135) als die Länge seines Armes festgelegt – etwa 91 cm.

1 Yard = 3 Feet = 36 Inches.
Inch (engl.): Zoll: 2,54 cm

1 Fuß betrug früher in ...

Baden	30 cm
Bayern	29,2 cm
Dresden	28,3 cm
Rheinland	31,4 cm
Paris	32,5 cm
Düsseldorf	28,74 cm

4 Fuß = 1 m

16 Fuß = 1 Rute

5 Maßstab

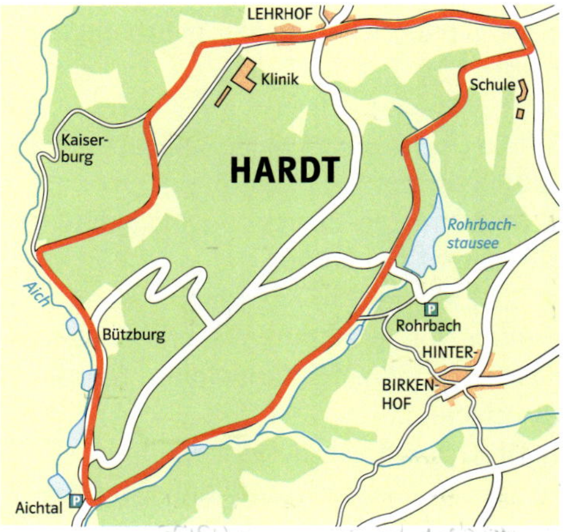

Die Klasse 5a hat den geplanten Ausflug auf einer Karte eingetragen. Unten siehst du den Maßstab der Karte.

→ Wie viele Kilometer ist die geplante Wanderung ungefähr lang?

Maßstab
1 : 25 000

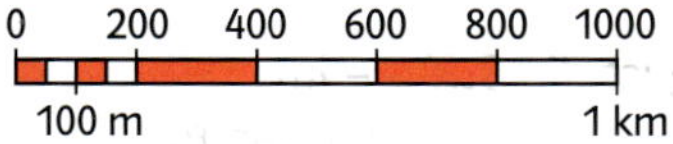

Straßenkarten, Wanderkarten, Lagepläne und Baupläne geben die Wirklichkeit verkleinert wieder. Alle Strecken sind im angegebenen **Maßstab** verkleinert.

Der **Maßstab** gibt an, wievielmal größer als auf der Karte eine Strecke in Wirklichkeit ist. Ein Maßstab 1:20 000 (sprich 1 zu 20 000) bedeutet:
1 cm auf der Karte entspricht 20 000 cm in der Wirklichkeit, also 200 m.

Beispiele

a) Auf einer Wanderkarte mit dem Maßstab 1:20 000 ist ein Straßenstück 15 mm lang.
Es ist also in Wirklichkeit 20 000 · 15 mm = 300 000 mm = 300 m lang.

b) Ein Schulhof ist auf einem Gebäudeplan 3 cm lang, in Wirklichkeit aber 30 m.
Dann hat der Plan den Maßstab 1:1000, denn: 30 m = 3000 cm = 1000 · 3 cm.

c) Bei einem Maßstab von 1:25 000 wird 1 km als 4 cm lange Strecke dargestellt,
denn: 1 km = 100 000 cm und 100 000 cm : 25 000 = 4 cm.

Aufgaben

1 In welchem Maßstab werden die einzelnen Karten und Pläne üblicherweise dargestellt? Ordne richtig zu.
1:200 000; 1:7500; 1:200;
1:60 000 000; 1:12 500 000;
1:25 000; 1:100; 1:3 000 000

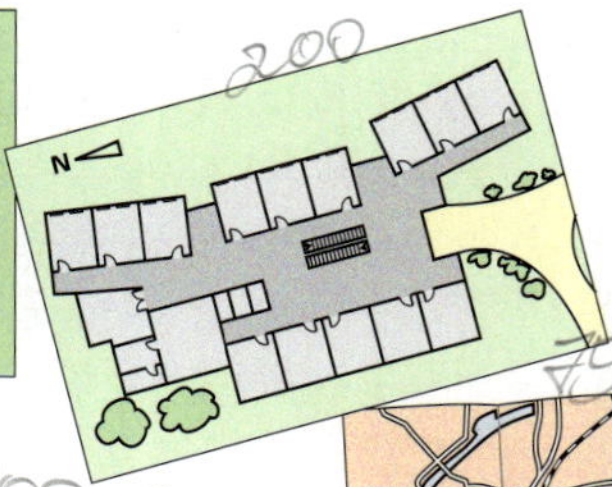

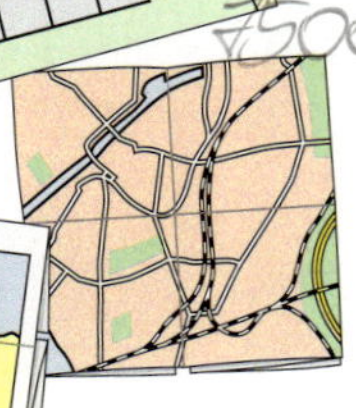

2 Im Maßstab 1:250 000 entspricht 1 cm auf der Karte 250 000 cm = 2,5 km in der Wirklichkeit. Bilde denselben Satz für den Maßstab

a) 1:50 000. b) 1:10 000.
c) 1:5000. d) 1:100 000.
e) 1:200 000. f) 1:1 000 000.

3 Wie lang ist die Strecke im angegebenen Maßstab in Wirklichkeit?
a) 5 cm (1:10 000); 12 cm (1:100 000)
b) 6,3 mm (1:50 000); 9,8 cm (1:150 000)
c) 18 mm (1:25 000); 49 mm (1:75 000)

4 Wie lang ist die Strecke im angegebenen Maßstab auf der Karte?
a) 10 km (1:100 000); 50 m (1:1000)
b) 38 km (1:500 000); 220 km (1:750 000)
c) 5,8 m (1:50); 12,8 km (1:25 000)

5 Wie lang sind die Strecken in der Natur?
a) 1 cm im Maßstab
1:10; 1:50; 1:750; 1:25 000
b) 5 cm im Maßstab
1:100; 1:250; 1:1500; 1:40 000

6 Modelleisenbahnen der Spurweite H0 sind im Maßstab 1:87 verkleinert.

a) Die Spurweite (Breite der Schienen) beträgt in Wirklichkeit 1435 mm. Wie groß ist die Spurweite der Modelleisenbahn?
b) Die abgebildete Dampflok hat in H0 eine Gesamtlänge von 135 mm.
c) Erkundige dich, was die Spurweiten I, 0, T, N, Z bedeuten.

7 Ermittle den zugehörigen Maßstab.

	Zeichnung	Wirklichkeit
a)	5 cm	5 km
b)	12 cm	2400 km
c)	15 mm	45 m

8 Dies ist der Lageplan eines Schulgeländes. Eine Kästchenlänge entspricht 12 m in der Wirklichkeit.

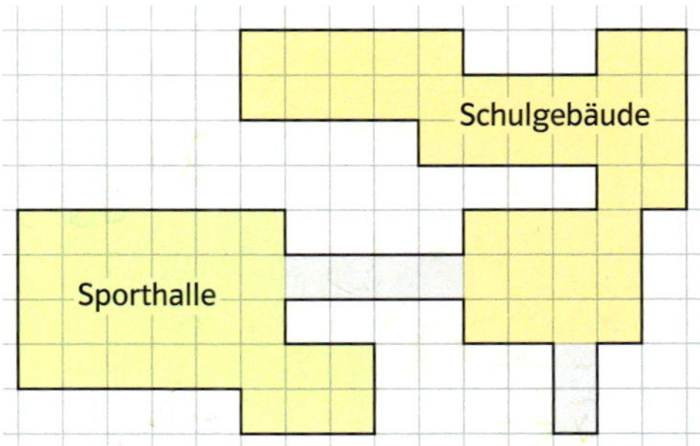

a) Übertrage den Plan in dein Heft.
b) Berechne alle Längen in Wirklichkeit.
c) Welchen Maßstab hat deine Zeichnung?

9 Vom nördlichsten Punkt Deutschlands bis zum südlichsten sind es ungefähr 1100 km. Welchen Maßstab müsstest du wählen, um eine Karte in dein Heft zeichnen zu können?

10 Die Entfernung von Bonn nach Berlin (Luftlinie) beträgt rund 480 km.
Welche Karte hat welchen Maßstab?

1 : 5 000 000	1 : 15 000 000
1 : 10 000 000	1 : 20 000 000
1 : 12 000 000	1 : 25 000 000

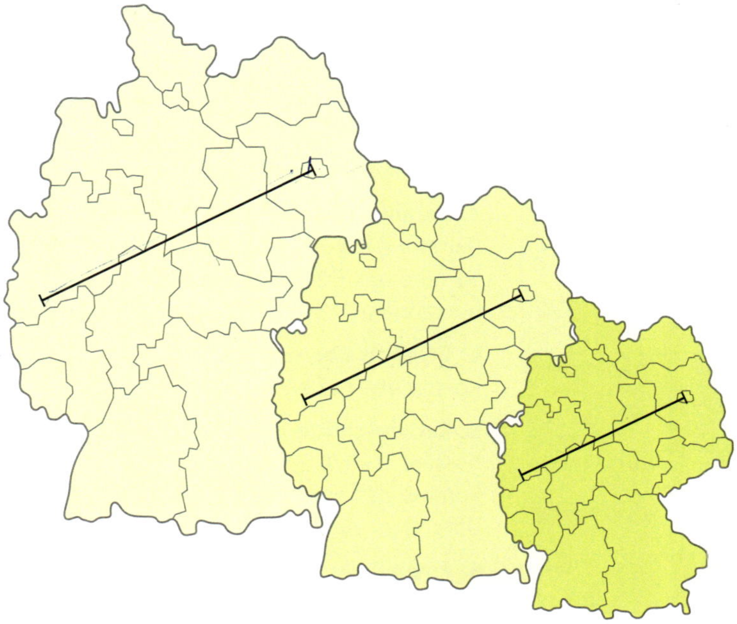

6 Sachaufgaben

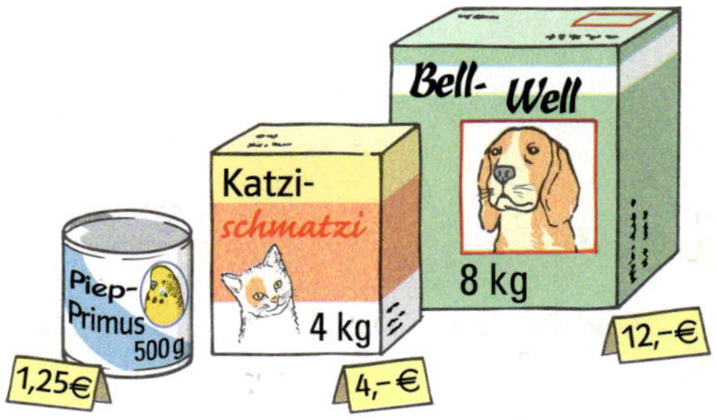

Anna und Patrick wollen die gesamten täglichen Futterkosten für ihren Wellensittich, ihre Katze und ihren Hund berechnen.
Der Vogel frisst täglich 20 g, die Katze 200 g und der Hund 800 g pro Tag.
→ Lege eine Tabelle an, aus der die Kosten für mehrere Tage und auch für mehrere Wochen ablesbar sind.

Im Alltag muss man oft Informationen aus Angeboten entnehmen und über Berechnungen zu Ergebnissen oder Vergleichen kommen. Oft helfen dabei Tabellen. Ganz wichtig ist eine übersichtliche Darstellung und die Reihenfolge der Rechenschritte.

Lösungsplan für Sachaufgaben
1. Lies zunächst die ganze Aufgabe sorgfältig durch.
2. Entnimm Informationen über gegebene und gesuchte Größen.
3. Erstelle einen Plan über die Reihenfolge der Rechenschritte.
4. Schätze das Ergebnis mit einem Überschlag ab.
5. Führe die Rechenschritte durch.
6. Vergleiche Ergebnis und Überschlag und formuliere einen Antwortsatz.

Beispiel

Ferienhäuser in Dänemark

	„Horizont" (max. 4 Pers.)	
	1 Wo	ab 2 Wo pro Wo
Vorsaison	500 €	450 €
Hauptsaison	600 €	550 €
Nachsaison	550 €	500 €
	„Strandzauber" (max. 6 Pers.)	
	1 Wo	ab 2 Wo pro Wo
Vorsaison	720 €	700 €
Hauptsaison	800 €	770 €
Nachsaison	750 €	720 €

1. Text und Tabelle lesen
Familie Fröhlich mietet das Ferienhaus „Strandzauber" während der Hauptsaison für zwei Wochen. Ein Jahr lang haben die Eltern jeden Monat 200 € in die Urlaubskasse gelegt. Jedes der vier Kinder hat 52 € dazuverdient. Die Fahrtkosten betragen rund 220 €. Wie viel Geld bleibt für Verpflegung und Taschengeld übrig?

2. Informationen über gegebene und gesuchte Größen entnehmen
Gegeben: • gespartes Geld der Eltern und der Kinder
• Kosten für die Unterbringung und die Fahrt.
Gesucht: • Höhe des Taschengeldes als Unterschied zwischen Gespartem und Kosten

3. Rechenplan erstellen
Summe der Kosten für die Unterkunft (zweimal 770 €) und die Fahrt (220 €) bilden. Summe des Ersparten aus 12 Monaten (je 200 €) und Verdienst der Kinder (4 · 52 €) berechnen. Abschließend die Differenz aus beiden Zwischenergebnissen ermitteln.

4. Ergebnis überschlagen
Kosten etwa 1700 €; Erspartes etwa 2600 €. Somit bleiben etwa 900 € als Taschengeld.

5. Rechenschritte durchführen
Kosten: 2 · 770 € + 220 € = 1760 € Erspartes: 12 · 200 € = 2400 €; 4 · 52 € = 208 €
Summe des Ersparten: 2400 € + 208 € = 2608 €
Differenz: 2608 € − 1760 € = 848 €

6. Ergebnis
Es bleiben für Verpflegung und Taschengeld noch 848 € übrig.

Aufgaben

1 Zahlen und Angaben aus Tabellen

Typ	Cache	Über-schreiben	Lesen
CD-RW-Brenner extern	2 MB	10 x	32 x
CD-R/CD-RW DVD-Kombi	2 MB	24 x	48 x
interner CD-RW-Brenner	2 MB	24 x	52 x
externer Mini-CD-RW-Brenner	2 MB	10 x	24 x

Handball Bundesliga

Pl.Mannschaft	Sp	S	U	N	Tore
1.TBV Lemgo	29	27	0	2	991:802
2.SG Flensburg-Handewitt	29	24	0	5	923:760
3.SC Magdeburg	29	22	1	6	924:807
4.TuSEM Essen	29	20	3	6	837:769
5.HSG Nordhorn	29	17	1	11	872:837
6.VfL Gummersbach	29	15	3	11	859:817
7.THW Kiel	29	13	4	12	817:783
8.HSV Hamburg	29	13	3	13	765:770
9.SG Wallau/Massenheim	29	11	6	12	847:956
10.TV Großwallstadt	29	9	7	13	741:760
11.HSG D/M Wetzlar	29	10	4	15	720:782
12.FA Göppingen	29	8	5	16	745:792
13.THSV Eisenach	29	10	1	18	762:816
14.HV Wilhelmshaven	29	9	2	18	742:814
15.GWD Minden	29	8	2	19	768:835
16.VfL Pfullingen	29	7	4	18	732:839
17.TuS N-Lübbecke	29	7	2	20	750:838

a) Weißt du, was die Zahlen bedeuten?
b) Erkläre die Tabellen oder frage nach.
c) Suche weitere Tabellen in Zeitungen, Zeitschriften, Katalogen usw.

2 Liste der Weiten beim Schlagballwurf der Klasse 5b:

Mädchen	Jungen
23 m; 17 m; 30 m; 14 m; 15 m; 32 m; 12 m; 21 m; 29 m; 26 m; 22 m	19 m; 20 m; 28 m; 32 m; 23 m; 11 m; 27 m; 12 m; 16 m; 15 m; 21 m; 9 m; 38 m; 39 m; 18 m; 34 m; 40 m

a) Stelle die Ergebnisse übersichtlich dar.
b) Vergleiche die Leistungen. Was kannst du alles daraus folgern?

3 Aus dieser Tabelle kannst du die Entfernung (in km) zwischen fünf großen deutschen Städten entnehmen.

	Berlin	Frankf./M.	Hamburg	München	Stuttgart
Berlin	–	555	294	585	634
Frankfurt/M.	555	–	495	400	217
Hamburg	294	495	–	782	668
München	585	400	782	–	220
Stuttgart	634	217	668	220	–

a) Lies einige Entfernungen ab.
b) Schreibe die für dich interessantesten auf.
c) Welche Stadt lässt sich von allen anderen aus am günstigsten, welche am ungünstigsten erreichen?
d) Stelle eine Route auf, bei der du alle Städte nacheinander anfahren kannst.

4 Die Währung in Dänemark ist die dänische Krone (dkr).
a) Wie viel dkr sind 3 €; 12 €; 8 €; 0,50 €; 1,20 €; 100 €; 153 €?
b) Wie viel Euro bekommt man für 100 dkr; 200 dkr; 1,50 dkr; 58 dkr; 9,30 dkr?

Euro	dkr	dkr	Euro
0,10	0,71	0,10	0,01
1	7,10	1	0,13
2	[illegible]	[illegible]	[illegible]26
5	[illegible]	[illegible]	[illegible]
10	[illegible]	[illegible]	[illegible]

5 Ein 2-Euro-Stück wiegt knapp 10 g.
a) Wie viele Münzen wiegen 50 kg?
b) Was wiegt eine Million Euro in 2-Euro-Stücken?
c) Schätze zuerst und berechne dann, wie schwer deine Schultasche voll gefüllt mit 2-Euro-Münzen wäre.

6 Eine Schachtel enthält 12 Bleistifte, ein Karton 50 Schachteln. Über den Verkauf wird Buch geführt.

Monat	Jan.	Feb.	März	Apr.	Mai	Juni
Kartons	2	3	4	2	3	3
Schachteln	1	2	0	18	1	2
Stifte	3	11	5	9	10	9

a) Was sagen dir die Zahlen?
b) Im Juli wurden 2412 Stifte verkauft. Wie könntest du die Liste ergänzen?
c) Im September wurden besonders viele Stifte verkauft. Erfinde eigene Zahlen.

7 Melissa und ihre Freundin Anja wohnen am Stadtrand in der Nähe eines Reiterhofes. Sie erkundigen sich, welche Anschaffungs- und Unterhaltskosten für ein eigenes Pferd auf sie zukämen.

Laufende Kosten (jährlich)	
Versicherung	110,- €
Steuern	95,- €
Reitplakette	30,- €
Hufschmied (pro Beschlag ca. 3-mal im Jahr)	70,- €

Mietstall und Futter	
(jährlich)	1800,- €

Reitkleidung	
Reithose	99,- €
Reitstiefel	102,50 €
Kappe	32,- €
Gerte	19,50 €

a) Wie hoch sind die gesamten laufenden Kosten pro Jahr? Und wie hoch im Monat?
b) Wie hoch sind die reinen Anschaffungskosten für ein Pferd und die zugehörige Reitkleidung?
c) Könnten Melissa und Anja die laufenden Kosten gemeinsam tragen, wenn jede ihr monatliches Taschengeld von 25 € und dazu den elterlichen Zuschuss von 50 € pro Monat einbringen würde?
d) Welcher tägliche und wöchentliche Zeitaufwand für Fütterung und Pflege eines Pferdes wäre von jedem Mädchen zu leisten?
e) Auf dem Reiterhof kann man sich auch für 12,50 € pro Stunde ein Pferd zum Reiten mieten (10 Stunden im Monat 85 €). Wie hoch wären für Anja oder Melissa die monatlichen Kosten, wenn sie 3 Stunden in der Woche ausreiten würden?
f) Vergleiche die Vor- und Nachteile eines Pferdes in eigenem Besitz.

Anschaffungen für das Pferd	
Kaufpreis	mind. 2000,- €
Sattel	mind. 400,- €
Zaumzeug	60,- €
Steigbügel	75,- €
Pflegegerät (Striegel)	65,- €

Zeitlicher Aufwand	
Pflege	1 h täglich
Fütterung	$\frac{1}{2}$ h täglich
Stallreinigung	2 h wöchentlich
Ausführen u. Reiten	6 h wöchentlich

8 Die SV veranstaltet ein Hallenfußballturnier. Es nehmen die Klassen 5a, 5b, 5c, 6a, 6b und 6c teil.
Es soll jede Mannschaft gegen jede spielen. Die Spielzeit beträgt pro Spiel zweimal 5 min. Zwischen den Spielen sind 2 min Pause zum Wechseln.
a) Erstelle einen Zeitplan, wenn das erste Spiel um 14:00 Uhr angepfiffen werden soll.
b) Kann die Spielzeit auf zweimal 7 min verlängert werden, wenn die Halle vier Stunden zur Verfügung steht?

9 Michaela, Simon, Paul und Julia kaufen für ein Klassenfest ein.

Für gemeinsame Ausgaben wurden in den zurückliegenden 20 Schulwochen wöchentlich 25 ct pro Kopf eingesammelt. 28 Schülerinnen und Schüler besuchen die Klasse 5a. Michaela hat für 15 Flaschen Saft je 1,40 € bezahlt. Simon besorgte 8 Tüten Salzgebäck zu je 1,90 €. Paul kaufte 10 Packungen Süßigkeiten zu je 1,70 € und Julia besorgte Material für Spiele und Dekoration für 6,10 € und 8,10 €.
a) Die gesamten Kosten werden aus der Klassenkasse bestritten.
b) Um die Klassenkasse aufzubessern, verkaufen Lisa und Olga selbst gefertigte Glückwunschkarten zu 0,40 € das Stück. Bei Abnahme einer größeren Anzahl ist jeweils die fünfte Karte kostenlos. Für den Verkaufstisch stellen sie eine Preisliste in Tabellenform her.

Zusammenfassung

Größe

Eine Maßzahl zusammen mit einer Maßeinheit nennt man Größe.

7m → Maßzahl: 7, Maßeinheit: m

• Geld

Die Maßeinheiten unseres Geldes sind der Euro (€) und der Cent (ct).
1€ = 100 ct

8,68€
= 8€ 68 ct
= 868 ct

• Zeit

Die gebräuchlichsten Zeiteinheiten sind:

Tage	d	1 d = 24 h
Stunden	h	1 h = 60 min
Minuten	min	1 min = 60 s
Sekunden	s	

3 d = 3 · 24 h = 72 h
320 min = 5 · 60 min + 20 min = 5 h 20 min

• Masse

Die gebräuchlichsten Masseeinheiten sind:

Tonne	t	1 t = 1000 kg
Kilogramm	kg	1 kg = 1000 g
Gramm	g	1 g = 1000 mg
Milligramm	mg	

3,762 t = 3 t 762 kg = 3762 kg
42,185 kg = 42 kg 185 g = 42185 g

t			kg			g		
100	10	1	100	10	1	100	10	1
		3,	7	6	2			
				4	2,	1	8	5

• Länge

Die gebräuchlichsten Längeneinheiten sind:

Kilometer	km	1 km = 1000 m
Meter	m	1 m = 10 dm
Dezimeter	dm	1 dm = 10 cm
Zentimeter	cm	1 cm = 10 mm
Millimeter	mm	

Im Alltag wird bei Längenangaben meist die Kommaschreibweise benutzt.

4,032 km = 4 km 32 m = 4032 m
70,01 m = 70 m 1 cm = 7001 cm

km			m			dm	cm	mm
100	10	1	100	10	1			
		4,	0	3	2			
				7	0,	0	1	

Rechnen mit Größen

Beim Addieren, Subtrahieren und Dividieren von Größen müssen die Maßeinheiten gleich sein.

4 kg + 25 g = 4000 g + 25 g = 4025 g
12 m : 3 m = 4
2€ − 18 ct = 200 ct − 18 ct = 182 ct

Maßstab

Der Maßstab gibt an, wievielmal so groß die wirkliche Strecke gegenüber der Strecke auf der Karte ist.

Maßstab 1 : 100 000
4 cm auf der Karte entsprechen
400 000 cm = 40 000 dm = 4000 m = 4 km
in der Wirklichkeit.

Sachaufgaben

Beim Lösen von Sachaufgaben geht man planmäßig vor.

1. Aufgabe sorgfältig lesen
2. Informationen entnehmen
3. Rechenplan aufstellen
4. Ergebnis abschätzen
5. Rechenschritte durchführen
6. Nach Ergebnisprüfung Antwortsatz formulieren

Üben • Anwenden • Nachdenken

1 Rechne wie im Beispiel.
Beispiel: 4575 kg = 4 t 575 kg
a) 7851 kg; 9466 g; 22 340 kg; 11 976 mg
b) 44 044 g; 2035 kg; 92 006 mg; 100 001 g

2 Wandle um.
a) in **min**: 2 h; 5 h; 24 h; 120 s; 1 h 12 min; 3 h 54 min; 6 h 6 min
b) in **s**: 9 min; 15 min; 60 min; 7 min 45 s; 15 min 15 s; 1 h 5 min
c) in **h**: 180 min; 720 min; 360 min; 75 min; 1 h 45 min; 1 d 1 h

3 Wie viele Minuten fehlen noch bis zur nächsten vollen Stunde?
a) 14:45 Uhr; 1:36 Uhr; 9:54 Uhr; 1:04 Uhr
b) halb zwei; viertel vor drei; 10 nach vier

4 Schreibe in € und ct.
a) 776 ct; 984 ct; 1570 ct; 3807 ct
b) 9,36 €; 8,04 €; 12,12 €
c) 999 ct; 9,09 €; 990 ct; 9,90 €
d) 1818 ct; 8080 ct; 8008 ct

5 Wandle um.
a) in **mm**: 3 cm; 2 dm; 4 m; 5,2 cm; 7,1 dm; 9 cm 3 mm; 5 m 5 mm
b) in **cm**: 8 dm; 20 mm; 2,6 dm; 4,80 m; 3,4 m; 2 dm 5 cm; 1,05 m
c) in **m**: 60 dm; 400 cm; 2 km; 450 dm; 2,8 km; 2,08 km

6 Wandle in die kleinere Einheit um.
a) 5 m 6 cm; 4 dm 8 cm; 57 m 7 cm
b) 8 km 985 m; 6 km 34 m; 13 km 7 m
c) 6 kg 120 g; 1 kg 80 g; 1 t 50 kg
d) 32 g 32 mg; 5 kg 5 g; 80 t 2 kg
e) 3 € 75 ct; 9 € 9 ct; 10 € 1 ct
f) 3 h 15 min; 5 min 38 s; 1 h 6 min
g) 2 d 3 h; 2 h 360 s; 1 d 50 h

7 Schreibe mit Komma.
a) 24 m 25 cm; 3 kg 300 g; 2 € 50 ct
b) 4 km 850 m; 5 t 200 kg; 75 ct
c) 9 € 5 ct; 3 dm 2 cm; 1 kg 25 g
d) 4 kg 3 g; 12 € 1 ct; 8 cm 2 mm
e) 2 m 5 cm; 6 kg 200 mg; 3 km 3 m

8 Wandle wenn notwendig in die kleinere Einheit um und gib das Ergebnis dann wieder in gemischter Schreibweise an.
a) 5 € 78 ct + 25 € 11 ct + 12 €
b) 35 kg + 12 kg 500 g + 13 kg 750 g
c) 3 m + 30 cm + 5 m + 85 cm
d) 40 cm + 13 mm + 2 dm
e) 777 ct + 888 ct + 999 ct
f) 33 kg 50 g − 11 kg 10 g − 10 kg
g) 5 km − 800 m − 1250 m
h) 14 t 900 kg − 750 kg − 10 550 kg
i) 436 € 44 ct − 342 € 79 ct

9 Ein langes Haar wiegt etwa 1 mg.
Ein Mädchen hat ungefähr 120 000 Haare.
Gib die Gesamtmasse in g und in kg an.

10 Ein Aufzug hat eine Tragfähigkeit von 1200 kg oder 16 Personen.
a) Mit welcher Masse pro Person wird hier gerechnet?
b) Wie viele Schüler eurer Klasse könnten mitfahren, wenn der Platz reichen würde?

11 In vier Geschäften wird das gleiche Katzenfutter in Dosen angeboten.

3 Dosen zu 3,81 €	5 Dosen zu 6 €
6 Dosen zu 7,50 €	4 Dosen zu 4,76 €

12 Der kleinste Seefisch ist die Zwerggrundel. Sie wird etwa 9 mm lang.
Der größte ist der Walhai mit einer Länge von 13 m. Wie viele Zwerggrundeln müssen hintereinander schwimmen, um die Länge des Walhais zu erreichen?

13 Berechne die wirkliche Länge.

	Maßstab	Länge in der Zeichnung
a)	1:10 000	25 cm
b)	1:250 000	20 cm
c)	1:500	13 cm
d)	1:87	4 cm

14 Welcher Maßstab wurde verwendet, wenn ein 15 m langes Haus auf der Bauzeichnung eine Länge von 7,5 cm hat?

15 Ortspläne haben häufig den Maßstab 1:15 000.
a) Ortsanfang und Ortsende sind in Ost-West-Richtung auf dem Plan 26 cm von einander entfernt. In Nord-Süd-Richtung sind es 34 cm. Wie groß sind die Entfernungen in Wirklichkeit?
b) Zwei Freunde wohnen in Luftlinie 4,5 km voneinander entfernt. Wie lang ist diese Strecke auf dem Plan?

16 Ein Meter feiner Golddraht, wie man ihn in der Elektronik verwendet, wiegt etwa 1 mg. Ein Hersteller hat einen 25 kg schweren Goldbarren.

17 Wie viel musste für die einzelnen Kleidungsstücke bezahlt werden? (Zettel siehe Rand)
a) Christian strickt sich einen Schal aus Angorawolle. Er benötigt 4 Knäuel.
b) Susanne braucht für einen Pullover 14 Knäuel Baumwolle.
c) Für ihre Jacke benötigt Frau Seiter 21 Knäuel Wolle mit Seide.

18 Veranschauliche die Zahlenangaben und werte sie aus.
Beschreibe in Worten, was dir auffällt.

Stadt	Einwohner 1994 in Tsd.	Einwohner 1999 in Tsd.
Berlin	3472	3400
München	1290	1315
Halle	327	253
Köln	967	1015
Frankfurt/M.	617	645
Leipzig	550	490
Hamburg	1566	1705

19 Jens hat eine Woche lang seine Zeit vor dem Fernsehgerät festgehalten:

Montag	90 Minuten
Dienstag	2 Stunden
Mittwoch	45 Minuten
Donnerstag	2 Stunden
Freitag	140 Minuten
Samstag	$3\frac{1}{2}$ Stunden
Sonntag	2 Stunden

a) Stelle die Angaben übersichtlich dar.
b) Was liest du aus den Angaben heraus?
c) Stelle eine Übersicht deiner eigenen Fernsehzeiten gegenüber.

20 Ein Güterzug besteht aus einer Lokomotive und 36 Wagen. Die Masse der Lokomotive beträgt 100 t, ein Wagen wiegt leer 15 t.
a) Berechne die Gesamtmasse des Zuges.
b) Wie ändert sich die Gesamtmasse, wenn auf jedem Wagen noch 19 t Ladung transportiert werden?
c) Die Lokomotive kann einen 1700 t schweren Zug ziehen.

21 Das Gewürz Safran wird aus einer Krokusart gewonnen, die im Mittelmeerraum angebaut wird.
Ein Tütchen mit 10 mg kostet 49 Cent.
a) Wie viele Tütchen ergeben 1 kg?
b) Was würde ein Kilogramm Safran kosten? Schätze zuerst. Ein Kilogramm Gold hat den Wert von 11 000 Euro.

22 Im Rhein schwimmen täglich als Belastung mit: 40 000 t Kochsalz, 2200 t Öle und Fette, 18 400 t chemische Schadstoffe und 300 t Eisen. Ein Güterwaggon fasst 20 t und ist etwa 15 m lang.
Veranschauliche die Belastung des Rheins.

23 Stelle fest, wie weit deine Wohnung von deiner Schule entfernt ist.
Schätze und versuche dann so genau wie möglich herauszubekommen, welche Strecke du insgesamt während eines Schuljahres auf dem Schulweg zurücklegst.

Sonderangebot!

Baumwolle
1 Knäuel, 50 g 2,80 €

Angorawolle
1 Knäuel, 50 g 7,90 €

Wolle mit Seide
1 Knäuel, 50 g 3,60 €

zu Aufgabe 17

24 a) Welche Informationen erhältst du?

b) Welches Angebot würdest du zum Streichen deines Zimmers auswählen? Begründe.
c) Wie würdest du Kunden beraten, wenn du Fachverkäufer wärst?

25 Die Tabelle zeigt dir wichtige Daten der neun Planeten unseres Sonnensystems.

Planet	mittlere Entfernung zur Sonne in km	Durchmesser in km	Umlaufzeit	Zahl der Monde
Merkur	57 900 000	4878	88 Tage	0
Venus	108 200 000	12 104	225 Tage	0
Erde	149 600 000	12 756	365 Tage und 6 Stunden	1
Mars	227 900 000	6794	1 Jahr und 11 Monate	2
Jupiter	779 000 000	142 796	11 Jahre und 10 Monate	16
Saturn	1 432 000 000	120 000	29 Jahre und 6 Monate	23
Uranus	2 888 000 000	52 900	84 Jahre	5
Neptun	4 509 000 000	48 600	164 Jahre und 11 Monate	3
Pluto	5 966 000 000	2284	248 Jahre und 6 Monate	1

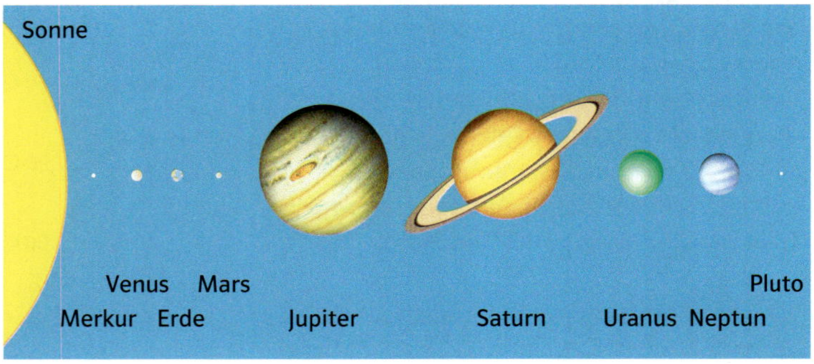

a) Stelle die mittlere Entfernung der Planeten zur Sonne in einem Diagramm dar.
b) Der Jupiter ist mehr als zehnmal so groß wie die Erde und mehr als doppelt so groß wie der Uranus. Stelle mehr solcher Vergleiche an.
c) Beachte die Umlaufzeiten. Was würde es bedeuten, auf einem anderen Planeten zu wohnen? Schreibe eine Fantasiegeschichte.

26 Aus einem undichten Wasserhahn tropfen in einer Minute 50 Tropfen Wasser. 4000 Tropfen ergeben einen Liter.
a) Wie viele Tropfen sind dies an einem Tag, in einer Woche, …?
b) Wie lange dauert es, bis eine Badewanne, die 300 Liter fasst, überläuft? Schätze zuerst.
c) Wie viele tropfende Wasserhähne könnte es in einer Stadt mit 500 000 Einwohnern geben? Wie groß wäre der Wasserverbrauch und was würde er bei einem Preis von 3€ pro 1000 Liter Wasser kosten? Übrigens gehen durchschnittlich 10 % des Trinkwassers durch Rohrschäden verloren!

27 Die Tabelle zeigt die durchschnittliche Körpergröße von Jungen und Mädchen in Abhängigkeit vom Lebensalter.

Alter in Jahren	Mädchen Größe in cm	Jungen Größe in cm
14	158	161
13	154	153
12	149	147
11	142	143
10	138	138
9	133	133
8	128	128
7	122	122
6	116	117
5	109	110
4	102	104
3	95	96
2	87	87
1	75	77

a) Veranschauliche das unterschiedliche Wachstum in einem Diagramm.
b) Vergleiche die Angaben und schreibe einen Bericht, in dem du deine wichtigsten Erkenntnisse schilderst.
c) Folgere, wie groß 15-Jährige sind.

Rückspiegel

1 Wandle in die angegebene Einheit um.
a) 12 € (ct); 8 kg (g); 5 h (min); 15 min (s); 170 cm (dm); 25 m (cm); 3 m (mm)
b) 4 € 2 ct (ct); 5 kg 40 g (g); 6 min 10 s (s); 9 m 9 dm (cm); 9 km 99 m (m)
c) 6,05 € (ct); 29,85 t (kg); 0,75 m (cm); 8,7 dm (cm); 10,03 km (m)

2 Wandle um und berechne.
a) 4 kg 500 g + 12 kg 780 g + 307 kg 99 g
b) 4 h 31 min + 7 h 54 min + 3 h 15 min
c) 12,26 € − 4,38 € + 1,74 €
d) 5 m 3 dm + 2 m 25 cm + 1 m 3 cm

3 In einem Regal stehen 3 Kartons mit jeweils 600 g schweren Dosen. In einem Karton sind 25 Dosen enthalten.

4 Herr Baumann hat Gartenerde bekommen und muss sie mit dem Schubkarren zu den Pflanzbeeten fahren.
a) Wenn er jedesmal 60 kg lädt, muss er 28-mal fahren. Wie viel hat er bekommen?
b) Für eine Fahrt benötigt er ungefähr 9 Minuten. Er beginnt um 14 Uhr mit der Arbeit. Wann ist er fertig?

5 Christinas Zug fährt um 8:07 Uhr.
Für den Weg zum Bahnhof braucht sie 20 Minuten.
Aufstehen, Waschen und Frühstück erledigt sie in 45 Minuten.
Sie will 10 Minuten vor Abfahrt des Zuges am Bahnhof sein.

6 Zeichne ein Balkendiagramm in geeignetem Maßstab und vergleiche die Längen.

Tauern-Tunnel (A)	8,5 km
Simplon-Tunnel (CH)	19,8 km
Arlberg-Tunnel (A)	10,3 km
Gotthard-Tunnel (CH)	15,0 km
Mt. Cenis-Tunnel (F)	13,7 km
Rennsteig-Tunnel (D)	7,9 km
Dai-Shimizu-Tunnel (JP)	22,2 km
Lötschberg-Tunnel (CH)	14,6 km

1 Wandle in die angegebene Einheit um.
a) 65 € (ct); 4,5 kg (g); 2 kg (mg); 8 h (min); 3 km (dm); 63 dm (mm)
b) 7 € 7 ct (ct); 9 kg 5 g (g); 2 h 16 min (s); 8 m 80 cm (dm); 25 km 12 m (dm)
c) 0,09 € (ct); 1,06 kg (g); 5,008 t (kg); 0,01 km (m); 3,07 dm (mm); 0,009 m (mm)

2 Wandle um und berechne.
a) 3 t 40 kg + 11 t 220 kg + 86 t 5 kg
b) 3 h 57 min + 12 h 35 min − 10 h 6 min
c) 0,89 € + 11,59 € − 29 ct − 4,09 €
d) 6,2 m + 15 m 9 dm − 33 dm − 2 m 10 cm

3 Ein Lastwagen mit einer Leermasse von 8200 kg muss auf den Fahrten zur Baustelle eine Brücke überqueren, die 12 t Höchstlast hat.
a) Wie viele Betonröhren mit 150 kg Masse kann er laden?
b) Am nächsten Tag werden 230 kg schwere Röhren gebraucht.

4 Ein Briefträger legt täglich eine Strecke von etwa 8 km zurück. Er trägt seine Post an 275 Tagen im Jahr aus.
a) Er ist seit 20 Jahren im Dienst.
b) Die Erde hat einen Umfang von ungefähr 40 000 km.
c) Eine Schuhbesohlung reicht 2000 km und kostet 12 €.

5 Ergänze die Tabelle.

Beginn	8:23 Uhr	10:12 Uhr	9:13 Uhr
Ende	9:18 Uhr	□	□
Zeitdauer	□	25 min	58 min
Beginn	2:13 Uhr	13:13 Uhr	□
Ende	11:09 Uhr	□	9:11 Uhr
Zeitdauer	□	12 h 20 min	5 h 2 min

6 Stelle die Angaben übersichtlich dar und vergleiche.
Bernd: 1,52 m; 12 Jahre; 46,2 kg
Renate: 1,54 m; 13 Jahre; 43,2 kg
Tim: 12 Jahre; 48,1 kg; 1,51 m
Caroline: 1,48 m; 12 Jahre; 41,8 kg

Zusammengewürfelt

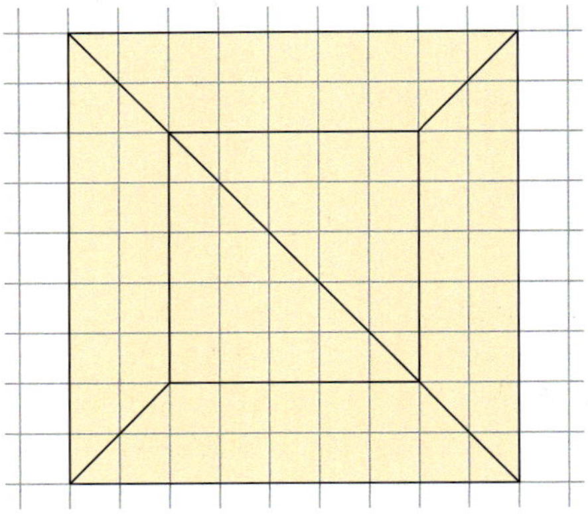

Flächen auslegen

Übertrage das Quadrat auf Pappe und zerschneide es längs der eingezeichneten Linien. Welche Figuren erhältst du?

Versuche mit den Teilfiguren, die du aus dem Quadrat erhalten hast, die beiden unten abgebildeten Figuren auszulegen.

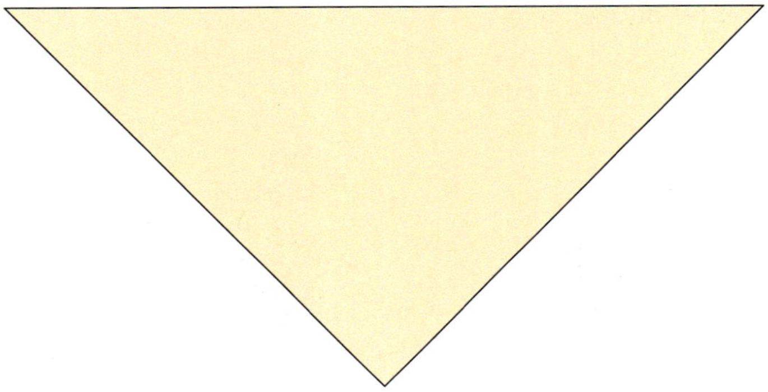

Hast du es geschafft?
Welchen Schluss ziehst du daraus, dass die beiden Flächen mit deinen sechs Flächenteilen auslegen kannst?

Die drei Figuren sind gleich groß, oder?
Lege weitere Paare gleich großer Flächen. Du musst dabei nicht immer alle sechs Flächenteile benutzen. Worauf musst du aber immer achten?

Aus kleinen Würfeln große bauen

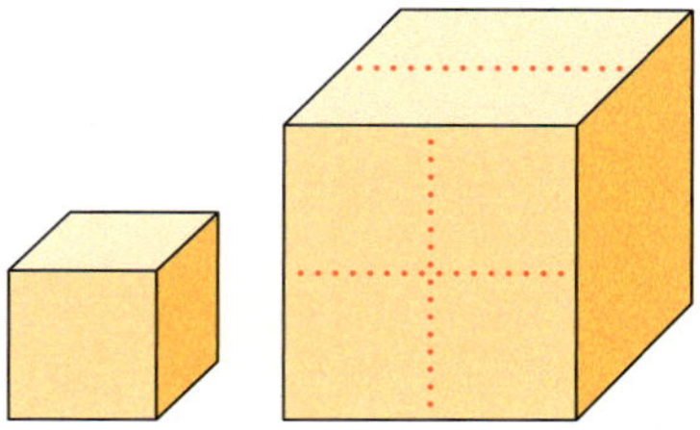

Wie viele kleine Würfel enthält der große Würfel?
Zeichne zwei große Würfel mit den Kantenlängen 3 cm bzw. 4 cm.
Wie viele kleine Würfel füllen die großen Würfel aus?

Übertrage die Tabelle in dein Heft und setze sie fort.

Kantenlänge des großen Würfels	1 cm	2 cm	3 cm	… cm
Anzahl der ausfüllenden Würfel	1	8	…	…

Wie viele kleine Würfel mit der Kantenlänge 1 cm hat ein großer Würfel mit der Kantenlänge 100 cm?
Kann es einen großen Würfel geben, der aus 10 kleinen Würfeln oder aus 216 kleinen Würfeln besteht?

Aus kleinen Würfeln eine Würfelschlange bilden

Die Außenflächen der Würfelschlangen sollen blau gestrichen werden. Wie viele Quadrate müssen bei der Würfelschlange, die aus einem Würfel, zwei, drei, vier … Würfeln besteht, gestrichen werden?

Übertrage die Tabelle in dein Heft und setze sie fort.

Anzahl der Würfel in der Würfelschlange	1	2	3	4	…
Anzahl der zu streichenden Quadrate	6	10	14	…	…

In diesem Kapitel lernst du,

- Flächeninhalte zu vergleichen,
- Rauminhalte zu vergleichen,
- Flächeninhalt und Umfang eines Rechtecks zu berechnen,
- Volumen und Oberfläche eines Quaders zu berechnen,
- mit Einheiten von Flächen und Körpern umzugehen.

1 Flächen vergleichen

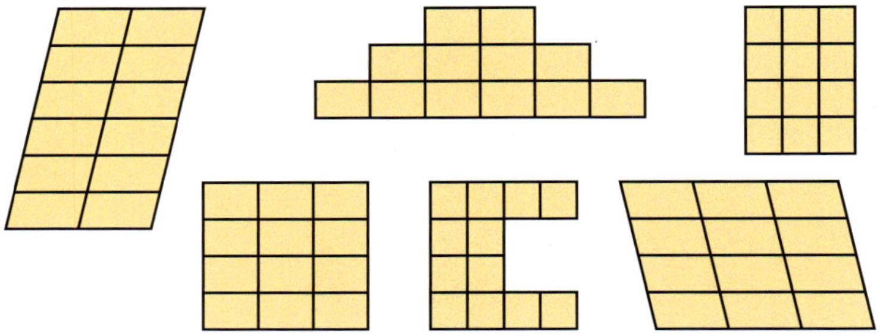

→ Aus wie vielen Teilflächen besteht jede Figur?
→ Welche Figuren sind gleich groß? Begründe.
→ Worauf muss man achten, wenn man die Größe von Flächen miteinander vergleichen möchte?

Um die Flächengröße verschiedener Figuren vergleichen zu können, müssen diese mit Flächenstücken gleicher Größe ausgelegt werden. Im Heft können zum Vergleich die Kästchen zu Hilfe genommen werden.

Zwei Flächen, die mit denselben Flächenstücken ausgelegt werden können, sind gleich groß.
Sie haben den gleichen **Flächeninhalt.**

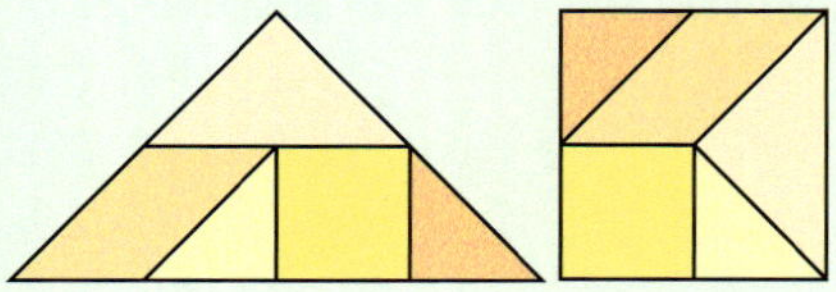

Beispiele

a) Die nebenstehenden Figuren haben alle einen Flächeninhalt von 8 Kästchen. Bei der vierten Figur musst du Dreiecke zu Kästchen zusammensetzen.

b) Die beiden Figuren kann man mit verschiedenen Flächenstücken auslegen, um den Flächeninhalt zu bestimmen. Man benötigt entweder 36 kleine Dreiecke oder 9 große Dreiecke.

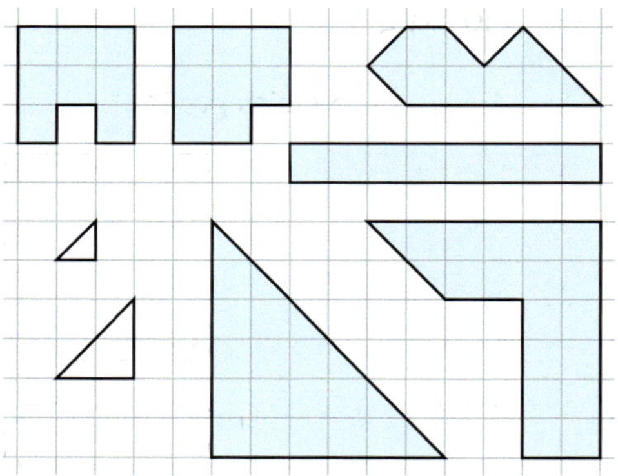

Aufgaben

1 Gib den Flächeninhalt der Figuren in Kästchen an.

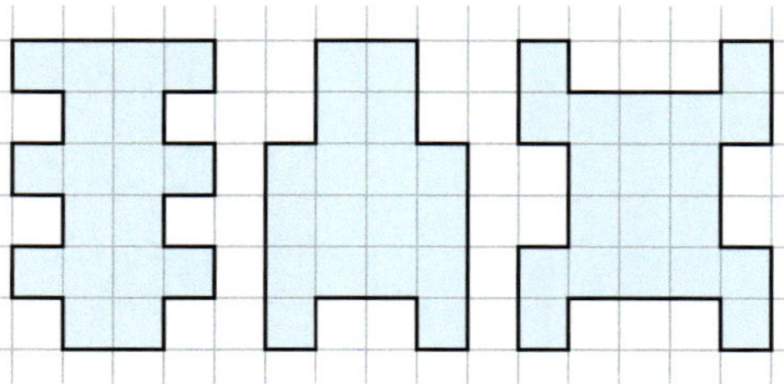

2 Gib den Flächeninhalt der Figuren in der Anzahl halber Kästchen an.

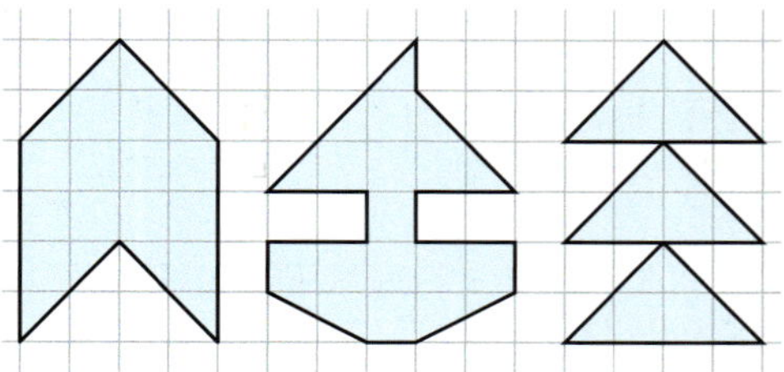

3 Welche Fläche ist größer?

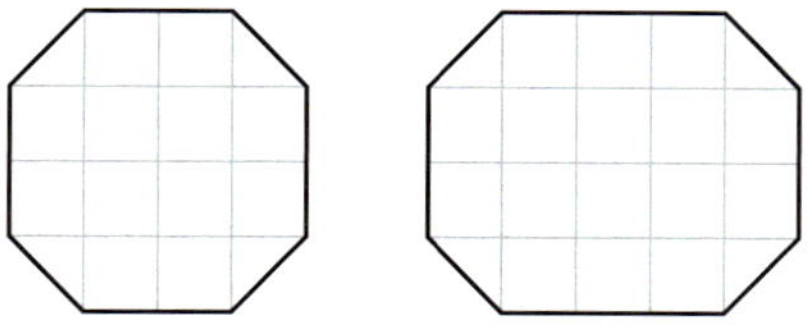

4 Judiths Eltern haben zwei Terrassen. Judith behauptet, dass die beiden Terrassenflächen gleich groß sind. Wie kommt sie darauf?

5 Auf dem Nagelbrett sind verschieden große Flächen umspannt.
Welches ist die größte, welches die kleinste Fläche?
Welche Flächen sind gleich groß?

a) 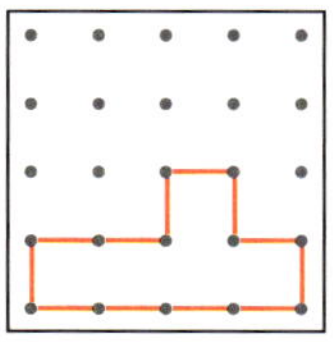

b) 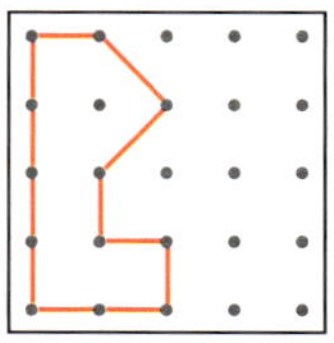

c) 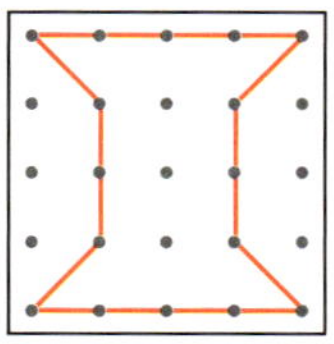

d) 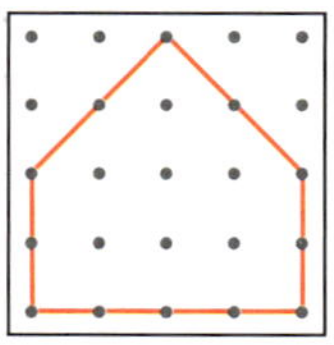

e) 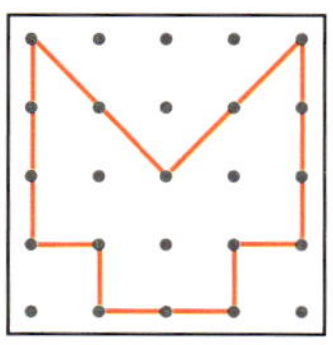

f) 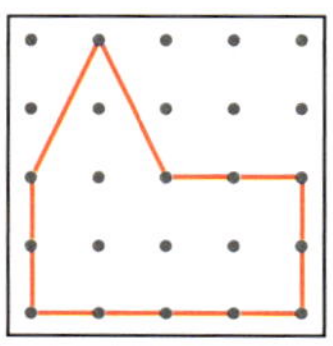

6 Zeichne in dein Heft fünf verschiedene Figuren, deren Flächeninhalt 42 Kästchen groß ist.

7 Gleich groß oder nicht?
Wie erkennst du, dass zwei Figuren den gleichen Flächeninhalt haben? Worauf musst du beim Vergleich achten?

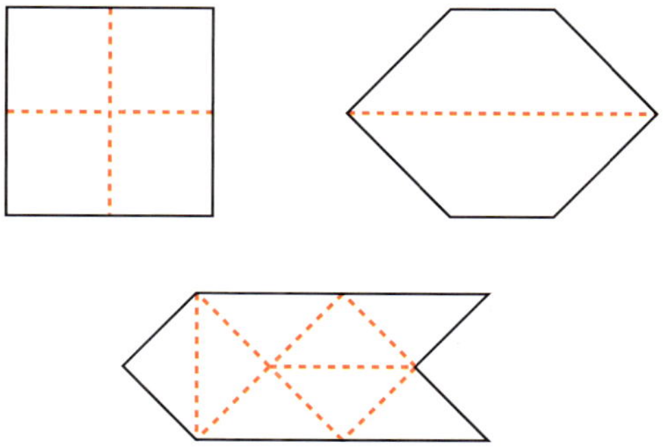

Bestimmung der Flächengröße mit dem Quadratgitter

Nicht immer sind Figuren geradlinig begrenzt. Mithilfe des Quadratgitters kannst du trotzdem die Größen solcher Figuren miteinander vergleichen.

- Sortiere die Gespenster a) bis d) der Größe nach. Schätze erst und zähle dann aus. Beschreibe, wie du vorgehst.
- Welches Gespenst unter e) ist größer, das blaue oder das gelbe?

2 Flächeneinheiten

Marvin und Dörthe möchten gerne wissen, wessen Schule den größeren Schulhof hat. Marvin meint, dass man einfach die Pflastersteine zählen müsse.

→ Was meinst du?

Werden verschiedene Flächenstücke miteinander verglichen, muss mit derselben Flächeneinheit gemessen werden. Üblicherweise werden Quadrate als Flächeneinheit benutzt. Hat das Quadrat z. B. eine Seitenlänge von einem Meter, so hat es einen Flächeninhalt von einem **Quadratmeter** (kurz: $\mathbf{m^2}$).

100 **ha** = 1 **km²**

100 **a** = 1 **ha**

100 $\mathbf{m^2}$ = 1 **a**

100 $\mathbf{dm^2}$ = 1 $\mathbf{m^2}$

100 $\mathbf{cm^2}$ = 1 $\mathbf{dm^2}$

100 $\mathbf{mm^2}$ = 1 $\mathbf{cm^2}$

Quadratmillimeter, Quadratzentimeter, Quadratdezimeter, Quadratmeter, Ar, Hektar, Quadratkilometer

Beim Umrechnen von Flächeneinheiten verwendet man die Zahl 100.

$$1\,\text{mm}^2 \xrightarrow{\cdot\,100} 1\,\text{cm}^2 \xrightarrow{\cdot\,100} 1\,\text{dm}^2 \xrightarrow{\cdot\,100} 1\,\text{m}^2 \xrightarrow{\cdot\,100} 1\,\text{a} \xrightarrow{\cdot\,100} 1\,\text{ha} \xrightarrow{\cdot\,100} 1\,\text{km}^2$$

$1\,\text{mm}^2$ ▪

$1\,\text{cm}^2$

$1\,\text{dm}^2$

Beispiele

$1\,\text{m}^2$

1a

1ha

$1\,\text{km}^2$

Bemerkung

Bei der Umwandlung von Flächenmaßen in andere Flächeneinheiten hilft eine **Tabelle**. Beachte dabei die **Kommaschreibweise**.

km^2		ha		a		m^2		dm^2		cm^2		mm^2		
10	1	10	1	10	1	10	1	10	1	10	1	10	1	
					5,	3	2	1	4					$5{,}3214\,a = 5\,a\ 32\,m^2\ 14\,dm^2$
					5	3	2,	1	4					$532{,}14\,m^2 = 532\,m^2\ 14\,dm^2$
					5	3	2	1	4					$53\,214\,dm^2$

Beim Umwandeln in die nächstkleinere Flächeneinheit wird das Komma um zwei Stellen nach rechts verschoben, beim Umwandeln in die nächstgrößere Flächeneinheit um zwei Stellen nach links.

Komma nach links:
Zahl wird kleiner,
Einheit wird größer.

Komma nach rechts:
Zahl wird größer,
Einheit wird kleiner.

Beispiele

a) Vier Kästchen im Quadratgitter deines Heftes haben den Flächeninhalt $1\,cm^2$.

b) Ein Rechteck mit den Seitenlängen 10 cm und 1 cm hat den Flächeninhalt $10\,cm^2$.

c) Ein Blatt in einem DIN-A4-Heft hat ungefähr einen Flächeninhalt von $6\,dm^2$. Also passen etwa 600 Quadrate mit der Seitenlänge 1 cm hinein.

d) $5\,cm^2 = 5 \cdot 100\,mm^2 = 500\,mm^2$

e) $950\,dm^2 = 9 \cdot 100\,dm^2 + 50\,dm^2$
$= 9\,m^2 + 50\,dm^2 = 9\,m^2\ 50\,dm^2$

f) $6{,}4215\,ha = 642{,}15\,a = 64\,215\,m^2$

g) $29{,}864\,m^2 = 2986{,}4\,dm^2 = 298\,640\,cm^2$

h) $5\,dm^2\ 6\,cm^2\ 12\,mm^2 = 5{,}0612\,dm^2$
$= 506{,}12\,cm^2 = 50\,612\,mm^2$

Aufgaben

1 Welche Flächeneinheit verwendest du am besten, um den Flächeninhalt anzugeben?

a) Kinderzimmer b) Freibad
c) Waldstück d) Schulgelände
e) Foto f) Teppich
g) Plakat h) Briefmarke
i) Erfurt j) Postkarte
k) Heft l) Schaufenster

2 Hier sind einige Maße vertauscht worden. Schreibe die richtigen Angaben in dein Heft.

CD-Hülle	$140\,mm^2$
Bodensee	$750\,m^2$
Golfplatz	$538\,km^2$
Fingernagel	1 a
Klassenzimmer	$6\,dm^2$
Heft	$170\,cm^2$
Baugrundstück	50 ha
Mathebuch	$1080\,m^2$
Turnhalle	$530\,cm^2$

3 Wandle in eine kleinere Einheit um.
a) $4\,m^2$; $1\,cm^2$; 7 ha; 8 a; $6\,dm^2$
b) $46\,km^2$; $32\,dm^2$; $128\,m^2$; 553 a; 92 ha
c) 9,35 a; $42{,}61\,m^2$; 5,467 ha; $7{,}3925\,km^2$

4 Wandle in eine größere Einheit um.
a) $500\,cm^2$; $200\,dm^2$; $800\,mm^2$; $400\,m^2$
b) $6700\,m^2$; $4300\,dm^2$; $64\,000\,dm^2$
c) 80 000 a; 5400 ha; $9\,800\,000\,m^2$

5 Schreibe in einer möglichst großen Einheit ohne Komma.
Beispiel: $60\,000\,cm^2 = 600\,dm^2 = 6\,m^2$
a) $70\,000\,cm^2$; $990\,000\,m^2$; $130\,000\,mm^2$
b) $850\,000\,cm^2$; $10\,050\,000\,m^2$; 230 000 a
c) $430\,000\,dm^2$; $3\,560\,000\,mm^2$; $230\,000\,cm^2$

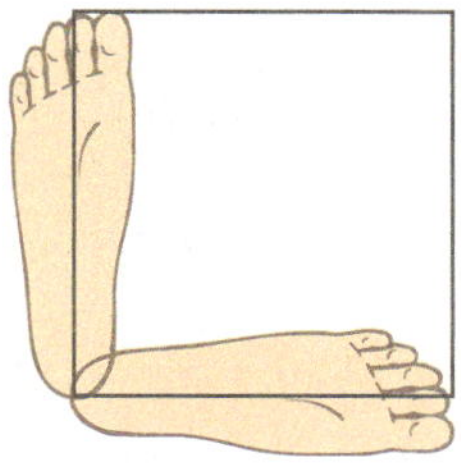

„Ein Quadratfuß" Wie groß ist diese Einheit? Findet ähnliche Maßeinheiten.

6 a) Wie viele Quadrate mit 1 dm Seitenlänge muss jeder von euch mitbringen, damit ihr $1\,m^2$ auslegen könnt?
b) Wie viele Quadrate mit 1 cm Seitenlänge braucht man dafür?

7 Schreibe mit Komma in der größeren der beiden Einheiten.

Beispiel: $4\,m^2\ 25\,dm^2 = 4{,}25\,m^2$

a) $12\,a\ 45\,m^2$; $9\,km^2\ 30\,ha$; $2\,m^2\ 14\,dm^2$
b) $27\,ha\ 12\,a$; $10\,dm^2\ 5\,cm^2$; $8\,cm^2\ 8\,mm^2$
c) $70\,km^2\ 1\,ha$; $200\,a\ 2\,m^2$; $1\,m^2\ 1\,cm^2$

8 Wandle um.
a) in $\mathbf{m^2}$: $12\,a$; $400\,dm^2$; $250\,a$; $9\,ha$; $30\,a\ 40\,m^2$; $1\,ha\ 5\,a$; $12\,ha\ 502\,m^2$
b) in $\mathbf{cm^2}$: $4\,dm^2$; $5\,m^2$; $900\,mm^2$; $5\,dm^2\ 33\,cm^2$; $1034\,dm^2$; $5\,dm^2\ 5\,cm^2$

9 Beachte: Nur gleiche Flächeneinheiten lassen sich addieren bzw. subtrahieren.

Beispiel: $5\,a + 430\,m^2 = 500\,m^2 + 430\,m^2 = 930\,m^2$

a) $34\,cm^2 + 5\,dm^2$; $106\,m^2 + 3\,a$
b) $905\,cm^2 + 7{,}2\,dm^2$; $5418\,a + 61{,}3\,ha$
c) $12\,m^2 - 9\,m^2$; $55\,mm^2 - 17\,mm^2$
d) $8\,m^2 - 56\,dm^2$; $1\,dm^2 - 60\,cm^2$
e) $55\,ha - 2360\,a$; $790\,cm^2 - 840\,mm^2$

10 Berechne.
a) $5 \cdot 14\,m^2$; $8 \cdot 27\,cm^2$; $18 \cdot 11\,ha$
b) $48\,ha : 6$; $90\,m^2 : 3$; $120\,dm^2 : 8$

11 Hier musst du erst umwandeln.
a) $6{,}38\,cm^2 \cdot 15$; $9{,}8\,dm^2 \cdot 16$; $12{,}05\,a \cdot 21$
b) $35{,}42\,ha : 7$; $105{,}4\,a : 5$; $64{,}6\,km^2 : 17$

12 Wie oft passen die Flächen?
a) $30\,a$ in $900\,a$; $5\,m^2$ in $100\,m^2$
b) $12\,dm^2$ in $72\,dm^2$; $15\,mm^2$ in $165\,mm^2$
c) $4\,cm^2$ in $1{,}2\,dm^2$; $13\,dm^2$ in $1{,}56\,m^2$
$120\,cm^2$ 12x $156\,dm^2$

13 Wie viel fehlt noch?
a) bis zu $1\,m^2$: $90\,dm^2$; $200\,cm^2$; $7000\,mm^2$
b) bis zu $1\,ha$: $36\,a$; $1\,a$; $400\,m^2$; $1\,m^2$
c) bis zu $5\,a$: $3\,a$; $2{,}8\,a$; $430\,m^2$; $95\,m^2$

14 In einem Hotel erhalten alle 36 Zimmer einen neuen Teppichboden. Jedes Zimmer ist $14\,m^2$ groß. Ein m^2 Teppichboden kostet 18 €.

15 Das Grundstück der Familie Mayer ist $512\,m^2$ groß.
a) $1\,m^2$ kostet 95 € zuzüglich 23 € pro m^2 Erschließungskosten. Familie Mayer hat 45 000 € zum Kauf des Grundstücks angespart, den Rest finanzieren sie mit einem Bauspardarlehen.
b) Das Haus hat $132\,m^2$ Grundfläche, die Garage $24\,m^2$. Für den Wegebau werden $68\,m^2$ benötigt. Der Rest wird als Garten genutzt.
c) Im Garten der Familie Mayer gibt es ein Gemüsebeet von $38{,}5\,m^2$, ein Kräuterbeet von $12\,m^2$ und zwei Blumenbeete von $14\,m^2$ bzw. $16{,}5\,m^2$. Wie groß ist die verbleibende Rasenfläche?

16 Auf einem Gemeindegrundstück wird ein Neubaugebiet geschaffen. Das Grundstück ist $28\,a\ 24\,m^2$ groß. Für Wege und Grünflächen werden $7\,a\ 79\,m^2$ benötigt. Der Rest soll in gleich große Grundstücke aufgeteilt werden. Eine Verordnung schreibt eine Mindestgröße von $400\,m^2$ pro Grundstück vor. Wie viele gleich große Grundstücke können höchstens gebildet werden? Wie groß sind diese?

Wusstest du … i

… dass die Hautoberfläche eines erwachsenen Menschen ungefähr $2\,m^2$ beträgt?
- Auf einem cm^2 befinden sich durchschnittlich 5000 Nervenzellen.

… dass die menschliche Lunge etwa 100 Millionen Lungenbläschen besitzt und jedes eine Oberfläche von etwa $1\,mm^2$ hat?
- Wie groß ist die gesamte Oberfläche der Lunge?

3 Berechnungen am Rechteck

Der Klassenraum der 5a soll einen neuen Bodenbelag und neue Fußleisten erhalten.
→ Wie bestimmst du den Flächeninhalt für den Bodenbelag und die Länge der benötigten Fußleisten?

Vier Seiten begrenzen das Rechteck.
Werden die Längen der vier Seiten addiert, so erhält man den **Umfang** des Rechtecks.

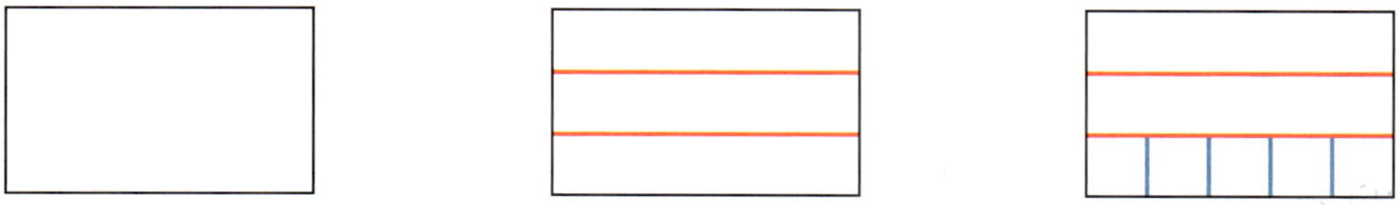

Um den **Flächeninhalt** des Rechtecks zu bestimmen, wird es in gleich große Streifen zerlegt. Jeder Streifen wird durch gleich viele gleich große Quadrate abgedeckt. Der Flächeninhalt in dem Beispiel beträgt 3 · 5 Quadrate = 15 Quadrate. Hat z. B. jedes Quadrat eine Seitenlänge von 1 cm, so beträgt der Flächeninhalt 15 cm².

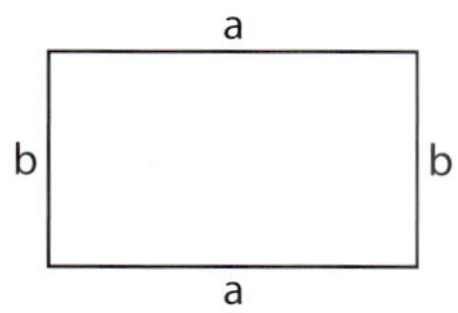

Umfang eines Rechtecks
- Die beiden Seitenlängen werden auf dieselbe Maßeinheit gebracht.
- Die doppelte Länge und die doppelte Breite werden addiert.

Flächeninhalt eines Rechtecks
- Die beiden Seitenlängen werden auf dieselbe Maßeinheit gebracht.
- Die Maßzahlen der beiden Seitenlängen werden multipliziert.
- Die Maßeinheit der Fläche ergibt sich aus der Längeneinheit.

Umfang des Rechtecks gleich doppelte Länge plus doppelte Breite

$u = 2a + 2b$ oder
$u = 2(a + b)$

Flächeninhalt des Rechtecks gleich Länge mal Breite

$A = a \cdot b$

Beispiel

Länge: 3 cm = 30 mm   Breite: 9 mm

Umfang: 2 · 30 mm + 2 · 9 mm = 60 mm + 18 mm
= 78 mm

oder: 2 · 30 mm + 2 · 9 mm = 2 · (30 mm + 9 mm)
= 2 · 39 mm = 78 mm

Flächeninhalt: Maßzahlen multiplizieren: 30 · 9 = 270
Maßeinheit anhängen: 270 mm²

1 a) Miss Länge und Breite einer Seite deines Heftes und berechne Flächeninhalt und Umfang.
b) Miss Länge und Breite einer Seite deines Mathematikbuches und berechne Flächeninhalt und Umfang.
c) Welchen Flächeninhalt hat ein Rechteck, das du erhältst, wenn du alle Seiten deines Mathematikbuches nebeneinander legst?

2 Zeichne die Rechtecke mit den angegebenen Maßen in dein Heft und gib Flächeninhalt und Umfang an.

a) 3 cm; 4 cm b) 4 cm; 6 cm
c) 1 cm; 6 cm d) 2 cm; 12 cm

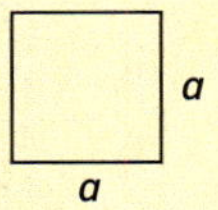

$A = a \cdot a = a^2$
$u = 4 \cdot a$

3 Berechne Flächeninhalt und Umfang des Rechtecks mit folgenden Seitenlängen.

a) 7 cm; 11 cm b) 13 m; 104 m
c) 4 dm; 15 cm d) 8 cm; 25 mm
e) 3 km; 450 m f) 34 mm; 3 dm
g) 4,3 dm; 67 cm h) 10,5 m; 60 cm

4 Bestimme die zweite Seite.

Rechteck	a)	b)	c)	d)
Länge 1. Seite	3 m	5 cm	5 dm	60 m
Flächeninhalt	60 m²	45 m²	5 m²	3 a

5 Wie ändert sich der Flächeninhalt eines Rechtecks, wenn man
a) die Länge verdoppelt, verdreifacht, …?
b) die Breite verdoppelt, verdreifacht, …?
c) Länge und Breite verdoppelt, verdreifacht …?
d) die Länge verdoppelt, die Breite halbiert?

6 Die beiden Seitenlängen eines Rechtecks werden nach und nach um 1 cm verlängert. Bestimme Umfang und Flächeninhalt für die nächsten fünf Rechtecke.
Beginne mit: a) 1 cm; 1 cm
b) 1 cm; 2 cm c) 2 cm; 3 cm
Findest du eine Gesetzmäßigkeit?

Jede Menge Quadrate

Das Quadrat ist ein besonderes Rechteck. Bei ihm sind alle vier Seiten gleich lang. Aus einem kleinen Quadrat kannst du größere zusammensetzen.

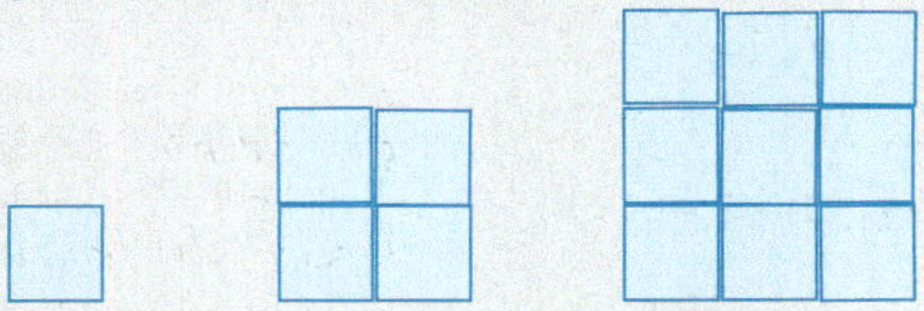

Seitenlänge	1	2	3	…
Flächeninhalt (Anzahl der kleinen Quadrate)	1	4	9	…
Umfang (Anzahl der Seitenlängen eines kleinen Quadrats)	4	8	12	…

■ Setze die Tabelle fort.
■ Wie groß ist der Flächeninhalt des Quadrats mit der Seitenlänge 19? Welchen Umfang hat es?
■ Welche Regelmäßigkeit entdeckst du?

Den Flächeninhalt eines Quadrats erhält man, indem man die Seitenlänge mit sich selbst multipliziert. $A = a \cdot a = a^2$
Den Umfang eines Quadrats erhält man, indem man die Seitenlänge vervierfacht. $u = 4 \cdot a$
Beispiel:
Ein Quadrat hat 6 cm Seitenlänge.
Flächeninhalt: $6 \cdot 6 = 36$, also 36 cm²
Umfang: $4 \cdot 6$ cm = 24 cm

■ Fertige eine Tabelle für den Umfang der Quadratschlange an und setze sie bis zur 21. Schlange fort.

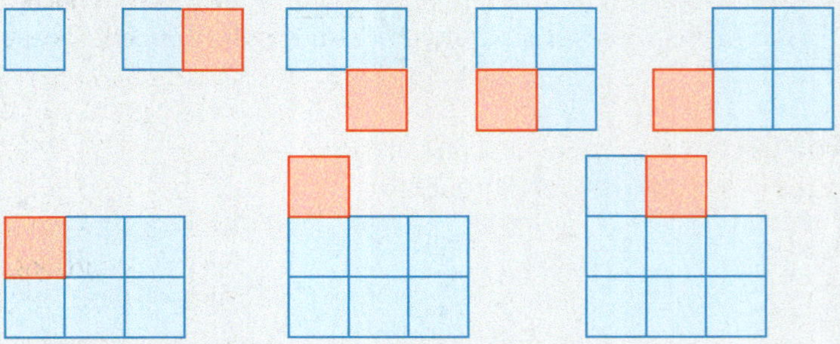

■ Welche Regelmäßigkeit entdeckst du?

7 Berechne Flächeninhalt und Umfang des Quadrats mit folgender Seitenlänge.

a) 12 cm b) 18 dm c) 27 mm

d) 104 m e) 8,5 cm f) 12,3 dm

Berechne den Flächeninhalt des Quadrates mit folgendem Umfang.

g) 16 m h) 20 dm i) 60 cm

8 Finde zwei Rechtecke, bei denen die Maßzahl des Umfangs und des Flächeninhalts gleich groß ist.

9 Zeichne fünf verschiedene Rechtecke, die alle den gleichen Flächeninhalt von 36 cm^2 haben. Bestimme die Umfänge.
Sandro behauptet: „Es gibt einen kleinstmöglichen, jedoch keinen größtmöglichen Umfang."

10 Zeichne fünf verschiedene Rechtecke, die alle den gleichen Umfang von 24 cm haben. Bestimme die Flächeninhalte.
Petra behauptet: „Es gibt einen größtmöglichen, jedoch keinen kleinstmöglichen Flächeninhalt."

11 Ein Fußballfeld muss mindestens 90 m lang und 45 m breit sein. Es darf höchstens 120 m lang und 90 m breit sein. Vergleiche die verschiedenen Möglichkeiten.

12 Familie Jürgens und Familie Maurer besitzen die abgebildeten Grundstücke.

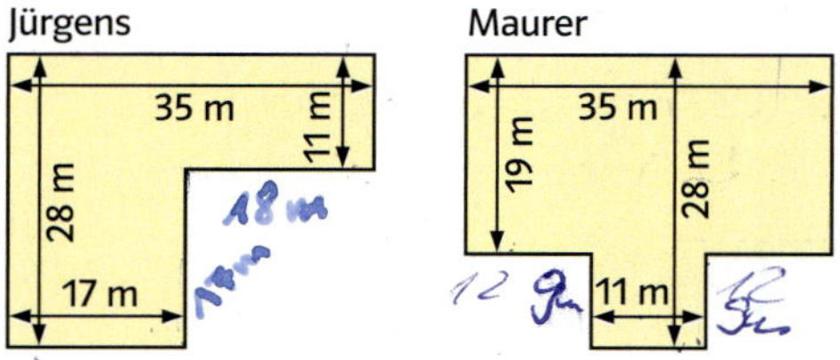

13 Familie Raiser möchte einen Bauplatz kaufen. Sie hat folgende Angebote:

A: Länge 20 m; Breite 25 m; 35 000 €
B: Länge 21 m; Breite 25 m; 35 700 €
C: Länge 35 m; Breite 24 m; 54 600 €

Welches Grundstück soll Familie Raiser kaufen?
Begründe.

14 Ein Schwimmbecken ist 25 m lang und 12 m breit. Um das Schwimmbecken herum soll ein 2 m breiter Rand gefliest werden. Eine Fliese ist 20 cm breit und 25 cm lang und kostet 2,40 €.

15 Frau Hauser möchte eine 1,50 m breite und 1,80 m hohe Garderobe mit Spiegelfliesen bekleben.
Es gibt Spiegelfliesen in vier verschiedenen Größen.

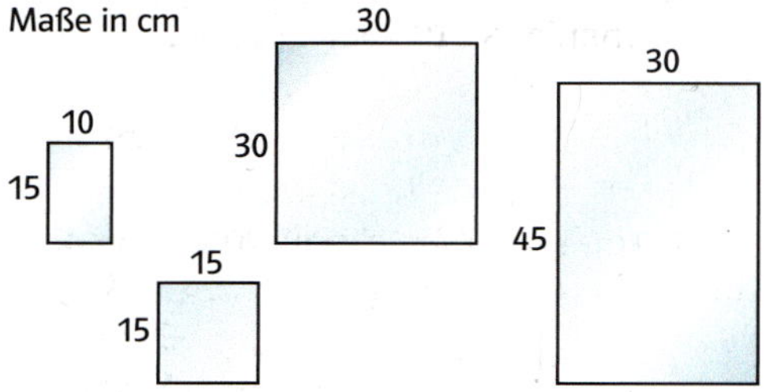

Mache verschiedene Vorschläge.

16 Der Garten der Familie Bauer wird eingezäunt. Ein Zaunelement ist 1,80 m lang und kostet 32 €.

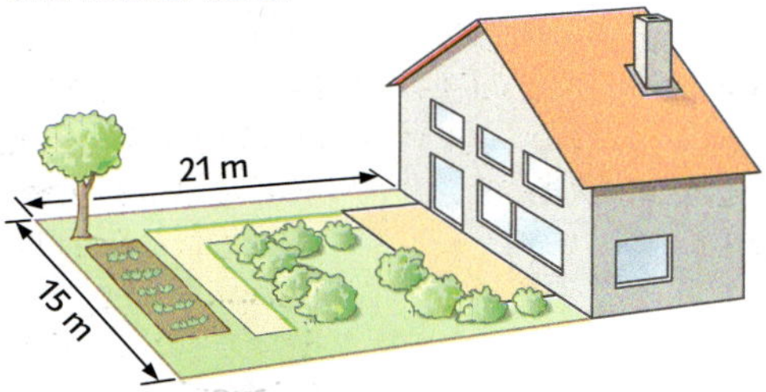

a) Wie viel laufende Meter Zaun werden benötigt?
Weißt du, was ein laufender Meter (kurz lfm) ist? Wenn nicht, sieh auf der Randspalte nach.
b) Wie viele Zaunelemente muss Frau Bauer kaufen und wie viel muss sie dafür bezahlen?

17 Zur Verlegung eines Kanalrohrs wird auf einer Länge von 27 m ein 3 m breiter, rechteckiger Fußweg aufgerissen. Ein Kanalrohr ist 2,50 m lang.
Nachdem die Rohre verlegt sind, wird der Fußweg mit rechteckigen Steinen neu gepflastert. Die Steine sind 15 cm lang und 12 cm breit.

Bei der Berechnung von Leisten, Zäunen usw. werden immer die laufenden Meter berechnet. Viele Artikel werden jedoch nur zugeschnitten in bestimmten Längen angeboten. Deshalb muss man oft mehr kaufen, als man an laufenden Metern berechnet hat.

4 Rauminhalte vergleichen

Aus gleich großen Bausteinen sind verschiedene Körper gebaut worden.
→ Ordne sie nach der Größe des Rauminhalts.
→ Erkläre, wie du die Reihenfolge festgelegt hast.

Wenn Körper aus gleichen Teilkörpern zusammengesetzt sind, können ihre Rauminhalte verglichen werden.

Alle Körper, die aus gleich vielen Teilkörpern derselben Größe bestehen, haben denselben Rauminhalt. Statt Rauminhalt sagt man auch Volumen.

! Zum Volumenvergleich eignen sich Würfel besonders gut.

Beispiele

a) Alle vier Körper haben denselben Rauminhalt (dasselbe Volumen).

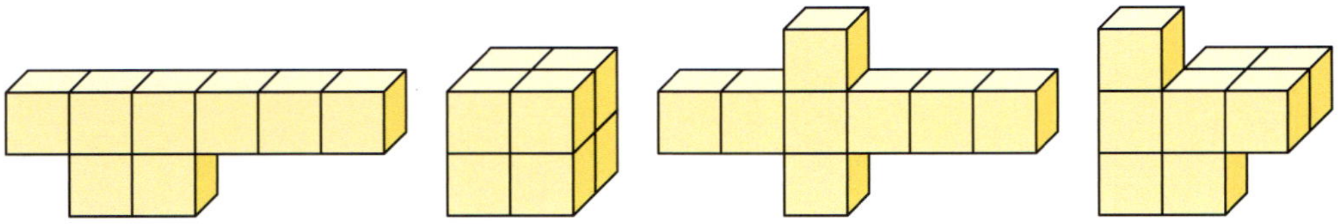

b) Das Volumen eines unregelmäßigen Körpers, z. B. eines Steins, kann man nicht durch Zählen von Würfeln bestimmen. Wenn man ihn aber in ein Gefäß mit Wasser eintaucht, steigt der Wasserspiegel. Der Stein in der Abbildung hat also das gleiche Volumen wie sechs kleine Würfel.

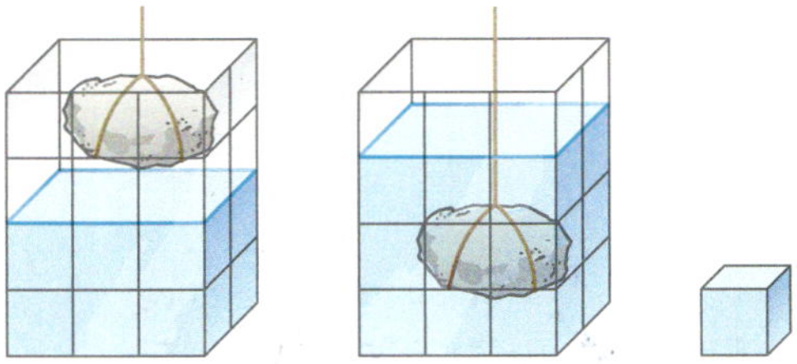

Aufgaben

1 Aus wie vielen Würfeln bestehen die Körper?

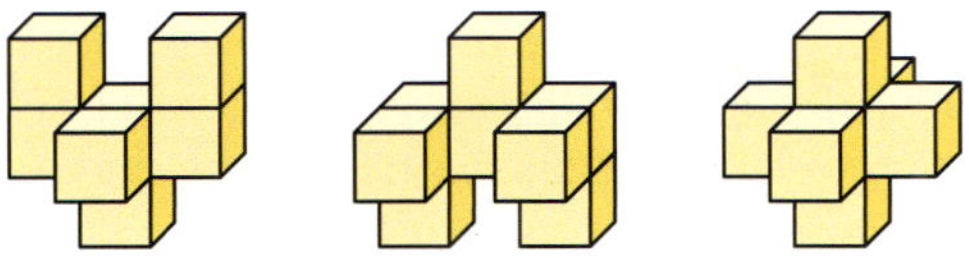

2 In welche der Kisten kannst du den meisten Sand einfüllen?

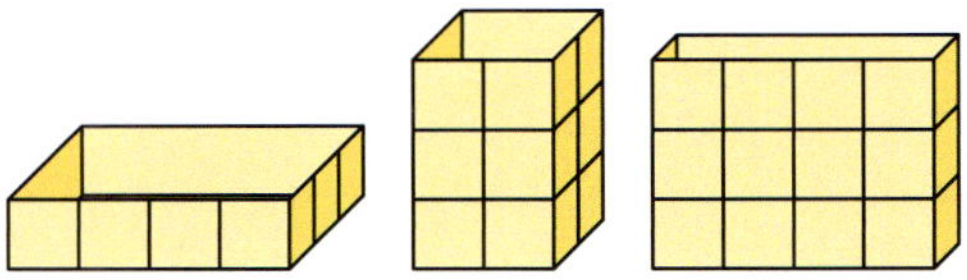

3 Auf welcher Palette liegen mehr Ziegelsteine?

a) 

b) 

5 Wie viele gelbe Würfel passen hier noch hinein?

a) 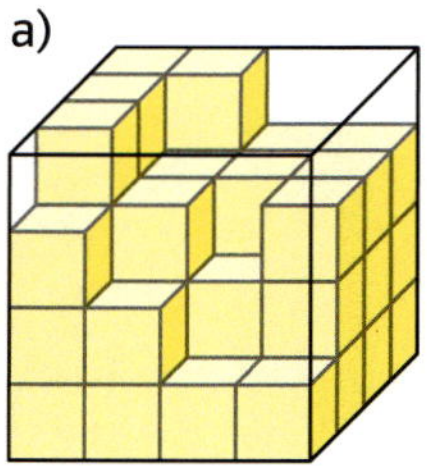

b) 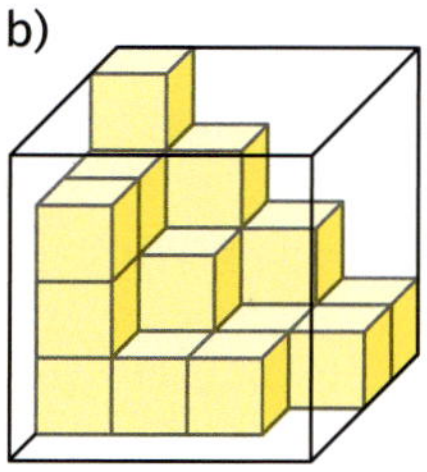

4 Welches Würfeltier hat den größten Rauminhalt?

a) 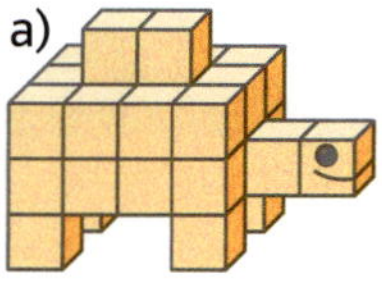

b) 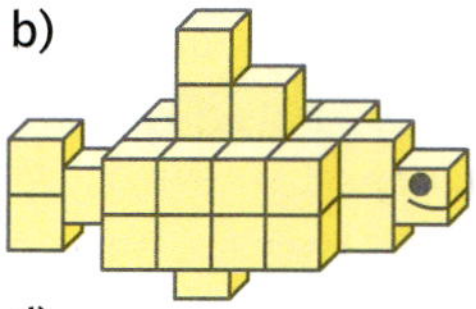

c) 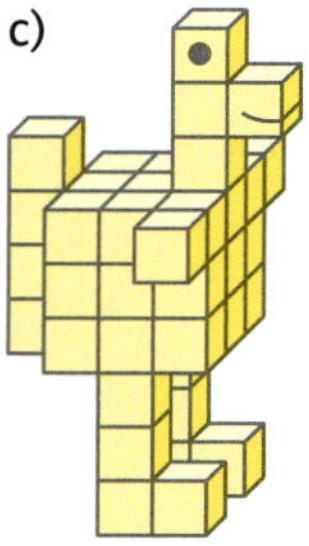

d) 

6 Lauter halbe Würfel? Welcher Würfel ist fehlerhaft halbiert worden?

a) 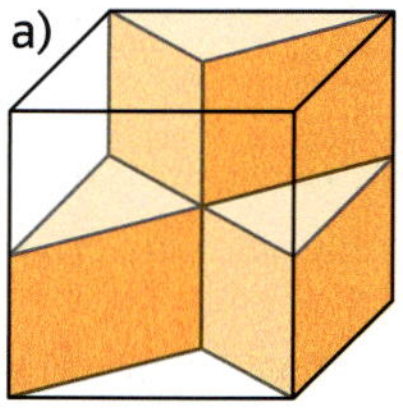

b) 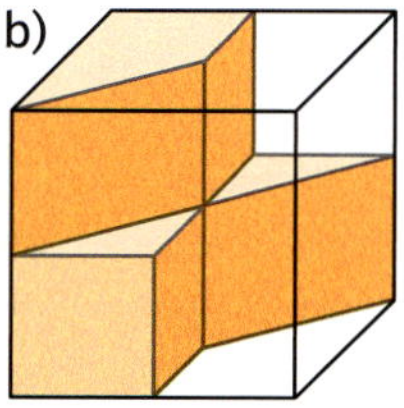

c) 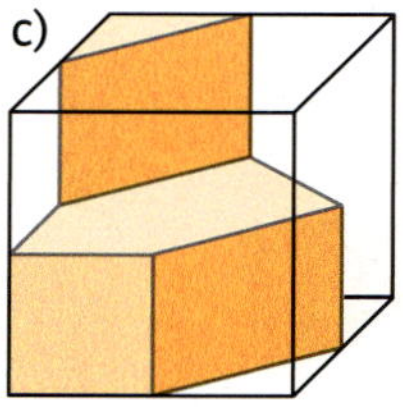

d) 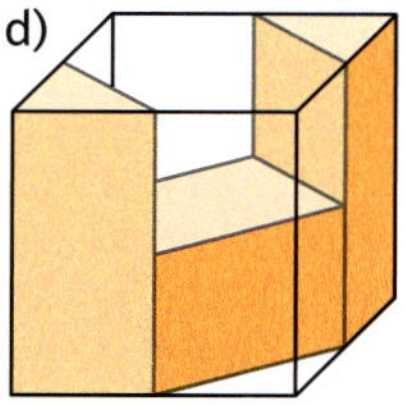

Quader bauen

Aus fünf Würfeln kann nur **ein** Quader gebaut werden.

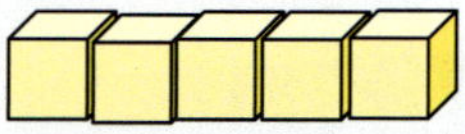

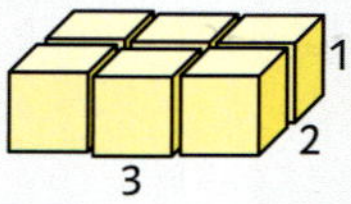

3 – 2 – 1 – Quader

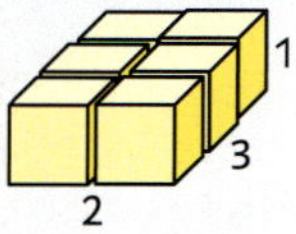

2 – 3 – 1 – Quader

Aus sechs Würfeln können **zwei** verschiedene Quader gebaut werden.

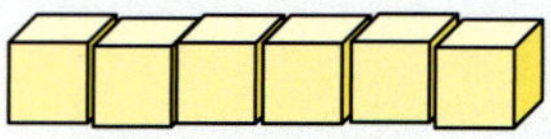

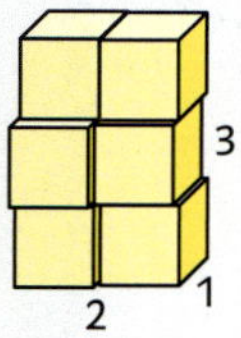

2 – 1 – 3 – Quader

Wie der Quader liegt, spielt keine Rolle. Die drei abgebildeten Quader gelten als gleich.

Quader werden als gleich bezeichnet, wenn nur gleiche Zahlen vorkommen.

- Wie viele verschiedene Quader kannst du aus 12; 15; 18; oder 24 Würfeln bauen? Bezeichne die verschiedenen Quader wie im Beispiel.

- Stelle dir weitere Aufgaben. Welche Regelmäßigkeit entdeckst du?

5 Raumeinheiten

Kofferraumvolumen des City-Transfer

als 7-Sitzer:	138 l
als 5-Sitzer:	540 l
ohne Rücksitze:	1860 l

- Erkläre die Angaben zum Kofferraumvolumen.
- Wie viele Milchkartons fasst das Fahrzeug als 7-Sitzer, 5-Sitzer bzw. ohne Rücksitze im Idealfall?

Wenn Rauminhalte verschiedener Körper verglichen werden, muss mit derselben Volumeneinheit gemessen werden.
Üblicherweise werden Würfel als Volumeneinheit benutzt.
Hat der Würfel z. B. die Kantenlänge 1 m, so hat er ein Volumen von einem **Kubikmeter** (kurz: **1 m³**).

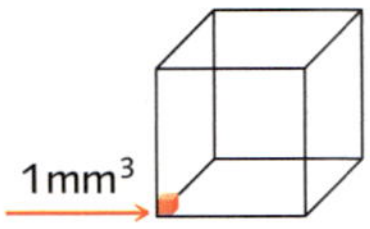

1000 **dm³** = 1 **m³**

1000 **cm³** = 1 **dm³**

1000 **mm³** = 1 **cm³**

Kubikmillimeter, Kubikzentimeter, Kubikdezimeter, Kubikmeter

Beim Umrechnen von Volumeneinheiten verwendet man die Zahl 1000.

$1\,\text{mm}^3 \xrightarrow{\cdot 1000} 1\,\text{cm}^3 \xrightarrow{\cdot 1000} 1\,\text{dm}^3 \xrightarrow{\cdot 1000} 1\,\text{m}^3$

Beispiele

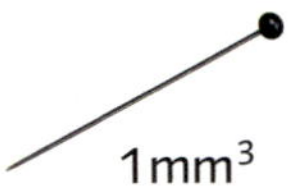
1 mm³

1 cm³

1 dm³

1 m³

Bemerkung

Bei Flüssigkeiten und Gasen verwendet man für das Volumen häufig auch die Maßeinheiten **Liter** oder Milliliter. 1 l = 1 dm³; 1 ml = 1 cm³.

Bemerkung
Bei der Umwandlung von Volumenmaßen in andere Volumeneinheiten hilft die Tabelle. Beachte dabei die **Kommaschreibweise**.

m^3			dm^3			cm^3			mm^3			
100	10	1	100	10	1	100	10	1	100	10	1	
		5,	3	2	1	4	0	0				$5{,}3214\,m^3 = 5\,m^3\ 321\,dm^3\ 400\,cm^3$
		5	3	2	1,	4	0	0				$5321{,}4\,dm^3 = 5321\,dm^3\ 400\,cm^3$
		5	3	2	1	4	0	0				$5\,321\,400\,cm^3$

Beim Umwandeln in die nächstkleinere Volumeneinheit wird das Komma um drei Stellen nach rechts verschoben, beim Umwandeln in die nächstgrößere Volumeneinheit um drei Stellen nach links.

Beispiele
a) $6\,dm^3 = 6000\,cm^3$
b) $5\,cm^3\ 365\,mm^3 = 5365\,mm^3$
c) $12\,000\,dm^3 = 12\,m^3$
d) $2\,m^3\ 40\,dm^3 = 2040\,dm^3$
e) $4{,}2\,m^3 = 4200\,dm^3 = 4200\,l$
f) $31\,450\,cm^3 = 31{,}45\,dm^3 = 31{,}45\,l$

Aufgaben

1 Welche Volumeneinheit würdest du verwenden, um den jeweiligen Rauminhalt anzugeben?
a) Klassenzimmer
b) Konservendose
c) Wassereimer
d) Wasserflasche
e) Zuckerkrümel
f) Badewanne
g) Rucksack
h) Trinkglas
i) Schrank
j) Haus

2 Wo kannst du Angaben zum Rauminhalt finden? Suche in eurer Wohnung nach Beispielen.

3 Gib in der nächstgrößeren Einheit an.
a) $4000\,mm^3$; $82\,000\,cm^3$; $120\,000\,cm^3$
b) $325\,000\,dm^3$; $50\,000\,mm^3$; $85\,000\,cm^3$
c) 5000 ml; 7000 ml; 23 000 ml; 45 000 ml

4 Gib in der nächstkleineren Einheit an.
a) $34\,m^3$; $80\,cm^3$; $115\,dm^3$; $200\,m^3$
b) 17 l; 230 l; 5,3 l; 14,09 l

5 Wandle um.
a) in $\mathbf{cm^3}$: $3000\,dm^3$; $17\,000\,mm^3$; $5\,dm^3$
b) in $\mathbf{dm^3}$: $5\,m^3$; $45\,000\,mm^3$; $3\,m^3\ 5\,dm^3$
c) in **l**: $605\,dm^3$; $3\,m^3$; $75\,000\,cm^3$
d) in **ml**: 13 l; 4 l 550 ml; $2\,dm^3\ 30\,cm^3$

6 Schreibe ohne Komma.
a) $2{,}452\,dm^3$; $7{,}064\,m^3$; $112{,}025\,cm^3$
b) $90{,}864\,cm^3$; $40{,}28\,cm^3$; $15{,}7\,dm^3$

7 Schreibe mit Komma.
a) in $\mathbf{m^3}$: $4500\,dm^3$; 7800 l; $2\,m^3\ 50\,dm^3$
b) in $\mathbf{dm^3}$: $66\,840\,cm^3$; $3\,m^3\ 3\,dm^3\ 3\,cm^3$
c) in $\mathbf{cm^3}$: $1\,dm^3\ 30\,cm^3$; $1{,}3245\,dm^3$
d) in **l**: 5300 ml; $4\,dm^3\ 5\,cm^3$

8 Setze <, > oder = ein.
a) $12\,m^3\ 50\,dm^3$ ☐ $1250\,dm^3$
b) 436 l ☐ $436\,000\,cm^3$
c) $8{,}32\,cm^3$ ☐ $832\,mm^3$
d) $2\,m^3\ 3\,dm^3$ ☐ $2\,m^3\ 300\,cm^3$
e) $5{,}555\,cm^3$ ☐ $5{,}5\,dm^3$
f) $4\,dm^3\ 44\,cm^3$ ☐ 4 l 400 ml

9 Berechne.
a) $30\,cm^3 + 156\,cm^3 + 3\,dm^3$
b) $4{,}38\,dm^3 - 3000\,cm^3 + 0{,}155\,dm^3$
c) $2{,}5\,m^3 + 780\,dm^3 - 1{,}8\,m^3$
d) $700\,l + 22\,dm^3 + 1{,}8\,m^3$

10 Berechne.
a) $25\,cm^3 \cdot 6$; $12\,l \cdot 7$; $40\,dm^3 \cdot 12$
b) $400\,l : 8$; $3500\,mm^3 : 7$; $120\,ml : 6$

Hektoliter

Große Flüssigkeitsmengen werden auch mit der Maßeinheit Hektoliter (hl) gemessen.
Hekto- (griech.) bedeutet Hundert.
1 hl = 100 l
1 hl entspricht ungefähr einer durchschnittlichen Badewannenfüllung.

- Eine Brauerei verkauft täglich 47,5 hl Bier. Ein Liter kostet 1,70 €.

11 In einer Gemeinde werden pro Person täglich 140 l Wasser verbraucht.
Die Einwohnerzahl beträgt 6500 Personen.
Berechne
a) den täglichen Wasserverbrauch.
b) den jährlichen Wasserverbrauch.
c) die jährlichen Kosten für einen Vier-Personen-Haushalt, wenn 1 m^3 Wasser 2,80 € kostet.
d) In einem Mehrfamilienhaus wohnen 67 Personen.

12 Eine Kiste Sprudel enthält zwölf Flaschen mit je 0,7 l Inhalt. Ein Trinkglas fasst 200 cm^3.

13 Die Viktoriafälle in Afrika gehören zu den größten Wasserfällen der Erde.
Bei Hochwasser donnern jede Sekunde 7500 m^3 Wasser hinunter, bei Niedrigwasser immerhin noch 250 m^3.
Wie lange würde es dauern, mit diesen Wassermassen den Bodensee mit einem Fassungsvermögen von 49,5 km^3 zu füllen?

14 Ein Kubikzentimeter Wasser wiegt ein Gramm.

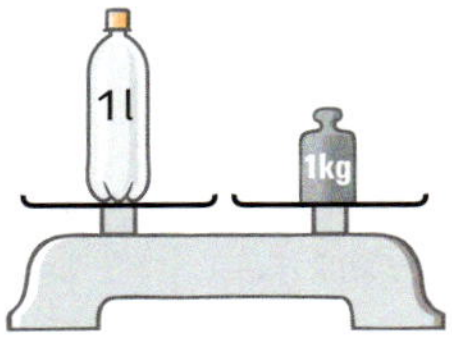

a) Wie schwer ist ein Kubikdezimeter?
b) Wie schwer ist ein Kubikmeter?
c) Wie schwer sind 10 l Wasser?
d) Welchen Raum nimmt 1 kg Wasser ein?

15 Ein Aquarium fasst 160 l Wasser.
Leer wiegt es 24 kg.
a) Das Aquarium wird bis zur halben Höhe mit Wasser gefüllt.
b) Der Schrank, auf dem das Aquarium steht, darf höchstens mit 100 kg belastet werden.

16 Zwischen Mönchengladbach, Köln und Aachen liegt das Rheinische Braunkohlerevier. Mit riesigen Schaufelradbaggern wird die Braunkohle über Tage abgebaut.
a) Ein Bagger kann an einem Tag 240 000 t Erdreich bewegen. Wie viel m^3 sind das? (1 m^3 Erde wiegt etwa 2400 kg.)
b) Ein großer LKW kann 40 m^3 Erde laden. Wie viele LKW könnte ein Schaufelradbagger täglich beladen?
c) Um 1 m^3 Braunkohle zu fördern, müssen bis zu 7 m^3 Deckschicht abgeräumt werden. Wie viel Deckschicht muss abgeräumt werden, um 50 Millionen Tonnen Braunkohle zu fördern?

6 Berechnungen am Quader

Ein Quader ist 8 cm lang, 5 cm breit und 3 cm hoch.
→ Wie viel Quadratzentimeter Karton werden für den im Netz abgebildeten Quader benötigt?
→ Stelle einen solchen Quader her und bestimme mithilfe eines Messbechers und Sand das Volumen des Quaders.
→ Du kannst das Volumen auch aus den Maßen berechnen.
Vergleiche mit dem gemessenen Wert.

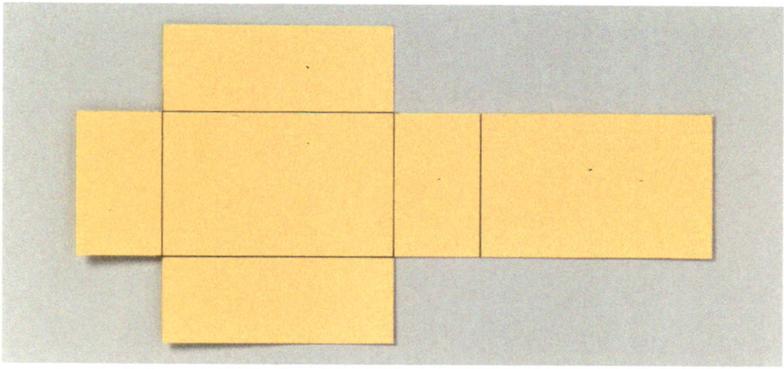

Der Quader hat sechs rechteckige Begrenzungsflächen, von denen je zwei gleich groß sind. Der Flächeninhalt des Netzes ist auch der Flächeninhalt der Quaderoberfläche. Um das Volumen eines Quaders zu bestimmen, wird er in gleich große Schichten, jede Schicht in gleich große Balken und jeder Balken in gleich große Würfel zerlegt. Das Volumen beträgt in dem Beispiel $3 \cdot 4 \cdot 5$ Würfel = 60 Würfel. Hat jeder Würfel beispielsweise eine Kantenlänge von 1 cm, so beträgt das Volumen 60 cm³.

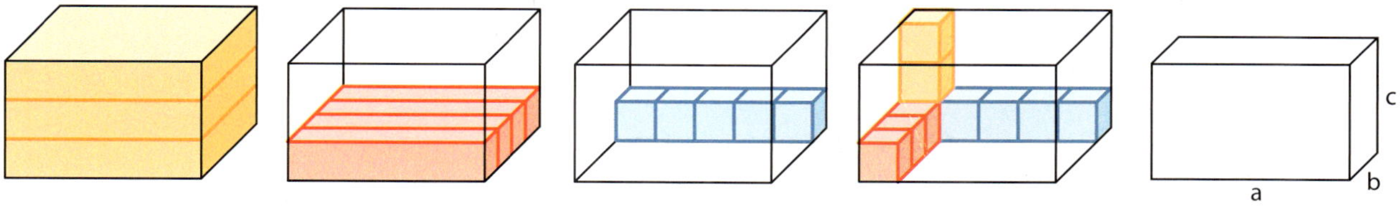

Oberflächeninhalt (kurz: Oberfläche) eines Quaders
- Die Summe der Flächeninhalte der sechs Rechtecke ist die **Oberfläche** eines Quaders. Je zwei Rechtecke sind gleich groß.

Volumen eines Quaders
- Die drei Kantenlängen werden auf dieselbe Maßeinheit gebracht.
- Die Maßzahlen der drei Kantenlängen werden multipliziert.
- Die Maßeinheit ergibt sich aus der Längeneinheit.

Oberfläche des Quaders

$A_O = 2ab + 2ac + 2bc$
oder
$A_O = 2(ab + ac + bc)$

Volumen des Quaders gleich Länge mal Breite mal Höhe

$V = a \cdot b \cdot c$

Beispiel
Länge: 1 dm = 10 cm Breite: 6 cm Höhe: 40 mm = 4 cm

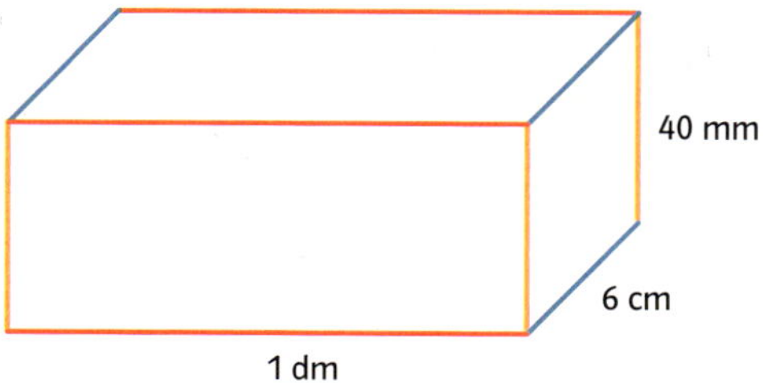

Oberfläche:
$2 \cdot 10 \cdot 6 + 2 \cdot 10 \cdot 4 + 2 \cdot 6 \cdot 4$
$120\,cm^2 + 80\,cm^2 + 48\,cm^2 = 248\,cm^2$
oder: $2 \cdot (10 \cdot 6 + 10 \cdot 4 + 6 \cdot 4)$
$2 \cdot (60\,cm^2 + 40\,cm^2 + 24\,cm^2)$
$2 \cdot 124\,cm^2 = 248\,cm^2$

Volumen:
Maßzahlen multiplizieren: $10 \cdot 6 \cdot 4 = 240$
Maßeinheit anhängen: $240\,cm^3$

Aufgaben

1 Aus Würfeln kannst du Quader herstellen.

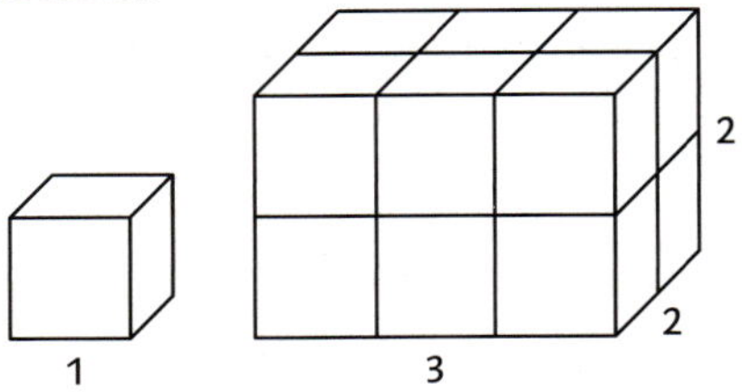

a) Der abgebildete Quader ist ein 2-2-3-Quader. Erkläre die Bezeichnung.
Wie viele Würfel enthält der Quader?
b) Zeichne einen 1-2-3-Quader und einen 3-3-4-Quader. Wie viele Würfel bilden jeweils den Quader?
c) Wie viele Würfel hat ein 12-15-21-Quader, wie viele ein 36-125-212-Quader?

2 Suche in deiner Umgebung drei Quader. Schätze das Volumen und die Oberfläche. Miss die notwendigen Längen und berechne das Volumen und die Oberfläche. Wie gut waren deine Schätzungen?

3 Berechne das Volumen und die Oberfläche.

a)

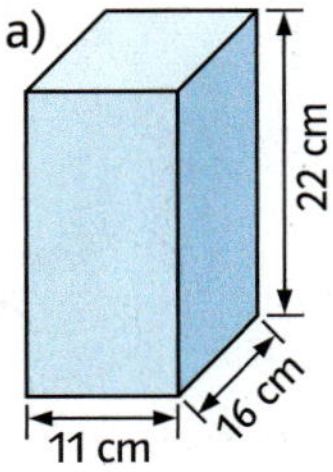

b)

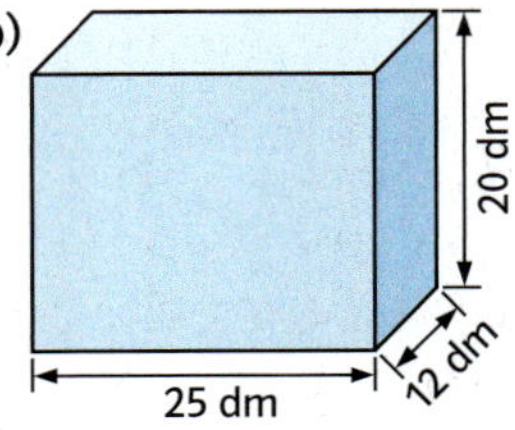

c)

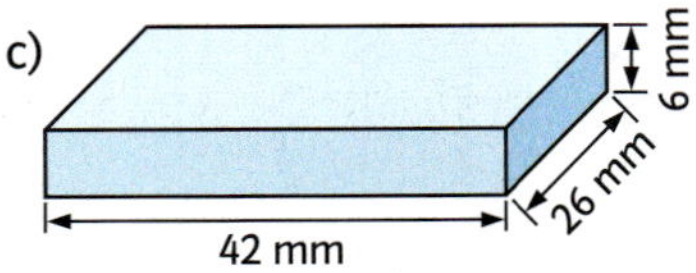

4 Berechne das Volumen und die Oberfläche.

Quader	a)	b)	c)	d)
Länge	4 cm	25 m	2 m	44 mm
Breite	6 cm	7 m	8 dm	1,1 dm
Höhe	8 cm	3 m	5 dm	1,2 cm

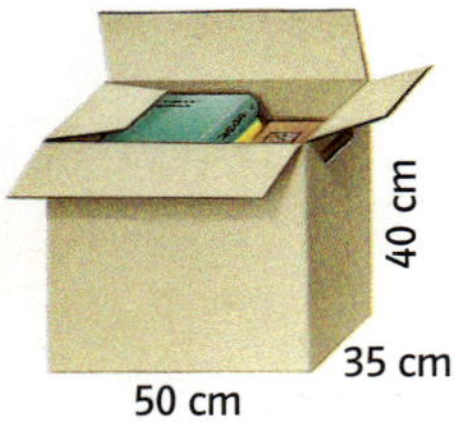

zu Aufgabe 8

5 Ergänze die fehlenden Werte.

Quader	a)	b)	c)	d)
Länge	4 cm	5 cm	10 m	4
Breite	7 cm	3 cm	6 m	2 dm
Höhe	9 cm	4 cm	4 m	8 dm
Volumen	252 cm³	60 cm³	240 m³	64 l 64 dm³

6 Das Volumen eines Quaders kann man auch aus dem Flächeninhalt der Grundfläche und der Höhe berechnen.

Beispiel: Grundfläche: $240\,m^2$; Höhe: 3 m
$240 \cdot 3 = 720$, also $720\,m^3$.

Quader	a)	b)	c)	d)
Grundfläche	$36\,cm^2$	$15\,cm^2$	$250\,cm^2$	$75\,cm^2$
Höhe	12 cm	4,5 cm	15 dm	2 mm

7 Berechne das Volumen.

a)

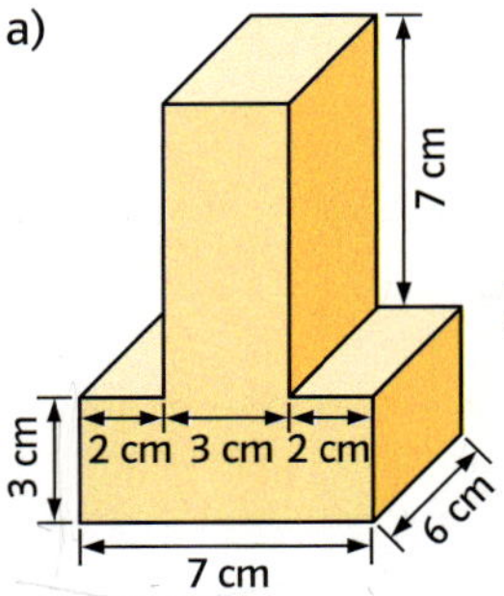

b)

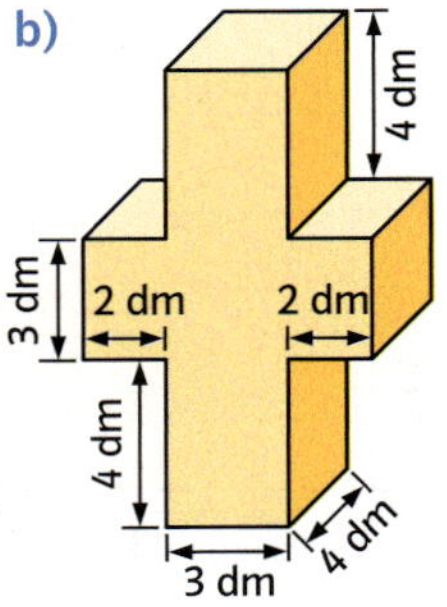

8 Ein Transporter ist innen 241 cm lang, 185 cm breit und 162 cm hoch.
a) Zu laden sind 64 Kartons, wie sie auf dem Rand zu sehen sind. Passt das? Beachte, dass die Kartons aufrecht stehen sollen.
b) Könnte man mehr Kartons laden, wenn sie nicht aufrecht stehen müssten?

9 Welche Kantenlängen kann ein Quader haben, dessen Volumen $180\,cm^3$ beträgt? Wähle drei mögliche Beispiele und berechne die zugehörigen Oberflächen.
Was fällt dir auf?

10 Das Volumen eines Quaders soll $125\,cm^3$ betragen. Bestimme den Quader mit der kleinsten Oberfläche.

11 Berechne Volumen und Oberfläche eines Würfels mit folgenden Kantenlängen.
a) 6 cm b) 12 mm c) 3,8 dm

12 a) Die Oberfläche eines Würfels beträgt $150\,cm^2$. Berechne das Volumen.
b) Das Volumen eines Würfels beträgt $216\,cm^3$. Berechne die Oberfläche.

13 Berechne die Oberfläche des Quaders mit dem abgebildeten Quadernetz.

a)

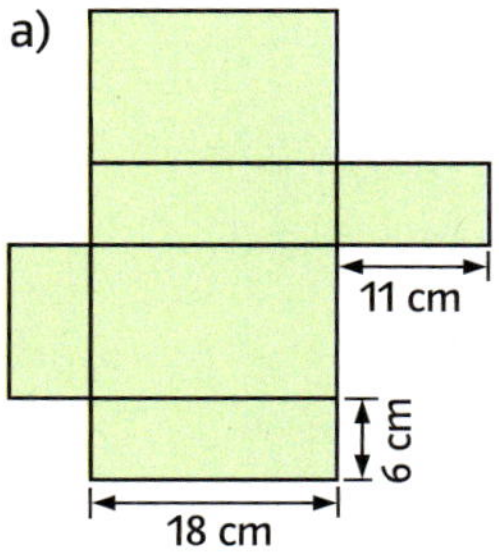

b)

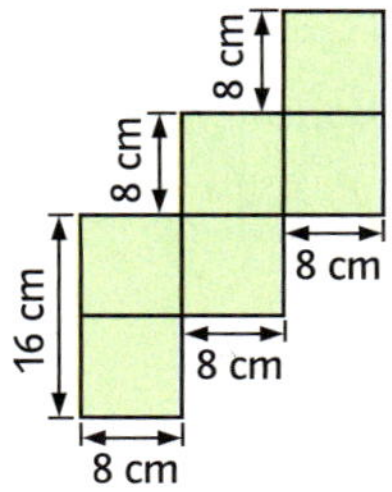

c)

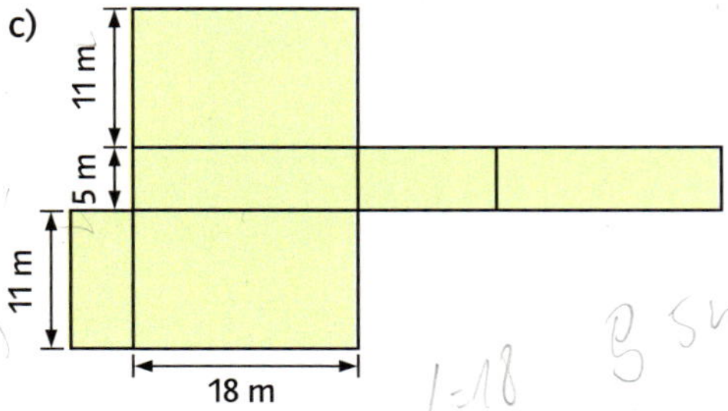

14 Ein Schwimmbecken ist 12 m lang und 8 m breit. Das Wasser steht darin 1,5 m hoch.
a) Wie viel Wasser ist darin enthalten?
b) Wie viel Wasser muss nachgefüllt werden, wenn der Wasserstand auf 2 m erhöht werden soll?

15 Ein Klassenraum ist 8 m lang, 7,50 m breit und 3,40 m hoch. Für jede Schülerin und jeden Schüler sollen $6\,m^3$ Luft zur Verfügung stehen.
a) Es sind 30 Schülerinnen und Schüler in der Klasse.
b) Für wie viele Kinder ist der Raum zugelassen?
c) Welche Maße kann ein Klassenraum haben, der für 28 Kinder zugelassen ist?

Jede Menge Würfel

Der Würfel ist ein besonderer Quader, bei dem alle Kanten gleich lang sind.
Aus kleinen Würfeln kannst du große bauen.

Kantenlänge	1	2	3	...
Anzahl kleiner Würfel	1	8	27	...
Anzahl kleiner Quadrate	6	24	54	...

- Setze die Tabelle fort.

- Bei welcher Kantenlänge ist die Anzahl der kleinen Würfel genauso groß wie die Anzahl der kleinen Quadrate?

Das Volumen eines Würfels ergibt sich als die Kubikzahl der Kantenlängen: $V = a \cdot a \cdot a = a^3$
Die Oberfläche besteht aus sechs gleich großen Quadraten. Somit ist die Oberfläche sechsmal so groß wie ein Quadrat:
$A_0 = 6 \cdot a \cdot a = 6 \cdot a^2$
Beispiel: Kantenlänge 4 cm
Volumen: $4 \cdot 4 \cdot 4 = 64$, also $64\,cm^3$
Oberfläche: $6 \cdot 4 \cdot 4 = 6 \cdot 16 = 96$, also $96\,cm^2$

- Baue aus 12; 27; 42 oder 64 Würfeln Quader mit der kleinsten Oberfläche. Was fällt dir auf?

- Bestimme Volumen und Oberfläche des ausgefrästen Würfels.

a)

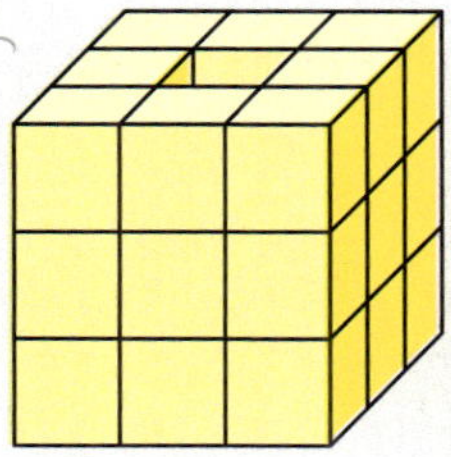

b)

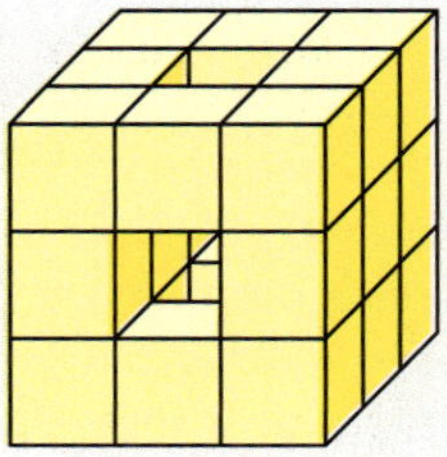

c)

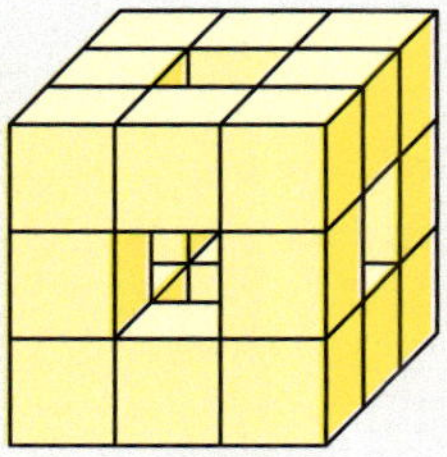

Zusammenfassung

Flächen

Flächeneinheiten

Zum Vergleich verschiedener Flächenstücke werden Quadrate als **Flächeneinheit** benutzt.
Gebräuchliche Einheiten sind mm^2, cm^2, dm^2, m^2, a, ha und km^2.

$1\,km^2 = 100\,ha$
$1\,ha = 100\,a$
$1\,a = 100\,m^2$
$1\,m^2 = 100\,dm^2$
$1\,dm^2 = 100\,cm^2$
$1\,cm^2 = 100\,mm^2$

$4{,}36\,m^2 = 436\,dm^2 = 43\,600\,cm^2$
$7{,}2\,ha = 720\,a = 72\,000\,m^2$

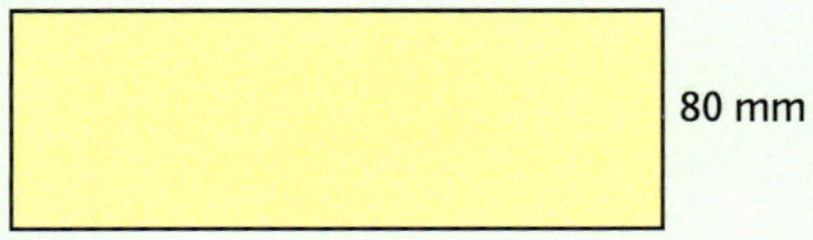

Länge: 2,4 dm = 24 cm
Breite: 80 mm = 8 cm

Umfang des Rechtecks

Der **Umfang** eines Rechtecks ist die Summe aus der doppelten Länge und der doppelten Breite.
Beachte: Länge und Breite müssen dieselbe Maßeinheit haben.

Umfang: $2 \cdot 24\,cm + 2 \cdot 8\,cm$
$= 48\,cm + 16\,cm = 64\,cm$
oder: $2 \cdot (24\,cm + 8\,cm)$
$= 2 \cdot 32\,cm = 64\,cm$

Flächeninhalt des Rechtecks

Der **Flächeninhalt** eines Rechtecks ist das Produkt aus den Maßzahlen der Länge und der Breite. Die Maßeinheit ergibt sich aus der Längeneinheit.
Beachte: Länge und Breite müssen dieselbe Maßeinheit haben.

Flächeninhalt:
Maßzahlen multiplizieren: $24 \cdot 8 = 192$
Maßeinheit anhängen: $192\,cm^2$

Körper

Volumeneinheiten

Zum Vergleich verschiedener Körper werden Würfel als **Volumeneinheit** benutzt.
Gebräuchliche Einheiten sind mm^3, cm^3, dm^3, m^3, ml, l.

$1\,m^3 = 1000\,dm^3$
$1\,dm^3 = 1000\,cm^3$
$1\,cm^3 = 1000\,mm^3$
$1\,l = 1000\,ml = 1\,dm^3$ $\quad 1\,ml = 1\,cm^3$

$4{,}38\,m^3 = 4380\,dm^3 = 4380\,l$
$7{,}2365\,dm^3 = 7236{,}5\,cm^3 = 7\,236\,500\,mm^3$
$6{,}4\,l = 6400\,ml$

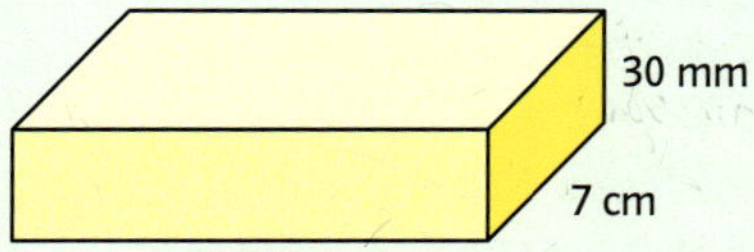

Länge: 1,3 dm = 13 cm Breite: 7 cm
Höhe: 30 mm = 3 cm

Oberfläche des Quaders

Die **Oberfläche** eines Quaders ist die Summe der Flächeninhalte der sechs Rechtecke.

Oberfläche:
$2 \cdot 13 \cdot 7 + 2 \cdot 13 \cdot 3 + 2 \cdot 7 \cdot 3$
$182\,cm^2 + 78\,cm^2 + 42\,cm^2 = 302\,cm^2$
oder
$2 \cdot (13 \cdot 7 + 13 \cdot 3 + 7 \cdot 3)$
$2 \cdot 151\,cm^2 = 302\,cm^2$

Volumen des Quaders

Das **Volumen** eines Quaders ist das Produkt aus den Maßzahlen der Länge, Breite und Höhe des Quaders. Die Maßeinheit ergibt sich aus der Längeneinheit.
Beachte: Länge, Breite und Höhe müssen dieselbe Maßeinheit haben.

Volumen:
Produkt der Maßzahlen: $13 \cdot 7 \cdot 3 = 273$
Maßeinheit anhängen: $273\,cm^3$

Üben • Anwenden • Nachdenken

1 Bestimme Umfang und Flächeninhalt.

a) b)

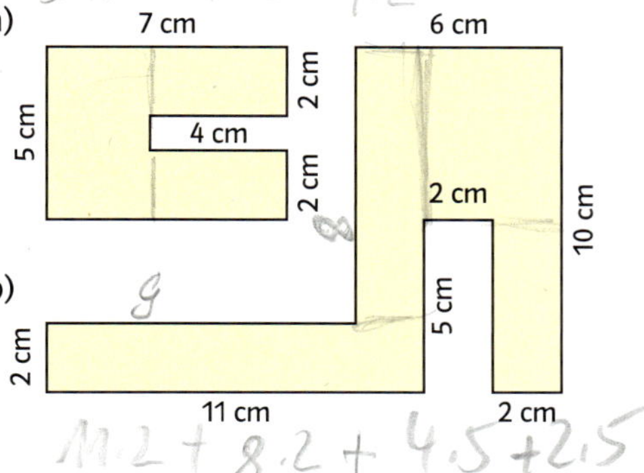

2 Der Umfang verschiedener Rechtecke beträgt immer 40 cm.
Berechne die zweite Seite, wenn die erste Seite gegeben ist.
a) 5 cm b) 8 cm c) 15 cm

3 Ein Schäfer hat 10 Zaunteile, mit denen er einen Zaun um seine Schafherde ziehen kann. Eines Tages muss er die doppelte Anzahl Schafe hüten. Er nimmt zwei weitere Zaunteile dazu und hat plötzlich doppelt so viel Platz.
Probiere es mit Streichhölzern.

4 Petra möchte ein Würfelmodell aus Draht basteln.
a) Die Kantenlänge des Würfels soll 8 cm betragen.
b) Petra hat 240 cm Draht zur Verfügung.
c) Aus 144 cm Draht möchte Petra zwei Würfel bauen.

5 Ein Quadrat und ein Rechteck haben beide den Umfang 80 cm. Eine Rechteckseite ist 15 cm lang. Berechne den Flächeninhalt beider Figuren.

6 Ein Löschwasserbecken ist 5,2 m lang, 1,80 m breit und 2,10 m tief. Das Löschfahrzeug der Feuerwehr fasst 4200 l.

7 Aus 12 Stäben, die 5 dm lang sind, wird ein Würfel gebastelt. Berechne Volumen und Oberfläche.

Postpakete

Bei der Post kann man Pack-Sets in verschiedenen Größen kaufen.

XS	Extra Small 22,5 x 14,5 x 3,5 cm (Breite x Tiefe x Höhe)	 (Ohne Klebestreifen)	1,50 €
S	Small 25 x 17,5 x 10 cm (Breite x Tiefe x Höhe)		1,70 €
M	Medium 35 x 25 x 12 cm (Breite x Tiefe x Höhe)		1,90 €
L	Large 40 x 25 x 15 cm (Breite x Tiefe x Höhe)		2,20 €
XL	Extra Large 50 x 30 x 20 cm (Breite x Tiefe x Höhe)		2,50 €
F	Flasche 37,5 x 13 x 13 cm (Breite x Tiefe x Höhe)		2,30 €

- Berechne das Volumen der Pakete.
- Wie viele Pakete der Größe XS passen in ein Paket der Größe L (XL) hinein?
- Welche Paketgröße würdest du auswählen, um 10 CDs (10 Mathematikbücher) zu versenden?

Pakete können auf verschiedene Weise verschnürt werden.

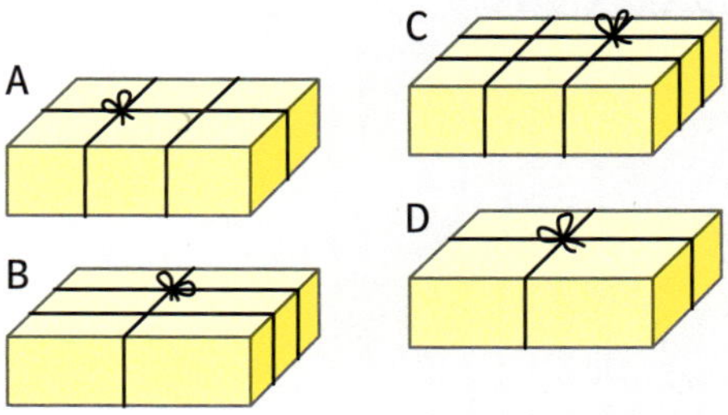

- Wie viel Schnur wird für ein Paket der Größe XL bei den verschiedenen Schnürformen A bis D benötigt? Rechne für den Knoten 15 cm hinzu.
- Wie sieht es bei dem Paket der Größe M aus?

Menschen brauchen Platz

Hast du dir schon einmal überlegt, wie viele Kinder auf $1\,m^2$ Platz finden? Schätze zuerst und zähle nach.

- Probiert es aus!

- In Unterrichtsräumen sollten für jedes Kind $2\,m^2$ zur Verfügung stehen. Habt ihr genügend Platz in eurem Klassenraum?

Wie dicht ein Land besiedelt ist, kann man feststellen, wenn man weiß, wie viele Menschen rein rechnerisch auf $1\,km^2$ wohnen.

Zum Beispiel 2300 Menschen pro Quadratkilometer oder 23 Menschen pro Hektar

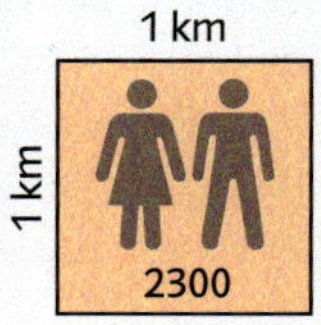

- In Deutschland leben etwa 82 Millionen Menschen auf $360\,000\,km^2$. Neuseeland hat etwa die gleiche Fläche wie Deutschland, aber nur 4 Millionen Einwohner.

- Was entnimmst du der Tabelle?

	Erfurt	Thüringen	Ägypten	Kairo
Fläche in km^2	269	16172	1000000	214
Einwohner in Mio.	0,199	2,278	64	20
Einwohner pro km^2	740	141	64	93458

- Vergleiche die Ergebnisse mit der Stadt und dem Kreis, in dem du wohnst.

8 a) Eine Buche hat etwa 180 000 Blätter. Die Blattfläche beträgt etwa $22\,cm^2$.
b) Der Apfelbaum hat eine Blattgröße von $18\,cm^2$ und alle Blätter zusammen haben eine Oberfläche von $36\,m^2$.

9 a) Ein Grundstück ist $6\,a\ 40\,m^2$ groß. Ein Quadratmeter kostet 119 €.
b) Familie Busch hat 124 700 € für einen $430\,m^2$-Bauplatz ausgegeben.
c) Familie Kurth hat einen $540\,m^2$ großen Bauplatz für 64 800 € gekauft, Familie Lay für 69 000 € einen $460\,m^2$ großen Bauplatz. Sie legen ihre Grundstücke zusammen und teilen die Gesamtfläche. Jede Familie erhält die Hälfte.

10 Die Stadtverwaltung hat beschlossen, im Bereich der Fußgängerzone eine 2,5 m breite und 40 m lange Fläche zu pflastern. Eine Tonne Pflastersteine reicht für $8\,m^2$ und kostet 160 €. Wieviel Tonnen braucht man? Was kostet es?

11 Ein Wasserbecken ist 5 m lang, 3,5 m breit und 60 cm tief.
a) Es werden 8000 l eingefüllt. passt das?
b) Es werden 12 000 l eingefüllt. passt das?
c) Hundert Liter Wasser kosten 25 Cent. Frau Müller möchte höchstes 60 € ausgeben. Wieviel Euro zahlt man für alle errechneten Liter?

12 a) Berechne das Volumen dieser Bausteine.

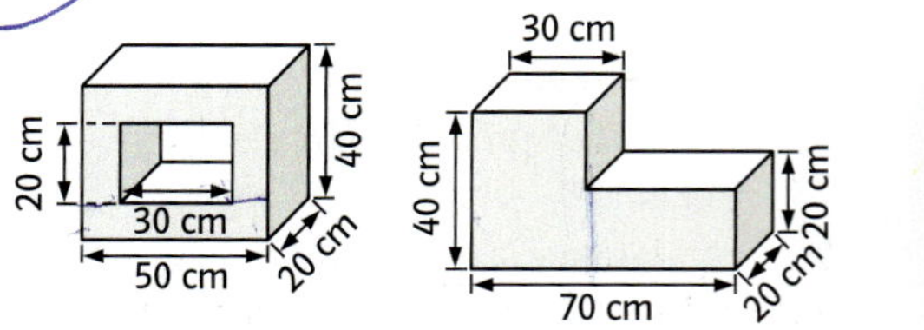

b) Ein Kubikzentimeter Stein wiegt 2,5 g.
c) Die Steine sollen angestrichen werden. Für einen Quadratmeter benötigt man 0,5 l Farbe.

13 a) Im Wetterbericht wird die gefallene Regenmenge in mm angegeben. Was ist damit gemeint?
b) Bei einem Wolkenbruch fallen 23 mm Regen.

Rückspiegel

1 Zeige, dass die beiden Flächen gleich groß sind.

2 Wandle in die in Klammer angegebene Maßeinheit um.

a) 1700 mm^2 (cm^2); 56 ha (a); 780 dm^2 (cm^2)
b) 4 m^2 17 cm^2 (cm^2); 12 dm^2 7 cm^2 (cm^2); 5 km^2 63 ha (a)

3 Familie Flau möchte ein Grundstück kaufen. Es ist 32 m lang und 24 m breit. Das Haus ist 14 m lang und 12 m breit.
a) Wie viel Meter Zaun sind zur Umzäunung des Grundstücks notwendig?
b) Wie viel m^2 bleiben für den Garten?

4 Die Kantenlänge eines Würfels beträgt 1 cm. Bestimme das Volumen des abgebildeten Körpers.

5 Wandle die beiden Größen in eine gemeinsame Maßeinheit um und setze das richtige Zeichen <, = oder >.
a) 2 m^3 37 dm^3 ☐ 2,370 m^3
b) 14 l 35 cm^3 ☐ 1435 cm^3
c) 11 m^3 11 dm^3 ☐ 11 011 dm^3

6 Ein Saunakeller soll ein quaderförmiges Tauchbecken von 1,2 m Länge, 1 m Breite und 1,5 m Tiefe erhalten. Wie viel Liter Wasser können eingefüllt werden, wenn es bis 10 cm unter der Oberkante gefüllt werden kann?

1 Welches ist die größte Fläche?

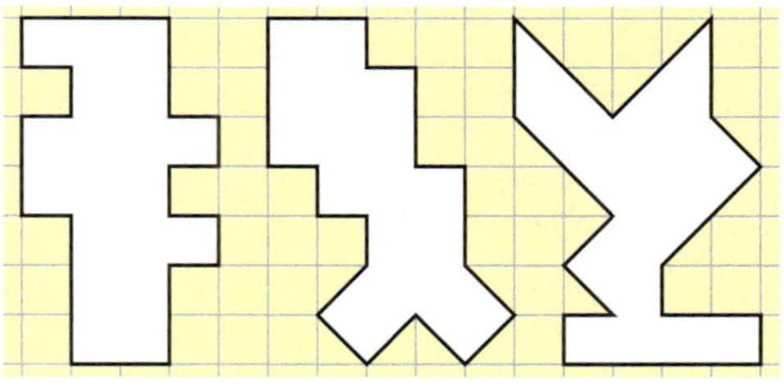

2 a) Schreibe ohne Komma:
3,50 m^2; 2,7 km^2; 5,258 a; 0,75 dm^2
b) Schreibe mit Komma:
2 a 35 m^2; 5 ha 2 a; 3 m^2 5 cm^2

3 Ein rechteckiges Zimmer ist 5 m lang. Es wurde mit 20 m^2 Teppichboden ausgelegt.
a) Wie breit ist das Zimmer?
b) Wie viel Meter Fußleisten müssen eingekauft werden, wenn 2,40 m für die drei Türen ausgespart werden?

4 Die Kantenlänge eines Würfels beträgt 1 cm. Bestimme das Volumen des abgebildeten Körpers.

a)

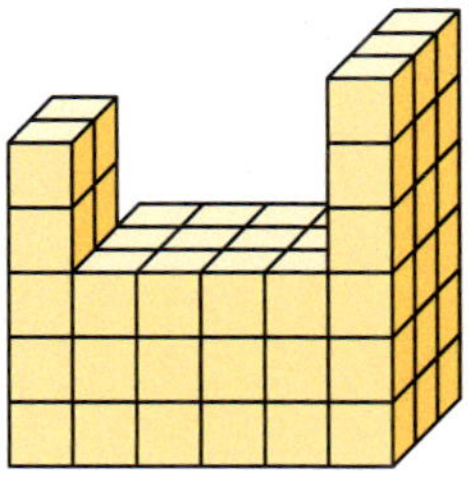

b)

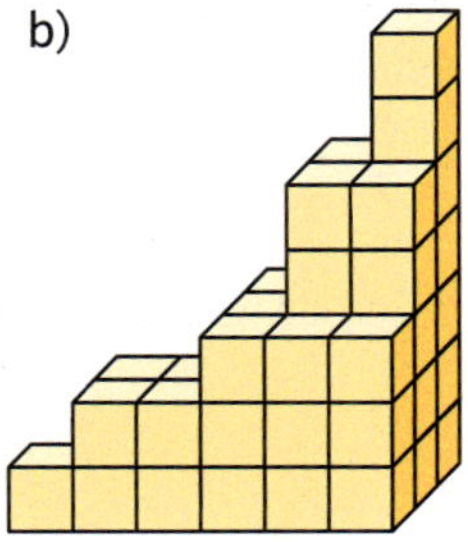

5 Wandle in eine geeignete Maßeinheit um und berechne.
a) 380 dm^3 + 4,2 m^3 + 50 000 cm^3
b) 77 l − 23 dm^3 − 6000 cm^3
c) 0,8 m^3 + 64 dm^3 − 32 l

6 Die Kinder der Familie Wagner möchten ein möglichst großes Aquarium. Folgende Größen werden angeboten: 80 cm lang, 36 cm breit und 45 cm hoch oder 1 m lang, 36 cm breit und 40 cm hoch.

Brüche im Alltag

Orangensaft-Pudding

Zutaten für 4 Personen:

$\frac{3}{4}$ Liter Orangensaft
150 g Zucker
1 Dose Mandarinen
$\frac{1}{2}$ Liter Sahne
2 Päckchen Vanille-Puddingpulver

Orangensaft und Saft der Mandarinen mit Zucker aufkochen. Puddingpulver mit etwas Wasser verquirlen, in den heißen Saft einrühren und nochmals gut aufkochen lassen. Vom Herd nehmen und Mandarinen vorsichtig unterheben. In Schüsselchen abkühlen lassen und mit geschlagener Sahne verzieren.

Mengenangaben

Erkläre die Mengenangaben
$\frac{3}{4}$ Liter; $\frac{1}{2}$ Liter; 150 g.

Wie kannst du diese Mengen abmessen? Erkundige dich, in welchen Mengen Flüssigkeiten wie Wasser, Milch, Cola, Bier, Wein usw. abgefüllt sind.

Welche Mengen musst du bereitstellen, wenn du den Pudding für 2 Personen, 8 Personen, 6 Personen herstellen willst?

Flüssigkeiten

Erkläre die Skala auf dem Messbecher.

Aus dem vollen Messbecher wird Flüssigkeit in das Trinkglas eingefüllt. Wie viel Flüssigkeit verbleibt im Messbecher? Anschließend wird die Schüssel gefüllt. Wie viel Flüssigkeit ist jetzt noch im Messbecher?
Die restliche Flüssigkeit aus dem Messbecher wird nun in die Vase geschüttet. Wie kannst du sie vollständig auffüllen?

Erfinde weitere Aufgaben.

Geldbeträge

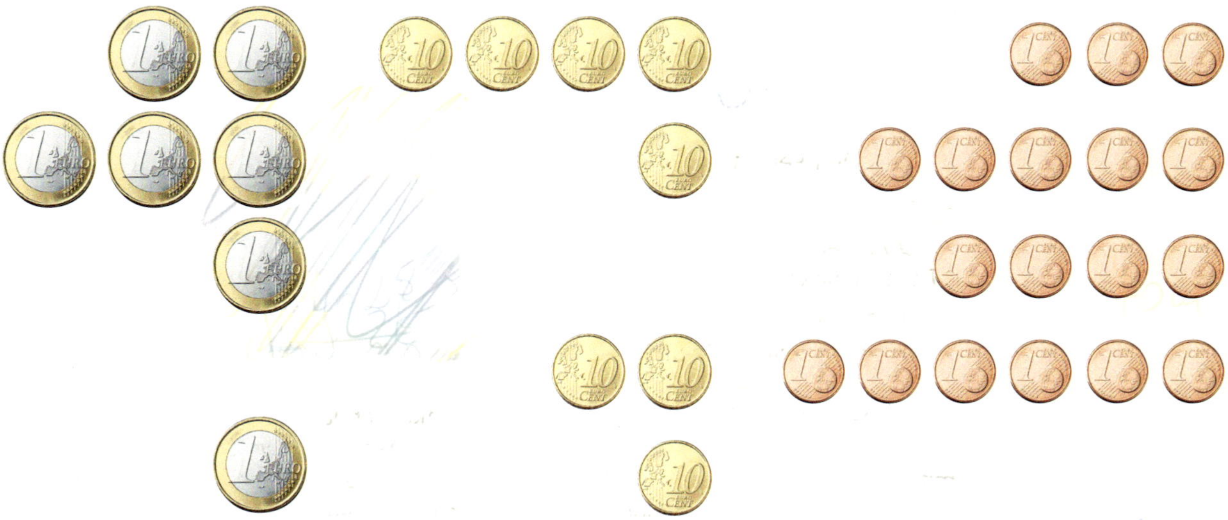

Welcher Geldbetrag ist abgebildet? Schreibe den Betrag in Ziffern.

Stelle folgende Geldbeträge mit geeigneten Münzen nach:
4,27 €; 81 ct; 3,06 €;
142 ct; 17 ct; 0,80 €.

Jetzt benötigst du neben Münzen noch geeignete Geldscheine.
35,27 €; 1281 ct; 421,63 €;
305,02 €; 2010 ct

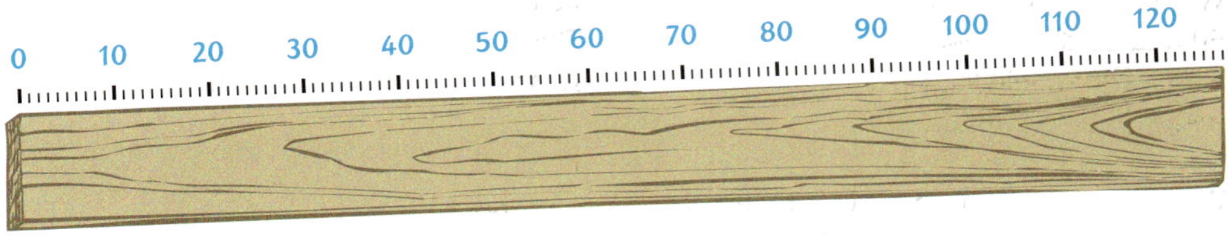

Maßangaben mit Kommasetzung

Die Holzlatte ist 127 mm lang.
Willst du die Länge in cm oder dm angeben, so musst du ein Komma an die richtige Stelle setzen.

Zur Erinnerung:
1 cm = 10 mm
1 dm = 10 cm = 100 mm
1 m = 10 dm = 100 cm = 1000 mm

dm	cm	mm	
1	2	7	127 mm
1	2,	7	12,7 cm
1,	2	7	1,27 dm

Schreibe mit Komma.
Manchmal gibt es mehrere Möglichkeiten.
387 cm; 531 mm; 7932 mm; 503 cm;
440 mm; 28 cm; 5 m; 1 cm

Schreibe ohne Komma:
3,25 m; 2,7 dm; 28,4 cm; 7,021 m;
0,83 dm; 0,05 m.

In diesem Kapitel lernst du,

- Bruchteile eines Ganzen darzustellen,
- wie man Brüche schreibt,
- Bruchteile von Größen umzuwandeln,
- wie man Größen in Dezimalschreibweise angibt.

1 Bruchteile erkennen und darstellen

Ein Blatt Papier wird gefaltet.
Durch das Falten entstehen Felder.
→ Welche Felder haben gleich große Flächen? Begründe.
→ Nimm ein Blatt Papier und teile es durch Falten in 16 gleich große Teile. Es gibt mehrere Möglichkeiten.
→ Versuche nun ein Blatt in drei und anschließend in 12 gleich große Felder aufzuteilen.

Wird ein Ganzes in 2; 3; 4; 5, … gleich große Teile zerlegt, so erhält man Halbe; Drittel; Viertel; Fünftel, … Ein Viertel; drei Viertel; fünf Achtel; … sind Bezeichnungen für **Bruchteile** eines Ganzen. Man nennt sie **Brüche**.

$\frac{2}{5}$ — 2: Zähler; —: Bruchstrich; 5: Nenner } Bruch Lies: „zwei Fünftel"

Der Nenner gibt an, in wie viele gleich große Teile zerlegt wird.
Der Zähler gibt an, wie viele dieser Teile jeweils ausgewählt werden.

Beispiele

a)

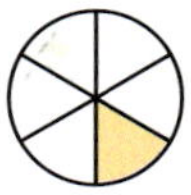

ein Sechstel $\frac{1}{6}$

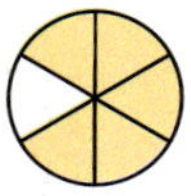

fünf Sechstel $\frac{5}{6}$

b)

ein Achtel $\frac{1}{8}$

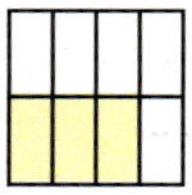

drei Achtel $\frac{3}{8}$

c)

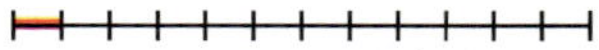

ein Zwölftel $\frac{1}{12}$

sieben Zwölftel $\frac{7}{12}$

Bemerkung

Der Bruch $\frac{5}{6}$ kann durch Bruchteile unterschiedlich dargestellt werden.

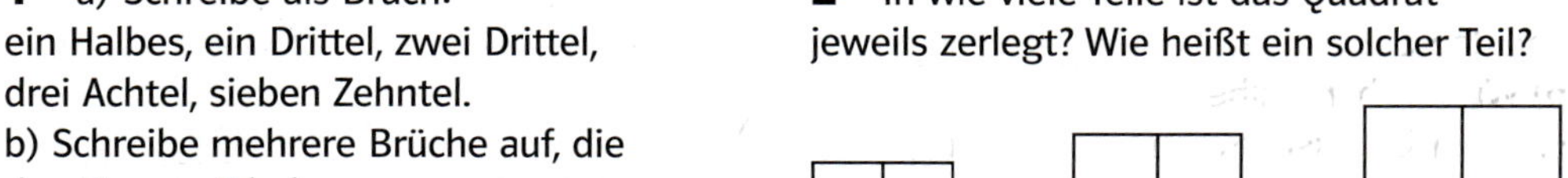

Aufgaben

1 a) Schreibe als Bruch:
ein Halbes, ein Drittel, zwei Drittel, drei Achtel, sieben Zehntel.
b) Schreibe mehrere Brüche auf, die den Nenner 7 haben.
c) Schreibe mehrere Brüche mit dem Zähler 3 auf.

2 In wie viele Teile ist das Quadrat jeweils zerlegt? Wie heißt ein solcher Teil?

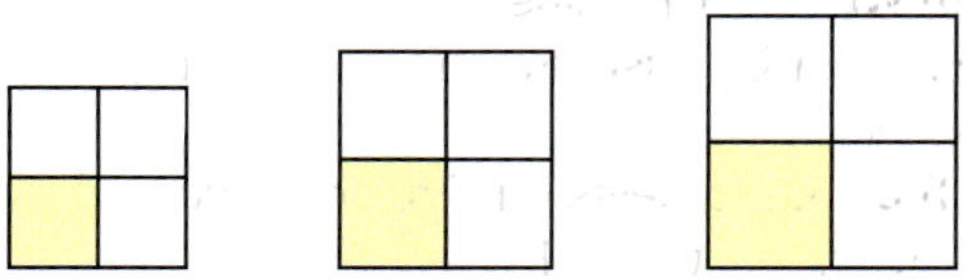

Falten und Schneiden

Gleiche Bruchteile können auf mehrere Arten entstehen.

Beispiel:

Die beiden Teile sind gleich groß, auch wenn sie verschieden aussehen.

- Begründe.

- Falte und schneide auf zwei Arten:
$\frac{1}{4}; \frac{1}{8}; \frac{1}{3}; \frac{1}{6}$.

- Schneide aus und zeige, dass die beiden Teile gleich groß sind.

a) 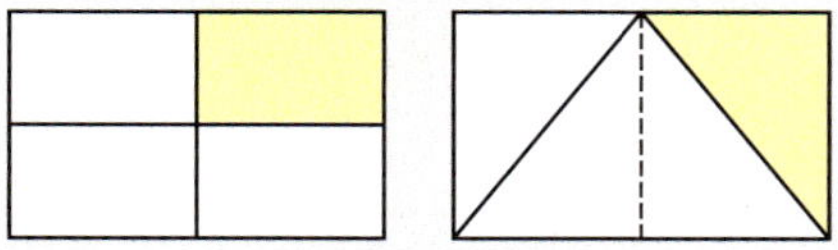

b) 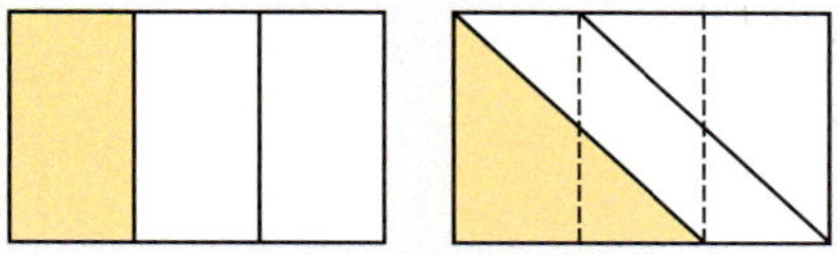

c) 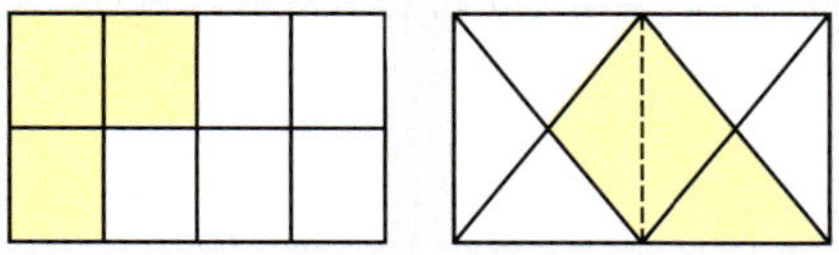

- Stelle dir weitere Aufgaben.

3 Erkläre die Aussagen.
a) Im Mittelalter verlangten die Fürsten von den Bauern den Zehnten als Abgabe.
b) Wir machen halbe-halbe.
c) Roter Berg ist ein Stadtviertel von Erfurt.
d) Die Eishockeyteams kommen zum zweiten Drittel auf das Eis.

4 Laura geht einkaufen.
Welche Bruchteile hat sie gekauft?

5 In wie viele gleich große Teile ist das Ganze zerlegt?
Wie heißt der gefärbte Bruchteil?

a) 

b) 

c) 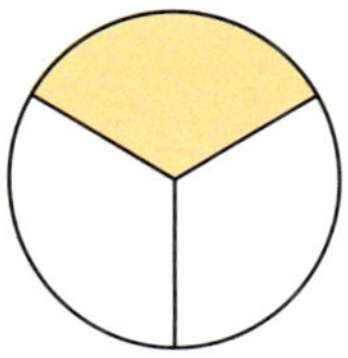

d) 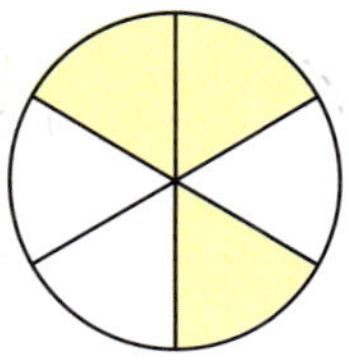

e) 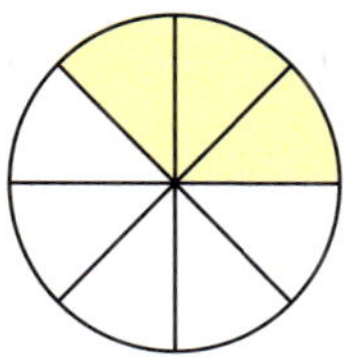

f) 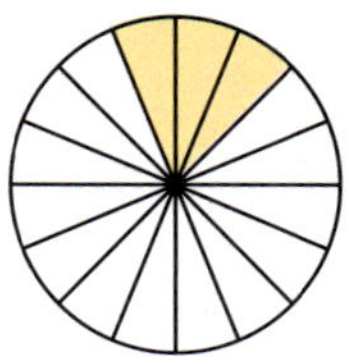

g) 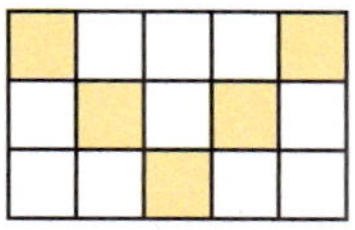

h) 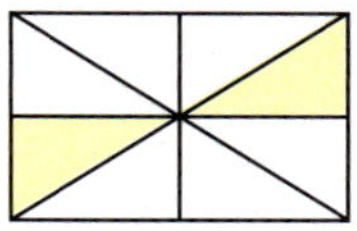

i) 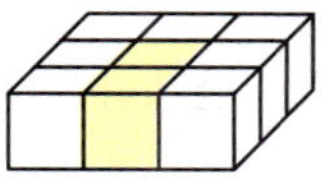

j) 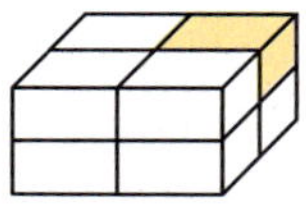

6 Welchen Bruchteil der Gesamtfläche macht der Buchstabe aus?

a)

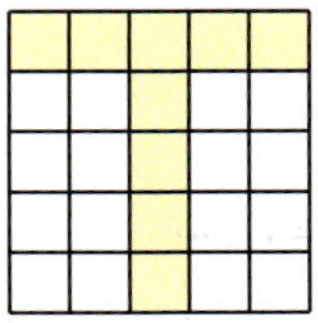

b)

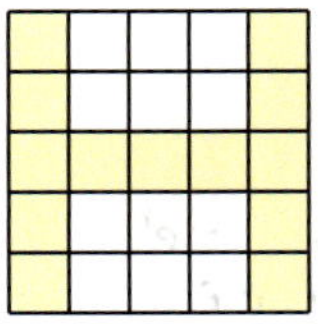

c) Schreibe weitere Buchstaben und gib an, welchen Bruchteil der Gesamtfläche sie einnehmen.

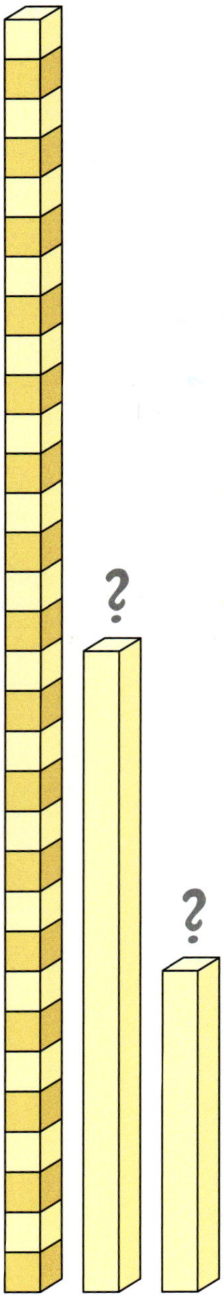

7 Welcher Bruchteil ist dargestellt?

a)

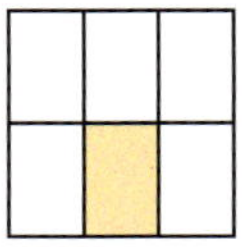

b)

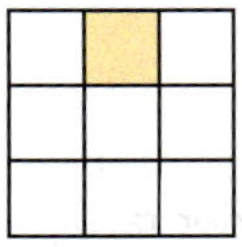

c)

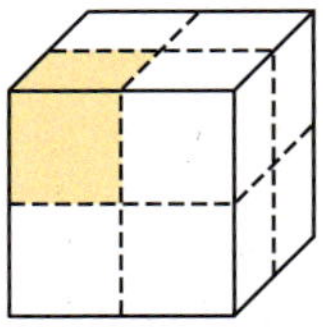

d)

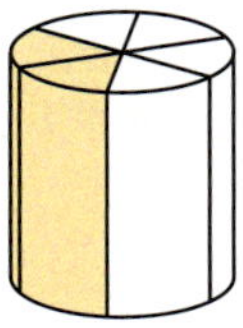

8 Wie viele Kästchen des Rechtecks musst du färben, um die Bruchteile $\frac{1}{2}$; $\frac{1}{3}$; $\frac{1}{4}$; $\frac{1}{6}$; $\frac{1}{8}$; $\frac{1}{12}$; $\frac{1}{24}$ darzustellen?

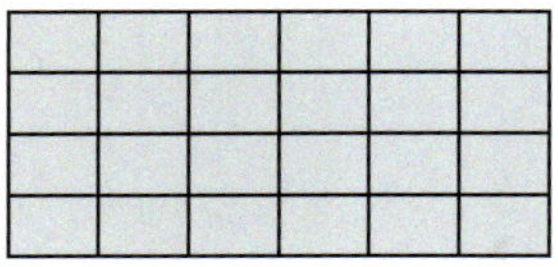

9 Vergleiche. Was fällt dir auf?

a)

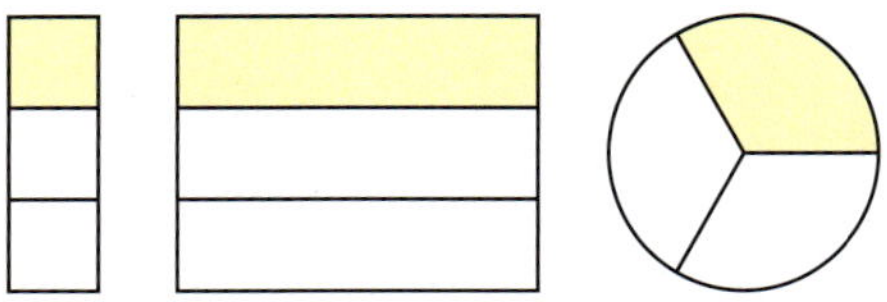

b)

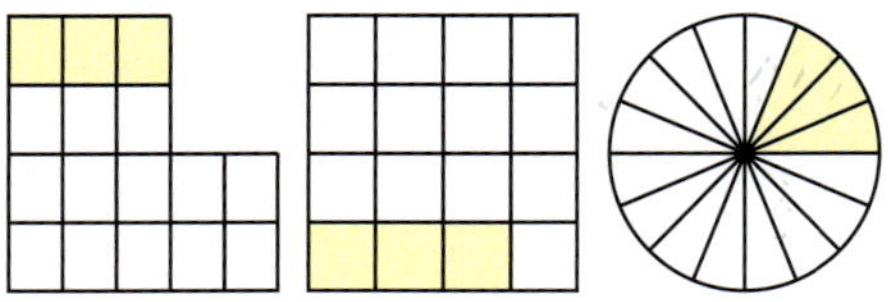

Der Bruchzauber

- Erkläre den Bruchzauber.

10 Wie heißt der zugehörige Bruch? Begründe.

a) $\frac{2}{3}$ oder $\frac{3}{4}$

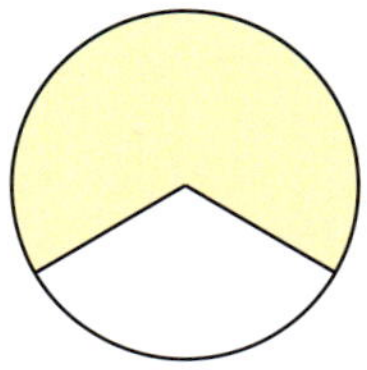

b) $\frac{1}{5}$ oder $\frac{1}{7}$

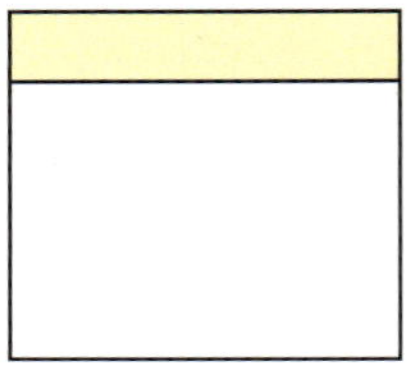

c) $\frac{3}{5}$ oder $\frac{2}{3}$

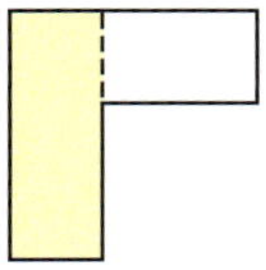

d) $\frac{1}{6}$ oder $\frac{1}{3}$

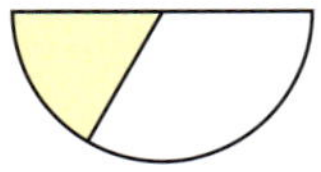

11 Stimmen die farbigen Markierungen und die angegebenen Brüche überein? Wenn nicht, erkläre was falsch ist.

a)

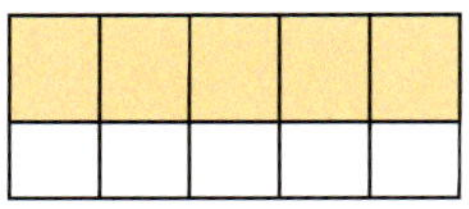

$\frac{5}{10}$

b)

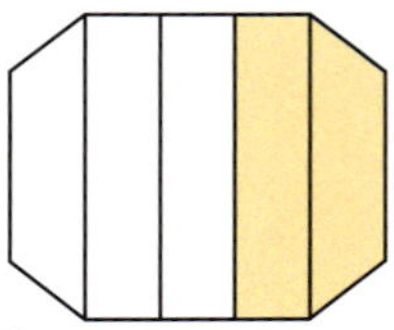

$\frac{2}{5}$

c)

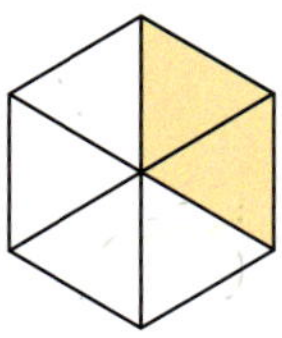

$\frac{1}{3}$

d)

$\frac{1}{4}$

12 Aus 25 Nägeln und einer Holztafel kannst du ein Nagelbrett herstellen.

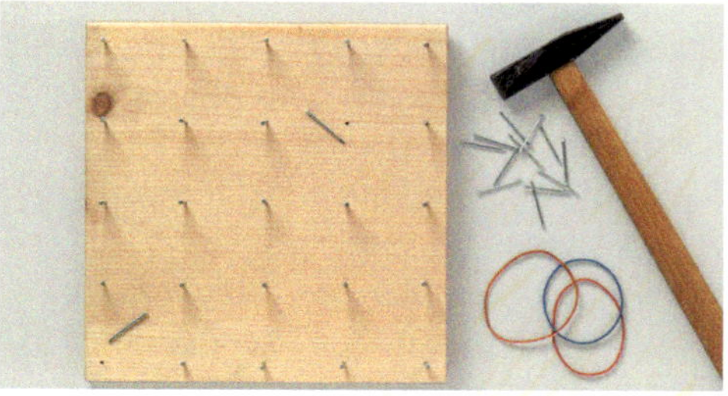

Welcher Bruchteil des Bretts ist jeweils mit einem Gummiband umspannt?

a)

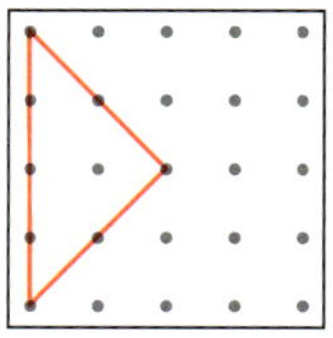

b)

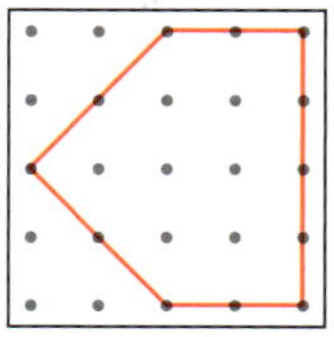

c)

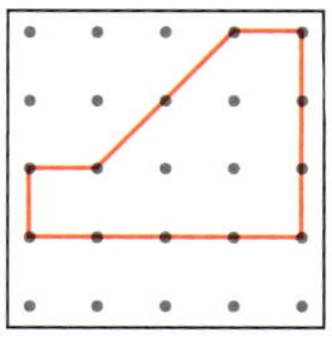

d)

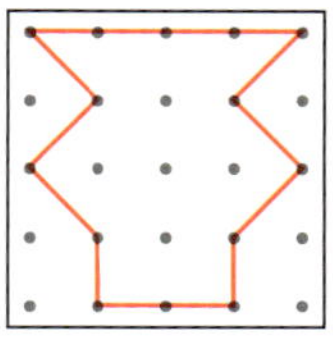

13 Übertrage ins Heft und färbe jeweils den angegebenen Bruchteil der Fläche.

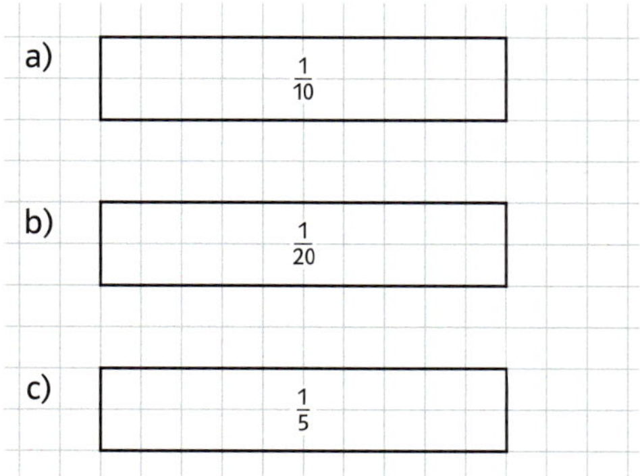

14 Zeichne die Figur in dein Heft und ergänze sie zu einem Ganzen.

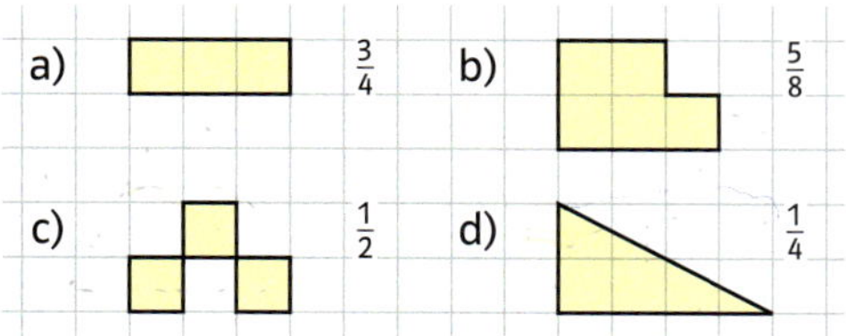

15 Zeichne jeweils ein geeignetes Rechteck und färbe die folgenden Anteile der Fläche.

a) $\frac{1}{3}$ b) $\frac{1}{5}$ c) $\frac{1}{12}$

16 a) Stelle die Bruchteile jeweils in einem Rechteck dar.
Wähle die Rechteckslänge geschickt.
$\frac{2}{5}$; $\frac{3}{7}$; $\frac{4}{9}$; $\frac{9}{12}$
b) Veranschauliche mithilfe von Strecken.
Wähle die Längen geschickt.
$\frac{2}{3}$; $\frac{5}{6}$; $\frac{6}{11}$; $\frac{9}{12}$

17 Zeichne ein Rechteck, das 12 Kästchen lang und 6 Kästchen breit ist, und stelle die Brüche $\frac{1}{2}$; $\frac{1}{3}$ und $\frac{1}{9}$ nebeneinander farbig dar.
Welcher Bruchteil bleibt frei?

Alte Zahlzeichen

Die ältesten mathematischen Brüche findet man schon um 2000 v. Chr. in ägyptischen Texten.
Bruchzahlen entstehen, wenn ein Ganzes geteilt wird. Diesen Gedanken macht das babylonische Zeichen für $\frac{1}{2}$ deutlich. Es symbolisiert ein halb gefülltes Gefäß.

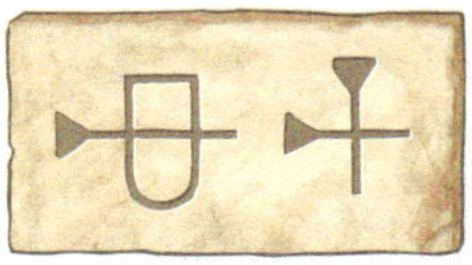

babylonisch

$\frac{1}{2}$ $\frac{1}{4}$

- Erkläre das Symbol für $\frac{1}{4}$.

Merkwürdig sehen die Brüche in römischen Zahlzeichen aus. Die hier abgebildeten stammen aus einem Rechenbuch von 1514.

$2\frac{1}{2}$ $12\frac{1}{2}$ $4\frac{1}{2}$ $9\frac{1}{2}$

Welchen Bruchteil der Gesamtfläche nehmen die einzelnen Farben in den abgebildeten Flaggen ein?

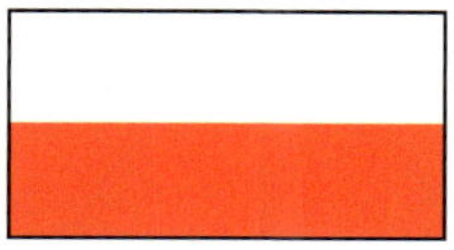

Polen

Spanien

Frankreich

Vereinigte Arabische Emirate

2 Bruchteile von Größen

Links sind verschiedene Größen abgebildet.
→ Nenne Beispiele aus dem Alltag, in denen diese Größen vorkommen.
Statt 1 m kann man auch 10 dm oder 100 cm sagen.
→ Welche Unterteilungen kennst du für die abgebildeten Größen? Kennst du noch andere Größen?
→ Schreibe die dargestellten Mengen als Bruch und als natürliche Zahl.

Im Alltag spricht man häufig von $\frac{1}{4}$ Stunde; $\frac{1}{2}$ kg; $\frac{3}{4}$ m; … Dabei werden Brüche als **Maßzahlen** verwendet. Das Ganze ist dabei eine Stunde; ein Kilogramm; ein Meter; …

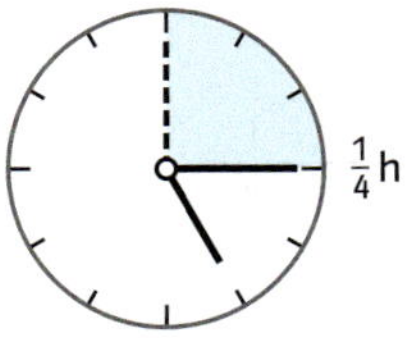

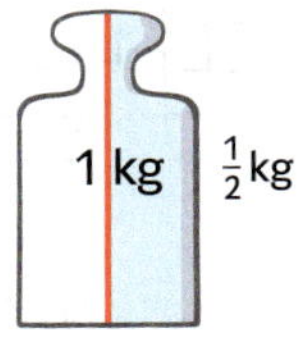

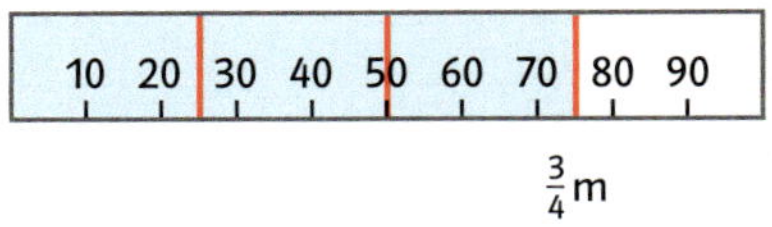

$\frac{3}{4}$ m ist der **Bruchteil** von 1 m, den man erhält, wenn 1 m in 4 gleiche Teile geteilt wird und danach 3 Teile zusammengenommen werden.

Beispiele

In vielen Fällen können wir in eine andere Maßeinheit umwandeln.

a) $1\,cm^2 = 100\,mm^2$
$\frac{1}{4}\,cm^2 = 25\,mm^2$

b) 1 dm = 10 cm
$\frac{1}{5}$ dm = 2 cm
$\frac{2}{5}$ dm = 4 cm

c) 1 kg = 1000 g
$\frac{1}{8}$ kg = 125 g
$\frac{3}{8}$ kg = 375 g

Bemerkung

Bei manchen Maßzahlen treten natürliche Zahlen und Brüche auf: $1\frac{1}{2}$ h; $1\frac{1}{4}$ kg.
Wir nennen dies **gemischte Schreibweise**; dabei bedeutet $1\frac{1}{4}$ kg:
$1\frac{1}{4}$ kg = 1 kg + $\frac{1}{4}$ kg
= 1000 g + 250 g = 1250 g.

Aufgaben

1 Ordne eine Größe zu.
- eine Flasche Sprudelwasser
- ein Glas Wein
- ein Becher Quark
- ein Sack Kartoffeln
- ein Stück Pizza

2 Suche Paare gleicher Größe.

$\frac{3}{4}$ m; 1 dm; $\frac{1}{4}$ km; 500 g; $\frac{1}{2}$ kg; 250 ml; 400 m; 250 m; 75 cm; $\frac{1}{10}$ m; $\frac{2}{5}$ km; $\frac{1}{4}$ l

Längen

$1\,m = 10\,dm$; also ist $1\,dm = \frac{1}{10}\,m$

$1\,m = 100\,cm$; also ist $1\,cm = \frac{1}{100}\,m$

$1\,km = 1000\,m$; also ist $1\,m = \frac{1}{1000}\,km$

Suche weitere Beispiele.

3 Setze die Reihe fort.

a) $\frac{1}{10}\,m = 1\,dm$; $\frac{2}{10}\,m = 2\,dm$; …

b) $\frac{1}{100}\,m = 1\,cm$; $\frac{2}{100}\,m = 2\,cm$; …

c) $\frac{1}{100}\,dm = 1\,mm$; $\frac{2}{100}\,dm = 2\,mm$; …

d) Finde weitere Reihen.

4 Welche Bruchteile eines Meters sind dargestellt? Gib sie auch in cm an.

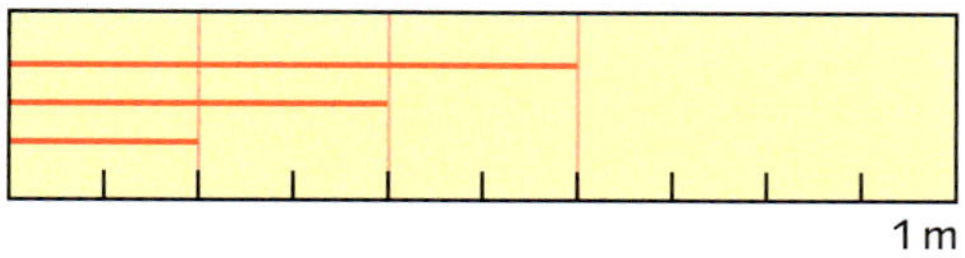

5 Gib die rot markierte Strecke als Bruchteil und in einer kleineren Maßeinheit an.

a)

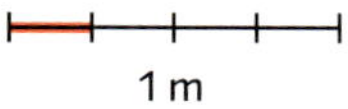

b)

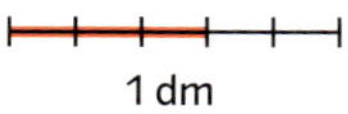

c)

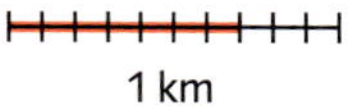

d)

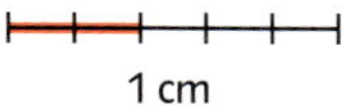

6 Schreibe ohne Brüche.

a) $\frac{1}{4}\,m$	b) $\frac{1}{5}\,km$	c) $\frac{1}{2}\,dm$
$\frac{1}{5}\,m$	$\frac{1}{8}\,km$	$\frac{1}{25}\,dm$
$\frac{1}{20}\,m$	$\frac{1}{50}\,km$	$\frac{1}{250}\,m$

7 a) Wer hat den kürzesten, wer den weitesten Schulweg?
b) Wer hat einen längeren Schulweg als Marvin?

Ina 800 m	Stefan $2\frac{3}{4}$ km
Klaus $2\frac{1}{4}$ km	Anke 2700 m
Thomas $1\frac{1}{8}$ km	Marvin $2\frac{1}{3}$ km
Sven $2\frac{4}{5}$ km	Leo 1250 m
Katja $\frac{3}{4}$ km	Theo $1\frac{2}{5}$ km
Pit 1200 m	

Flächeninhalte

$1\,m^2 = 100\,dm^2$; also ist $1\,dm^2 = \frac{1}{100}\,m^2$

$1\,dm^2 = 100\,cm^2$; also ist $1\,cm^2 = \frac{1}{100}\,dm^2$

$1\,m^2 = 10\,000\,cm^2$; also ist $1\,cm^2 = \frac{1}{10\,000}\,m^2$

Suche weitere Beispiele.

8 Gib die gefärbte Fläche in den abgebildeten Quadraten als Bruchteil des Quadrats und in der nächstkleineren Maßeinheit an.

a)

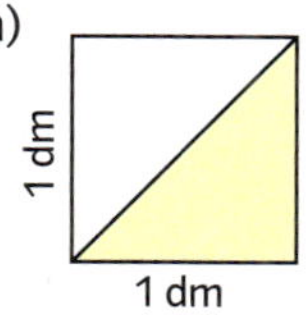

b)

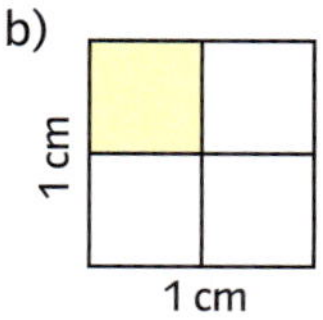

c)

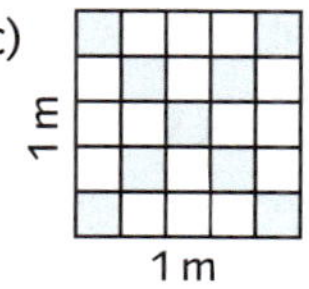

d)

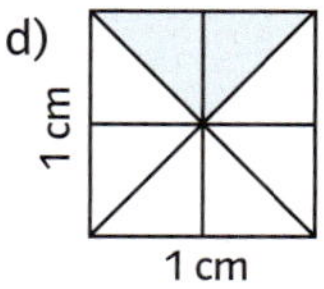

9 Zeichne drei Quadrate mit 10 cm Seitenlänge und färbe $\frac{1}{10}\,dm^2$; $\frac{2}{5}\,dm^2$; $\frac{13}{20}\,dm^2$ davon.

10 Wie groß ist die gefärbte Fläche? Schätze und begründe.

a)

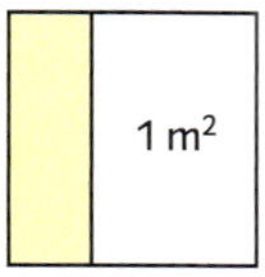

$\frac{1}{3}\,m^2$ oder $\frac{1}{4}\,m^2$

b)

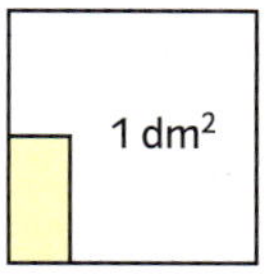

$\frac{1}{10}\,dm^2$ oder $\frac{1}{8}\,dm^2$

c)

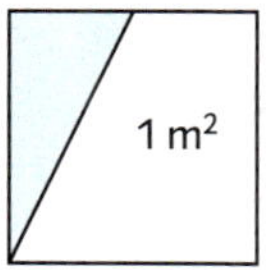

$25\,dm^2$ oder $\frac{2}{5}\,dm^2$

d)

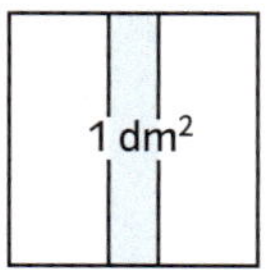

$\frac{1}{6}\,cm^2$ oder $20\,cm^2$

11 Der Flügel einer Schultafel hat eine Fläche von $1\,m^2$. Auf ihm ist ein Karonetz eingezeichnet. Das Netz hat in der Länge und in der Höhe je 20 Kästchen.
a) Welchen Bruchteil des Flügels nimmt die Fläche eines Karos ein?
b) Gib die Fläche eines Karos in cm^2 an.

Dezi

bedeutet der zehnte Teil, also ein Zehntel.

Zenti

bedeutet der hundertste Teil, also ein Hundertstel.

Milli

bedeutet der tausendste Teil, also ein Tausendstel.

Rauminhalte

$1\,m^3 = 1000\,dm^3$; also ist $1\,dm^3 = \frac{1}{1000}\,m^3$

$1\,dm^3 = 1000\,cm^3$; also ist $1\,cm^3 = \frac{1}{1000}\,dm^3$

$1\,m^3 = 1\,000\,000\,cm^3$; also ist $1\,cm^3 = \frac{1}{1\,000\,000}\,m^3$

Suche weitere Beispiele.

12 a) Setze die beiden Listen fort.

$1\,m^3 = 1000\,dm^3$	$1\,dm^3 = 1000\,cm^3$
$\frac{1}{2}\,m^3 = 500\,dm^3$	$\frac{1}{10}\,dm^3 = 100\,cm^3$
$\frac{1}{4}\,m^3 =$	$\frac{2}{10}\,dm^3 =$
$\frac{1}{5}\,m^3 =$	$\frac{3}{10}\,dm^3 =$
$\frac{1}{8}\,m^3 =$	$\frac{4}{10}\,dm^3 =$
$\frac{1}{10}\,m^3 =$	$\frac{5}{10}\,dm^3 =$

b) Entwickle weitere Listen.

$\frac{1}{2}\,l$	400 ml
570 ml	4 dl
	12 cl
$\frac{1}{5}\,l$	500 ml
300 ml	$\frac{12}{100}\,l$
$\frac{3}{10}\,l$	
30 cl	$\frac{400}{1000}\,l$

Was ist gleich?

13 Welches Volumen hat der Würfel, welches der gefärbte Teil? Gib in zwei verschiedenen Maßeinheiten an.

a)

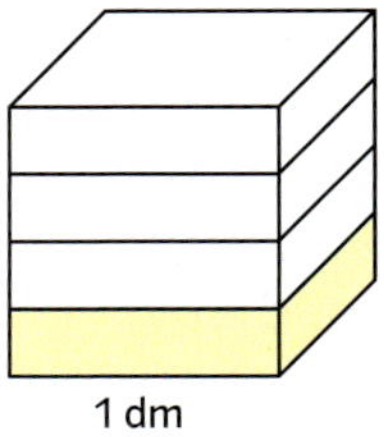

b)

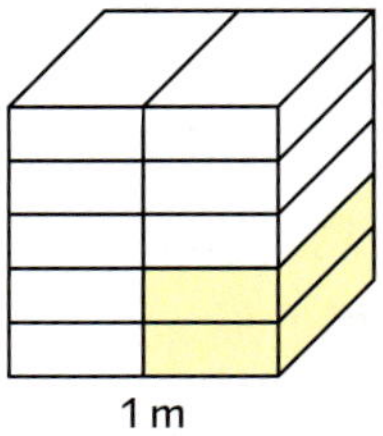

c)

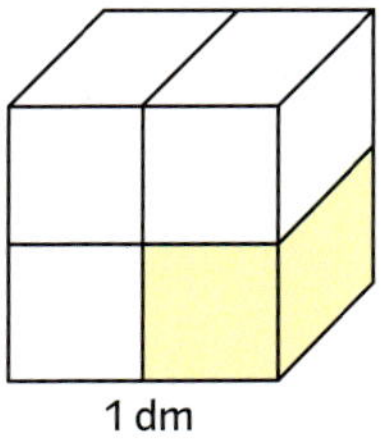

d)

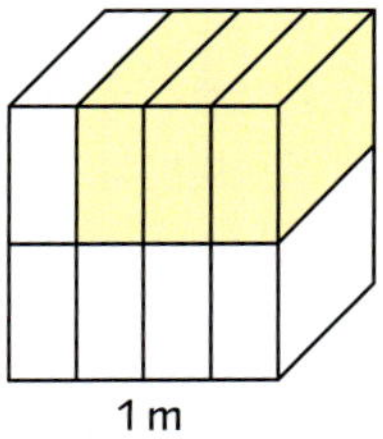

14 Glocken werden aus Bronze gegossen. Bronze ist eine Legierung und besteht zu $\frac{1}{4}$ aus Zinn und zu $\frac{3}{4}$ aus Kupfer.

a) Bestimme den Kupfer- und den Zinnanteil, einer Glocke mit dem Volumen

- $1\,m^3$
- $1\,dm^3$
- $100\,dm^3$
- $800\,cm^3$

Gib alle Ergebnisse in zwei verschiedenen Einheiten an.

b) Eine Glocke enthält $300\,dm^3$ Kupfer. Welches Volumen hat die Glocke?

Für Rauminhalte verwendet man auch Hohlmaße

$1\,l = 1\,dm^3$. Zeige: $1\,ml = 1\,cm^3$

Hohlmaße

$1\,l = 10\,dl$; also ist $1\,dl = \frac{1}{10}\,l$

$1\,l = 100\,cl$; also ist $1\,cl = \frac{1}{100}\,l$

$1\,l = 1000\,ml$; also ist $1\,ml = \frac{1}{1000}\,l$

Suche weitere Beispiele.

15 Welche Gefäße sind nicht halb voll? Begründe.

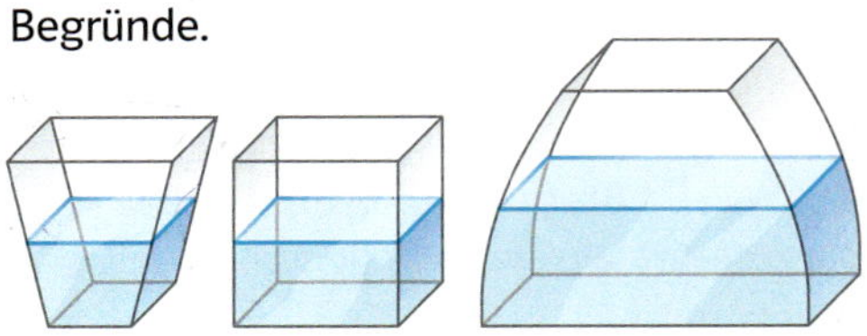

16 Wie viele Einzelgefäße können mit einem Liter Flüssigkeit gefüllt werden?

a) Weinglas: $\frac{1}{4}\,l$
b) Bierkrug: $\frac{1}{2}\,l$
c) Likörglas: $\frac{1}{50}\,l$
d) Saftglas: $\frac{1}{5}\,l$
e) Probierglas: $\frac{1}{10}\,l$
f) Tasse: $\frac{1}{8}\,l$

17 a) Gib in ml an:

$\frac{1}{2}\,dm^3$; $\frac{1}{4}\,dm^3$; $\frac{1}{8}\,dm^3$; $\frac{3}{8}\,dm^3$

b) Gib in dm^3 an:

1 ml; 500 ml; 250 ml; 50 ml; 317 ml

18 Das Volumen eines Steins kann mithilfe eines Messbechers bestimmt werden.

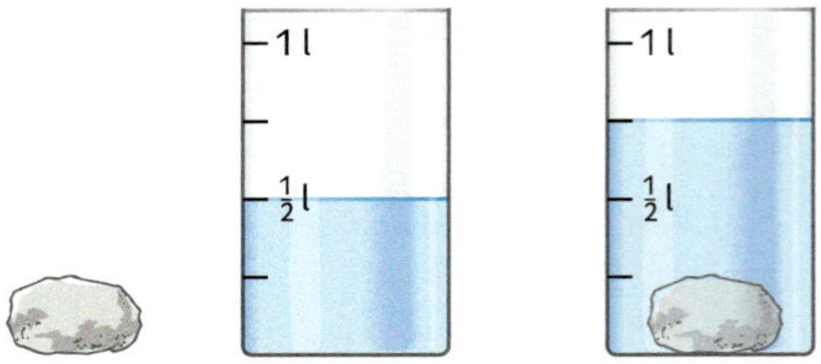

a) Beschreibe das Verfahren.

b) Gib das Volumen des Steins in cm^3 an.

c) Bestimme das Volumen des eingetauchten Gegenstandes in cm^3, wenn der Wasserspiegel folgendermaßen steigt.

- von 3 l auf 5 l
- von 0,2 l auf 0,8 l
- von $\frac{3}{8}\,l$ auf $\frac{5}{8}\,l$
- von $\frac{1}{4}\,l$ auf $\frac{2}{5}\,l$

Massen

$1\,t = 1000\,kg$; also ist $1\,kg = \frac{1}{1000}\,t$

$1\,kg = 1000\,g$; also ist $1\,g = \frac{1}{1000}\,kg$

$1\,g = 1000\,mg$; also ist $1\,mg = \frac{1}{1000}\,g$

Suche weitere Beispiele.

19 Bis zu welchem Skalenstrich wird der Becher jeweils gefüllt?
250 g; 500 g; 1000 g; 750 g; 125 g; 375 g

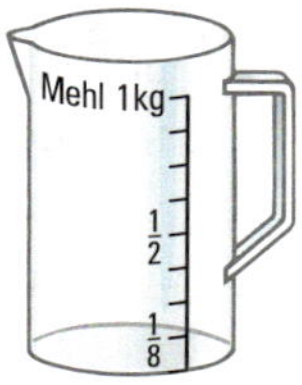

20 Ein Wägesatz besteht aus folgenden Massestücken: 50 g; 100 g; $\frac{1}{4}$ kg und $\frac{1}{2}$ kg. Gib alle Massen an, die du damit auswiegen könntest.

21 Welche der vorhandenen Massestücke musst du nehmen, um die dargestellten Lebensmittel auswiegen zu können? Manchmal musst du rechts und links Massestücke auf die Waage legen.

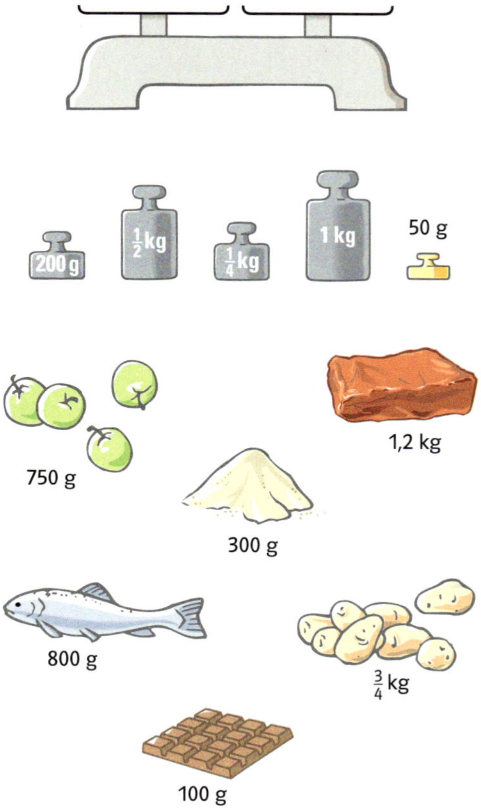

Zeiten

$1\,h = 60\,min$; also ist $1\,min = \frac{1}{60}\,h$

$1\,h = 3600\,s$; also ist $1\,s = \frac{1}{3600}\,h$

1 Tag = 24 h; also ist $1\,h = \frac{1}{24}$ Tag

1 Jahr = 12 Mon.; also ist 1 Mon. = $\frac{1}{12}$ Jahr

22 Wie viele Stunden sind seit 12:00 Uhr verstrichen?

a)
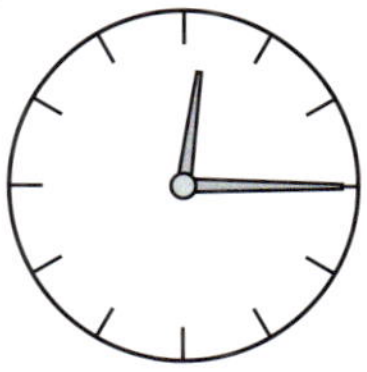
b)

c)
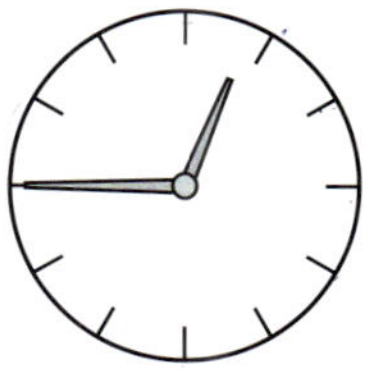
d)
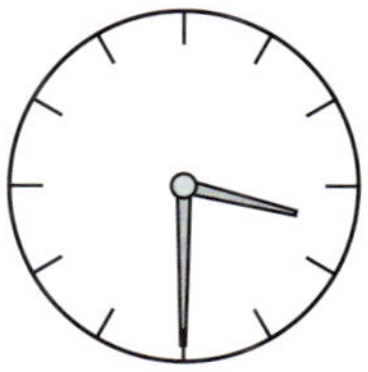
e)
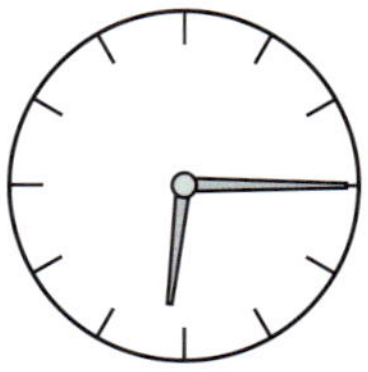
f)
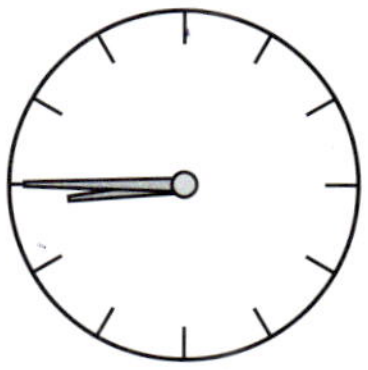

23 Bestimme den Bruchteil.

a) in Stunden	b) in Tagen	c) in Jahren
45 min	6 h	4 Mon.
20 min	3 h	3 Mon.
6 min	18 h	1 Mon.

24 Schreibe als Bruchteil in der nächstgrößeren Maßeinheit.

a) 20 s	b) 6 h	c) 8 Mon.
25 min	30 h	15 Mon.

25 Gib den Zeitpunkt an.

a) $\frac{1}{4}$ h nach 13:15 Uhr b) $\frac{1}{10}$ h vor 17:40 Uhr

c) $\frac{1}{5}$ h nach 7:24 Uhr d) $\frac{7}{12}$ vor 4:17 Uhr

26 a) Der Schnellzug aus Leipzig kommt laut Fahrplan um 16:47 Uhr an. Er hat jedoch eine Viertelstunde Verspätung.
b) Der ICE aus Berlin trifft mit dreivierteltelstündiger Verspätung erst um 13:09 Uhr ein.
c) Der RegionalExpress soll um 18:52 Uhr eintreffen. Er hat $\frac{1}{4}$ Stunde Verspätung.

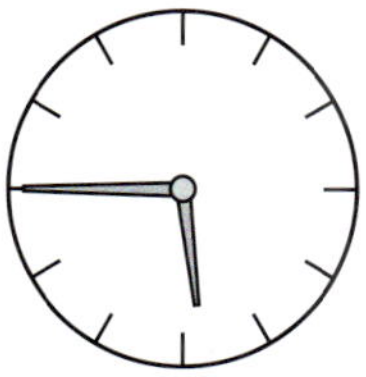
a quarter to six

3 Dezimalbrüche

Petra sprang 3,14 m weit.
Sven lief 50 m in 8,6 s.
Julia sprang 1,07 m hoch.
Erika schleuderte den Ball 12,5 m weit.
Inge erreichte beim Kunstturnen 7,2 Punkte.

→ Welche Bedeutung haben die Ziffern hinter dem Komma?

Zwischen zwei natürlichen Zahlen liegen weitere Zahlen, die **Dezimalbrüche**.

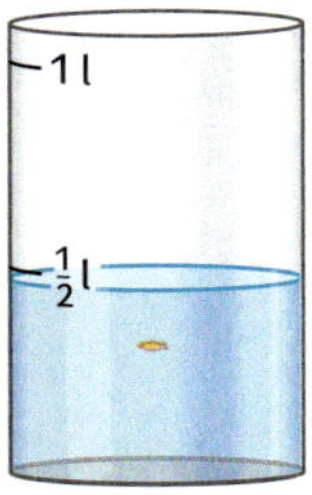

Wie viel Liter sind im Glas?

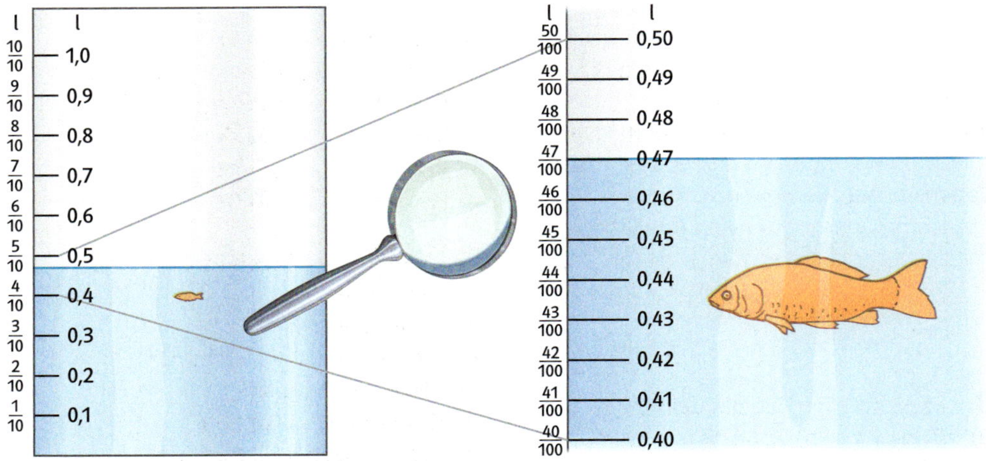

Es sind $\frac{47}{100}$ l = 0,47 l Wasser im Glas.

Die **Dezimalschreibweise** oder **Kommaschreibweise** ist eine einfache Schreibweise für Brüche mit dem Nenner 10, 100, 1000 usw.
In der Tabelle kann man die Bedeutung der Stellen nach dem Komma erkennen.

1 m	1 dm	1 cm	1 mm
7,	3	5	2

7,352 m

10 dm	1 dm	1 cm	1 mm
7	3,	5	2

73,52 dm

100 cm	10 cm	1 cm	1 mm
7	3	5,	2

735,2 cm

Lies: „sieben Komma drei fünf zwei Meter"

100 cl	10 cl	1 cl	1 ml
3	2	0,	8

320,8 cl

10 dl	1 dl	1 cl	1 ml
3	2,	0	8

32,08 dl

1 l	1 dl	1 cl	1 ml
3,	2	0	8

3,208 l

Bei der **Dezimalschreibweise** stehen nach dem Komma Zehntel, Hundertstel, Tausendstel, …
Die Ziffern nach dem Komma heißen **Dezimalen** oder **Nachkommaziffern** und werden nach dem Komma der Reihe nach einzeln gelesen.

Beispiele

a) $2{,}45\,m = 2\,m + \frac{4}{10}\,m + \frac{5}{100}\,m = 2\,m + 4\,dm + 5\,cm = 245\,cm$

b) $0{,}506\,kg = 0\,kg + \frac{5}{10}\,kg + \frac{0}{100}\,kg + \frac{6}{1000}\,kg = 500\,g + 6\,g = 506\,g$

Aufgaben

1 Mithilfe von Geldmünzen und einer Tabelle kannst du Geldbeträge darstellen.

	1 €	10 ct	1 ct
2,13 €			

Stelle auf diese Weise dar und gib die Beträge in Euro und Cent an.
3,14 €; 5,10 €; 0,25 €; 63 ct; 20 ct; 106 ct

2 Gib in Kilogramm an.

10 kg	1 kg	100 g	10 g	1 g
3	5	3	1	7
7	2	0	0	4
	0	0	1	0

3 Stelle in einer Tabelle dar.

a) 3,72 m; 5,682 m; 6,035 m
b) 72,84 dm; 104,5 cm; 40,05 dm
c) 8,004 m; 0,527 m; 0,041 m

4 Gib die auf dem Maßband markierten Längen in m, dm und cm an.

a)
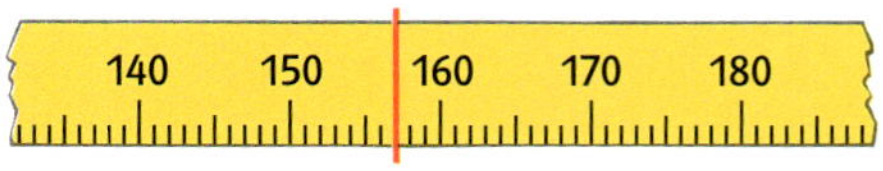

b)
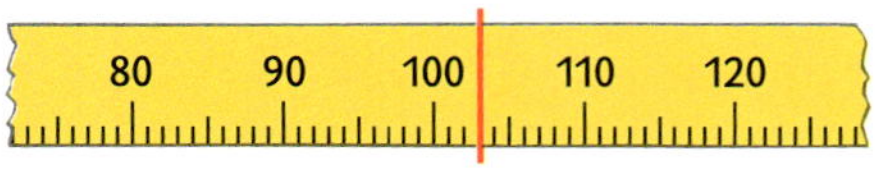

c)
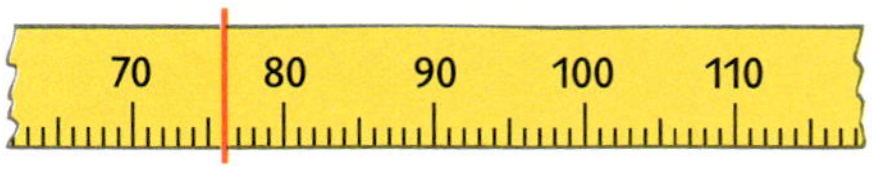

5 Schreibe mit Komma.

a) 1 kg 240 g; 12 kg 400 g; 12 kg 40 g; 12 kg 4 g; 1240 kg
b) 45 m 4 dm; 45 m 4 cm; 45 m 4 mm; 45 m 45 cm; 45 m 45 mm

6 Schreibe als Dezimalbruch.

a) $\frac{1}{2}$ kg; $\frac{4}{10}$ g; $\frac{25}{100}$ kg; $\frac{3}{5}$ kg
b) $\frac{1}{4}$ km; $\frac{12}{10\,000}$ km; $\frac{48}{100}$ m; $\frac{7}{20}$ m
c) $\frac{1}{5}$ l; $\frac{9}{100}$ l; $\frac{50}{100}$ l; $\frac{9}{50}$ l

7 Schreibe als Bruch.

a) 0,4 m; 0,08 km; 0,005 m; 0,125 m; 0,65 dm
b) 0,5 kg; 0,250 kg; 0,025 kg; 0,75 kg; 0,012 g
c) 0,3 l; 0,1 l; 0,35 l; 0,05 l; 0,007 l

8 Schreibe als Bruch in der Kommaschreibweise.

a) 25 Hundertstel Meter
b) 786 Tausendstel Kilogramm
c) 7 Hundertstel Liter
d) 33 Tausendstel Tonnen
e) 632 Hundertstel Sekunden
f) 55 Tausendstel Kubikmeter

9 Mach es besser.

a) Die Straße von Ahaus nach Beedorf ist 6 500 000 mm lang.
b) Das Haus ist 1200 cm lang, 8000 mm breit und 0,007 km hoch.
c) Das Grundstück hat eine Fläche von 652 000 000 mm^2.
d) Der Lastwagen hat 4 500 000 g Sand geladen.
e) Im Kuchenteig sind 0,0005 t Mehl und 150 000 mg Zucker.
f) Peter ist 0,075 km in $\frac{1}{5}$ min gelaufen.
g) Erfinde selbst solche Sätze.

10 Schreibe in gemischter Schreibweise.

a) 3,5 m; 18,25 m; 40,06 km
b) 5,7 kg; 4,25 kg; 8,005 kg
c) 17,3 l; 90,6 l; 3,02 l

Wichtige Dezimalbrüche

0,5	$= \frac{1}{2}$
0,25	$= \frac{1}{4}$
0,75	$= \frac{3}{4}$
0,125	$= \frac{1}{8}$
0,2	$= \frac{1}{5}$
0,1	$= \frac{1}{10}$
0,05	$= \frac{1}{20}$
0,01	$= \frac{1}{100}$

Zusammenfassung

Bruchteile

Wird ein Ganzes in gleich große Teile geteilt, so erhalten wir **Bruchteile** des Ganzen.

Ein Ganzes aufgeteilt in

2 Teile: $\frac{1}{2}$

3 Teile: $\frac{1}{3}$

4 Teile: $\frac{1}{4}$

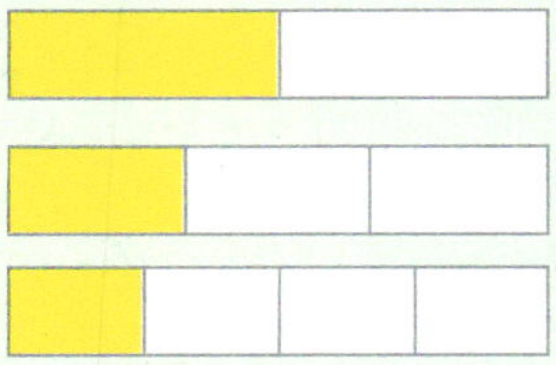

Bruch

Wir schreiben Teile eines Ganzen als **Bruch**.

Der fünfte Teil eines Ganzen: $\frac{1}{5}$

Der siebte Teil eines Ganzen: $\frac{1}{7}$

Zähler
Nenner

Jeder Bruch besteht aus einem **Zähler** und einem **Nenner**.
Der Nenner gibt an, in wie viele gleich große Teile geteilt wird.
Der Zähler gibt an, wie viele dieser Teile ausgewählt werden.

Ein Ganzes in fünf Teile aufgeteilt und zwei davon ausgewählt:

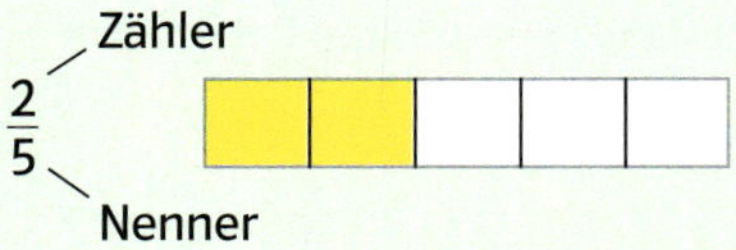

gemischte Schreibweise

Gelegentlich treten bei Maßzahlen natürliche Zahlen und Brüche gemeinsam auf.
Wir nennen dies **gemischte Schreibweise**.

$2\frac{1}{2}\,l = 2\,l + \frac{1}{2}\,l$
$= 200\,cl + 50\,cl = 250\,cl$

$3\frac{2}{5}\,kg = 3\,kg + \frac{2}{5}\,kg$
$= 3000\,g + 400\,g$
$= 3400\,g$

Dezimalbruch

Die Maßzahl einer Größe kann auch in Kommaschreibweise angegeben werden.
In diesem Fall spricht man von einem **Dezimalbruch**.
Dabei bedeuten die Nachkommaziffern Zehntel, Hunderstel, Tausendstel … der Größe.

3,82 m heißt:
$3\,m + \frac{8}{10}\,m + \frac{2}{100}\,m$
$= 300\,cm + 80\,cm + 2\,cm$
$= 382\,cm$

0,705 kg heißt:
$0\,kg + \frac{7}{10}\,kg + \frac{0}{100}\,kg + \frac{5}{1000}\,kg$
$= 700\,g + 5\,g$
$= 705\,g$

Üben • Anwenden • Nachdenken

1 Welcher Bruch wird durch die gefärbte Fläche dargestellt? Wie groß ist der Rest?

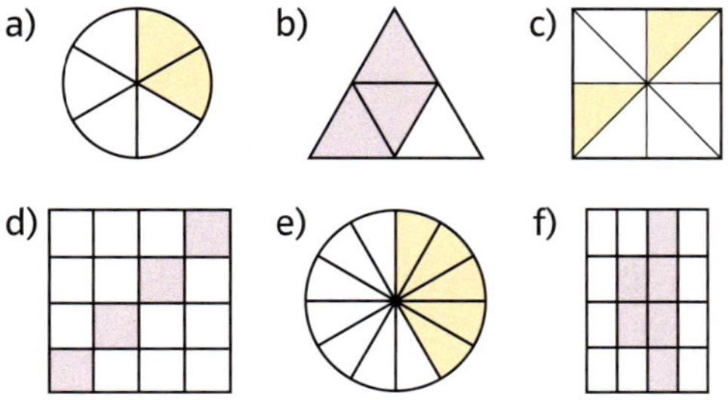

2 Welchen Bruchteil der Gesamtfläche stellen die gefärbten Flächen jeweils dar?

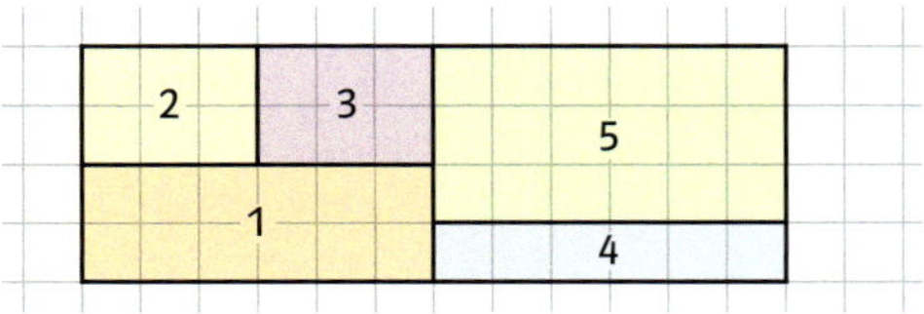

3 Gib die gefärbten Teile als Bruchteil an.

a)

b)

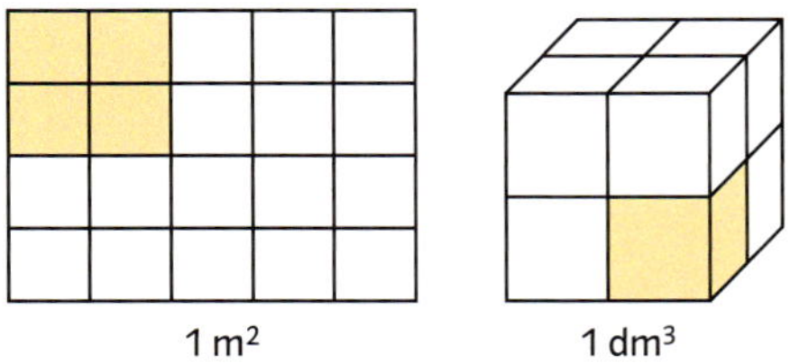

c)

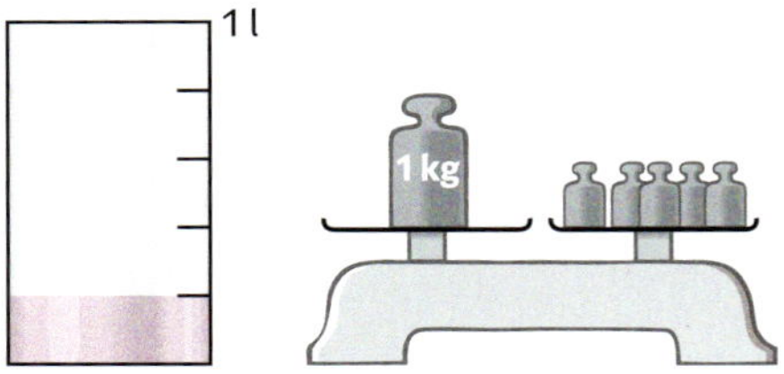

4 Schreibe die Maßzahl als Bruchteil

a) einer Stunde: 45 min; 20 min; 6 min.
b) eines Tages: 6 h; 3 h; 8 h; 18 h; 1 h.
c) eines Jahres: 4 Mon.; 3 Mon.; 1 Mon.
d) einer Tonne: 125 kg; 200 kg; 50 kg.
e) eines Liters: 500 ml; 375 ml; 400 ml.

5 Bei Julias Geburtstag gibt es Kuchen vom Blech.

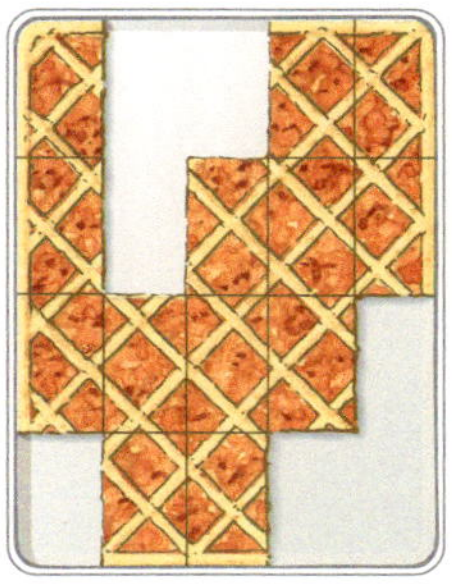

a) Gib ein Stück Kuchen als Bruchteil des ganzen Kuchens an.
b) Welcher Bruchteil des Kuchens ist schon gegessen?
c) Wie viel ist noch übrig?

6 Zutaten für einen Gewürzkuchen:

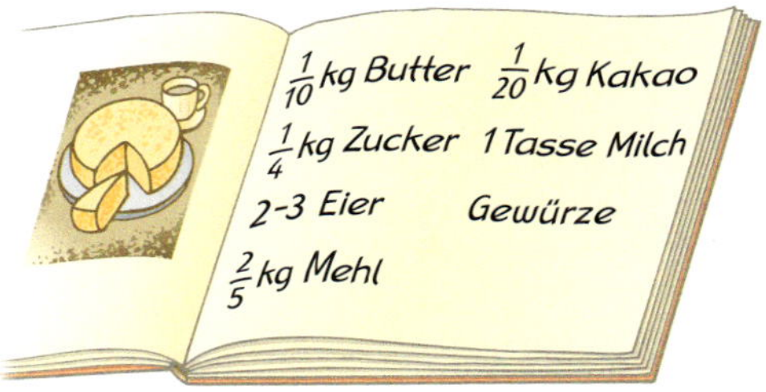

a) Die Küchenwaage zeigt nur Gramm an.
b) Rechne ebenso die Zutaten für einen Kirschkuchen um.
$\frac{1}{4}$ kg Mehl; $\frac{3}{4}$ kg Kirschen; $\frac{3}{40}$ kg Zucker; $\frac{1}{20}$ kg Fett; 2 Eier; Zitronenschale

7 Die Schülerzeitung finanziert sich über Werbung.
Die Kunden können für ihre Werbung eine ganze, eine halbe, eine viertel oder eine achtel Seite bestellen.
a) Es liegen zweimal $\frac{1}{8}$ Seite, einmal $\frac{1}{4}$ Seite und einmal $\frac{1}{2}$ Seite als Werbebestellung vor. Zeichne eine mögliche Seiteneinteilung für die Werbeseite.
b) Insgesamt sollen fünf Werbungen auf einer Seite untergebracht werden.
Welche Aufteilungsmöglichkeiten gibt es? Zeichne.
c) Es liegen folgende Bestellungen vor: 1-mal 1 Seite; 3-mal $\frac{1}{2}$ Seite; 5-mal $\frac{1}{4}$ Seite und 10-mal $\frac{1}{8}$ Seite.
Wie viele Seiten Werbung sind erforderlich, um die bestellten Werbungen unterzubringen? Zeichne alle Seiten mit möglichen Aufteilungen.
d) Gib alle möglichen Aufteilungen an, um eine ganze Seite mit Werbung zu versehen.

8 Setze fort.

a)

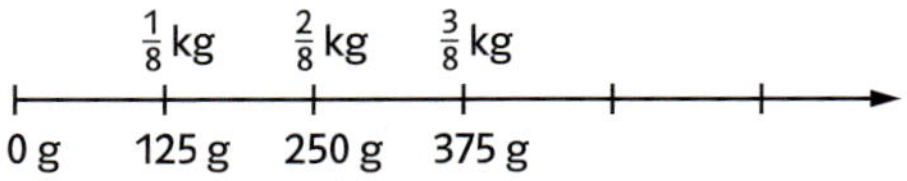

b)

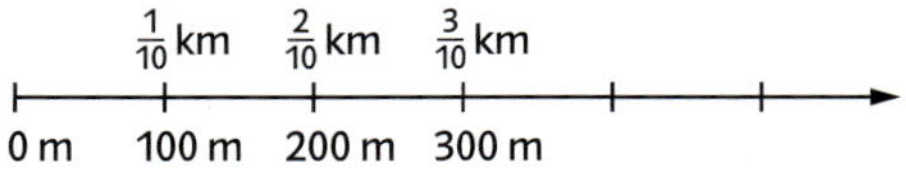

c)

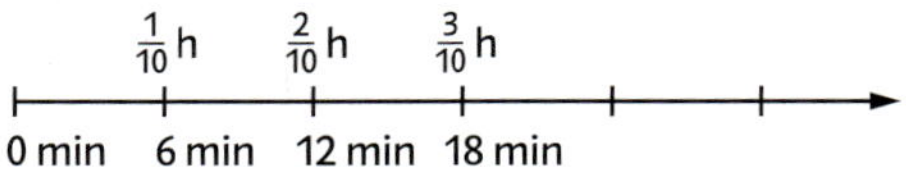

d)

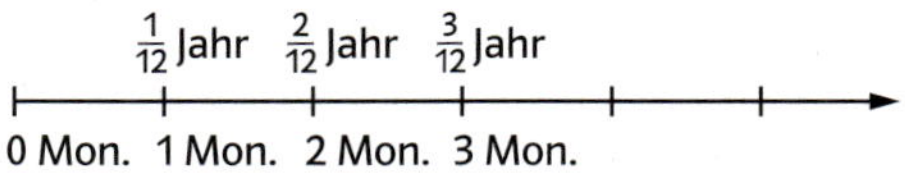

9 Setze für die Kästchen entsprechende Maßeinheiten der Länge so ein, dass die Umwandlungen richtig sind.

a) 5 ☐ 78 ☐ = 5,78 ☐
b) 5 ☐ 78 ☐ = 5,078 ☐
c) 57 ☐ 8 ☐ = 57,8 ☐
d) 57 ☐ 8 ☐ = 57,08 ☐
e) 578 ☐ = 5,78 ☐
f) 578 ☐ = 0,578 ☐

10 Welches Gefäß ist zu drei Vierteln gefüllt? Begründe.

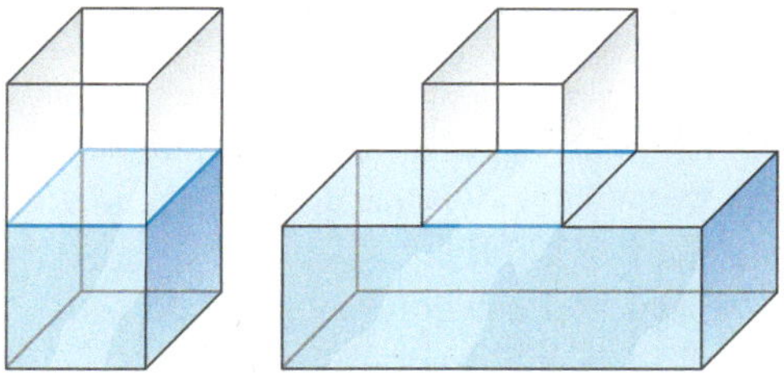

11 a) Aus einem Quader werden fünf gleich große Platten gesägt. Anschließend werden aus jeder Platte sechs gleich große Stangen gesägt. Welcher Bruchteil des Quaders ist eine Stange?
b) Jede Stange wird in drei Würfel zersägt. Welcher Bruchteil des Quaders ist ein Würfel?

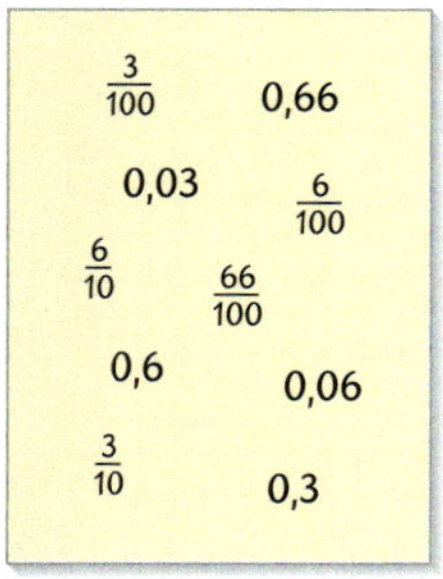

12 Suche auf dem Zettel jeweils Paare gleicher Zahlen.

13 Suche mithilfe eines entsprechenden Ausschnitts auf dem Zahlenstrahl die Zahl, die genau in der Mitte der beiden anderen Zahlen liegt. Markiere und benenne die Zahl.

a) 4,5 und 5,3
b) 3,9 und 4,9
c) 12,1 und 12,9
d) 8,7 und 8,5
e) 0,52 und 0,58
f) 1,36 und 1,44
g) 15,1 und 15,8
h) 2,7 und 3,4
i) 1,007 und 1,019
j) 0,003 und 0,008

14 a) Lege aus diesen fünf Kärtchen fünf Zahlen, die kleiner als 0,6 sind.

b) Lege fünf Zahlen, die zwischen 0,3 und 4,5 liegen.
c) Lege alle Zahlen, die größer als 5 sind.

15 Ein Zählwerk zeigt 14,41 an. Bei diesem Dezimalbruch sind die Ziffern „spiegelbildlich“ zum Komma.
a) Wie oft muss das Zählrad für die erste Dezimale um eine Ziffer weiter rücken, bis wieder ein Dezimalbruch erscheint, bei dem die Ziffern zum Komma „spiegelbildlich“ sind?
b) Wie oft muss die zweite Dezimale weiter rücken, bis wieder ein „spiegelbildlicher“ Dezimalbruch entsteht?

16 Wie viele kleine Würfel benötigst du, um die großen Körper bauen zu können?

a)

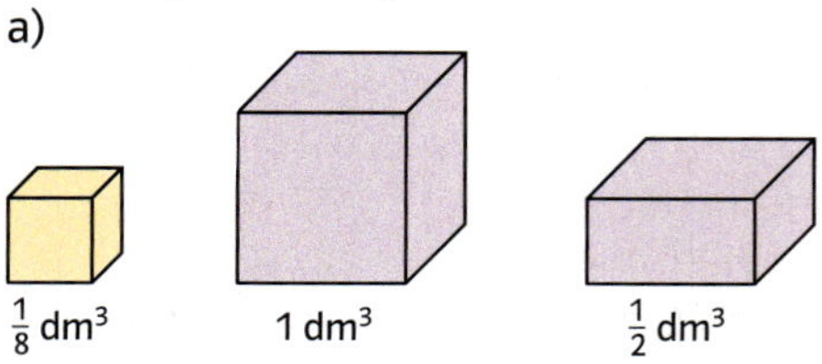

b)

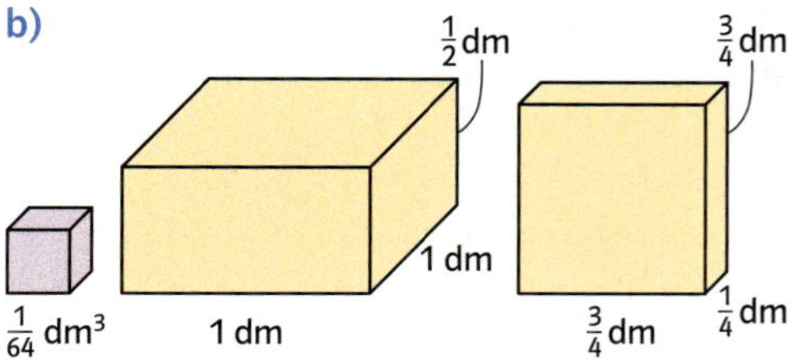

Rückspiegel

1 Welcher Bruch ist hier dargestellt?

a) 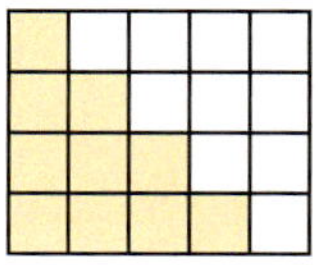

b) 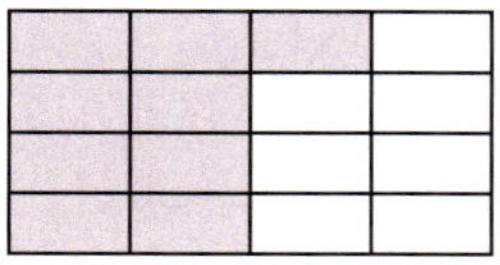

c) 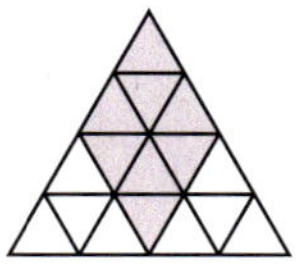

d) 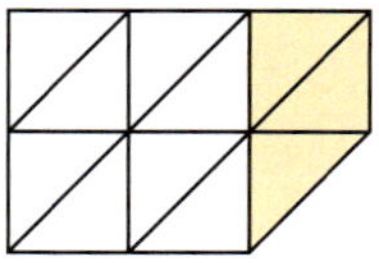

2 Übertrage die Figur in dein Heft und stelle den Bruchteil dar.

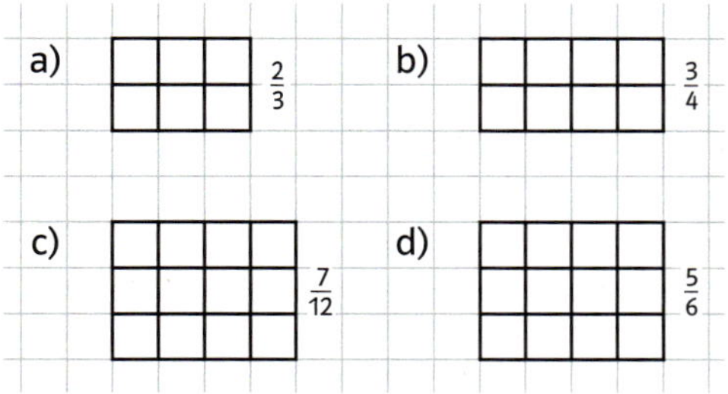

3 Wandle in die angegebene Einheit um.

a) in **cm**: $\frac{1}{5}$ m; $\frac{3}{5}$ m; $\frac{1}{10}$ m; $\frac{7}{20}$ m

b) in **m**: $\frac{1}{4}$ km; $\frac{1}{8}$ km; $\frac{3}{8}$ km; $\frac{3}{10}$ km

c) in **ml**: $\frac{3}{4}$ l; $\frac{3}{10}$ l; $\frac{35}{100}$ l; $\frac{650}{1000}$ l

d) in **g**: $\frac{3}{1000}$ kg; $\frac{30}{1000}$ kg; $\frac{300}{1000}$ kg

4 Schreibe die Größen mit Komma in der größten Einheit, die vorkommt.

a)	b)
5 m 6 dm 3 cm	4 kg 630 g
12 m 4 cm 8 mm	17 kg 30 g
70 dm 31 cm	2 t 45 kg
5 dm 2 mm	3 t 850 kg
8 km 24 m	1 t 2 kg 18 g

5 Schreibe als Bruch.

a)	b)	c)
0,6 m	0,25 kg	0,5 l
0,04 cm	0,68 kg	0,75 l
0,789 km	0,36 g	0,857 ml
0,25 dm	0,065 kg	0,001 l
0,008 m	0,010 kg	0,004 l

1 Gib an, welchen Bruchteil des ganzen Rechtecks jede Farbfläche ausmacht.

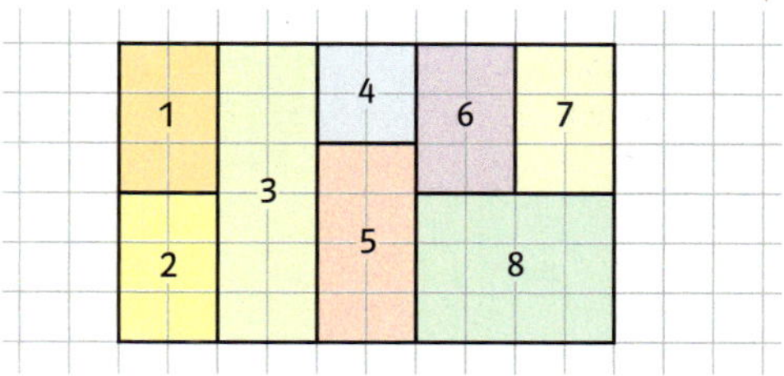

2 a) Zeichne einen geeigneten Streifen und färbe $\frac{1}{6}$; $\frac{1}{8}$; $\frac{1}{9}$; $\frac{1}{12}$ und $\frac{1}{20}$ davon.

b) Stelle den Bruchteil in einem geeigneten Quadrat dar.
$\frac{3}{4}$; $\frac{5}{9}$; $\frac{7}{16}$; $\frac{8}{25}$; $\frac{17}{36}$

c) Zeichne ein Rechteck, welches 12 Kästchen lang und 5 Kästchen breit ist. Stelle den Bruchteil dar.
$\frac{1}{6}$; $\frac{2}{3}$; $\frac{5}{12}$; $\frac{7}{15}$; $\frac{19}{30}$

3 a) Gib in Monaten an.
$\frac{1}{4}$ Jahr; $\frac{1}{3}$ Jahr; $\frac{1}{6}$ Jahr

b) Gib in Minuten an.
$\frac{1}{3}$ h; $\frac{3}{10}$ h; $\frac{1}{12}$ h; $\frac{4}{15}$ h

c) Gib in Tagen an.
$\frac{2}{3}$ Mon.; $\frac{5}{6}$ Mon.; $\frac{7}{10}$ Mon.

4 Welche Zahlen sind auf dem Zahlenstrahlausschnitt dargestellt?

a) 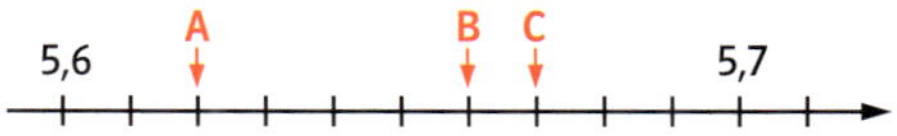

b) 

c) 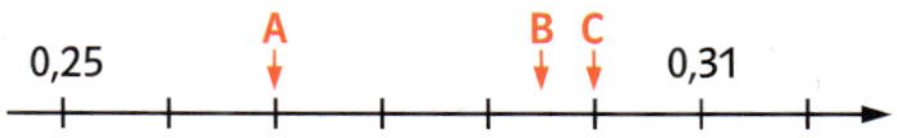

5 Schreibe in gemischter Schreibweise.

a)	b)	c)
2,8 m	5,972 kg	12,7 l
8,03 m	12,8 g	4,451 l
17,001 km	84,003 t	5,022 l
25,25 dm	156,08 kg	3,540 l

Tag für Tag

Tagesablauf

Der Schulalltag läuft für jeden einzelnen von euch mehr oder weniger gleich ab.

Veronikas Schulalltag beginnt um 6:30 Uhr. Sie steht auf, wäscht sich, zieht sich an und frühstückt.

Auf den Bildern siehst du den Ablauf eines normalen Schulalltags. Beschreibe.

Wie sieht ein Schulalltag bei dir aus? Welche Zeit benötigst du für die einzelnen Tätigkeiten? Vergleiche mit deinen Mitschülerinnen und Mitschülern.

Wochenplan

Veronika schreibt für eine Woche auf, wie viel Zeit sie für die einzelnen Tätigkeiten benötigt.

Tätigkeit	Mo	Di	Mi	Do	Fr	Sa	So	Summe
Essen, Körperpflege	1:15	1:00	1:00	1:15	1:00	1:45	1:15	
Schulweg	1:15	1:15	1:15	1:15	1:15	–	–	
Unterricht	6:00	6:00	4:30	5:15	5:15	–	–	
Pausen	1:30	1:30	0:45	1:00	1:30	–	–	
Hausaufgaben	0:45	1:15	0:30	0:30	–	1:30	–	
Freizeit	4:00	4:00	7:00	6:00	6:30	10:30	13:00	
Schlafen	9:15	9:00	9:00	8:45	8:30	10:15	9:45	

Was sagt dir die Tabelle?
Stelle dir dazu Fragen wie etwa:

- Für welche Tätigkeit benötigt Veronika am meisten, für welche am wenigsten Zeit?
- Welchen zeitlichen Umfang nimmt die Schule im Vergleich zur Freizeit bzw. sonstigen Tätigkeiten ein?

Erstelle für dich eine solche Tabelle. Für welche Tätigkeit benötigst du am meisten, für welche am wenigsten Zeit?

Vergleiche deine Tabelle mit den Tabellen deiner Mitschülerinnen und Mitschüler. Welche Gründe gibt es für zeitliche Abweichungen?

Schulweg

In der Klasse 5b der Erich-Kästner-Regelschule wird eine Erhebung darüber durchgeführt, wie viel Zeit der Schulweg für jeden Einzelnen in Anspruch nimmt. Das Ergebnis wird in einer Liste festgehalten.

Schulweg in Minuten (einfacher Weg) für die Schülerinnen und Schüler der Klasse 5b:

	Strichliste	Anzahl
0–5 Minuten	I	1
5–10 Minuten	III	
10–15 Minuten	~~IIII~~	5
15–20 Minuten	IIII	
20–25 Minuten	III	
25–30 Minuten	~~IIII~~ II	
30–35 Minuten		0
35–40 Minuten	I	
über 40 Minuten	I	
Summe		25

Warum wurde eine Strichliste angefertigt?
Welche Werte fallen dir besonders auf?
Stelle das Ergebnis in einem Diagramm dar.

Führt in eurer Klasse eine solche Befragung durch und stellt das Ergebnis in einem Diagramm dar. Vergleicht euer Diagramm mit dem der Klasse 5b der Erich-Kästner-Regelschule.

In diesem Kapitel lernst du,

- wie statistische Erhebungen durchgeführt werden,
- wie man Daten in Listen erfasst,
- wie man Daten grafisch darstellt,
- wie man statistische Erhebungen auswertet,
- was das arithmetische Mittel ist und wie man es berechnet.

1 Daten erfassen

In einer Klasse wurde eine Umfrage über die Lieblingssportart durchgeführt. Aus dem Durcheinander der vielen Zettel erhältst du so schnell keine Antwort, welche Sportart am häufigsten oder welche selten gewählt wurde.
→ Wie kannst du dir einen Überblick verschaffen?

Um bestimmte Fragen beantworten zu können, sammelt man Daten. Zur besseren Übersicht über die Datenmenge legt man unter anderem Listen an.

Das Sammeln von Daten wird **statistische Erhebung** genannt.
In einer **Strichliste** kann das Ergebnis einer statistischen Erhebung festgehalten werden.
Werden in der Liste statt der Striche Zahlenwerte angegeben, so spricht man von einer **Häufigkeitsliste** oder **Häufigkeitstabelle**.

Beispiel

In der Jahrgangsstufe 5 wird eine statistische Erhebung darüber durchgeführt, mit welchem Verkehrsmittel jeder normalerweise zur Schule kommt.
Vorab überlegt man sich, wie die Schülerinnen und Schüler zur Schule kommen könnten, und stellt eine entsprechende Tabelle auf.

Die Zählung erfolgt mithilfe einer Strichliste.

Zu Fuß	Fahrrad	Bus	Straßenbahn	Eisenbahn	Auto	Motorrad
卌 卌 卌 卌 卌 卌 卌 |||	卌 卌 卌 卌 卌	卌 卌 卌 卌 卌 卌 卌 卌 ||	卌 卌 卌 卌 |||	卌 卌 ||	卌 ||	

Zur besseren Übersicht wird eine Häufigkeitsliste erstellt.

Zu Fuß	Fahrrad	Bus	Straßenbahn	Eisenbahn	Auto	Motorrad
38	25	42	23	12	7	0

Aufgaben

1 In den fünften Klassen wird gefragt, ob die Schülerinnen und Schüler lieber eine Klassenlehrerin oder einen Klassenlehrer haben. Rechts siehst du das Ergebnis.
Was kannst du aus der Strichliste ablesen?

	Klassen-lehrer	Klassen-lehrerin	weiß nicht
Jungen	卌 ||	||||	卌
Mädchen	|||	卌 |||	||||

2 Während eines Schulfestes leihen sich Schülerinnen und Schüler Spielgeräte aus.

Pedalo	𝍸 𝍸 𝍸 𝍸 𝍸 ||
Stelzen	𝍸 𝍸 |||
Springseil	𝍸 𝍸 𝍸 𝍸 𝍸 𝍸 ||
Inliner	𝍸 𝍸 𝍸 𝍸 |||
Indiaca	𝍸 𝍸 ||
Softball	𝍸 𝍸 𝍸 𝍸 ||||

a) Wie oft wurden insgesamt Spielgeräte ausgeliehen?
b) Wie beliebt sind einzelne Spielgeräte?

3 In einer Jahrgangsstufe wird nach der Anzahl der Geschwister gefragt.

Anzahl der Geschwister	Strichliste
0	𝍸 |
1	𝍸 𝍸 |||
2	𝍸 ||
3	|||
mehr	|

a) Was fällt dir an der Liste auf?
b) Fertige eine Häufigkeitsliste an.
c) Vergleicht mit eurer Klasse.

4 In den Jahrgangsstufen 5 und 6 wurden Schülerinnen und Schüler zu ihrem Frühstück befragt.

nichts	39
Brot mit Butter	16
Brot mit Marmelade	22
Brot mit Nusscreme	43
Brot mit Wurst/Käse	33
Müsli/Cornflakes	42
Quark/Jogurt	13
Süßigkeiten	25

a) Nicht zu frühstücken oder nur Süßigkeiten zum Frühstück sind ungesund. Lohnt sich ein Tag des gesunden Frühstücks?
b) Wie sieht es mit dem Frühstück in eurer Klasse aus?

5 Andrea hat in den fünften Klassen die Schülerinnen und Schüler nach ihrem Lieblingstier befragt.

	5a	5b	5c	5d
Hund	𝍸 |	𝍸 𝍸	𝍸 ||	𝍸 ||
Katze	𝍸 |||	𝍸	||||	𝍸
Pferd	𝍸 ||	𝍸 ||	𝍸 𝍸	𝍸 ||
Vogel	|||	|||	|	||
Hase		|		|||
Hamster	|		|||	||
Maus	|		|||	
Meer-schwein	||	|||		|
Fisch	||	|		

a) Erstelle eine Häufigkeitsliste.
b) Welche Aussagen kannst du mithilfe der Liste machen?
c) Führt die Umfrage in eurer Klasse durch und vergleicht euer Ergebnis mit dem der Jahrgangsstufe 5.

6 Mareike und Torsten erfassen in einer Strichliste für 10 Minuten den Straßenverkehr vor der Schule.

Pkw	𝍸 𝍸 𝍸 𝍸 |
Lkw	𝍸 |||
Motorräder	𝍸 ||
Motorroller	𝍸 𝍸 |
Fahrräder	𝍸 𝍸 𝍸 |
Sonstiges	|

a) Was könnte „Sonstiges" gewesen sein?
b) Wie viele Zweiräder haben die beiden gezählt?
c) Wie viele Fahrzeuge würden bei diesem Verkehr in einer Stunde vorbeifahren?

Nicht immer ist es sinnvoll, alle Ergebnisse, die vorkommen können, in einer Häufigkeitsliste aufzuführen. Selten vorkommende Ergebnisse fasst man dann unter „Sonstiges" zusammen.

2 Daten darstellen

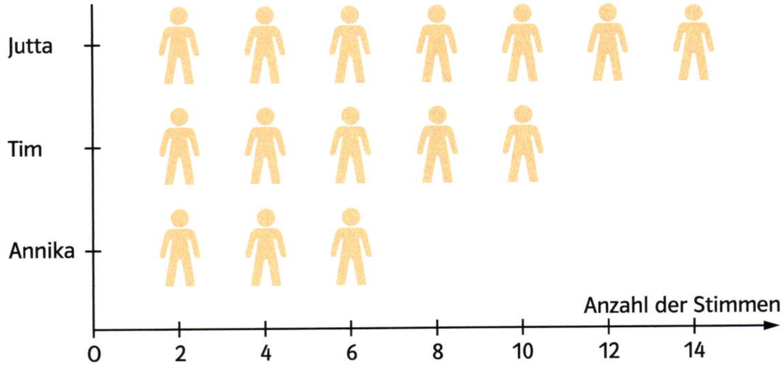

Das Ergebnis einer Klassensprecherwahl wird in einem Diagramm festgehalten.
→ Erkläre das Diagramm.
→ Welche Vor- und Nachteile hat dieses Diagramm?
→ Stelle das Ergebnis der Klassensprecherwahl in anderen Diagrammen dar. Beschreibe Vor- und Nachteile dieser Diagramme.
→ Suche in der Zeitung weitere unterschiedliche Diagramme.

Statistische Erhebungen werden bildlich oft mithilfe von **Diagrammen** veranschaulicht.

Das **Säulendiagramm** oder das **Bilddiagramm (Piktogramm)** wird meistens gebraucht, wenn man Werte der Häufigkeitsliste ablesen möchte.
Das **Kreisdiagramm** oder das **Streifendiagramm** wird meistens gebraucht, wenn man darstellen möchte, welchen Anteil ein Wert der Häufigkeitsliste am Ganzen hat.

Beispiel

Eine Tüte Luftballons enthält fünf verschiedene Farben. Dirk zählt nach und erstellt eine Häufigkeitsliste.

Farbe	rot	blau	grün	gelb	pink
Anzahl	10	9	5	8	4

insgesamt also 36 Ballons

Sind die Werte nicht mit Säulen, sondern mit senkrechten Linien dargestellt, spricht man von einem ***Stabdiagramm****.*

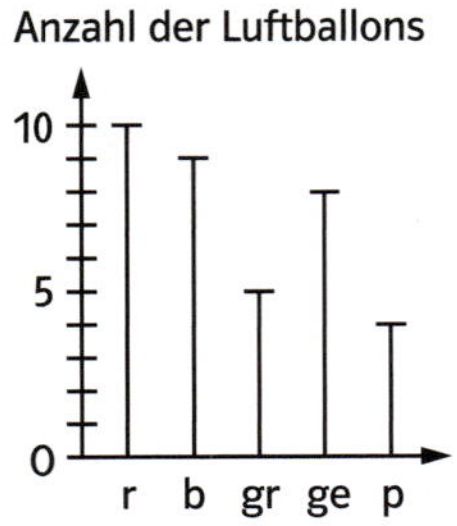

Im Säulen- oder Bilddiagramm kannst du ablesen, wie viele rote Luftballons in der Tüte waren.

Säulendiagramm

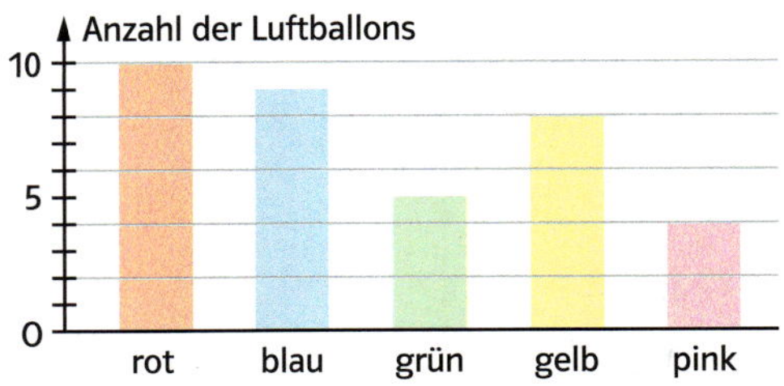

Bilddiagramm (Piktogramm)

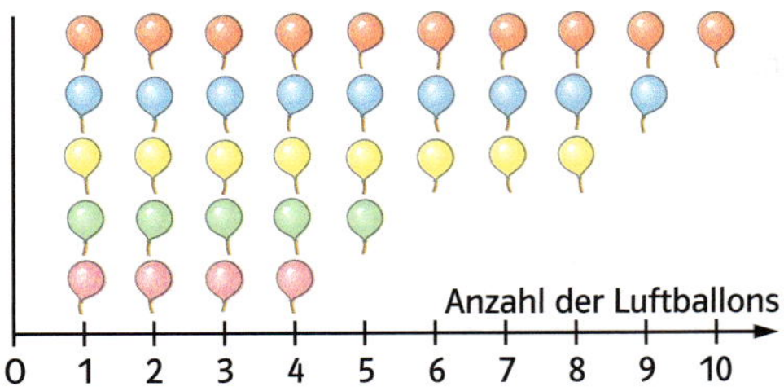

Im Kreis- oder Streifendiagramm kannst du ablesen, dass der Anteil der roten Luftballons in der Tüte am größten ist.

Streifendiagramm

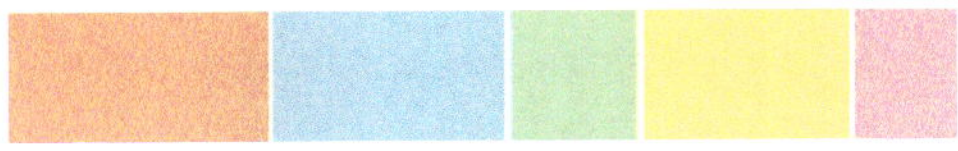

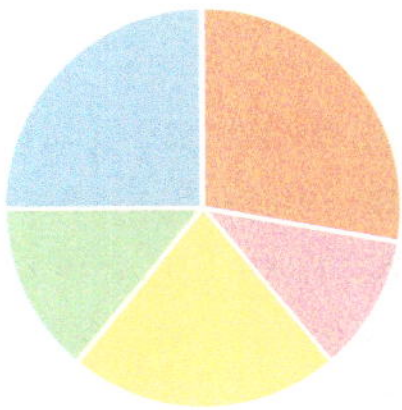

Kreisdiagramm

Aufgaben

1 a) Wie viele Schülerinnen und Schüler der Klasse 5c sind keine Einzelkinder?

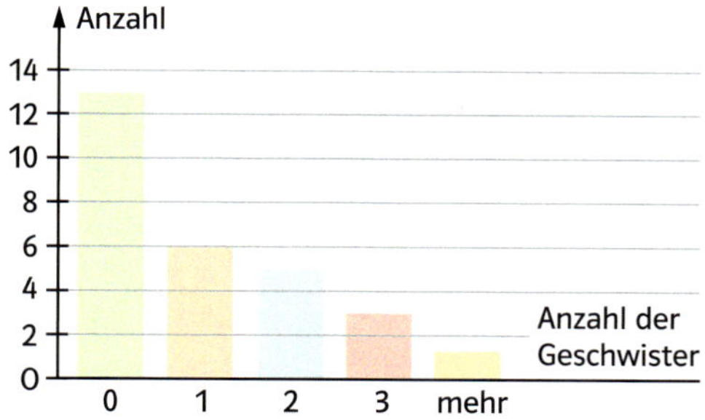

b) Wie viele Kinder haben mehr als ein und weniger als drei Geschwister?
c) Wie oft leben in der Familie mindestens drei Kinder?

2 Die meisten Kinder der Jahrgangsstufe 5 sind in Sportvereinen aktiv: 23 spielen Fußball, 12 gehen turnen, 9 spielen Volleyball, 5 spielen Badminton und 10 gehen schwimmen.
Ergänze das Säulendiagramm im Heft.

3 In dem Bilddiagramm ist die Erhebung über die Masse von Schultaschen dargestellt. Das Bild einer Schultausche entspricht dabei 10 Schultaschen in Wirklichkeit.

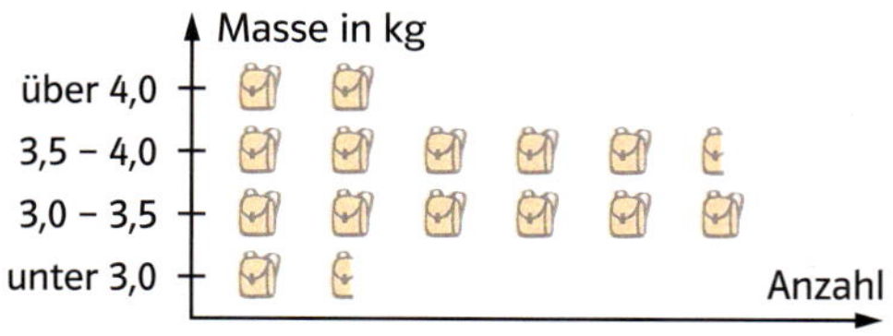

a) Wie viele Schultaschen wurden ungefähr gewogen?
b) Bestimme für jeden Bereich die ungefähre Anzahl. Fertige eine Häufigkeitsliste an.

Säulen- und Bilddiagramme zeichnen

Diagramme müssen die Häufigkeit möglichst korrekt wiedergeben. Kommt z. B. in der Häufigkeitsliste ein Ergebnis doppelt so oft vor wie ein anderes, so muss im **Säulendiagramm** die Säule dafür auch doppelt so hoch sein.

Beispiel: Häufigkeitsliste der verkauften Getränke

Getränke	Kakao	Milch	Saft	Kaffee	Tee	Sonst.
Anzahl	122	160	62	73	46	37

Zuerst legen wir fest, wie hoch die höchste Säule werden soll.
Wählen wir z. B. für die höchste Säule 16 cm, so heißt das, dass die Säule für die am meisten verkaufte Milch 16 cm hoch wird.
Die Häufigkeit 160 entspricht der Säulenhöhe 16 cm = 160 mm.
Die Häufigkeit 1 entspricht der Säulenhöhe 0,1 cm = 1 mm,
die Häufigkeit 122 der Säulenhöhe 12,2 cm = 122 mm.
Entsprechend verfährt man mit allen anderen Werten der Häufigkeitsliste.
Die Säulenbreite ist beliebig, jedoch für alle Säulen gleich.
Hier siehst du das verkleinerte Säulendiagramm.

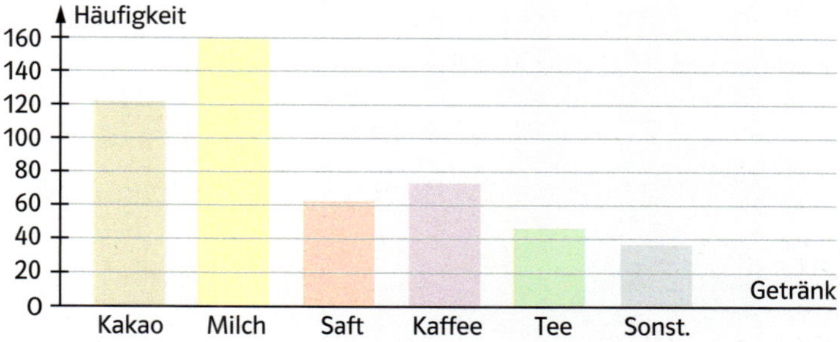

Beim **Bilddiagramm** legt man fest, welche Häufigkeit ein Bild darstellen soll.
Beispiel: Soll ein Bild die Häufigkeit 20 darstellen, so müssen alle Werte der Tabelle durch 20 geteilt werden. Die gerundeten Werte ergeben die Anzahl der Bilder.
So ergibt sich für Kakao: $122 : 20 \approx 6$.

Bei Bilddiagrammen wird häufig auch auf halbe oder viertel Bilder gerundet.

Kreis- und Streifendiagramme zeichnen

Um für eine Häufigkeitsliste ein **Kreis-** oder **Streifendiagramm** zeichnen zu können, muss für jedes Ergebnis die entsprechende Winkelgröße bzw. Abschnittslänge bestimmt werden.

Beispiel:
Häufigkeitsliste der verkauften Getränke:

Getränke	Kakao	Milch	Saft	Kaffee	Tee	Sonst.
Anzahl	178	230	90	104	66	52

Insgesamt wurden
178 + 230 + 90 + 104 + 66 + 52 = 720 Getränke verkauft.

Kreisdiagramm
Die 720 Getränke werden durch den Vollkreis mit 360° dargestellt.
Zwei Getränke werden dann durch den Winkel 1° dargestellt, da $360 \cdot 2 = 720$ ist. 178 Getränke werden durch den Winkel 89° dargestellt, da $89 \cdot 2 = 178$ ist. Entsprechend verfährt man mit allen anderen Werten.

Getränke	Anzahl	Kreisausschnitt
Kakao	178	89°
Milch	230	115°
Saft	90	45°
Kaffee	104	52°
Tee	66	33°
Sonstiges	52	26°

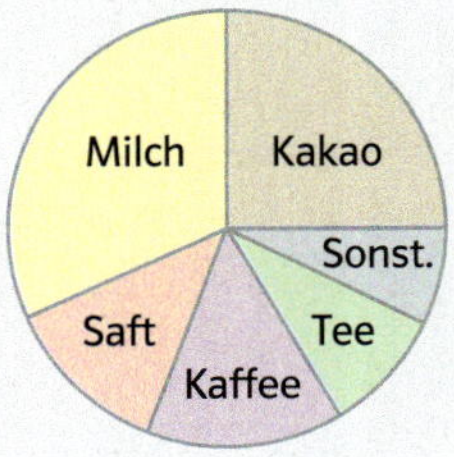

Streifendiagramm
Die 720 Getränke werden durch einen Block dargestellt. Dabei ist die Länge des Blocks frei wählbar. Bei 720 verkauften Getränken bietet sich als Blocklänge 7,2 cm oder ein Vielfaches davon an. In der Tabelle ist die Blockeinteilung mit gerundeten Werten aufgeführt.

Getränke	Kakao	Milch	Saft	Kaffee	Tee	Sonst.
Anzahl	178	230	90	104	66	52
Abschnitt	1,8 cm	2,3 cm	0,9 cm	1,0 cm	0,7 cm	0,5 cm

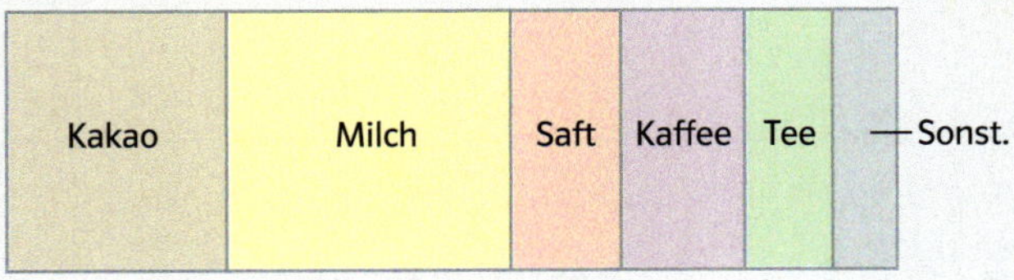

4 Schülerinnen und Schüler fehlen aus unterschiedlichen Gründen in der Schule. In dem Streifendiagramm ist die Verteilung der Fehlgründe auf die gesamte Fehlzeit dargestellt.

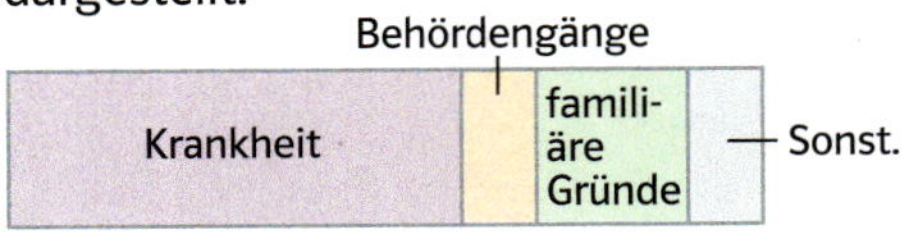

a) Was kannst du aus dem Streifendiagramm ablesen?
b) Zeichne ein Säulendiagramm.

5 Eine Umfrage über die Lieblingsfarbe bei Jugendlichen ergibt Folgendes:

schwarz	128	grün	45
rot	195	weiß	18
blau	95	braun	4
gelb	34	sonst.	17

a) Wie viele Jugendliche wurden befragt?
b) Stelle das Ergebnis in einem geeigneten Säulendiagramm dar.
c) Stelle das Ergebnis in einem Bilddiagramm dar. Wähle für jede Farbe einen Farbtopf in dieser Farbe. Dabei soll ein Farbtopf für 15 Nennungen gezeichnet werden.

6 Erstelle zum Bilddiagramm die Häufigkeitsliste. Ein Bild entspricht vier CDs.

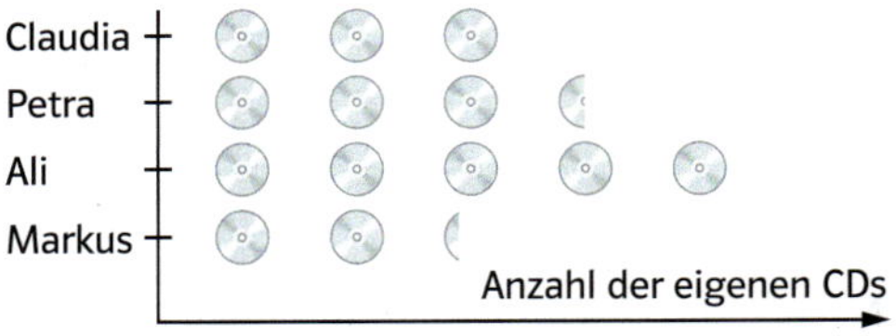

7 Bei einer Fahrradkontrolle wurden folgende Beanstandungen gemacht:

Glocke	13	Bremsen	6
Reifen	3	Licht	9
Reflektor	5		

a) Welche Diagramme eignen sich gut, welche eignen sich nicht zur Darstellung des Ergebnisses?
b) Was musst du voraussetzen, wenn du das Ergebnis in einem Kreis- oder Streifendiagramm darstellen möchtest?
c) Stelle das Ergebnis in einem geeigneten Diagramm dar.

3 Daten auswerten

Schülerinnen und Schüler der Klasse 5b sammeln für einen wohltätigen Zweck Geld.

→ Wer hat am meisten, wer am wenigsten Geld gesammelt?

→ Wenn alle acht Schülerinnen und Schüler den gleichen Betrag gesammelt hätten, wie viel hätte dann jeder sammeln müssen, um das gleiche Sammelergebnis zu erzielen?

→ Stelle und beantworte weitere Fragen.

Claudia	18,00 €
Florian	21,30 €
Andreas	14,50 €
Nicole	14,00 €
Ali	21,00 €
Olga	9,40 €
Björn	16,80 €
Vitali	13,00 €

Wenn eine umfangreiche Liste mit Daten vorliegt, kann man sich unter verschiedenen Gesichtspunkten schnell einen Überblick verschaffen. Man fragt z. B. nach dem kleinsten oder dem größten Wert, nach dem Unterschied zwischen diesen beiden Werten oder nach einem Durchschnittswert. Wir verwenden verschiedene **Kennwerte**.

Der kleinste Wert heißt **Minimum**.
Der größte Wert heißt **Maximum**.
Die Differenz aus dem Maximum und dem Minimum heißt **Spannweite**.
Die Summe aller Werte geteilt durch die Anzahl der Werte heißt **arithmetisches Mittel** oder **Mittelwert**.

Beispiele

a) Zu den jährlich stattfindenden Vergleichswettkämpfen stellt die Klasse 5a ihre Basketball-Mannschaft zusammen.

Name	Armin	Daniel	Florian	Ismail	Sven
Größe in cm	145	150	182	148	160

Kennwerte

Minimum: 145 cm   Spannweite: 182 cm − 145 cm = 37 cm

Maximum: 182 cm   arithmetisches Mittel: (145 cm + 150 cm + 182 cm + 148 cm + 160 cm) : 5
= 785 cm : 5 = 157 cm

Dies bedeutet

Keiner der aufgestellten Basketball-Spieler ist kleiner als 145 cm oder größer als 182 cm.
Der größte Spieler ist 37 cm größer als der kleinste Spieler.
Die durchschnittliche Größe der Spieler beträgt 157 cm.

In der Abbildung kann man die Bedeutung des arithmetischen Mittels gut erkennen. Berechnet man den Unterschied zwischen den einzelnen Werten und dem Mittelwert, so ist die Summe aller Werte, die über dem Mittelwert liegen, gleich der Summe aller Werte, die unter dem Mittelwert liegen.
25 + 3 = 12 + 7 + 9

b) Die Häufigkeitsliste zeigt die Fehlerauswertung eines Diktats.

Anzahl der Fehler	0	1	2	3	4	5	6	8	9	10	12	18
Anzahl der Schülerinnen und Schüler	0	3	7	1	2	2	5	1	1	1	1	1

Kennwerte:

Minimum: 1 Fehler

Maximum: 18 Fehler

Spannweite: 18 Fehler − 1 Fehler = 17 Fehler

arithmetisches Mittel: $(3 \cdot 1 + 7 \cdot 2 + 1 \cdot 3 + 2 \cdot 4 + 2 \cdot 5 + 5 \cdot 6 + 1 \cdot 8 + 1 \cdot 9 + 1 \cdot 10 + 1 \cdot 12 + 1 \cdot 18) : 25 = 125$ Fehler : 25 = 5 Fehler

Dies bedeutet:

In dem Diktat hat niemand weniger als einen Fehler oder mehr als 18 Fehler gemacht.
Der Schlechteste hat 17 Fehler mehr gemacht als der Beste.
Im Durchschnitt hat jede Schülerin und jeder Schüler 5 Fehler gemacht.

Aufgaben

1 Bestimme Spannweite und arithmetisches Mittel.

a) 1; 2; 3; 4; 5; 6; 7; 8; 9
b) 11; 12; 13; 14; 15; 16; 17; 18; 19
c) 2; 4; 6; 8; 10; 12; 14; 16; 18; 20
d) 5; 10; 15; 20; 25; 30; 35; 40; 45

2 Bestimme Minimum, Maximum und Spannweite.

a) 156 m; 84 m; 248 m; 37 m; 312 m; 189 m; 189 m; 55 m; 270 m
b) 44 kg; 20 kg; 26 kg; 12 kg; 9 kg; 14 kg; 12 kg; 22 kg
c) 4,36 m; 185 cm; 0,59 m; 5,3 dm; 1,08 m; 558 mm; 12 dm; 16,5 dm
d) 2 h 12 min; 2 h 15 min; 1 h 20 min; 50 min; 1 h 30 min; 2 h; 1 h 45 min

3 Bestimme für die drei Listen den Mittelwert und die Spannweite. Was stellst du fest?

1. Liste: 3; 5; 7; 10; 17; 24
2. Liste: 0; 6; 13; 13; 15; 19
3. Liste: 7; 7; 9; 12; 15; 16

4 Bestimme für die drei Listen den Mittelwert und die Spannweite. Was stellst du fest?

1. Liste: 5; 8; 10; 10; 12; 15; 16; 20
2. Liste: 24; 25; 28; 31; 35; 36; 38; 39
3. Liste: 0; 3; 6; 8; 10; 12; 13; 14; 15

5 Die Spannweite für die folgenden Zahlen soll 25 sein. Wie muss die fehlende Zahl heißen?

a) 0; 5; 12; 14; 17; 22; ☐
b) 13; 18; 21; 21; 21; 25; ☐
c) ☐; 26; 27; 28; 29; 30; 31; 32

6 Der Mittelwert für die folgenden Zahlen soll 12 sein. Wie muss die fehlende Zahl heißen?

a) 6; ☐; 15; 17
b) 7; 9; ☐; 15; 20
c) 0; 5; 5; ☐; 15; 20; 25

7 a) Berechnet die Durchschnittsgröße aller Kinder in eurer Klasse.
b) Welche Durchschnittswerte erhaltet ihr für Mädchen und Jungen getrennt?

8 Im Laufe eines Tages wird alle drei Stunden die Außentemperatur gemessen.

Uhrzeit	0	3	6	9	12	15	18	21	24
Temperatur in °C	7	6	8	11	15	14	12	9	8

a) Bestimme Minimum, Maximum, Spannweite und Mittelwert. Welche Bedeutung haben diese Werte?
b) Bestimme die mittlere Tagestemperatur für die Zeit von 6:00 Uhr bis 18:00 Uhr.

Modalwert

Wird eine statistische Erhebung durchgeführt und das Ergebnis in einer Liste festgehalten, so kann es ein Ergebnis geben, das häufiger auftritt als irgendein anderes. Der häufigste Wert in einer Ergebnisliste heißt **Modalwert**.
Der Modalwert spielt eine große Rolle bei statistischen Erhebungen, für die der Mittelwert nicht angegeben werden kann. Er stellt dann einen Ersatz für den Mittelwert dar.

Jugendliche werden nach ihrem Interesse an Sport gefragt.

Interesse	klein	wenig	etwas	viel	sehr viel
Jungen	20	31	118	154	189
Mädchen	22	76	146	157	140

Ein Mittelwert kann für diese Tabelle nicht sinnvoll angegeben werden.
Aber man kann einen häufigsten Wert angeben. Für die Jungen liegt er bei „sehr viel Interesse", für die Mädchen bei „viel Interesse". Dies zeigt, dass die Jungen dieser Befragung etwas mehr an Sport interessiert sind als die Mädchen.

Manchmal gibt es auch keinen Modalwert.

Schulweg in km	1	2	3	4	5	6
Anzahl	12	10	12	8	9	4

Hier gibt es keinen häufigsten Wert, da die Werte für 1 km und 3 km je 12-mal vorkommen, alle anderen aber seltener.

■ Bestimme für die Aufgaben 1 bis 4 und 8 falls möglich den häufigsten Wert.

9 Was bedeuten folgende Angaben?
a) Durchschnittlich kamen 26 000 Zuschauer.
b) Im Winter liegt bis zu 95 Tage Schnee.
c) Eine deutsche Durchschnittsfamilie hat 1,2 Kinder.
d) Der Pegelstand kann bis zu 6 m schwanken.
e) Der Benzinverbrauch beträgt im Durchschnitt 8,6 l pro 100 km.
f) Der Tagesumsatz schwankt zwischen 4000 € und 6000 €.
g) Der Notendurchschnitt lag bei 3,1.

10 Auf die Frage, wie viele Stunden sie täglich fernsieht, antwortet Michaela: „Manchmal gar nicht, manchmal sechs Stunden."
a) Welchen Kennwert hat sie angegeben?
b) Welcher Kennwert wäre zur Beantwortung der Frage interessanter gewesen?

11 Der Mittelwert ist hier schnell berechnet, aber was sagt er aus?
a)

Wochentag	Mo	Di	Mi	Do	Fr	Sa	So
Anzahl der Fernsehstunden	2	1	0	3	4	5	6

b) Anzahl der Besuchstage im Freibad pro Monat: Oktober bis April geschlossen
Mai: 2 Tage — Juni: 5 Tage
Juli: 13 Tage — August: 6 Tage
September: 4 Tage

12 In einer anonymen Umfrage wird nach dem Taschengeld pro Monat gefragt. Werte die statistische Erhebung mithilfe von Kennwerten aus.

Taschengeld pro Monat (in €)

20	18	40
15	22	12
12	28	5
25	30	45
20	30	20
24	20	24
50	25	20
40	17	30

13 In der Klasse fragt der Lehrer nach der Anzahl der Bücher, die jeder im letzten Jahr gelesen hat.
Der Unterschied zwischen der „Leseratte" und dem „Lesemuffel" beträgt 12 Bücher.
a) Wie viele Bücher könnte der „Lesemuffel", wie viele die „Leseratte" gelesen haben?
b) Wie groß ist in eurer Klasse der Unterschied zwischen dem „Lesemuffel" und der „Leseratte"?

Zusammenfassung

Statistische Erhebung

Eine **statistische Erhebung** ist eine Sammlung von Daten.

In einer 5. Klasse mit 24 Schülerinnen und Schülern wird ermittelt, wie viele Bücher (außer für den Unterricht) jeder im letzten Jahr gelesen hat.

Listen

Zum Zählen der einzelnen Ergebnisse einer statistischen Erhebung werden **Strichlisten** verwendet.

Anzahl der Bücher	0	1	2	3	4	5	6
Anzahl der Schüler		II	卌 II	卌 卌		IIII	I

Werden in der Liste statt der Striche Zahlenwerte angegeben, so spricht man von einer **Häufigkeitsliste** oder **Häufigkeitstabelle**.

Anzahl der Bücher	0	1	2	3	4	5	6
Anzahl der Schüler		2	7	10		4	1

Diagramme

In **Säulen-** oder **Bilddiagrammen** können in der Regel die Werte der zugrunde liegenden Häufigkeitsliste abgelesen werden.

Säulendiagramm

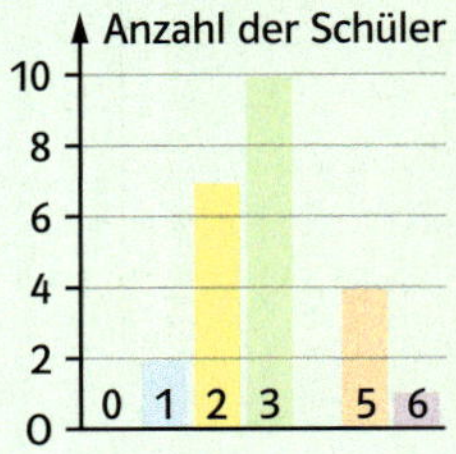

Bilddiagramm

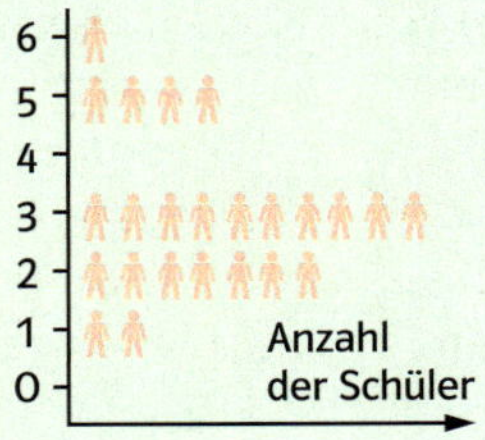

Kreis- oder **Streifendiagramme** machen deutlich, welchen Anteil ein Wert der zugrunde liegenden Häufigkeitsliste am Ganzen hat.

Kreisdiagramm

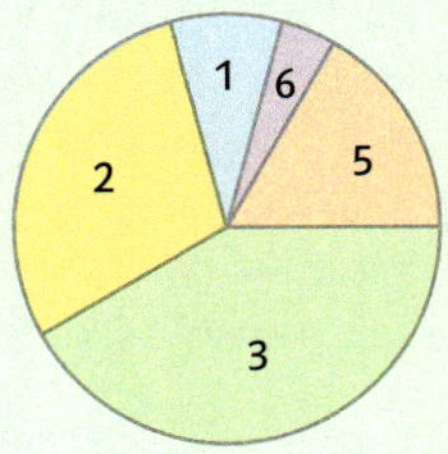

Streifendiagramm

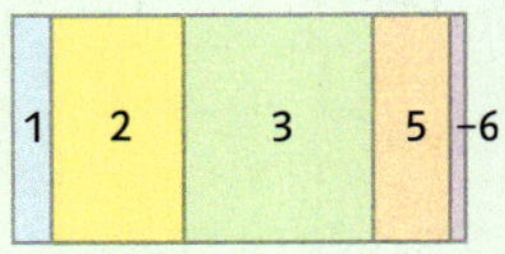

Kennwerte

Der kleinste Wert der Liste heißt **Minimum**.
Der größte Wert der Liste heißt **Maximum**.
Die Differenz aus dem Maximum und dem Minimum heißt **Spannweite**.
Die Summe aller Werte dividiert durch die Anzahl der Werte heißt **arithmetisches Mittel** oder **Mittelwert**.

1 Buch ist das Minimum.
6 Bücher sind das Maximum.
6 Bücher − 1 Buch = 5 Bücher
Die Spannweite beträgt 5 Bücher.
$(2 \cdot 1 + 7 \cdot 2 + 10 \cdot 3 + 4 \cdot 5 + 1 \cdot 6) : 24$
$= 72 : 24 = 3$
Im Durchschnitt wurden 3 Bücher gelesen.

Der häufigste Wert in einer Liste heißt **Modalwert**.

Die meisten Schülerinnen und Schüler haben 3 Bücher gelesen.

Längen

$1\,m = 10\,dm$; also ist $1\,dm = \frac{1}{10}\,m$

$1\,m = 100\,cm$; also ist $1\,cm = \frac{1}{100}\,m$

$1\,km = 1000\,m$; also ist $1\,m = \frac{1}{1000}\,km$

Suche weitere Beispiele.

3 Setze die Reihe fort.

a) $\frac{1}{10}\,m = 1\,dm$; $\frac{2}{10}\,m = 2\,dm$; …

b) $\frac{1}{100}\,m = 1\,cm$; $\frac{2}{100}\,m = 2\,cm$; …

c) $\frac{1}{100}\,dm = 1\,mm$; $\frac{2}{100}\,dm = 2\,mm$; …

d) Finde weitere Reihen.

4 Welche Bruchteile eines Meters sind dargestellt? Gib sie auch in cm an.

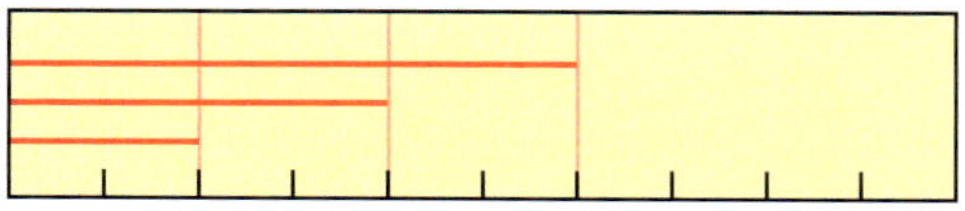

1 m

5 Gib die rot markierte Strecke als Bruchteil und in einer kleineren Maßeinheit an.

a) b) c) d)

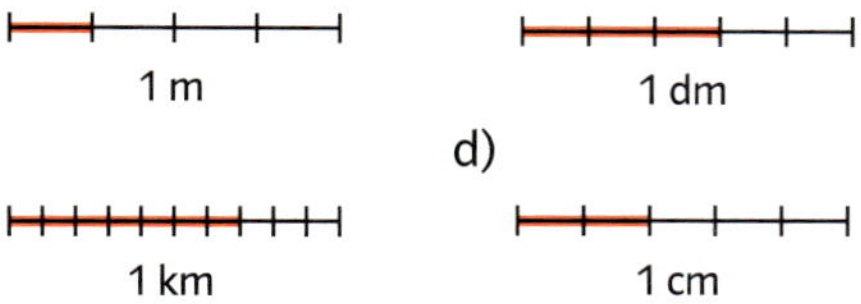

6 Schreibe ohne Brüche.

a)	b)	c)
$\frac{1}{4}\,m$	$\frac{1}{5}\,km$	$\frac{1}{2}\,dm$
$\frac{1}{5}\,m$	$\frac{1}{8}\,km$	$\frac{1}{25}\,dm$
$\frac{1}{20}\,m$	$\frac{1}{50}\,km$	$\frac{1}{250}\,m$

7 a) Wer hat den kürzesten, wer den weitesten Schulweg?

b) Wer hat einen längeren Schulweg als Marvin?

Ina 800 m	Stefan $2\frac{3}{4}$ km
Klaus $2\frac{1}{4}$ km	Anke 2700 m
Thomas $1\frac{1}{8}$ km	Marvin $2\frac{1}{3}$ km
Sven $2\frac{4}{5}$ km	Leo 1250 m
Katja $\frac{3}{4}$ km	Theo $1\frac{2}{5}$ km
Pit 1200 m	

Flächeninhalte

$1\,m^2 = 100\,dm^2$; also ist $1\,dm^2 = \frac{1}{100}\,m^2$

$1\,dm^2 = 100\,cm^2$; also ist $1\,cm^2 = \frac{1}{100}\,dm^2$

$1\,m^2 = 10\,000\,cm^2$; also ist $1\,cm^2 = \frac{1}{10\,000}\,m^2$

Suche weitere Beispiele.

8 Gib die gefärbte Fläche in den abgebildeten Quadraten als Bruchteil des Quadrats und in der nächstkleineren Maßeinheit an.

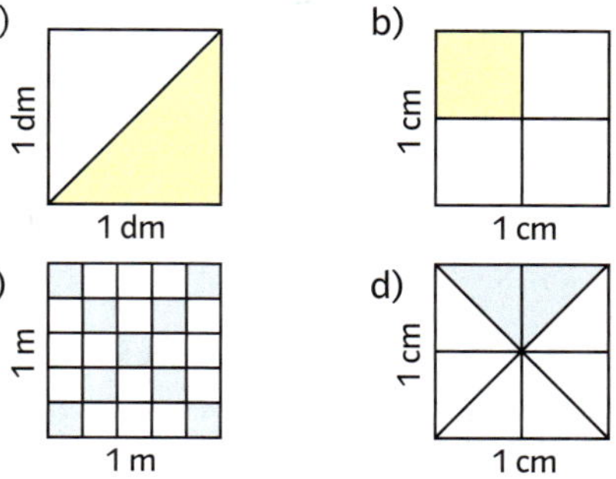

9 Zeichne drei Quadrate mit 10 cm Seitenlänge und färbe $\frac{1}{10}\,dm^2$; $\frac{2}{5}\,dm^2$; $\frac{13}{20}\,dm^2$ davon.

10 Wie groß ist die gefärbte Fläche? Schätze und begründe.

a)

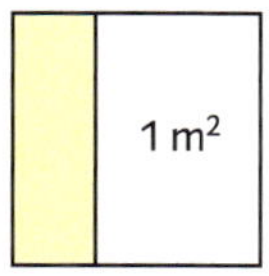

$\frac{1}{3}\,m^2$ oder $\frac{1}{4}\,m^2$

b)

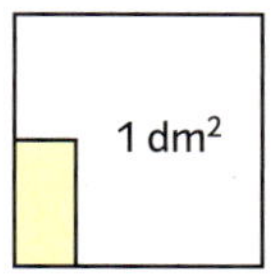

$\frac{1}{10}\,dm^2$ oder $\frac{1}{8}\,dm^2$

c)

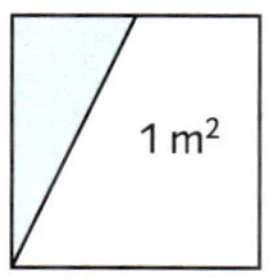

$25\,dm^2$ oder $\frac{2}{5}\,dm^2$

d)

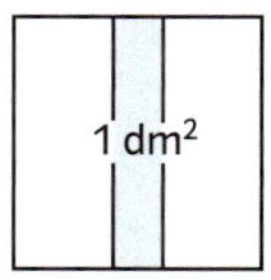

$\frac{1}{6}\,cm^2$ oder $20\,cm^2$

11 Der Flügel einer Schultafel hat eine Fläche von $1\,m^2$. Auf ihm ist ein Karonetz eingezeichnet. Das Netz hat in der Länge und in der Höhe je 20 Kästchen.

a) Welchen Bruchteil des Flügels nimmt die Fläche eines Karos ein?

b) Gib die Fläche eines Karos in cm^2 an.

Dezi

bedeutet der zehnte Teil, also ein Zehntel.

Zenti

bedeutet der hundertste Teil, also ein Hundertstel.

Milli

bedeutet der tausendste Teil, also ein Tausendstel.

Rauminhalte

$1\,m^3 = 1000\,dm^3$; also ist $1\,dm^3 = \frac{1}{1000}\,m^3$

$1\,dm^3 = 1000\,cm^3$; also ist $1\,cm^3 = \frac{1}{1000}\,dm^3$

$1\,m^3 = 1\,000\,000\,cm^3$; also ist $1\,cm^3 = \frac{1}{1\,000\,000}\,m^3$

Suche weitere Beispiele.

12 a) Setze die beiden Listen fort.

$1\,m^3 = 1000\,dm^3$	$1\,dm^3 = 1000\,cm^3$
$\frac{1}{2}\,m^3 = 500\,dm^3$	$\frac{1}{10}\,dm^3 = 100\,cm^3$
$\frac{1}{4}\,m^3 =$	$\frac{2}{10}\,dm^3 =$
$\frac{1}{5}\,m^3 =$	$\frac{3}{10}\,dm^3 =$
$\frac{1}{8}\,m^3 =$	$\frac{4}{10}\,dm^3 =$
$\frac{1}{10}\,m^3 =$	$\frac{5}{10}\,dm^3 =$

b) Entwickle weitere Listen.

$\frac{1}{2}\,l$ 400 ml 4 dl 570 ml 12 cl $\frac{1}{5}\,l$ 500 ml 300 ml $\frac{12}{100}\,l$ $\frac{3}{10}\,l$ $\frac{400}{1000}\,l$ 30 cl

Was ist gleich?

13 Welches Volumen hat der Würfel, welches der gefärbte Teil? Gib in zwei verschiedenen Maßeinheiten an.

a)

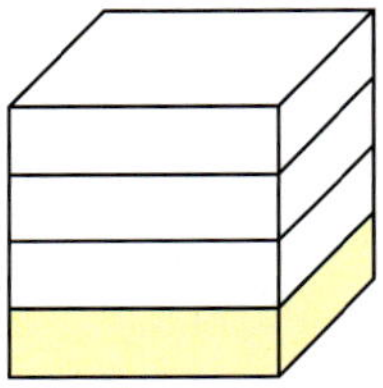

1 dm

b)

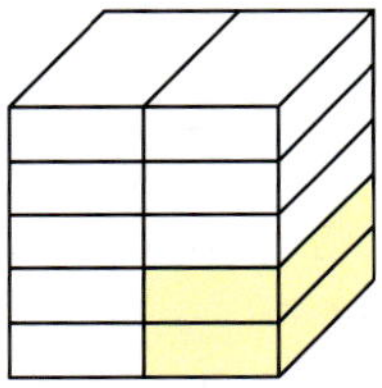

1 m

c)

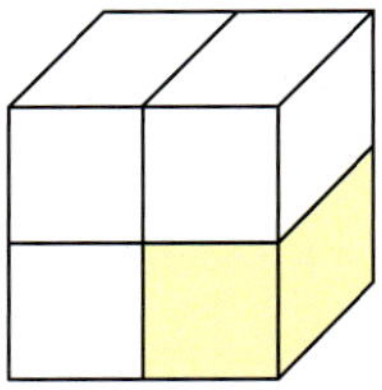

1 dm

d)

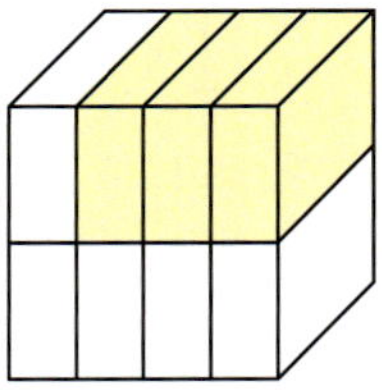

1 m

14 Glocken werden aus Bronze gegossen. Bronze ist eine Legierung und besteht zu $\frac{1}{4}$ aus Zinn und zu $\frac{3}{4}$ aus Kupfer.

a) Bestimme den Kupfer- und den Zinnanteil, einer Glocke mit dem Volumen

- $1\,m^3$
- $1\,dm^3$
- $100\,dm^3$
- $800\,cm^3$

Gib alle Ergebnisse in zwei verschiedenen Einheiten an.

b) Eine Glocke enthält $300\,dm^3$ Kupfer. Welches Volumen hat die Glocke?

Für Rauminhalte verwendet man auch Hohlmaße

$1\,l = 1\,dm^3$. Zeige: $1\,ml = 1\,cm^3$

Hohlmaße

$1\,l = 10\,dl$; also ist $1\,dl = \frac{1}{10}\,l$

$1\,l = 100\,cl$; also ist $1\,cl = \frac{1}{100}\,l$

$1\,l = 1000\,ml$; also ist $1\,ml = \frac{1}{1000}\,l$

Suche weitere Beispiele.

15 Welche Gefäße sind nicht halb voll? Begründe.

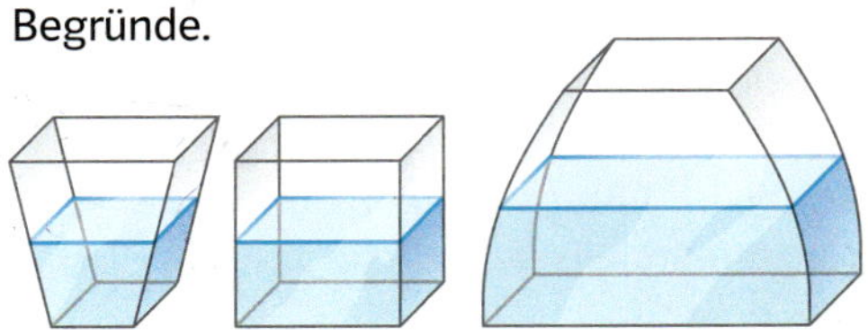

16 Wie viele Einzelgefäße können mit einem Liter Flüssigkeit gefüllt werden?

a) Weinglas: $\frac{1}{4}\,l$ b) Bierkrug: $\frac{1}{2}\,l$

c) Likörglas: $\frac{1}{50}\,l$ d) Saftglas: $\frac{1}{5}\,l$

e) Probierglas: $\frac{1}{10}\,l$ f) Tasse: $\frac{1}{8}\,l$

17 a) Gib in ml an:

$\frac{1}{2}\,dm^3$; $\frac{1}{4}\,dm^3$; $\frac{1}{8}\,dm^3$; $\frac{3}{8}\,dm^3$

b) Gib in dm^3 an:

1 ml; 500 ml; 250 ml; 50 ml; 317 ml

18 Das Volumen eines Steins kann mithilfe eines Messbechers bestimmt werden.

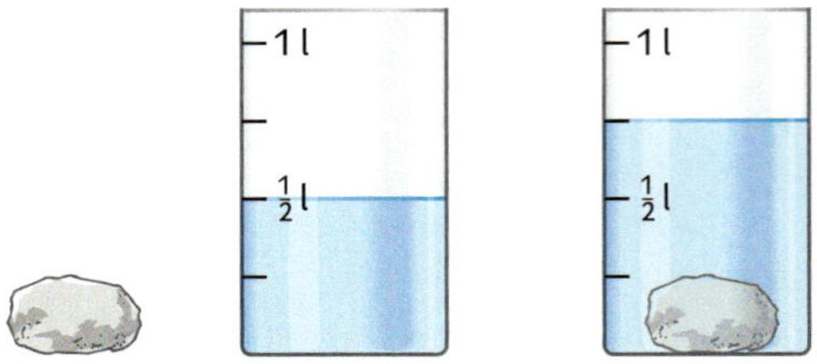

a) Beschreibe das Verfahren.

b) Gib das Volumen des Steins in cm^3 an.

c) Bestimme das Volumen des eingetauchten Gegenstandes in cm^3, wenn der Wasserspiegel folgendermaßen steigt.

- von 3 l auf 5 l
- von 0,2 l auf 0,8 l
- von $\frac{3}{8}\,l$ auf $\frac{5}{8}\,l$
- von $\frac{1}{4}\,l$ auf $\frac{2}{5}\,l$

Üben • Anwenden • Nachdenken

1 In den europäischen Ländern sind die Schulferien nicht gleich lang.

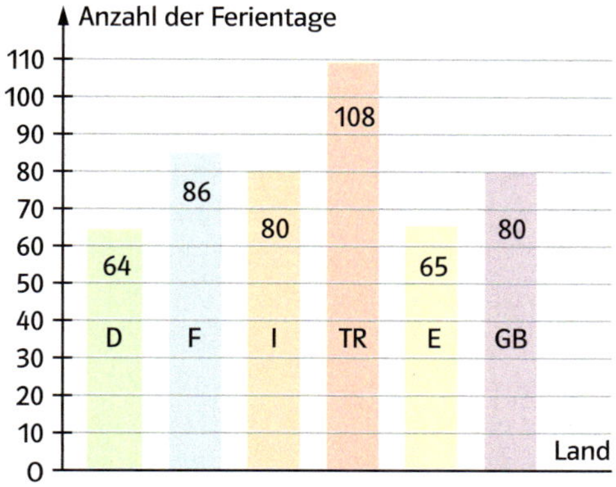

a) Ordne die Länder nach der Anzahl der Ferientage.
b) Wer hat die meisten, wer die wenigsten Ferientage? Wie groß ist der Unterschied?
c) Welche Länder haben mehr, welche weniger Ferientage als Deutschland?
d) Vergleiche die Ferientage von Deutschland mit dem Mittelwert.

2 In dem Balkendiagramm sind für einige Schulformen die jährlichen Ausgaben pro Schülerin bzw. Schüler an öffentlichen Schulen der Bundesrepublik Deutschland aufgeführt.

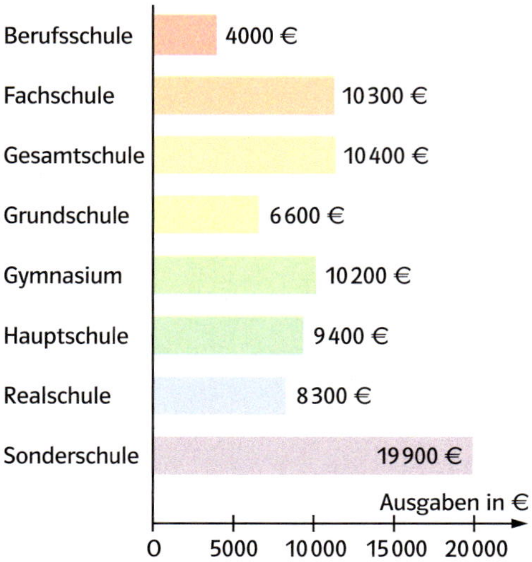

Beschreibe mithilfe von Kennwerten die Kosten der Schulbildung.

3 Die sieben flächengrößten Bundesländer und ihre Einwohnerzahlen:

Bundesland	Fläche in km²	Einwohner in Mio.
BW	35 751	10,0
BY	70 553	11,6
BB	29 053	2,7
HE	21 114	5,9
MV	23 170	1,9
NI	47 343	7,5
NW	34 070	17,7

a) Stelle die Flächen und die Einwohnerzahlen in einem Säulendiagramm dar.
b) Sortiere die Länder einmal nach der Fläche und ein weiteres Mal nach der Einwohnerzahl. Was stellst du fest?

4 Im Jahre 2000 gab es etwa 6,2 Milliarden Menschen auf der Erde.

Afrika	840 Mio.	Amerika	850 Mio.
Asien	3766 Mio.	Europa	728 Mio.
Australien u. Ozeanien	52 Mio.		

Stelle die Angaben in einem Bilddiagramm dar. (🯅 entspricht 100 Mio. Einwohnern)

5 Stelle die Anteile der einzelnen Erdteile an der gesamten Landfläche in einem Streifendiagramm dar. Warum ist es günstig, 1 mm für 1 Mio. km² zu wählen?

Kontinente und ihre Flächen

Europa	*10 Mio. km²*
Asien	*44 Mio. km²*
Afrika	*30 Mio. km²*
Nordamerika	*24 Mio. km²*
Südamerika	*18 Mio. km²*
Australien und Ozeanien	*9 Mio. km²*
Antarktis	*14 Mio. km²*

6 a) Stelle die Anteile der Ozeane an der gesamten Wasserfläche der Erde in einem geeigneten Streifendiagramm dar.
b) Die Zahlen der Wasserflächen erleichtern das Zeichnen eines Kreisdiagramms. Warum?

Weltmeere und ihre Flächen

Pazifischer Ozean (Pazifik)	*180 Mio. km²*
Atlantischer Ozean (Atlantik)	*105 Mio. km²*
Indischer Ozean (Indik)	*75 Mio. km²*

1955	Verbrauch in kg je Person	2000
160	Kartoffeln	70
130	Trinkmilch	90
94	Brot, Mehl	76
71	Obst	134
46	Fleisch	91
42	Gemüse	90
26	Zucker	33

7 In der Tabelle ist der Nahrungsmittelverbrauch von 1955 und 1990 aufgeführt. Hier siehst du den Anfang eines zweiseitigen Balkendiagramms.

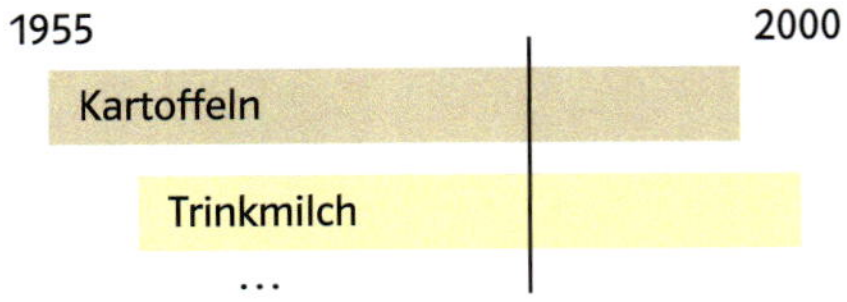

a) Stelle die Angaben der Tabelle in einem zweiseitigen Balkendiagramm dar.
b) Stelle auch die Unterschiede in einem zweiseitigen Balkendiagramm dar.

8 In den Streifendiagrammen ist der Nährstoffgehalt von Nahrungsmitteln angegeben.

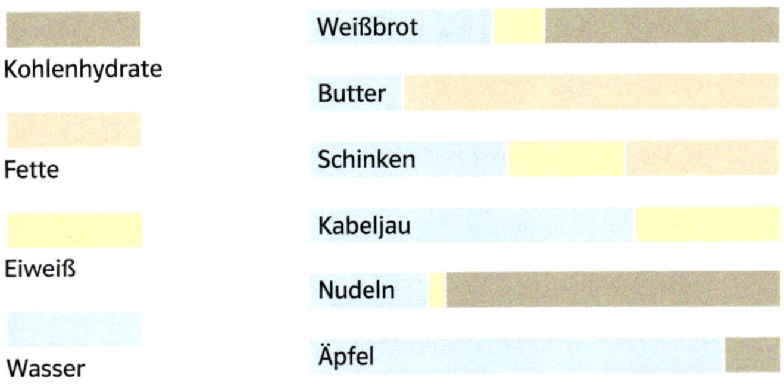

Welche Lebensmittel haben einen hohen Anteil an Kohlenhydraten, welche eignen sich für eine fettarme Kost?

9 „Auf der Wiese vor unserer Schule blühen jetzt über 10 000 Gänseblümchen", behauptet Eva.
Tim möchte es genauer wissen.
Dazu steckt er auf dem 1500 m² großen Wiesenstück zufällig verstreut zehn quadratische Felder mit je 50 cm Seitenlänge ab und zählt die darin befindlichen Gänseblümchen.

Feld	1	2	3	4	5	6	7	8	9	10
Anzahl	35	31	31	28	53	22	57	43	49	51

a) Wie viele Gänseblümchen wachsen durchschnittlich in einem Feld?
b) Wie gut hat Eva geschätzt?

Arbeiten mit dem Computer

Ein gutes Hilfsmittel zur grafischen Darstellung statistischer Erhebungen ist der Computer. Mit einem **Tabellenkalkulationsprogramm** können verschiedene Diagramme schnell, sauber und präzise dargestellt werden.
Ein weiterer Vorteil liegt auch darin, dass man sich die verschiedenen Diagrammtypen zeigen lassen kann, um den ansprechendsten auszuwählen. Außerdem können Diagramme leicht vergrößert oder verkleinert werden.
Der Einsatz eines Tabellenkalkulationsprogramms empfiehlt sich immer dann, wenn der Umfang der Umfrage besonders groß ist.

Bei der Vertrauenslehrerwahl standen in der Luther-Regelschule neun Lehrerinnen und Lehrer zur Wahl. 377 Schülerinnen und Schüler haben abgestimmt.

Kandidaten	Stimmenzahl
Herr Werner	46
Frau Tolle	23
Herr Friedrich	62
Frau Müller-Nau	137
Frau Peters	24
Herr Blum-Siebert	34
Frau Simon	5
Frau Treu	30
Herr Fander	12
ungültige Stimmen	4

- Erstelle mit dem Computer verschiedene Diagramme.
- Schau dir auch andere Diagramme an, die dein Computer zeichnen kann. Welches scheint dir zur Darstellung des Wahlergebnisses besonders geeignet zu sein? Begründe deine Meinung.
- Kennst du Diagramme, die du mit dem Computer nicht zeichnen kannst?

Rückspiegel

1 Bei einer Verkehrszählung wurde folgende Strichliste angelegt:

Lkw	Pkw	Motorrad	Fahrrad	sonst.
卌 |||	卌 卌 卌 卌 卌 卌 卌 ||	|||	卌 卌 卌 ||	||

a) Fertige eine Häufigkeitsliste an.
b) Zeichne ein Säulendiagramm.

2 Bei einer Umfrage wird ermittelt, wie viele Stunden ihrer Freizeit die Jugendlichen pro Woche mit ihren Freundinnen bzw. ihren Freunden verbringen.
Fertige eine Häufigkeitsliste an und zeichne ein geeignetes Bilddiagramm.
2; 3; 4; 3; 2; 2; 4; 3; 6; 5; 7; 5; 4; 3;
2; 2; 5; 5; 4; 2; 7; 1; 8; 3; 3; 5; 4; 5;
5; 6; 7; 5; 2; 3; 1; 1; 4; 5; 2; 4; 1; 3;
7; 2; 2; 6; 3; 1; 5; 2

3 Silke und Andreas legten auf einer einwöchigen Radtour durch den Thüringer Wald folgende Etappen zurück:
(alle Angaben in km)

Tag	Mo	Di	Mi	Do	Fr	Sa	So
Länge	40	52	49	58	41	40	35

a) Welcher Tagesdurchschnitt ergibt sich?
b) Petra und Sabine wollen die gleiche Radtour in fünf Tagen schaffen.

4 Die besten Kugelstoßer der Klassen treten gegeneinander an.
Es wurden folgende Weiten (in m) erzielt:
5a: 4,21; 4,38; 4,27; 4,59; 4,45; 4,56
5b: 4,47; 4,44; 4,55; 4,58; 4,40; 4,38
5c: 4,44; 4,41; 4,48; 4,48; 4,47; 4,60
5d: 4,42; 4,17; 4,47; 4,57; 4,65; 4,30
a) In welcher Klasse ist die Spannweite am größten?
b) In welcher Klasse wurde die durchschnittlich größte Weite gestoßen?
c) Gib die Spannweite und das arithmetische Mittel für die ganze Jahrgangsstufe an.

Rückspiegel

1 Bei einem Open-Air-Konzert werden einige Besucher gefragt, wie sie von dem Konzert erfahren haben.

Quelle	Zeitung	Plakat	Rundfunk	andere
Anzahl	296	182	106	136

a) Stelle das Ergebnis in einem Kreisdiagramm dar.
b) Stelle das Ergebnis in einem Streifendiagramm dar. Dabei soll 1 cm hundert Nennungen entsprechen.

2 Das Streifendiagramm gibt die Anzahl der Schulbesuchsjahre (allgemeinbildende Schule) für 100 befragte Erwachsene an.

a) Stelle eine Häufigkeitsliste auf.
b) Gib den Modalwert an.

3 Bei den Bundesjugendspielen gewinnt die Klasse, die im Durchschnitt die meisten Punkte erreicht hat.

Klasse	Anzahl der Schüler	Punkte
5	22	36 300
6	26	44 330
7	25	42 600
8	27	45 495
9	24	40 176
10	23	38 272

Berechne die durchschnittliche Punktzahl pro Schüler einer Klasse und lege die Rangfolge fest.

4 Am Ende eines Schuljahres wird in einer Klasse 5 die Zahl der Fehltage ermittelt. Werte die statistische Erhebung mithilfe der Kennwerte Minimum, Maximum, Spannweite, Mittelwert und Modalwert aus.
4; 0; 9; 2; 0; 1; 3; 5; 6; 0; 2; 1; 1; 7;
1; 1; 12; 2; 0; 7; 5; 2; 1; 3; 6; 2; 1; 0

Lösungen der Rückspiegel

Rückspiegel, Seite 29, links

1
Die Zahlen 1; 9; 25 sind dargestellt.
a)

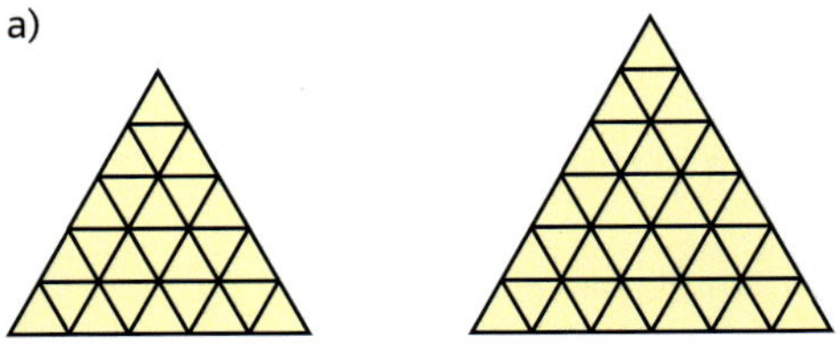

b)

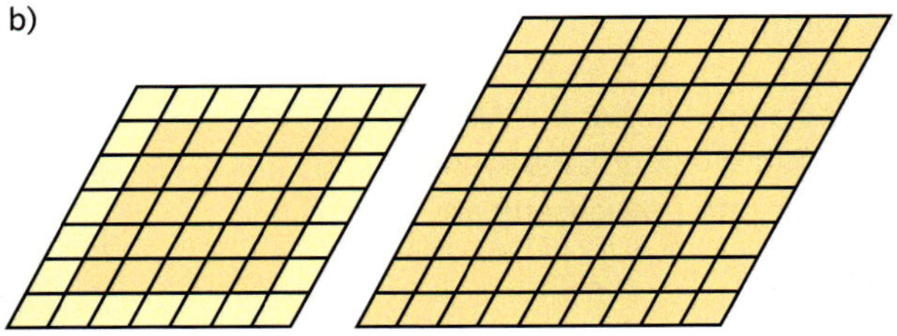

2
474; 481; 499; 512; 528

3
56 < 73; 323 > 233; 826 < 862

4
a) 4019; 7999; 99 999 b) 90; 900; 9000; 88 900

5
a) 300; 400; 1300 b) 2000; 10 000; 16 000

6
Katzenbuckel 650 m; Wasserkuppe 950 m; Kahler Asten 850 m; Brocken 1050 m; Hornisgrinde 1080 m; Feldberg 1500 m (Angaben in m; Genauigkeit ± 30 m)

7
a) 1 217 289 b) 9 821 712

Rückspiegel, Seite 29, rechts

1
Die Zahlen 1; 2; 4 und 8 sind dargestellt.

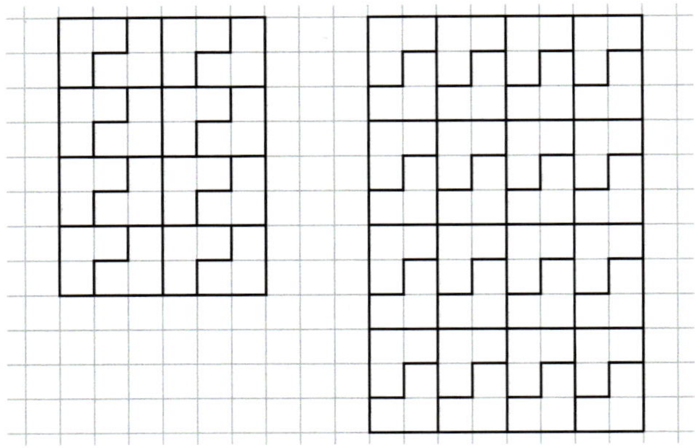

2
2470; 2580; 2640

3
a) 58 < 85 < 385 < 538 < 583 < 853
b) 1112 < 1212 < 2121 < 2122 < 2212

4
a) kleinste Zahl: 1368; größte Zahl: 8631
b) kleinste Zahl: 24 567; größte Zahl: 76 542

5
a) 900; 2000; 10 500 b) 4000; 78 000; 123 000

6

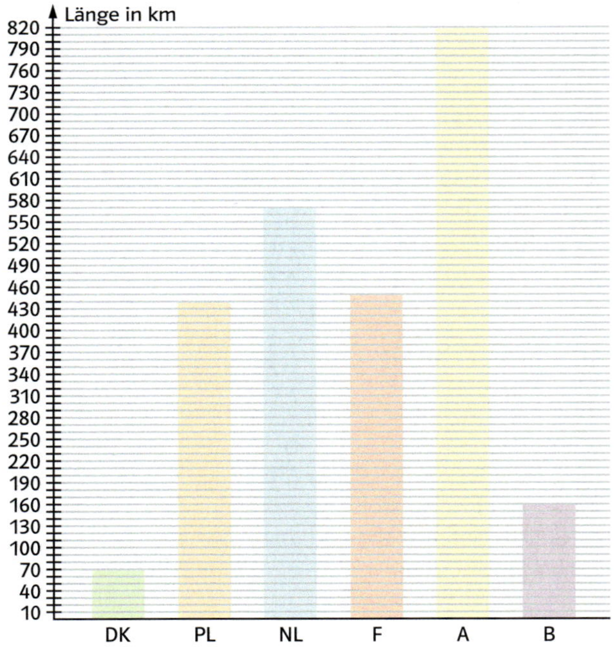

7
a) 1012141 b) 21411310

Rückspiegel, Seite 49, links

1
a) 23 + 37 + 46 + 24 + 31 = 161
b) 59 + 41 + 13 + 87 + 44 = 244
c) 154 + 46 + 29 + 171 + 83 = 483

2
a) 21 b) 77 c) 18

3
a) 2 b) 43 c) 44

4
a) 7223 b) 21386 c) 1720

5
a) 10 b) 105 c) 10

6
a) 67 b) 62 c) 8

7
a) 85 + 61 − 24 − 18 = 104 b) 85 + 18 − 61 − 24 = 18

8
(58 − 19) + 35 = 74

9
945 − 154 − (283 + 154) − 37 = 317
317 Plätze bleiben frei.

Rückspiegel, Seite 49, rechts

1
a) 26 + 74 + 73 + 127 + 108 = 408
b) 271 + 29 + 358 + 242 + 407 = 1307
c) 347 + 153 + 189 + 411 + 222 + 378 = 1700

2
a) 84 b) 150

3
a) 275 b) 3 c) 100

4
a) 92708 b) 21310

5
a) 56 b) 35 c) 32

6
a) 320 b) 1 c) 4

7
a) 57 + 48 + 32 − (14 − 11) = 134
b) 57 − 48 + (14 + 11) − 32 = 2
oder: (57 + 14 + 11 − 48) − 32 = 2

8
(3722 − 2773) − (482 − 391) = 858

9
2594 + 164 + (164 − 87) + (164 − 87 + 53) = 2965
3000 − 2965 = 35
35 Mitglieder fehlen noch.

Rückspiegel, Seite 71, links

1
a) 943 b) 1118 c) 16 d) 21
e) 4464 f) 102752 g) 369 h) 69

2
a) $2 \cdot 50 \cdot 17 = 1700$ b) $10 \cdot 39 \cdot 2 = 780$
c) $4 \cdot 25 \cdot 19 \cdot 2 = 3800$ d) $8 \cdot 25 \cdot 3 \cdot 11 = 6600$

3
a) 92 b) 142 c) 41 d) 48

4
a) $38 \cdot (73 + 27) = 3800$ b) $8 \cdot 50 + 8 \cdot 9 = 472$
c) $169 \cdot (23 + 49 + 28) = 16\,900$

5
a) 1 b) 2 c) 1

6
a) $8 \cdot (6 + 5) - 2 = 86$ b) $(8 + 5) - 2 \cdot 6 = 1$

7
$(124 - 69) + 7 \cdot 15 = 160$

8
$120 \cdot 250 \cdot 200\,000\,g = 6\,000\,000\,000\,g = 6\,000\,000\,kg = 6000\,t$
Das Gesamtmasse der Bananenladung beträgt 6000 t.

Rückspiegel, Seite 71, rechts

1

a) 3933 b) 13 432 c) 34 d) 243
e) 1179 717 f) 49 709 172 g) 41 h) 710

2

a) $4 \cdot 25 \cdot 2 \cdot 27 = 5400$ b) $8 \cdot 25 \cdot 12 \cdot 3 = 7200$
c) $2 \cdot 4 \cdot 125 \cdot 19 = 19\,000$ d) $2 \cdot 50 \cdot 8 \cdot 125 \cdot 6 = 600\,000$

3

a) 28 b) 10 c) 29 d) 24

4

a) $57 \cdot (24 + 62 + 14) = 5700$
b) $12 \cdot 250 + 12 \cdot 20 + 12 \cdot 8 = 3336$
c) $713 \cdot (229 + 158 - 287) = 71\,300$

5

a) 2 b) 6 c) 2

6

a) $8 \cdot (5 + 3) - 6 : 2 = 61$ b) $8 + (6 : 3) - 5 \cdot 2 = 0$

7

$(184 - 122) - 364 : 14 = 36$

8

$(7500 - 2800 - 75) : 25 = 185$
185 Platten können geladen werden.

Rückspiegel, Seite 93, links

1

Vom ersten Punkt aus 5 Geraden, vom zweiten Punkt aus 4 Geraden usw. Insgesamt $5 + 4 + 3 + 2 + 1 = 15$ Geraden.

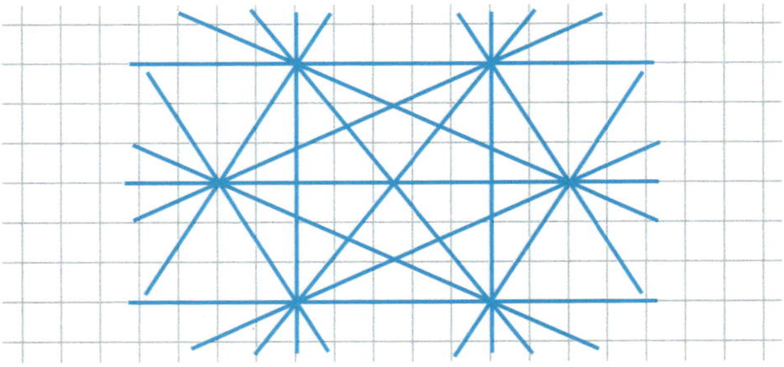

2

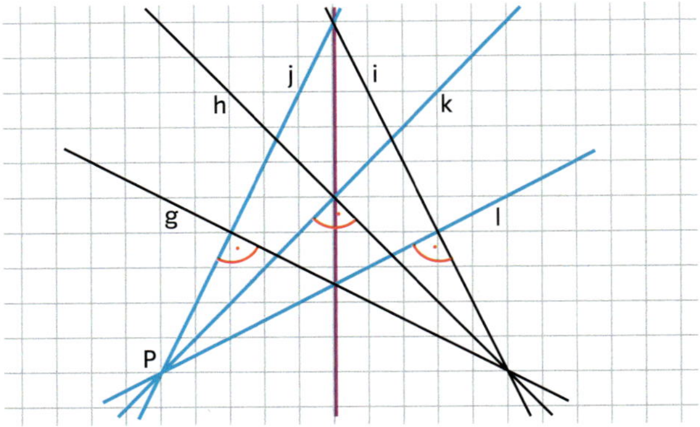

Die Figur hat eine Symmetrieachse.

3

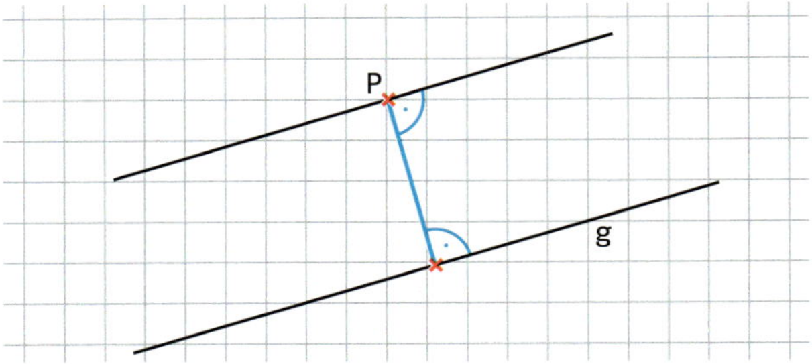

Der Abstand ist 2,2 cm.

4

z. B.

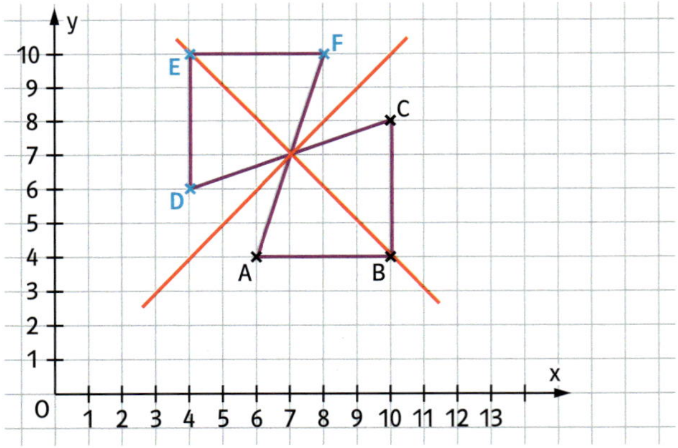

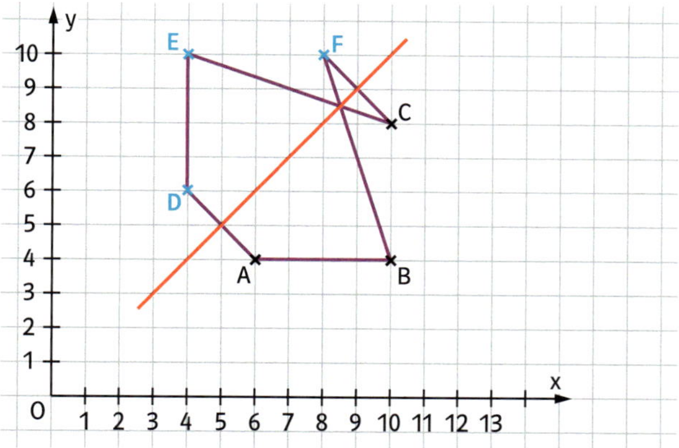

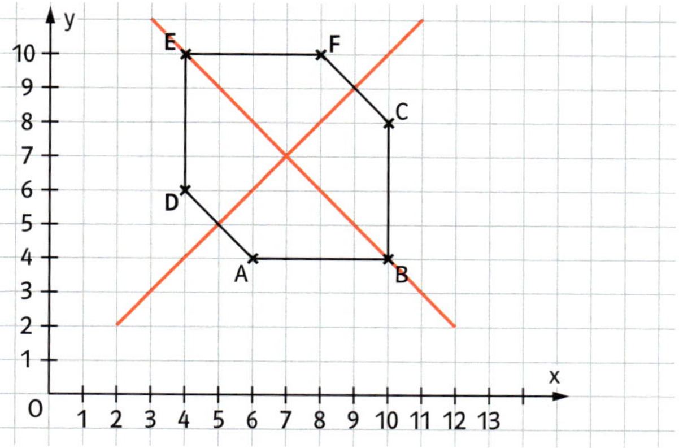

Es gibt Figuren mit einer und mit zwei Symmetrieachsen. Figuren mit der Geraden durch B und E als Symmetrieachse haben immer auch die zweite Symmetrieachse.
Zwischen den Punkten A, B, C, D, E und F gibt es fünf verschiedene Entfernungen: 1,4 cm; 2,0 cm; 2,8 cm; 3,2 cm und 4,2 cm.

Rückspiegel, Seite 93, rechts

1

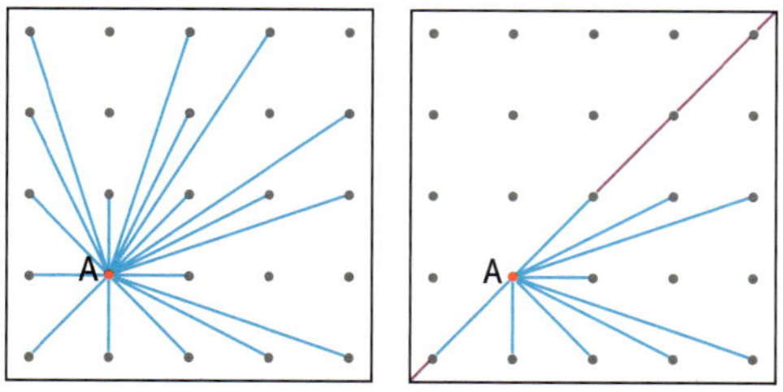

Figur links: Die 18 sichtbaren Nägel und die Verbindungsstrecken mit A.
Figur rechts: Die oberhalb der Symmetrieachse liegenden Strecken muss man nicht messen, weil unterhalb der Symmetrieachse gleich lange Strecken liegen.

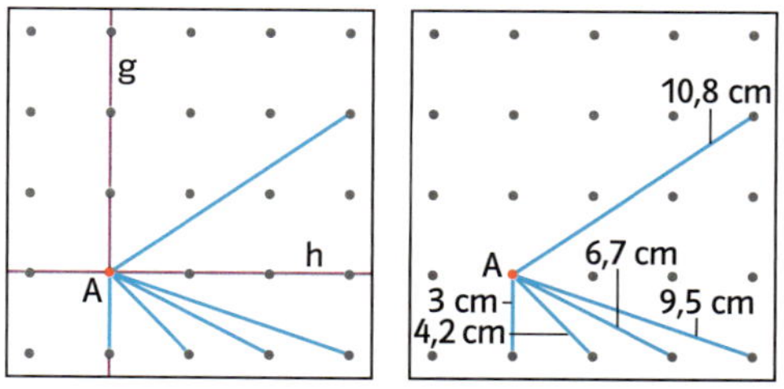

Figur links: Die links von der Geraden g liegenden Strecken muss man nicht messen, weil rechts davon gleich lange Strecken liegen. Entsprechend kann man drei der Strecken oberhalb der Geraden h weglassen.
Figur rechts: Es gibt also nur fünf verschiedene Streckenlängen. An ihren Endpunkten stehen die Maße.

2

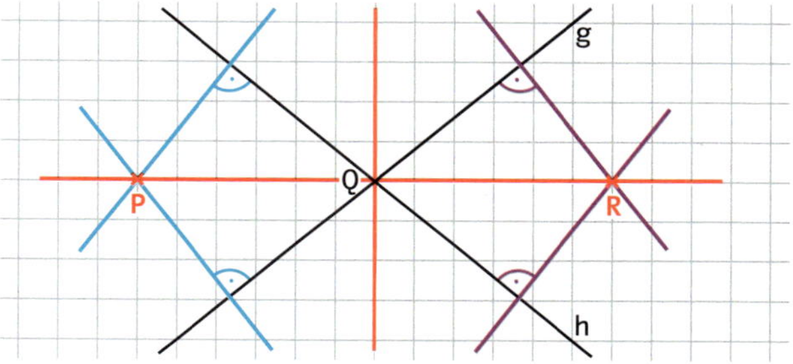

Die Figur hat zwei Symmetrieachsen.

3

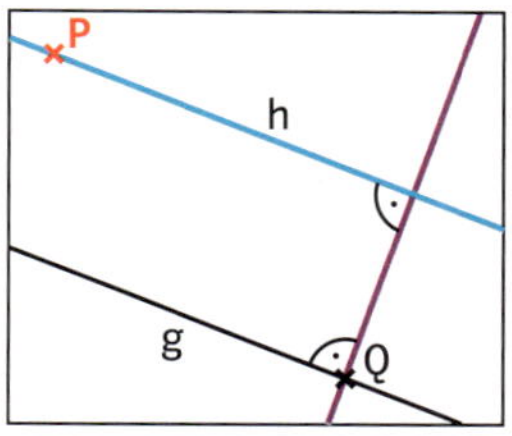

Zeichne durch P die Parallele h zu g. Den Abstand zwischen g und h misst du von Q aus. Dieser Abstand ist zugleich der Abstand zwischen P und g.
Ergebnis: 1,3 cm

4

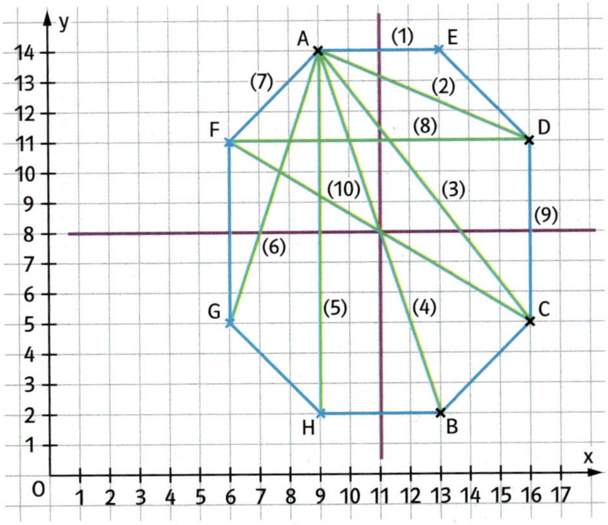

Rückspiegel, Seite 119, links

1

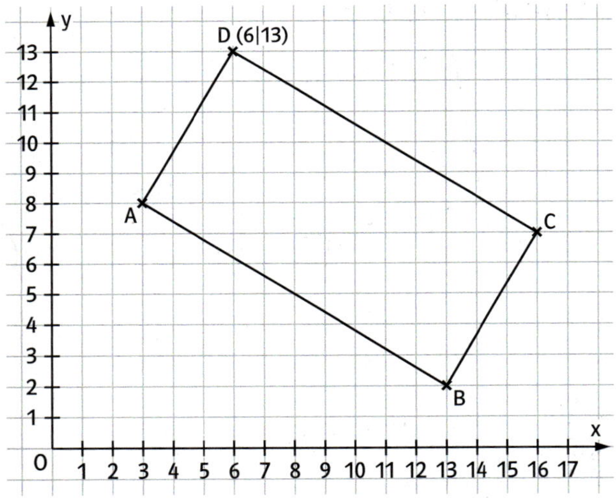

2

a)

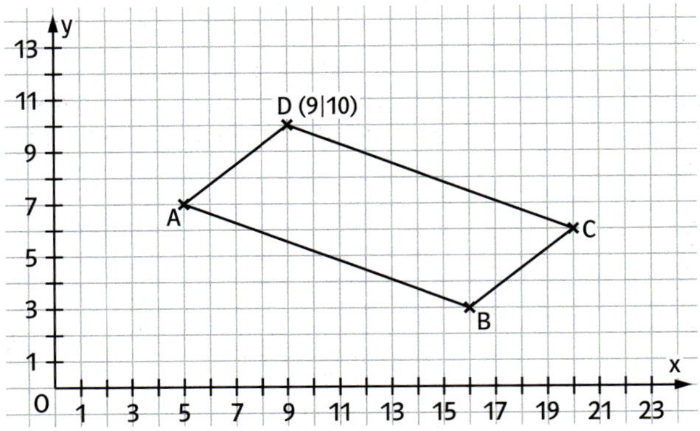

b)

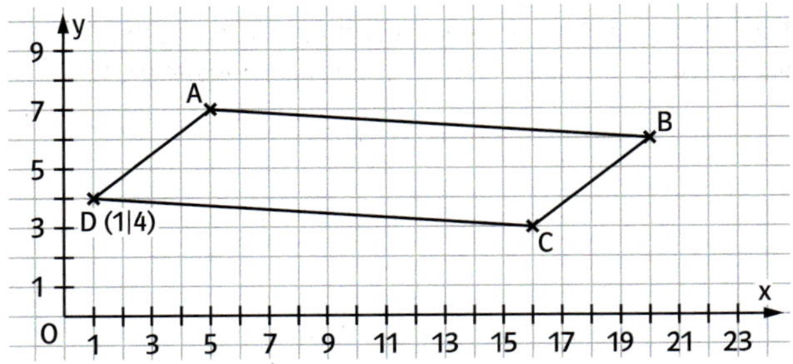

Die Punkte in a) und b) sind dieselben. Nur ihre Reihenfolge ist unterschiedlich.

3

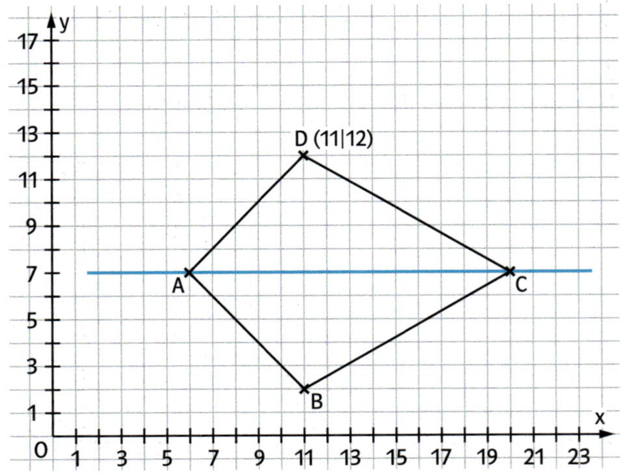

4
Eine Raute ist ein Paralellogramm, dessen vier Seiten alle gleich lang sind. Sie ist auch ein Drachen, denn in zwei gegenüberliegenden Eckpunkten (z. B. A und C) stoßen gleich lange Seiten aneinander und durch A und C geht eine Symmetrieachse. Dasselbe gilt für die Eckpunkte B und D. Daher ist die Raute ein besonderes Parallelogramm und ein besonderer Drachen.

5
individuelle Lösungen

6
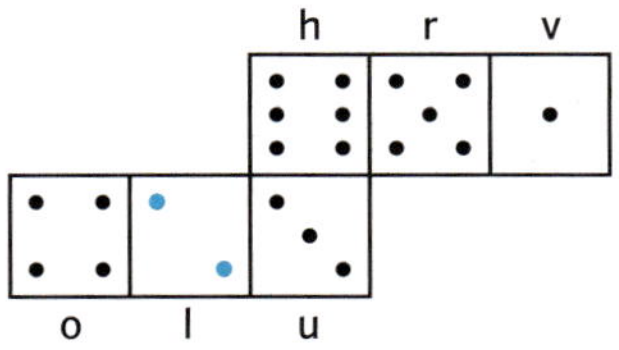

Die Augenzahl „5" muss auf der rechten Fläche liegen.
Für die anderen Augenzahlen gibt es acht Möglichkeiten:

oben	unten	vorne	hinten
3	4	1	6
3	4	6	1
4	3	1	6
4	3	6	1
1	6	3	4
1	6	4	3
6	1	3	4
6	1	4	3

In der Lösungsfigur ist die dritte Möglichkeit gezeigt.

7
Die Figuren zeigen alle sechs Lagen des Quaders

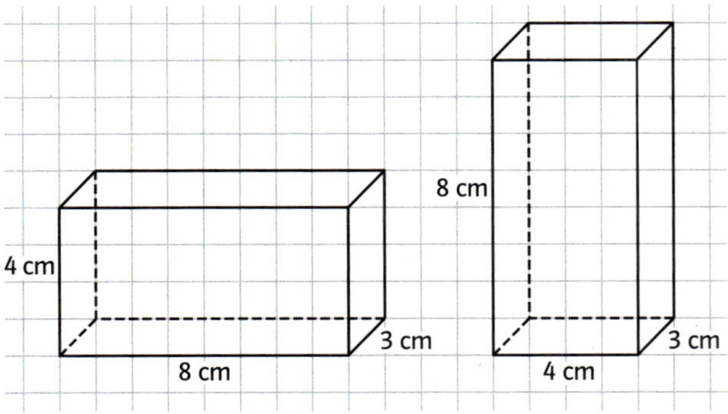

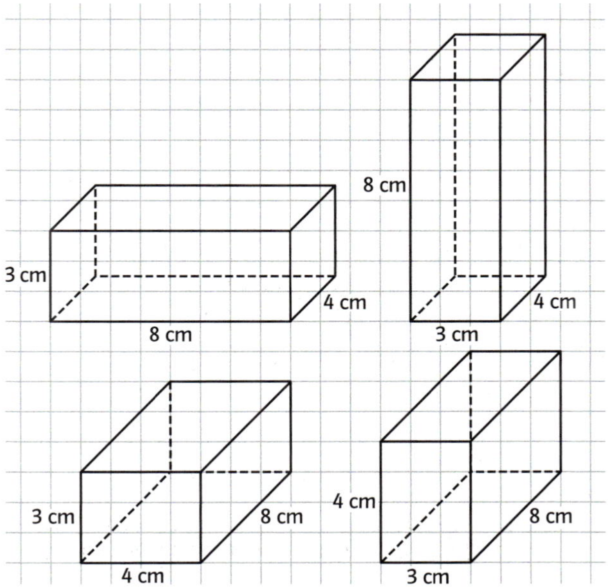

Rückspiegel, Seite 119, rechts

1
Die Figur gibt ein Beispiel an.

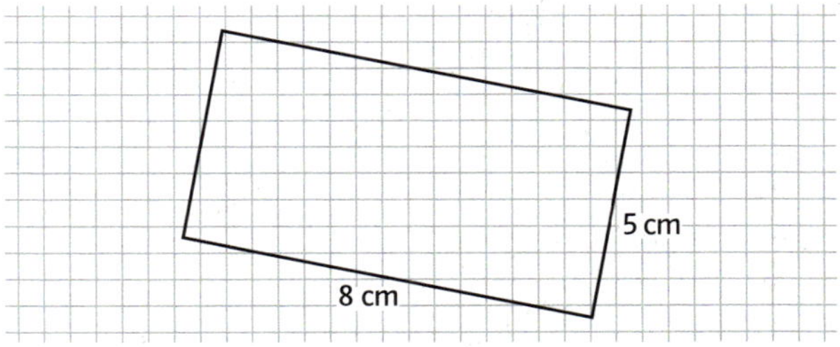

2
a)

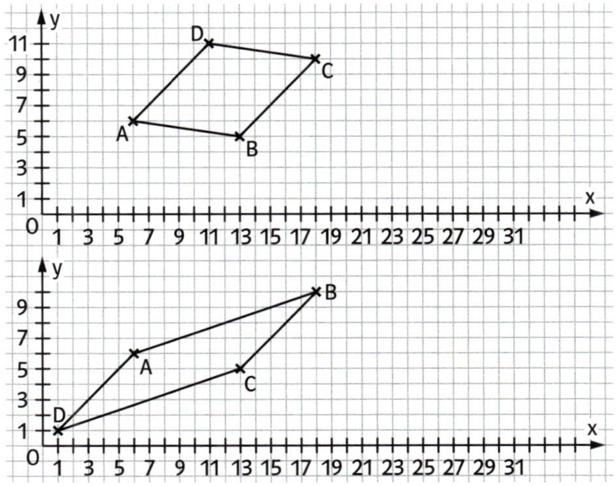

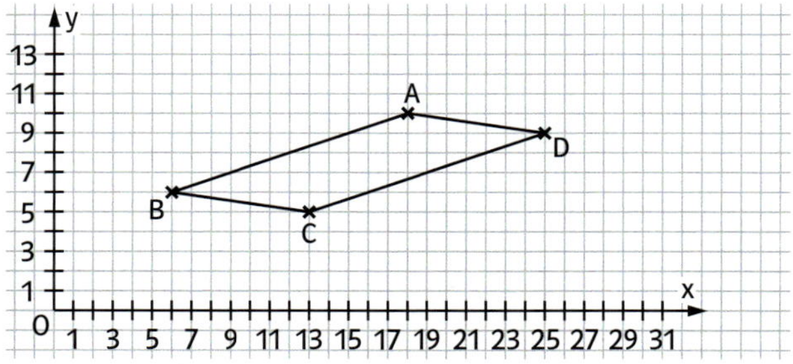

Das erste Paralellogramm ist eine Raute.

b)

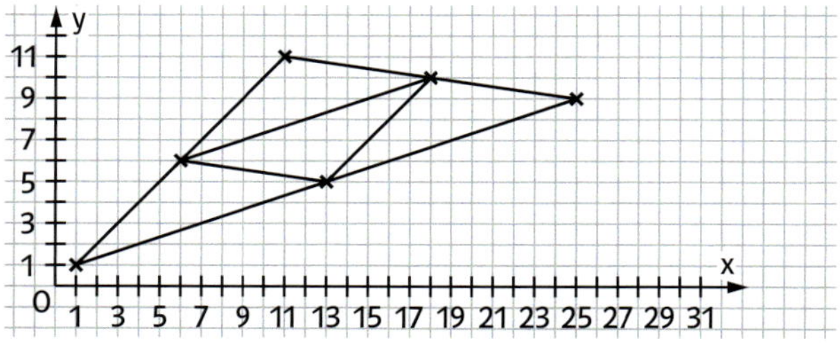

3

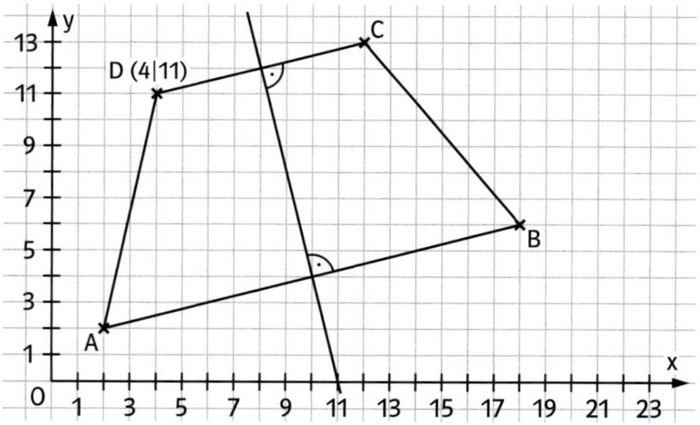

4

Das Rechteck ist ein besonderes symmetrisches Trapez, nämlich eines, in dem die vier Seiten aufeinander senkrecht stehen. Es ist aber kein Drachen, denn es hat keine Eckpunkte, in denen gleich lange Seiten aneinander stoßen. Die Verbindungsgerade gegenüberliegender Eckpunkte ist auch keine Symmetrieachse. Die Aussage ist also falsch.

5

r = 5; d = 10 und r = 9; d = 18

6

a)

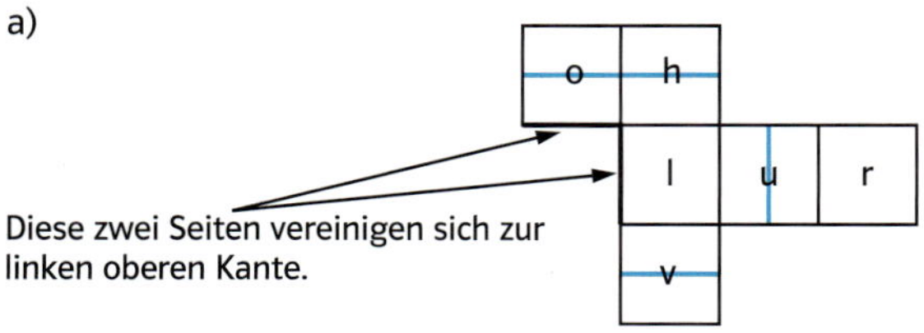

b)

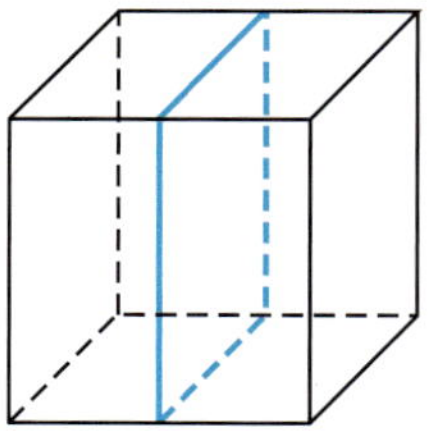

7

Zwei Quader kann man zusammenlegen, wenn sie in zwei Kantenlängen übereinstimmen. Welcher Quader dabei herauskommt, erkennt man besser, wenn man gleich lange Kanten zuerst aufschreibt. Die Maßeinheit kann man dabei weglassen.

12 6 5 → 12 5 6
12 5 2 → 12 5 2
} 12 5 8 → 12 8 5

9 8 4 → 8 4 9
8 4 3 → 8 4 3
} 8 4 12 → 12 8 4

} 12 8 9

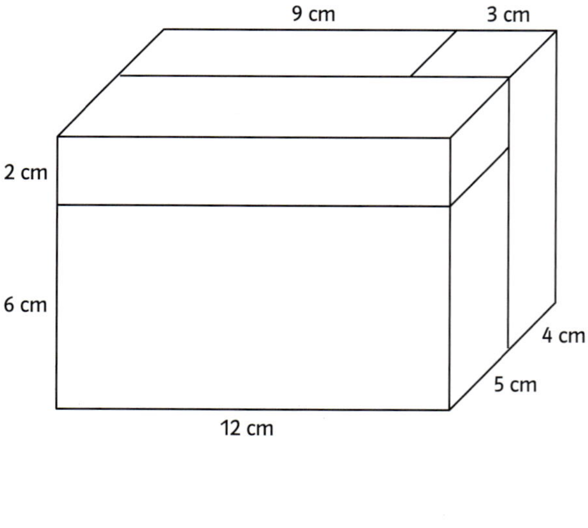

Rückspiegel, Seite 143, links

1

a) 1200 ct; 8000 g; 300 min; 900 s; 17 dm; 2500 cm; 3000 mm
b) 402 ct; 5040 g; 370 s; 990 cm; 9099 m
c) 605 ct; 29 850 kg; 75 cm; 87 cm; 10 030 m

2

a) 4500 g + 12 780 g + 307 099 g = 324 379 g = 324 kg 379 g
b) 271 min + 474 min + 195 min = 940 min = 15 h 40 min
c) 1226 ct − 438 ct + 174 ct = 962 ct = 9 € 62 ct = 9,62 €
d) 530 cm + 225 cm + 103 cm = 858 cm = 8 m 58 cm

3

(3 · 25) · 600 [g] = 45 000 g = 45 kg

4

a) 60 · 28 = 1680 kg
b) 28 · 9 = 252 min = 4 h 12 min
Er ist um 18:12 Uhr fertig.

5

8:07 —(20 min)→ 7:47 —(45 min)→ 7:02 —(10 min)→ 6:52

6

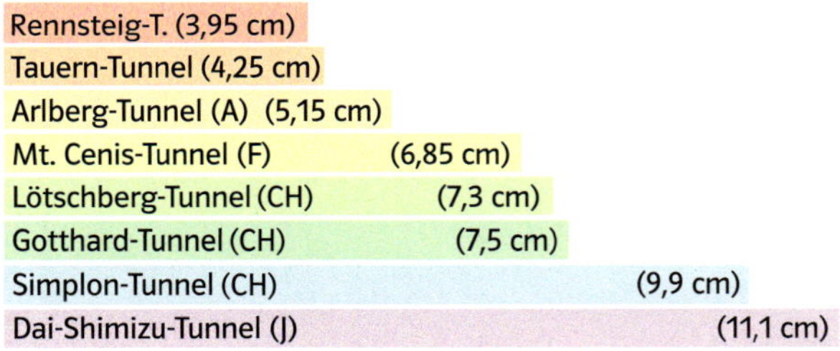

Rückspiegel, Seite 143, rechts

1

a) 6500 ct; 4500 g; 2 000 000 mg; 480 min; 30 000 dm; 6300 mm
b) 707 ct; 9005 g; 8160 s; 88 dm; 250 120 dm
c) 9 ct; 1060 g; 5008 kg; 10 m; 307 mm; 9 mm

2

a) 3040 kg + 11 220 kg + 86 005 kg = 100 265 kg = 100 t 265 kg
b) 237 min + 755 min − 606 min = 386 min = 6 h 26 min
c) 89 ct + 1159 ct − 29 ct − 409 ct = 810 ct = 8 € 10 ct = 8,10 €
d) 620 cm + 1590 cm − 330 cm − 210 cm = 1670 cm = 16 m 7 dm

3

12 000 kg − 8200 kg = 3800 kg
a) 3800 kg : 150 = $25,\overline{3}$ ≙ 25 Röhren
Der Lastwagen kann 25 Betonröhren mit 150 kg mitnehmen.
b) 3800 kg : 230 = 16,5 ≙ 16 Röhren.
Der Lastwagen kann 16 Röhren mit 230 kg mitnehmen.

4

a) 275 · 8 · 20 [km] = 44 000 km
Der Briefträger hat nach 20 Dienstjahren insgesamt eine Strecke von 44 000 km zurückgelegt.
b) Die zurückgelegte Strecke des Briefträgers ist länger als eine Erdumrundung.
c) 22 Schuhbesohlungen kosten 264 Euro.

5

Beginn	□	□	□
Ende	□	10:37	10:11
Zeitdauer	55 min	□	□
Beginn	□	□	4:09
Ende	□	1:33	□
Zeitdauer	8 h 56 min	□	□

6

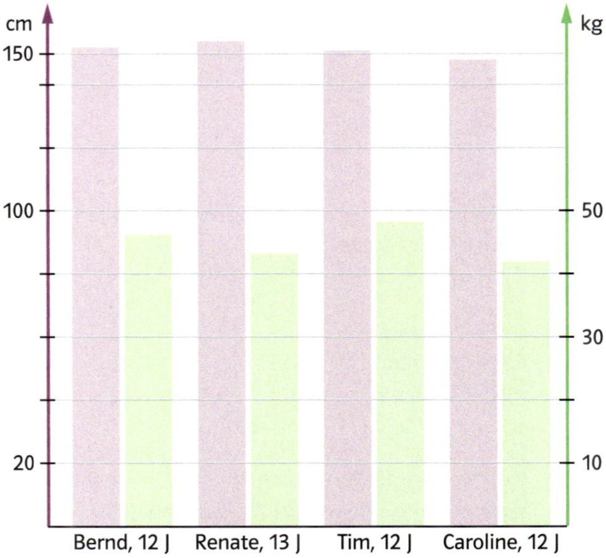

Rückspiegel, Seite 165, links

1

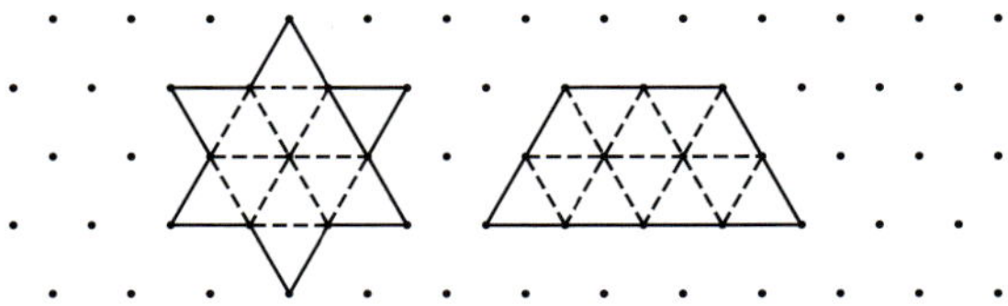

Sowohl der Stern als auch das Trapez lassen sich in 12 gleich große Dreiecke wie dargestellt zerlegen. Damit sind die Flächen gleich groß.

2

a) $1700\,mm^2 = 17\,cm^2$
$56\,ha = 5600\,a$
$780\,dm^2 = 78\,000\,cm^2$
b) $4\,m^2\ 17\,cm^2 = 40\,017\,cm^2$
$12\,dm^2\ 7\,cm^2 = 1207\,cm^2$
$5\,km^2\ 63\,ha = 56\,300\,a$

3

a) $u = 2 \cdot 32\,m + 2 \cdot 24\,m = 112\,m$
Zur Umzäunung des Grundstücks werden 112 m Zaun benötigt.
b)
$A_{Grundstück} = 32 \cdot 24 = 768$
$A_{Haus} = 14 \cdot 12 = 168$
$A_{Garten} = 768 - 168 = 600$
Für den Garten bleiben $600\,m^2$.

4

Der abgebildete Körper besteht aus 28 Würfeln zu je $1\,cm^3$. Das Volumen beträgt somit $28\,cm^3$.

5

a) $2037\,dm^3 < 2370\,dm^3$
b) $14035\,cm^3 > 1435\,cm^3$
c) $11011\,dm^3 = 11\,011\,dm^3$

6

$V = 12 \cdot 10 \cdot (15 - 1) = 12 \cdot 10 \cdot 14 = 1680$; $1680\,dm^3 = 1680\,l$
In das Tauchbecken können 1680 l Wasser eingefüllt werden.

Rückspiegel, Seite 165, rechts

1

Die linke abgebildete Fläche ist mit 19 Kästchen Flächeninhalt am größten. (Die rechte Fläche hat $18\frac{1}{2}$ Kästchen, die mittlere Fläche 18 Kästchen Flächeninhalt.)

2

a) $350\,dm^2$; $270\,ha$; $52\,580\,dm^2$; $75\,cm^2$
b) $2{,}35\,a$; $5{,}02\,ha$; $3{,}0005\,m^2$

3

a) $20 : 5 = 4$.
Das Zimmer ist 4 m breit.
b) $u = 2 \cdot 5\,m + 2 \cdot 4\,m - 2{,}40\,m = 15{,}60\,m$
Es müssen 15,60 m Fußleiste gekauft werden.

4

a) Der abgebildete Körper besteht aus 64 Würfeln zu je $1\,cm^3$. Das Volumen beträgt somit $64\,cm^3$.
b) Der abgebildete Körper besteht aus 46 Würfeln zu je $1\,cm^3$. Das Volumen beträgt somit $46\,cm^3$.

5

a) $380\,dm^3 + 4200\,dm^3 + 50\,dm^3 = 4630\,dm^3$
b) $77\,dm^3 - 23\,dm^3 - 6\,dm^3 = 48\,dm^3$
c) $800\,dm^3 + 64\,dm^3 - 32\,dm^3 = 832\,dm^3$

6

Volumen des ersten Aquariums:
$V = 80 \cdot 36 \cdot 45 = 129\,600$; $129\,600\,cm^3 = 129{,}6\,l$
Volumen des zweiten Aquariums:
$V = 100 \cdot 36 \cdot 40 = 144\,000$; $144\,000\,cm^3 = 144\,l$
Das zweite Aquarium hat ein etwas größeres Fassungsvermögen. Die Kinder sollten sich für das zwei Aquarium entscheiden.

Rückspiegel, Seite 181, links

1

a) $\frac{10}{20} = \frac{1}{2}$
b) $\frac{9}{16}$
c) $\frac{8}{16} = \frac{1}{2}$
d) $\frac{3}{11}$

2

z. B.

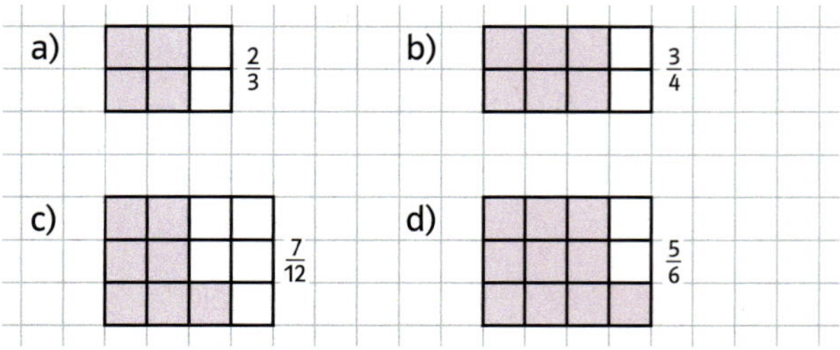

3

a) 20 cm; 60 cm; 10 cm; 35 cm
b) 250 m; 125 m; 375 m; 300 m
c) 750 ml; 300 ml; 350 ml; 650 ml
d) 3 g; 30 g; 300 g

4

a) 5,63 m; 12,048 m; 73,1 dm; 5,02 dm; 8,024 km

b) 4,630 kg; 17,030 kg; 2,045 t; 3,850 t; 1,002 018 t

5

a)	b)	c)
$\frac{6}{10}$ m	$\frac{25}{100}$ kg	$\frac{5}{10}$ l
$\frac{4}{100}$ cm	$\frac{68}{100}$ kg	$\frac{75}{100}$ l
$\frac{789}{100}$ km	$\frac{36}{100}$ g	$\frac{857}{1000}$ ml
$\frac{25}{100}$ dm	$\frac{65}{1000}$ kg	$\frac{1}{1000}$ l
$\frac{8}{1000}$ m	$\frac{10}{1000}$ kg	$\frac{4}{1000}$ l

Rückspiegel, Seite 181, rechts

1

Flächenanteile:

1: $\frac{6}{60} = \frac{1}{10}$ 2: $\frac{6}{60} = \frac{1}{10}$ 3: $\frac{12}{60} = \frac{1}{5}$

4: $\frac{4}{60} = \frac{1}{15}$ 5: $\frac{8}{60} = \frac{2}{15}$ 6: $\frac{6}{60} = \frac{1}{10}$

7: $\frac{6}{60} = \frac{1}{10}$ 8: $\frac{12}{60} = \frac{1}{5}$

2

a) z. B.

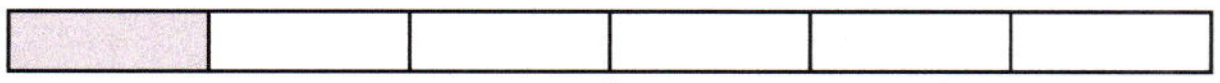

$\frac{1}{6}$

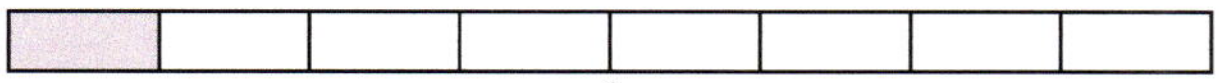

$\frac{1}{8}$

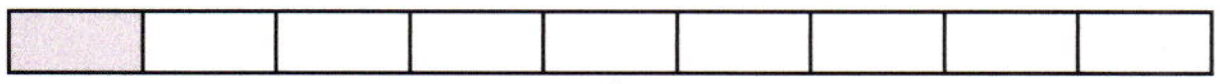

$\frac{1}{9}$

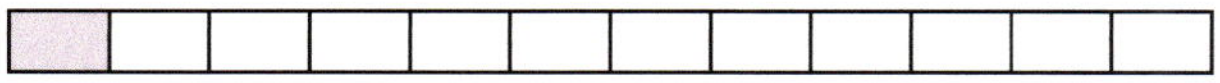

$\frac{1}{12}$

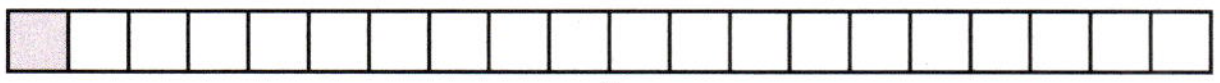

$\frac{1}{20}$

b) z. B.

$\frac{3}{4}$

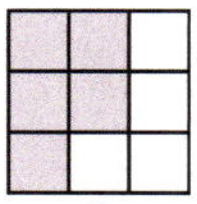

$\frac{5}{9}$

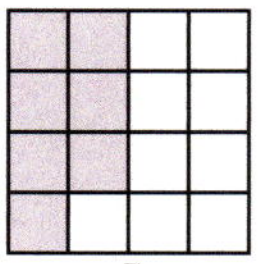

$\frac{7}{16}$

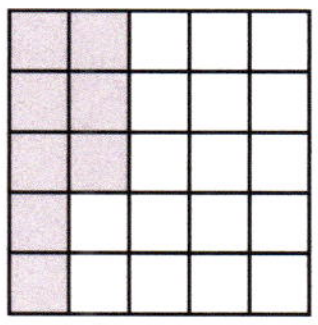

$\frac{8}{25}$

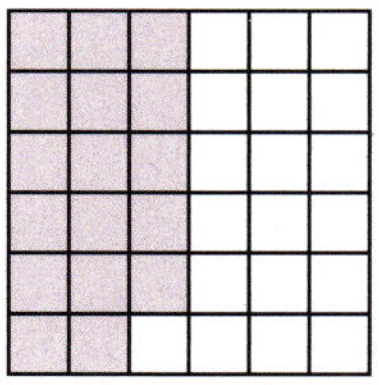

$\frac{17}{36}$

c) z. B.

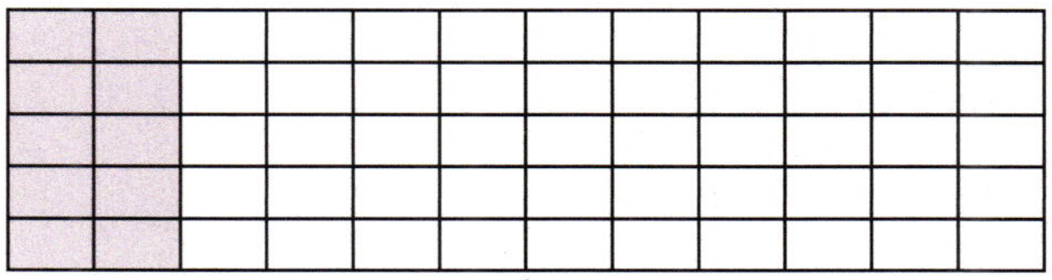

$\frac{1}{6}$

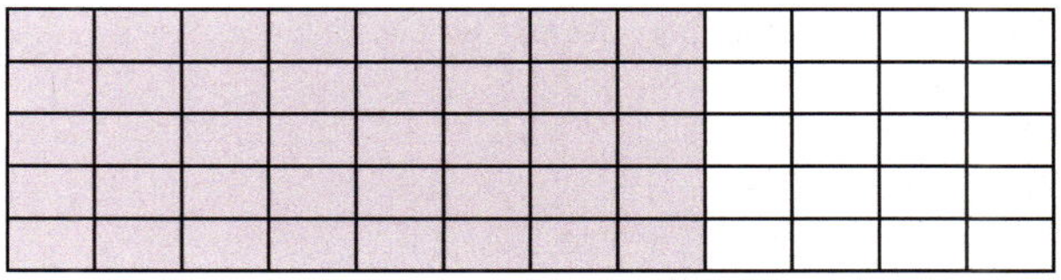

$\frac{2}{3}$

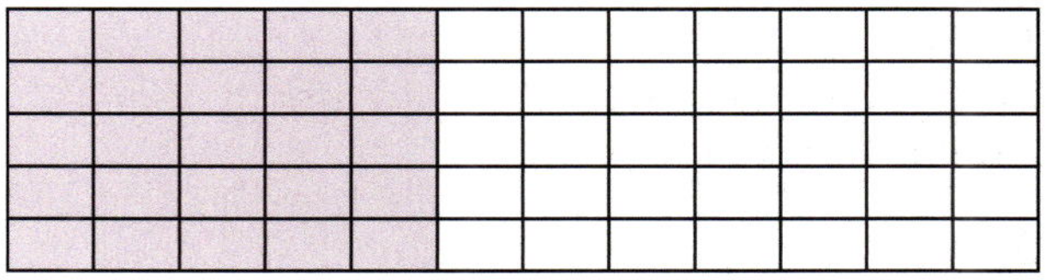

$\frac{5}{12}$

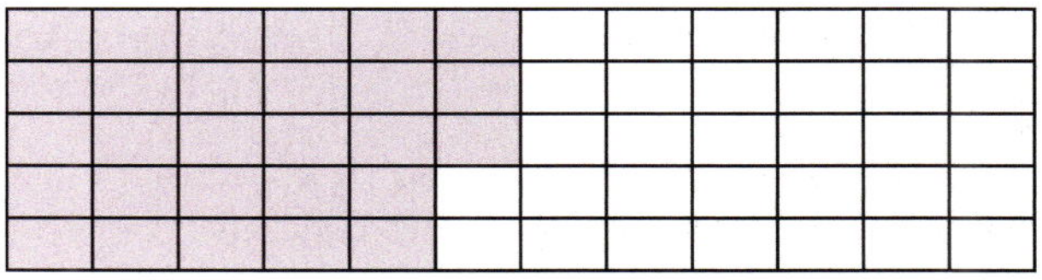

$\frac{7}{15}$

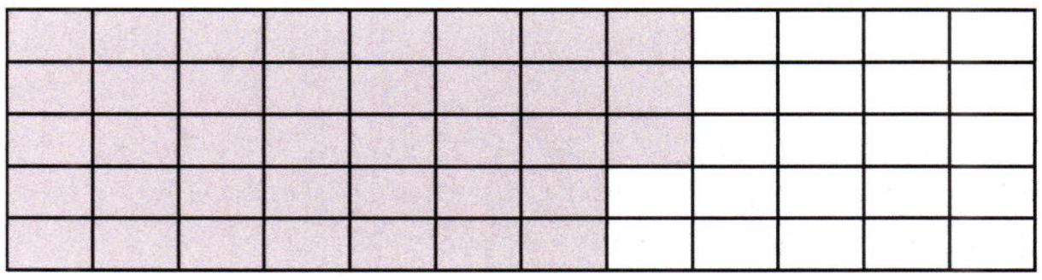

$\frac{19}{30}$

3

a) 3 Monate; 4 Monate; 2 Monate

b) 20 Minuten; 18 Minuten; 5 Minuten; 16 Minuten

c) 12 Tage; 25 Tage; 21 Tage

4

a) A: 5,62; B: 5,66; C: 5,67

b) A: 13,021; B: 13,023; C: 13,029

c) A: 0,27; B: 0,295; C: 0,30

5

a) $2\frac{4}{5}$ m	b) $5\frac{972}{1000}$ kg	c) $12\frac{7}{10}$ l
$8\frac{3}{100}$ m	$12\frac{4}{5}$ g	$4\frac{451}{1000}$ l
$17\frac{1}{1000}$ km	$84\frac{3}{1000}$ t	$5\frac{22}{1000}$ l
$25\frac{1}{4}$ dm	$156\frac{8}{100}$ kg	$3\frac{54}{100}$ l

Rückspiegel, Seite 195, links

1

a)

Lkw	Pkw	Motorrad	Fahrrad	Sonst.
8	37	3	17	2

b)

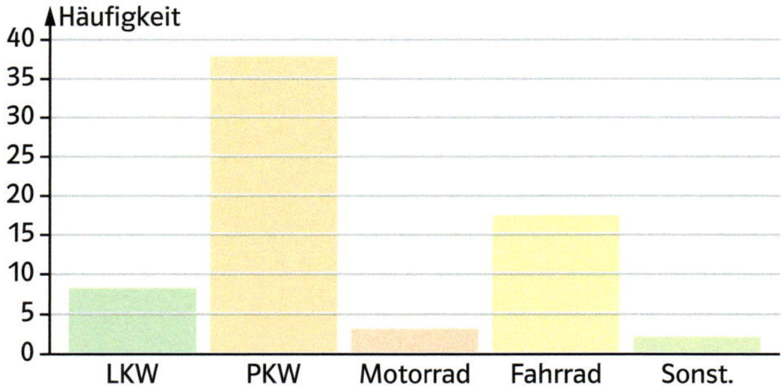

2

Gemeinsame Freizeit in Std.	1	2	3	4	5	6	7	8
Anzahl	5	11	9	7	10	3	4	1

Bilddiagramm:

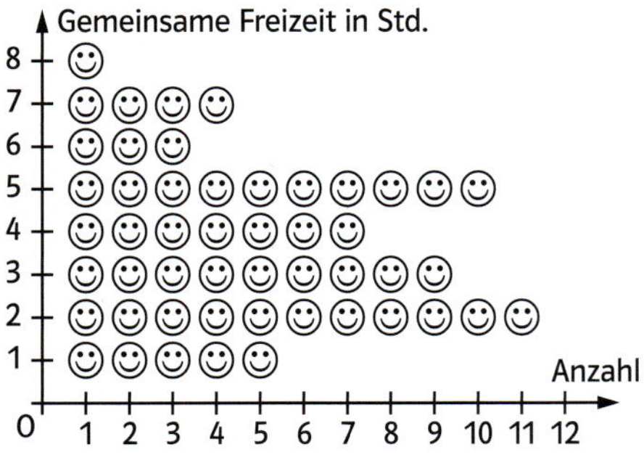

3

a) Tagesdurchschnitt: 315 km : 7 = 45 km

b) Um die gleiche Tour in 5 Tagen zu schaffen, müssen Petra und Sabine im Durchschnitt täglich 315 : 5 = 63 km zurücklegen.

4

a) Die größte Spannweite liegt mit 0,48 m in der Klasse 5d vor.

b) Die durchschnittlich größte Weite wurde mit 4,48 m in der Klasse 5c gestoßen.

c) Für die ganze Jahrgangsstufe beträgt die Spannweite 0,48 cm und das arithmetische Mittel 4,4475 m ≈ 4,45 m.

Rückspiegel, Seite 195, rechts

1

Es wurden insgesamt 720 Personen befragt.

a) Kreisdiagramm:

Zeitung: 296 Nennungen; 148°

Plakat: 182 Nennungen; 91°

Rundfunk: 106 Nennungen; 53°

anders: 136 Nennungen; 68°

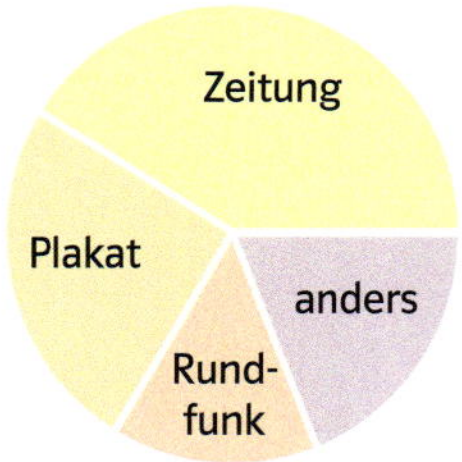

b) Streifendiagramm:

Wähle eine Streifenlänge von 72 mm.

Zeitung:	296 Nennungen; 30 mm
Plakat:	182 Nennungen; 18 mm
Rundfunk:	106 Nennungen; 10,5 mm
anders:	136 Nennungen; 13,5 mm

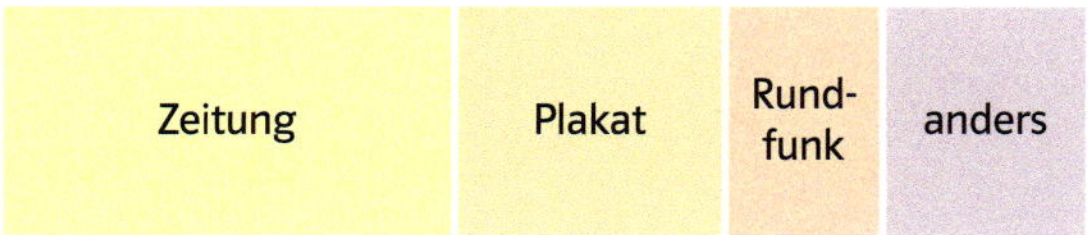

2

a) Häufigkeitsliste

Schulbesuchsjahre	10	11	12	13	14
Häufigkeit	44	8	14	24	10

b) Der Modalwert liegt bei 10 Schulbesuchsjahren.

3

Rangfolge der Klassen:

Klasse	6	7	8	9	10	5
Mittelwert	1705	1704	1685	1674	1664	1650

4

Anzahl der erhobenen Daten: 28
Minimum: 0 Tage
Maximum: 12 Tage
Spannweite: 12 Tage
Mittelwert: 3 Tage
Modalwert: 1
Dies bedeutet:
Es gab einige Schülerinnen und Schüler, die in dem Schuljahr keinen Tag gefehlt haben.
Niemand hat in dem Schuljahr mehr als 12 Tage gefehlt.
Der Unterschied zwischen dem, der am meisten, und dem, der am wenigsten gefehlt hat, beträgt 12 Tage.
Die durchschnittliche Fehlzeit pro Schülerin bzw. Schüler beträgt 3 Tage.

Register

Mathematische Symbole

=	gleich
$<$	kleiner als
$>$	größer als
$\mathbb{N}$	Menge der natürlichen Zahlen
$g \perp h$	die Geraden g und h sind zueinander senkrecht
⊾	rechter Winkel
$g \parallel h$	die Geraden g und h sind parallel
g, h, …	Buchstaben für Geraden
A, B, … , P, Q, …	Buchstaben für Punkte
$\overline{AB}$	Strecke mit den Endpunkten A und B
A(2|4)	Koordinate mit dem x-Wert 2 und dem y-Wert 4

Maßeinheiten und Umrechnungen

Zeiteinheiten

Jahr		Tag		Stunde		Minute		Sekunde
1 a	=	365 d						
		1 d	=	24 h				
				1 h	=	60 min		
						1 min	=	60 s

Gewichtseinheiten

Tonne		Kilogramm		Gramm		Milligramm
1 t	=	1000 kg				
		1 kg	=	1000 g		
				1 g	=	1000 mg

Längeneinheiten

Kilometer		Meter		Dezimeter		Zentimeter		Millimeter
1 km	=	1000 m						
		1 m	=	10 dm				
				1 dm	=	10 cm		
						1 cm	=	10 mm

Flächeneinheiten

Quadratkilometer		Hektar		Ar		Quadratmeter		Quadratdezimeter		Quadratzentimeter		Quadratmillimeter
1 km^2	=	100 ha										
		1 ha	=	100 a								
				1 a	=	100 m^2						
						1 m^2	=	100 dm^2				
								1 dm^2	=	100 cm^2		
										1 cm^2	=	100 mm^2

Raumeinheiten

Kubikmeter		Kubikdezimeter		Kubikzentimeter		Kubikmillimeter
1 m^3	=	1000 dm^3				
		1 dm^3	=	1000 cm^3		
		1 l	=	1000 ml		
				1 cm^3	=	1000 mm^3

Bildquellenverzeichnis

Cover: Mauritius Images (ACE), Mittenwald; 6.1: Getty Images (Taxi/Stephanie Rausser), München; 6.2: Getty Images (Stone/Eric Larrayadieu), München; 6.3: Getty Images (Taxi/Ty Allison), München; 7.1: Getty Images (Tony Stone/Peter Cade), München; 10.1: Fotosearch Stock Photography (Stockdisc), Waukesha, WI; 11.1; 11.5: Leifheit AG, Nassau; 11.2: Mauritius Images (age fotostock), Mittenwald; 11.3: MEV Verlag GmbH, Augsburg; 14.1: Flughafen Stuttgart GmbH, Stuttgart; 14.2: Comstock, Luxemburg; 16.2: Getty Images (Chris Windsor), München; 17.1: Picture-Alliance (F. Hoogervorst), Frankfurt; 18.1: PRESSE-FOTO Dieter Baumann, Ludwigsburg; 19.1: MEV Verlag GmbH, Augsburg; 20.2; 20.3: MEV Verlag GmbH, Augsburg; 21.3: Corel Corporation Deutschland, Unterschleissheim; 24.1: MEV Verlag GmbH, Augsburg; 27.1: Dieter Gebhardt, Asperg; 28.1: Getty Images RF (Photodisc), München; 28.3: Comstock, Luxemburg; 30.1: Getty Images (Taxi/VCG), München; 30.2: Deutsches Museum, München; 30.4: AKG, Berlin; 31.1: Deutsches Museum, München; 31.2: AKG, Berlin; 31.3: Picture-Alliance (picture press/Jan Braun), Frankfurt; 36.1: Mauritius Images (Chris Hermann), Mittenwald; 38.1: Corbis (Massis J. Boujikian), Düsseldorf; 39.1: BPK, Berlin; 40.1: Mauritius Images (O##1Brian), Mittenwald; 41.1: Getty Images RF, München; 41.2: Tierbildarchiv Angermayer (Reinhard), Holzkirchen; 41.3: Okapia (Gary Schultz/ Alaska Stock), Frankfurt; 43.1: Comstock, Luxemburg; 43.2: creativ collection Verlag GmbH, Freiburg; 44.1: MEV Verlag GmbH, Augsburg; 44.2: IBM Deutschland GmbH; 46.1: Deutsches Museum, München; 48.2: Avenue Images GmbH (StockDisc), Hamburg; 50.1: Getty Images (The Image Bank/Rita Maas), München; 50.2: AKG, Berlin; 50.3: Getty Images (The Image Bank/Philip&Karen Smith), München; 50.4: Deutsches Museum, München; 53.1: MEV Verlag GmbH, Augsburg; 55.1: Getty Images (Image Bank/Greuel), München; 55.2: Corbis (Bernard/Sygma), Düsseldorf; 55.3: imago sportfotodienst (Steinach), Berlin; 61.1: Getty Images RF, München; 61.2: Corbis (Eric and David Hosking), Düsseldorf; 61.3: Picture Press (Wothe), Hamburg; 72.1: Getty Images (Tony Stone/Paul S. Conrath), München; 77.8: Messwerkzeuge Walter Eichmann GmbH & Co. KG, Wuppertal; 81.1: www.photostudioalinder.com, Neuf-Brisach; 82.1: MairDumont GmbH & Co. KG, Ostfildern-Kemnat; 91.2; 91.3: Comstock, Luxemburg; 91.4: AKG, Berlin; 94.1: Getty Images (Tony Stone/Laurence Monneret), München; 99.7: Pilatus-Bahnen, Kriens; 120.1: Getty Images (Tony Stone/Greg Pease), München; 121.1: Getty Images (The Image Bank/Bernhard Lang), München; 121.2: creativ collection Verlag GmbH, Freiburg; 121.3: MEV Verlag GmbH, Augsburg; 121.4: Getty Images (Tony Stone/Siegfried Layda), München; 121.5: Getty Images (Taxi/H.H.), München; 121.6: Deutsche Post World Net; 122.3: EZB, Frankfurt; 123.1; 123.2; 123.3; 123.4: EZB, Frankfurt; 124.1: Corbis (Giry Daniel/Sygma), Düsseldorf; 124.2; 124.4: Helga Lade (B. Steckenreuter), Frankfurt; 124.3: Corbis (John Slater), Düsseldorf; 127.3: BPK, Berlin; 127.4: SCALA GROUP S.p.A., Antella (Firenze); 128.1; 128.2; 128.6: Corel Corporation Deutschland, Unterschleissheim; 128.3: Okapia (Richard Ellis), Frankfurt; 128.4: Okapia (Henry Ausloos), Frankfurt; 128.5: Corbis (Tom Brakefield), Düsseldorf; 129.2: Voller Ernst, Berlin; 129.3: ARDEA London Limited (Brian Bevan), London; 130.1: Mauritius Images (Fidler), Mittenwald; 132.2: MEV Verlag GmbH, Augsburg; 133.1: Deutsches Museum, München; 133.2: Dieter Gebhardt, Asperg; 135.1: Helga Lade (B. Streckenreuter), Frankfurt; 136.1: MEV Verlag GmbH, Augsburg; 138.1: Dieter Gebhardt, Asperg; 140.1: Okapia (Paul A. Sutherland), Frankfurt; 144.1: Getty Images RF (brandXpictures), München; 148.2: MEV Verlag GmbH, Augsburg; 148.3: Robert Neitzel, Nidderau; 148.6: Corbis (Pablo Corral V), Düsseldorf; 148.7: Das Luftbild-Archiv, Wenningsen; 150.1: Mauritius Images (Schlief), Mittenwald; 156.1; 156.2: MEV Verlag GmbH, Augsburg; 156.3: Helga Lade (Rainer Binder), Frankfurt; 156.4: Daimler AG Medienarchiv, Stuttgart; 156.5: Sulo Umwelttechnik GmbH, Herford; 158.1: Mauritius Images (age), Mittenwald; 158.2: Helga Lade (KaKi), Frankfurt; 166.1: Getty Images RF (Photodisc), München; 174.1: Corel Corporation Deutschland, Unterschleissheim; 182.1: Fotosearch Stock Photography (Digital Vision), Waukesha, WI; 185.1: Juniors Bildarchiv (M. Wegler), Ruhpolding; 191.1; 191.2; 191.3: Getty Images RF (PhotoDisc), München; 191.4: Corbis (Philip James Corwin), Düsseldorf; 193.3: Fotosearch Stock Photography (Maps Resources), Waukesha, WI; 912.5: Comstock, Luxemburg; 1243.2: EZB, Frankfurt; K07/s148.5: Das Luftbild-Archiv, Wenningsen

Alle anderen Abbildungen entstammen dem Archiv des Ernst Klett Verlages, Stuttgart.

Nicht in allen Fällen war es uns möglich, den Rechteinhaber der Abbildungen ausfindig zu machen. Berechtigte Ansprüche werden selbstverständlich im Rahmen der üblichen Vereinbarungen abgegolten.